组合分析方法及应用

张之正　杨继真　王云鹏　编著

科学出版社

北　京

内 容 简 介

本书是基于作者多年来为本科生、硕士研究生讲授组合分析方法及应用课程的讲义与作者的研究成果编写而成. 全书系统介绍组合数学的存在性和计数两大组合分析领域的主要理论、方法及其应用,共八章,内容包括鸽巢原理及其应用、排列与组合及二项式系数、容斥原理及其应用、生成函数与递归关系、二阶线性齐次递归序列、组合序列及其性质、组合反演公式及其应用、Calkin 恒等式及其交错形式等.

本书可作为高等院校数学类、信息技术类等专业高年级本科生、研究生学习组合数学的教材或参考资料,也可作为读者学习组合数学的入门读物.

图书在版编目(CIP)数据

组合分析方法及应用/张之正,杨继真,王云鹏编著. —北京:科学出版社,
2023.9
　ISBN 978-7-03-076437-9

　I. ①组⋯　II. ①张⋯ ②杨⋯ ③王⋯　III. ①组合分析　IV. ①O157.1

中国国家版本馆 CIP 数据核字(2023)第 177464 号

责任编辑:胡海霞　贾晓瑞/责任校对:杨聪敏
责任印制:赵　博/封面设计:无极书装

科 学 出 版 社 出版
北京东黄城根北街 16 号
邮政编码:100717
http://www.sciencep.com
固安县铭成印刷有限公司印刷
科学出版社发行　各地新华书店经销
*
2023 年 9 月第　一　版　开本:720 × 1000　1/16
2024 年 11 月第三次印刷　印张:21 1/2
字数:433 000
定价: 89.00 元
(如有印装质量问题,我社负责调换)

序　言

组合数学, 亦称组合学, 是一门古老的学科, 源于不断出现的各种游戏. 1666 年, 德国数学家莱布尼茨发表了一篇《论组合数学》的文章, 创造了 "Combinatorics" 即组合这个词汇, 并且预言组合数学将渗入到许多学科并得到很大的发展. 直到 20 世纪初, 英国数学家麦克马洪 (MacMahon) 出版了《组合分析》(*Combinatorial Analysis*) 一书, 标志着现代组合数学的开始. 随着计算机科学、编码理论、试验设计、数字通信等学科的迅猛发展, 产生了大量的需要组合数学解决的理论和实际问题, 又结合组合数学自身发展的要求, 组合数学逐渐成为当今发展极为迅速的数学分支, 是现代数学研究的重要内容之一.

组合数学研究按照一定的规则来安排一些离散个体的有关问题, 它涉及安排的存在性、计数、构造枚举、算法与优化等四类离散构形问题. 由于现实生活和科学研究中存在无穷无尽的离散构形, 因此组合数学研究内容丰富, 应用广泛.

本书共分八章, 系统地介绍组合数学中的存在性和计数两个组合分析领域的主要理论、方法及应用. 内容除了包含组合分析的经典理论和方法外, 还融入了笔者自己的研究成果和其他最新的研究成果. 本书列举了大量的例子, 参考了部分书籍的个别体例 [1-6], 取材的侧重点在于帮助深刻理解组合分析领域的主要理论、方法及应用.

本书可作为高等院校的数学类、信息技术类等专业高年级本科生和研究生学习组合数学的教材或参考书, 也可供从事这方面工作的教学、科研和技术人员参考. 书中一些带有 * 号的章节, 可作选学内容. 每章后面所列的问题探究可以作为读者学习过程中进一步钻研思考的材料, 扩展读者的科技创新视野, 读者还可以考虑那些问题的扩展和深入.

本书的出版得到了国家自然科学基金项目 (12271234) 与河南省一级重点学科建设经费以及河南省高校青年骨干教师培养计划项目 (2020GGJS194) 的资助, 还得到了很多人的支持和帮助, 在此对洛阳师范学院数学科学学院教师李良辰、瞿勇科、胡秋霞、朱军明、张彩环等辛勤的付出, 对硕士研究生周慧贤认真的校对以及对科学出版社胡海霞编辑对本书的出版给予的帮助表示诚挚的感谢.

限于能力和水平, 书中难免存在不当之处, 敬请批评指正.

作　者

2023 年 1 月于洛阳师范学院

目　录

第 1 章　鸽巢原理及其应用

鸽巢原理, 亦称抽屉原理, 是组合数学中一个最基本的存在性原理. 应用鸽巢原理可以解决许多涉及存在性的组合问题. 本章主要介绍鸽巢原理以及在解决存在性问题上的应用.

1.1　鸽巢原理的简单形式

定理 1.1.1 (鸽巢原理)　把 $n+1$ 个物体放入 n 个盒子里, 则一定存在至少有一个盒子里含有两个或两个以上的物体.

证明　(反证法) 若没有一个盒子里含有两个或两个以上的物体, 则所有盒子里至多含有 n 个物体, 这与要放 $n+1$ 个物体矛盾, 故此原理成立. □

例 1.1.1　在边长为 1 的正方形内任意放 n^2+1 个点, 证明存在至少有两个点之间的距离不大于 $\dfrac{\sqrt{2}}{n}$.

证明　将此正方形每边 n 等分, 过这些 n 等分点, 用平行于边的直线将正方形划分为总共 n^2 个边长为 $\dfrac{1}{n}$ 的小正方形, 而正方形中任意两点之间的距离小于等于 $\sqrt{2}$, 将 n^2+1 个点放入正方形内, 必定存在两个点放入同一个小正方形内, 而小正方形内两点之间距离不大于 $\dfrac{\sqrt{2}}{n}$. 命题得证. □

例 1.1.2　证明任何一组人中都存在两个人, 他们在组内认识的人数恰好相等.

证明　首先一组人至少有 2 人, 因此假设有 n 个人 $(n \geqslant 2)$, 若这 n 个人中有 1 人不认识其他任何人, 那么可只考虑余下的 $n-1$ 人 $(n-1 \geqslant 2$, 若不然, 则余下 1 人, 这两人互不认识, 命题得证). 若这剩余的 $n-1$ 个人中有人不认识其他任何人, 那么命题得证 (此时已有两人认识的人数为零). 因此, 不失一般性, 可设剩下的 $n-1$ 人中每人至少认识一个人, 可是每个人又至多认识其他 $n-2$ 人, 因此, 由鸽笼原理可知, 这 $n-1$ 个人至少有两人认识的人数相等. □

例 1.1.3　一个棋手为参加一次锦标赛将进行 77 天的练习, 如果他每天至少下一盘棋, 而每周至多下 12 盘棋, 证明存在一个正整数 n 使得他在这 77 天里有连续的 n 天共下了 21 盘棋.

证明　设 a_i 是从第一天到第 i 天下棋的总盘数, $i = 1, 2, \cdots, 77$. 因为他每

天至少下一盘棋, 所以

$$1 \leqslant a_1 < a_2 < \cdots < a_{77}.$$

又因为每周至多下 12 盘棋, 77 天中下棋的总数 a_{77} 不超过

$$12 \times \frac{77}{7} = 132.$$

作序列

$$a_1 + 21, a_2 + 21, \cdots, a_{77} + 21,$$

这个序列是严格单调递增的, 且有 $a_{77} + 21 \leqslant 153$. 考察下面的序列:

$$a_1, a_2, \cdots, a_{77}, a_1 + 21, a_2 + 21, \cdots, a_{77} + 21,$$

该序列有 154 个数, 每个数都是小于等于 153 的正整数, 由鸽巢原理知, 必存在 i 和 j 使得 $a_i = d_j + 21(j < i)$. 令 $n = i - j$, 则该棋手在第 $j+1, j+2, \cdots, j+n$ 的连续 n 天中下了 21 盘棋.   □

例 1.1.4 证明: 在非闰年年份中, 每年中一定至少有一个 13 日是星期五, 至多有三个 13 日是星期五.

证明 每年中共有 12 个 13 日, 将它们表示为 1.13, 2.13, $\cdots$, 12.13. 如果它们都非星期五, 那么它们是 (以下为方便叙述作简单标记)*1, *2, *3, *4, *6, *7(星期日) 之一. 我们知道 2.13, 3.13, 11.13 必是同一个 *n (比如 *6, 因为它们之间分别相隔 28 天和 245 天), 于是余下的 9 个 13 日是 *1, *2, *3, *4, *7 之一. 又知 1.13 与 10.13 是同一个 *n(它不可能与 2.13 是同一个 *n, 比如为 *7), 因为它们之间相隔 273 天. 又由于 4.13 与 7.13 以及 9.13 与 12.13 分别具有相同的 *n, 例如 *3, *4, 因为它们分别相隔 91 天 (同样它们不可能是 *6, *7, 因为 4.13 及 9.13 与 1.13, 2.13 相隔的天数均不是 7 的整数倍). 这样剩下的 3 个 13 日 (5.13, 6.13, 8.13) 是 *1 和 *2 之一 (它们不可能是 *3, *4, *6, *7, 因为它们与 1.13, 2.13, 4.13, 9.13 相隔的天数均不是 7 的整数倍). 根据鸽巢原理, 这 3 个 13 日中至少要有两个是同一个 *n, 但这是不可能的, 因为这 3 个 13 日之间相隔的天数都不是 7 的倍数, 故矛盾, 说明至少有一个 13 日是星期五.

由前面的讨论可知, 至多只有三个月, 它们两两之间的间隔天数都是 7 的倍数, 为 2 月, 3 月, 11 月. 因此, 只有 2.13, 3.13, 11.13 可能同时为星期五, 不可能有 4 个月的 13 日全为星期五.   □

注 1.1.1 鸽巢原理也称狄利克雷 (Dirichlet) 原理, 是因为他首先将此简单的结论应用到数论问题上, 得到了若干漂亮的结果.

利用鸽巢原理还可得到下述结果:

(1) 在边长为 2 的正方形内任取 5 点, 则存在至少两点, 它们之间的距离不超过 $\sqrt{2}$.

(2) 某学生有 37 天的时间准备考试, 根据过去他的经验至多需要复习 60 个小时, 但每天至少要复习 1 小时, 则无论怎样安排都存在连续的若干天, 使得他在这些天里恰好复习了 13 小时.

(3) 任意给定平面上的五个点 (没有三个点共线) 中, 则必有四个点是一个凸四边形的四个顶点.

1.2 鸽巢原理在组合与数论上的应用

定理 1.2.1 在 $n+1$ 个小于等于 $2n$ 的不相等的正整数中, 一定存在两个数互素.

证明 将 $1, 2, \cdots, 2n$ 分成以下 n 组:

$$\{1, 2\}, \{3, 4\}, \cdots, \{2n-1, 2n\},$$

从组中任取 $n+1$ 个不同的数, 由鸽巢原理知, 至少有两个数取自同一组, 它们是相邻的两数, 由于任何相邻的两数互素, 因此这两个数互素, 命题得证. □

定理 1.2.2 设 $a_1, a_2, \cdots, a_n$ 是 $1, 2, \cdots, n$ 的一个排列, 则当 n 为奇数时, 乘积 $(a_1 - 1)(a_2 - 2) \cdots (a_n - n)$ 为偶数.

证明 当 n 为奇数时, $1, 2, \cdots, n$ 和 $a_1, a_2, \cdots, a_n$ 中的奇数是 $\dfrac{n+1}{2}$ 个, 而偶数只有 $\dfrac{n-1}{2}$ 个, 因此在 $a_1 - 1, a_3 - 3, a_5 - 5, \cdots, a_n - n$ 中, $a_1, a_3, a_5, \cdots, a_n$ $\left(\text{共 } \dfrac{n+1}{2} \text{ 个}\right)$ 至少有一个是奇数, 例如 a_i, 从而 $a_i - i$ 是偶数, 于是得到整个乘积为偶数. □

定理 1.2.3 设 $x_1, x_2, \cdots, x_n$ 是 n 个正整数, 则其中存在连续的若干个数, 其和是 n 的倍数.

证明 令 $S_i = x_1 + x_2 + \cdots + x_i$, $i = 1, 2, \cdots, n$. 把 S_i 除以 n 的余数记作 r_i, $0 \leqslant r_i \leqslant n-1$. 如果存在 i, 使得 $r_i = 0$, 则 $x_1 + x_2 + \cdots + x_i$ 可以被 n 整除, 命题得证. 如果对所有的 i, $i = 1, 2, \cdots, n$, 都有 $r_i \neq 0$, 那么 n 个 r_i 只能有 $1, 2, \cdots, n-1$ 种可能的取值, 故由鸽巢原理知, 必存在 j 和 k 满足 $r_j = r_k$, $j > k$. 因此有

$$S_j - S_k = x_{k+1} + x_{k+2} + \cdots + x_j$$

可以被 n 整除. 命题得证. □

定理 1.2.4   在 $1, 2, \cdots, 2n$ 中任取 $n+1$ 个不同的数, 则其中至少有一个数是另一个数的倍数.

证明   由于任何正整数 n 都可以表示为 $n = 2^{\alpha} \cdot \beta$ 的形式, 这里 α 为非负整数, β 为奇数. 设选出的 $n+1$ 个数为 $a_1, a_2, \cdots, a_{n+1}$, 把它们依次表示为 $2^{\alpha_1}\beta_1, 2^{\alpha_2}\beta_2, \cdots, 2^{\alpha_{n+1}}\beta_{n+1}$, 其中 $\beta_1, \beta_2, \cdots, \beta_{n+1}$ 是 $n+1$ 个奇数, 它们的取值只有 n 种可能, 即 $1, 3, \cdots, 2n-1$. 由鸽巢原理知, 必存在 i 和 j, 使得 $\beta_i = \beta_j$. 考虑 $a_i = 2^{\alpha_i}\beta_i$ 和 $a_j = 2^{\alpha_j}\beta_j$, 不妨设 $a_i < a_j$, 则有

$$\frac{a_j}{a_i} = \frac{2^{\alpha_j}\beta_j}{2^{\alpha_i}\beta_i} = 2^{\alpha_j - \alpha_i},$$

故 a_j 是 a_i 的倍数.   □

定理 1.2.5 (Dirichlet 逼近定理)   对任意给定的实数 x 和正整数 q, 一定有正整数 $p \leqslant q$ 和整数 h 使得

$$|px - h| < \frac{1}{q}.$$

证明   把左闭右开的实数区间 $[0,1)$ 等分成 q 个小区间 $I_k = \left[\dfrac{k-1}{q}, \dfrac{k}{q}\right)$ $(k = 1, 2, \cdots, q)$. 再考察 $q+1$ 个 $[0,1)$ 中的实数 $px - \lfloor px \rfloor$ $(p = 0, 1, \cdots, q)$. 根据鸽巢原理, 这 $q+1$ 个数中一定有两个属于同一区间 I_k, 即有 $k \in \{1, 2, \cdots, q\}$, $0 \leqslant p' < p'' \leqslant q$, 使得 $p'x - \lfloor p'x \rfloor$ 和 $p''x - \lfloor p''x \rfloor$ 都属于 I_k, 从而有

$$|(p'' - p')x - (\lfloor p''x \rfloor - \lfloor p'x \rfloor)| < \frac{1}{q},$$

令 $p = p'' - p'$, $h = \lfloor p''x \rfloor - \lfloor p'x \rfloor$, 即得结论.   □

定理 1.2.6 (中国剩余定理)   令 m 和 n 为两互素的正整数, 并令 a 和 b 为两整数, 且 $0 \leqslant a \leqslant m-1$ 以及 $0 \leqslant b \leqslant n-1$, 则存在一个正整数 x, 使得 x 除以 m 的余数为 a, 并且 x 除以 n 的余数为 b, 即 x 可以写成 $x = pm + a$ 的同时, 又可写成 $x = qn + b$ 的形式, 这里 p 和 q 是两个整数.

证明   考虑 n 个整数

$$a, m+a, 2m+a, \cdots, (n-1)m+a,$$

这些整数中的每一个除以 m 都余 a. 设其中的两个除以 n 有相同的余数, 令这两个数为 $im + a$ 和 $jm + a$, 其中 $0 \leqslant i < j \leqslant n-1$, 因此, 存在两整数 q_i 和 q_j, 使得

$$im + a = q_j n + r$$

及

$$jm + a = q_i n + r,$$

第二个等式减去第一个等式, 得到

$$(j - i)m = (q_j - q_i)n,$$

上面等式说明, n 是 $(j - i)m$ 的一个因子, 由于 n 和 m 没有除 1 之外的公因子, 因此 n 是 $j - i$ 的一个因子, 然而 $0 \leqslant i < j \leqslant n - 1$ 意味着 $0 < j - i \leqslant n - 1$, 也就是说 n 不可能是 $j - i$ 的因子. 该矛盾产生于我们的假设: n 个整数 $a, m + a, 2m + a, \cdots, (n - 1)m + a$ 中有两个除以 n 会有相同的余数, 因此我们得到, 这 n 个数中的每一个数都要出现, 特别是数 b 也是如此. 令 p 为整数, 满足 $0 \leqslant p \leqslant n - 1$, 且使得 $x = pm + a$ 除以 n 余数为 b, 则对于某个适当的 q,

$$x = qn + b.$$

因此, $x = pm + a$ 且 $x = qn + b$, 从而 x 具有所要求的性质. □

利用鸽巢原理还可得到下述结果:

(1) 一个有理数的十进小数展开式自某一位后, 必是循环的;

(2) 对任意的整数 N, 则存在着 N 的一个倍数, 使得它仅由数字 0 与 7 组成;

(3) 任意选取 $n + 1$ 个正整数中, 则一定存在两个正整数, 其差能被 n 整除;

(4) 任意选取 $n + 2$ 个正整数中, 则一定存在两个正整数, 其差能被 $2n$ 整除或者其和能被 $2n$ 整除.

*1.3 鸽巢原理的加强形式

定理 1.3.1 (鸽巢原理的加强形式) 设 $q_1, q_2, \cdots, q_n$ 都是正整数, 若将 $q_1 + q_2 + \cdots + q_n - n + 1$ 个物体放入 n 个盒子里, 则第一个盒子里至少含有 q_1 个物体, 或者第二个盒子里至少含有 q_2 个物体 $\cdots\cdots$ 或者第 n 个盒子里至少含有 q_n 个物体.

证明 对于 $i = 1, 2, \cdots, n$, 假设第 i 个盒子至多放入 $q_i - 1$ 个物体, 则 n 个盒子里物体数的总和不超过

$$q_1 + q_2 + \cdots + q_n - n,$$

这与已知条件矛盾. □

推论 1.3.1 若将 $n(r - 1) + 1$ 个物体放入 n 个盒子里, 则至少有一个盒子里含有 r 个或者更多的物体.

推论 1.3.2 (平均原理) (1) 如果 n 个非负整数 $m_1, m_2, \cdots, m_n$ 的平均数大于 $r-1$, 即

$$\frac{m_1 + m_2 + \cdots + m_n}{n} > r - 1,$$

则至少有一个整数大于或等于 r.

(2) 如果 n 个非负整数 $m_1, m_2, \cdots, m_n$ 的平均数小于 $r+1$, 即

$$\frac{m_1 + m_2 + \cdots + m_n}{n} < r + 1,$$

则其中至少有一个整数小于 $r+1$.

(3) 如果 n 个非负整数 $m_1, m_2, \cdots, m_n$ 的平均数至少等于 r, 则这 n 个整数 $m_1, m_2, \cdots, m_n$ 至少有一个满足 $m_i \geqslant r$.

例 1.3.1 在边长为 1 的正方形内任意放 $2n+1$ 个点, 必有三点所构成的三角形面积不大于 $\dfrac{1}{2n}$.

证明 将此正方形用 $n-1$ 条水平线等分为 n 个 $\dfrac{1}{n} \times 1$ 的小矩形, 由鸽巢原理知, $2n+1$ 个点分布在 n 个小矩形中, 必至少有 $\left\lceil \dfrac{2n+1}{n} \right\rceil = 3$ 个点在同一个小矩形中, 从而可构成此小矩形内的一个三角形 (当 3 个点共线时, 可认为它们的面积为零), 易知, n 个 $\dfrac{1}{n} \times 1$ 的小矩形内的三角形面积一定不大于 $\dfrac{1}{2n}$. □

定理 1.3.2 设 $a_1, a_2, \cdots, a_{n^2+1}$ 是 n^2+1 个不同实数的序列, 证明一定可以从此序列中选出 $n+1$ 个数的子序列 $a_{k_1}, a_{k_2}, \cdots, a_{k_{n+1}}$, 使得这个子序列为递增序列或递减序列.

证明 假设不存在长为 $n+1$ 的递增子序列, 我们来证明必存在长为 $n+1$ 的递减子序列. 对每个 k, $k = 1, 2, \cdots, n^2+1$, 令 m_k 表示从 a_k 开始的递增子序列的最大长度. 由假设可知 $1 \leqslant m_k \leqslant n$. 考虑数 $m_1, m_2, \cdots, m_{n^2+1}$, 这 n^2+1 个数的值只能是 $1, 2, \cdots, n$. 由鸽巢原理的加强形式知一定有 $\lceil (n^2+1)/n \rceil = n+1$ 个 m_k 的取值相等, 设 $m_{k_1} = m_{k_2} = \cdots = m_{k_{n+1}} = l$, 其中 $1 \leqslant k_1 < k_2 < \cdots < k_{n+1} \leqslant n^2+1$. 如果存在某个 i 使得 $a_{k_i} < a_{k_{i+1}}$, 由于 $k_i < k_{i+1}$, 在从 $a_{k_{i+1}}$ 开始的最长的递增子序列的前面加上 a_{k_i}, 就得到了长为 $l+1$ 的从 a_{k_i} 开始的递增子序列, 与 $m_{k_i} = l$ 矛盾. 因此对所有的 $i = 1, 2, \cdots, n$, $a_{k_i} > a_{k_{i+1}}$, 即 $a_{k_1} > a_{k_2} > \cdots > a_{k_{n+1}}$. 这 $n+1$ 个数构成了长为 $n+1$ 的递减子序列. □

同理, 可以得到上述更加广义的结果.

定理 1.3.3 设 $a_1, a_2, \cdots, a_{nm+1}$ 是 $nm+1$ 个不同实数的序列, 证明一定可以从此序列中选出 $n+1$ 个数的子序列 $a_{k_1}, a_{k_2}, \cdots, a_{k_{n+1}}$, 使得这个子序列为递

增序列, 或者从此序列中选出 $m+1$ 个数的子序列 $a_{k_1}, a_{k_2}, \cdots, a_{k_{m+1}}$, 使得这个子序列为递减序列.

例 1.3.2　设 G 是具有 6 个顶点的完全图 K_6, 如果我们对它的边任意涂以红色或蓝色, 则 G 中一定包含一个红色三角形, 或者包含一个蓝色三角形.

证明　如图 1.1, 以实线表示涂蓝色, 虚线表示涂红色. 任取一个顶点, 记作 P_1, 其他 5 个顶点与 P_1 的连线不是实线就是虚线, 由鸽巢原理的加强形式知至少有 3 个点与 P_1 的连线是一样的, 不妨设这 3 个点为 P_2, P_4, P_6, 且它们与 P_1 的连线为实线. 如果 P_2, P_4, P_6 之间的连线都是虚线, 则 $P_2 P_4 P_6$ 构成一个虚线三角形, 如果 P_2, P_4, P_6 之间的连线有一条实线, 则这条实线的两个端点与 P_1 构成一个实线三角形的顶点. 　　　　　　　　　　　　　　　　　　　　　　　　□

注 1.3.1　此结论可以改写为: 在至少六个人参加的任一集会上, 与会者中或者有三个人以前相互认识, 或者有三个人以前彼此都不认识.

例 1.3.3　设 G 是具有 10 个顶点的完全图 K_{10}, 如果我们对它的边任意涂以红色或蓝色, 则 G 中一定包含一个红色三角形, 或者包含一个蓝色的完全四边形.

证明　任取 G 的一个顶点, 记作 P_1, 如果其他的 9 个顶点中至少有 4 个和 P_1 以红线相连, 我们把其中的 4 个顶点记作 P_2, P_3, P_4, P_5. 若这 4 个顶点之间的连线都是蓝线, 则 $P_2 P_3 P_4 P_5$ 构成一个蓝色安全四边形; 若其中有一条连线是红线, 则这条红线的两端与 P_1 构成红三角形的顶点. 如果 $P_2, P_3, \cdots, P_{10}$ 这 9 个顶点之中至多有 3 个顶点和 P_1 以红线相连, 则至少有 6 个顶点和 P_1 以蓝线相连. 这 6 个顶点的子图是 K_6, 由例 1.3.2 知其中一定包含一个红三角形或者蓝三角形. 若包含一个红三角形, 则为所求, 若包含一个蓝三角形, 则这个三角形的 3 个顶点与 P_1 构成一个蓝色完全四边形的顶点. 　　　　　　　　　　　　　□

类似可得

例 1.3.4　设 G 是具有 10 个顶点的完全图 K_{10}, 如果我们对它的边任意涂以红色或蓝色, 则 G 中一定包含一个蓝色的三角形, 或者包含一个红色的完全四边形.

例 1.3.5　设 G 是具有 20 个顶点的完全图 K_{20}, 如果我们对它的边任意涂以红色或蓝色, 则 G 中一定包含一个蓝色的完全四边形, 或者包含一个红色的完全四边形.

设 G 是具有 r 个顶点的完全图 K_n, 当用红、蓝两色对 G 的边任意涂色时, 要使得 G 中包含一个蓝色的完全图 K_{q_1} 或者红色的完全图 K_{q_2}, 我们把满足这一条件的最小的正整数 r 记作 $N(q_1, q_2)$, 并称为拉姆齐 (Ramsey) 数.

由例 1.3.2 可知 $N(3,3) \leqslant 6$, 由例 1.3.3 可知 $N(4,3) \leqslant 10$, 由例 1.3.4 可知 $N(3,4) \leqslant 10$, 由例 1.3.5 可知 $N(4,4) \leqslant 20$. 这些例题给出这几个 Ramsey 数的上界. 由图 1.2 涂色方案说明 $N(3,3) > 5$, 结合前面的 $N(3,3) \leqslant 6$, 故得到

$N(3,3) = 6$ 的精确值. 类似地, 可以得到 $N(3,4) = 9$, $N(4,4) = 18$.

　　Ramsey 数的概念可以推广到多种颜色的情形. 确定一般的 Ramsey 数是组合数学研究异常困难的一个重要课题, 其精确值能够被确定的很少.

　　对 Ramsey 数研究有兴趣的读者, 可以参看文献 [7—9].

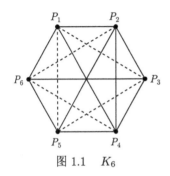

图 1.1　K_6

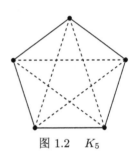

图 1.2　K_5

1.4　问 题 探 究

　　1. (Ryser [10, pp. 33-34]) 设 m 为大于等于 3 的整数, 则存在正整数 N, 使得当 $n \geqslant N$ 时, 在平面上任何 3 点不共线的 n 个点中, 必有 m 个点是凸 m 边形的顶点.

　　2. (第 62 届 IMO①试题) 设整数 $n \geqslant 100$, 将 $n, n+1, \cdots, 2n$ 的每个数写在不同的卡片上, 然后将这 $n+1$ 张卡片打乱顺序并分成两堆, 证明: 至少有一堆中包含两张卡片, 使得这两张卡片上的数之和是一个完全平方数.

　　3. (第 61 届 IMO 试题) 有 $4n$ 枚小石子, 重量分别为 $1, 2, 3, \cdots, 4n$, 每一枚小石子都染了 n 种颜色之一, 使得每种颜色的小石子恰有四枚, 证明: 我们可以把这些小石子分成两堆, 同时满足两个条件:

　　(1) 两堆小石子有相同的总重量;

　　(2) 每一堆恰有每种颜色的小石子各两枚.

　　4. (第 59 届 IMO 试题) 设 $a_1, a_2, \cdots$ 是一个无限项正整数序列, 已知存在整数 $N > 1$, 使得对每个整数 $n \geqslant N$,

$$\frac{a_1}{a_2} + \frac{a_2}{a_3} + \cdots + \frac{a_{n-1}}{a_n} + \frac{a_n}{a_1}$$

都是整数, 证明存在整数 M, 使得 $a_m = a_{m+1}$ 对所有整数 $m \geqslant N$ 都成立.

---

① 国际数学奥林匹克竞赛, 英文名: International Mathematical Olympiad, 简称 IMO.

5. (Erdös, Hajnal, [11]) 已知 X 为一个 n 元集, $\mathcal{F}$ 为 X 的 3 元子集的组成的族, 其中 $\mathcal{F}$ 中每两个子集之间至多有一个公共元, 则存在一个至少有 $[\sqrt{2n}]$ 个元的 X 的子集, 它不包括属于 $\mathcal{F}$ 的任何子集.

6. 设正整数数列 $a_1, a_2, \cdots, a_{mn+1}$ 为严格递增, 证明: 或者可从中选出 $m+1$ 个数, 它们中没有一个数能整除另一个, 或者可从中选出长为 $n+1$ 的子序列, 使其中每一项都能整除它后一项.

第 2 章　排列、组合与二项式系数

排列与组合是组合数学研究中最基本的问题. 本章主要考虑将排列与组合计数推广到允许重复的计数问题, 叙述组合数学中最常见、最重要的一些计数原理、计数方法与公式, 进而考虑由二项式系数产生的一系列分析与计算问题.

2.1　基本计数法则

和则 (加法原理): 如果做一件事的全部方法可分成互不相关的 k 类, 其中第 i 类的方法有 n_i 种 $(1 \leqslant i \leqslant k)$, 则完成这件事共有 $\sum\limits_{i=1}^{k} n_i$ 种方法.

积则 (乘法原理): 如果做一件事要依次分 k 个步骤, 其中完成第 i 个步骤的方法有 n_i 种 $(1 \leqslant i \leqslant k)$, 则完成这件事共有 $\prod\limits_{i=1}^{k} n_i$ 种方法.

等则 (一一映射法则): 设 A, B 为两个有限集, 如果存在由 A 到 B 的一一映射, 则 $|A| = |B|$.

给定 m 个有限集合 $N_i (1 \leqslant i \leqslant m)$, 它们的笛卡儿积 (Cartesian product) 是 m 元组 $(y_1, y_2, \cdots, y_m)$ 的集合, 其中 $y_i \in N_i (i = 1, 2, \cdots, m)$. 故有

定理 2.1.1　有限个有限集合乘积的元素个数满足

$$\left| \prod_{i=1}^{m} N_i \right| = \prod_{i=1}^{m} |N_i| = |N_1| \, |N_2| \cdots |N_m| . \tag{2.1.1}$$

证明　实际上, 利用积则可知, m 元组 $(y_1, y_2, \cdots, y_m)$ 的个数等于 N_1 中 y_1 可选择的个数 $|N_1|$ 乘以 N_2 中 y_2 可选择的个数 $|N_2|$ $\cdots\cdots$ 再乘以 N_m 中 y_m 可选择的个数 $|N_m|$.　□

定理 2.1.2　若正整数 n 的质因数分解为 $\prod\limits_{i=1}^{k} p_i^{t_i}$, 则正整数 n 的因子个数为 $\prod\limits_{i=1}^{k} (t_i + 1)$.

证明　对 $i = 1, 2, \cdots, k$, 令 $A_i = \{0, 1, 2, \cdots, t_i\}$. 事实上, 选择 n 的任何因子 $p_1^{\gamma_1} p_2^{\gamma_2} \cdots p_k^{\gamma_k}$ 与选择 $\gamma_i \in A_i$ 的指数序列 $\{\gamma_1, \gamma_2, \cdots, \gamma_k\}$ 是一样的. 因此正整

数 n 的因子个数为

$$|A_1 \times A_2 \times \cdots \times A_k| = |A_1||A_2| \cdots |A_k| = (t_1 + 1)(t_2 + 1) \cdots (t_k + 1). \qquad \square$$

定理 2.1.3 集合 M 到集合 N 的映射的个数为 $|N|^{|M|}$.

证明 要确定从集合 M 到集合 N 的一个映射, 也就是将 M 中的每一个元素在 N 中都有一个对应, 由于在 N 中都有 M 种选择, 故根据积则可知, 集合 M 到集合 N 的映射的个数为 $|N|^{|M|}$. $\qquad \square$

定理 2.1.4 集合 N 的置换就是 N 到自身的双射, 则 n 元集 N 的置换的个数为 $n!$.

证明 这是由于第一个元素的像选取有 n 种方法, 确定之后, 第二个元素的像有 $n-1$ 种方法 $\cdots\cdots$ 一直到第 n 种元素只有 1 种选法, 根据积则可知, 结论成立. $\qquad \square$

定理 2.1.5 n 元集 M 的子集个数为 2^n.

证明 令 N 是具有两个元素 0 和 1 的集合, n 元集的子集个数相当于建立一个从集合 M 到集合 N 的映射的方法数, 故由定理 2.1.3 可得, n 元集 M 的子集个数为 2^n. $\qquad \square$

2.2 集合的排列与组合

首先, 我们看个例子.

例 2.2.1 (1) 用 $1, 2, \cdots, 9$ 构成四位数, 若要求每位数字都不相同, 问有多少种选法?

(2) 用 $1, 2, \cdots, 9$ 构成四位数, 问有多少种选法?

此两个问题特点均为有序地选取元素. 因此, 我们定义排列问题如下:

定义 2.2.1 从某个集合中有序地选取若干个元素的问题, 称为排列问题 (permutation problem).

注 2.2.1 上述两个问题均属排列问题, 区别之处在于选取元素允许重复和不允许重复.

首先, 我们讨论不允许重复的排列问题.

定义 2.2.2 从 n 个元素的集合 S 中有序地选取 r 个元素, 称为 S 的一个 r-排列. 不同排列的总数记作 $P(n, r)$. 若 $r = n$, 则称此排列为 S 的全排列, 简称 S 的排列.

易知, 当 $r > n$ 时, $P(n, r) = 0$.

定理 2.2.1 对满足 $r \leqslant n$ 的正整数 n 和 r, 有

$$P(n, r) = n(n-1) \cdots (n-r+1).$$

证明　从 n 个元素的集合 S 中有序地选取 r 个元素相当于从 n 个元素中选取第一个元素有 n 种方法, 从剩下的 $n-1$ 个元素中选取第二个元素有 $n-1$ 种方法, 再从剩下的 $n-2$ 个元素中选取第三个元素有 $n-2$ 种方法 $\cdots\cdots$ 最后, 从剩下的 $n-r+1$ 个元素中选取第 r 个元素有 $n-r+1$ 种方法, 根据积则可得, 从 n 个元素的集合 S 中有序地选取 r 个元素的方法数为 $n(n-1)(n-2)\cdots(n-r+1)$ 种.　　　　　□

若令 $n!=n(n-1)\cdots2\cdot1$, 且规定 $0!=1$, 则有

$$P(n,r)=\frac{n!}{(n-r)!},$$

且当 $n\geqslant0$ 时, 约定 $P(n,0)=1$, 当 $r=n$ 时, 有 $P(n,n)=n!$. 为方便计, 有时也将 $n(n-1)\cdots(n-r+1)$ 记作 $(n)_r$, 故

$$P(n,r)=\frac{n!}{(n-r)!}=(n)_r.$$

定义 2.2.3　若把集合的元素排成一个环, 则称之为环排列.

定理 2.2.2　一个 n 元集 S 的环形 r-排列数是

$$\frac{P(n,r)}{r}=\frac{n!}{r\,(n-r)!}=\frac{1}{r}(n)_r,$$

若 $r=n$, 则 S 的环排列数为 $(n-1)!$.

例 2.2.2　(1) n 个男孩和 m 个女孩站成一排 $(n\geqslant m)$, 如果没有两个女孩相邻, 问有多少种排法?

(2) n 个男孩和 m 个女孩站成一个圆圈 $(n\geqslant m)$, 如果没有两个女孩相邻, 问有多少种排法?

解　把男孩看成格子的分界, 每两个男孩之间看成一个空格, 把女孩看成不同的球, 那么这个排列对应于把不同的球放入空格并且每个格只能放一个球的放球问题.

(1) 男孩组成格子的方法数为 $P(n,n)$ 种, 对于任何一种组法, 有 $n+1$ 个位子可以放女孩, 故女孩的方法数为 $P(n+1,m)$. 根据乘法原理得所求的排列数为

$$N=P(n,n)\times P(n+1,m)=n!(n+1)_m.$$

(2) 男孩组成的格子的方法数是 n 个元素的环排列数为 $P(n,n)/n$, 而女孩放入 n 个格子的方法数为 $P(n,m)$. 由乘法原理知, 所求排列数为

$$N=\frac{P(n,n)}{n}\times P(n,m)=(n-1)!(n)_m.$$

例 2.2.3　(1) 从 n 个不同的元素中每次取 k 个不同的元素, 问有多少种取法?

(2) 从 n 种不同的元素中 (每种元素的个数至少为 k 个) 每次取 k 个元素, 问有多少种取法?

此两个问题特点均为无序地选取元素. 因此, 我们定义组合问题如下:

定义 2.2.4　从某个集合中无序地选取若干个元素的问题, 称为组合问题 (combinatorial problem).

注 2.2.2　上述两个问题均属组合问题, 区别之处在于选取元素允许重复和不允许重复.

下面我们讨论不允许重复的组合问题.

定义 2.2.5　从 n 个元素的集合 S 中无序地选取 r 个元素, 称为 S 的一个 r-组合. 不同组合的总数记作 $C(n,r)$.

当 $n \geqslant 0$ 时, 规定 $C(n,0) = 1$. 易知, 当 $r > n$ 时, $C(n,r) = 0$.

定理 2.2.3　对满足 $r \leqslant n$ 的正整数 n 和 r, 有 $P(n,r) = r!C(n,r)$, 即

$$C(n,r) = \frac{n!}{r!(n-r)!}.$$

证明　从 n 个元素的集合 S 中有序地选取 r 个元素的方法数等于从 n 个元素的集合 S 中无序地选取 r 个元素, 再对选取的 r 个元素进行排序的方法数. 故有

$$P(n,r) = C(n,r) \cdot r!,$$

即

$$C(n,r) = \frac{P(n,r)}{r!} = \frac{n!}{r!(n-r)!}. \qquad \square$$

易得

推论 2.2.1　对一切 $r \leqslant n$, 则

$$C(n,r) = C(n,n-r).$$

例 2.2.4 ([12, 例 1.13])　考虑凸 n 边形的有关计数问题:

(1) 凸 n 边形的对角线在其内部交点的最多个数. 由于每四个顶点决定对角线在凸多边形内部的一个交点, 故凸 n 边形在其内部交点的最多个数为 $C(n,4)$.

(2) 凸 n 边形的对角线的条数. n 个顶点连线共有 $C(n,2)$ 条线, 其中有 n 条线是凸多边形的边, 故凸 n 边形的对角线的条数为 $C(n,2) - n = \dfrac{n(n-3)}{2}$.

(3) 由凸多边形的边和其对角线围成的三角形的最多个数. 围成的此类三角形包含四类.

(a) 三个顶点均为凸多边形的顶点的三角形, 有 $C(n,3)$ 个.

　　(b) 只有两个顶点是凸多边形的顶点的三角形, 此类三角形是由两条相交的对角线和一条边围成, 该边的两个端点是这两条对角线的端点. 因为凸多边形的 4 个顶点确定了两条相交的对角线, 而两条相交的对角线确定了 4 个属于此类三角形, 故此类三角形有 $4C(n,4)$ 个.

　　(c) 只有一个顶点是凸多边形的顶点的三角形, 此类三角形是由 3 条对角线围成的. 这 3 条对角线共有 5 个点是凸多边形的顶点, 且围出 5 个此类三角形, 故此类三角形有 $5C(n,5)$.

　　(d) 3 个顶点均不是凸多边形的顶点, 此类三角形是由 3 条对角线围成, 这 3 条对角线共有 6 个点是凸多边形的顶点, 且围出 1 个此类三角形, 故有 $C(n,6)$ 个. 根据和则得, 由凸 n 边形的边和其对角线围成的三角形的最多个数为

$$C(n,3) + 4C(n,4) + 5C(n,5) + C(n,6).$$

多边形的计数问题还有下述结论.

　　一个凸 n 边形中, 以其顶点为顶点, 对角线为边 (不含多边形的边) 的三角形的个数为 $\frac{n}{3}C(n-4,2)$. 进一步, 在一个凸 n 边形中, 以其顶点为顶点, 对角线为边 (不含原多边形的边) 的 k 边形的个数为 $\frac{n}{k}C(n-k-1,k-1)$.

　　定理 2.2.4　设 S 为 n 元集, 则 S 的子集个数为

$$2^n = C(n,0) + C(n,1) + \cdots + C(n,n).$$

　　证明　对于 $r = 0,1,2,\cdots,n$, S 的每个 r 元子集就是 S 的一个 r-组合, 因此 $C(n,r)$ 就是 S 的 r 元子集数. 根据和则知, S 的所有子集的个数为

$$C(n,0) + C(n,1) + \cdots + C(n,n).$$

另一方面, 在构造 S 的某个子集时可以对每个元素有两个选择, 是属于该子集还是不属于该子集. 因此根据积则可得 S 的不同子集数为 2^n. 故有

$$2^n = C(n,0) + C(n,1) + \cdots + C(n,n). \qquad \square$$

　　例 2.2.5　从 $2n$ 个不同的元素中选取两个元素的方法数为 $C(2n,2)$. 若将此 $2n$ 个元素分成两组, 选取两个元素的方法有两类, 一类取自同一组, 选法数为 $2C(n,2)$; 另一类取自不同的两组, 取法数为 $C(n,1)C(n,1) = n^2$, 根据和则可得

$$C(2n,2) = 2C(n,2) + n^2.$$

2.3　多重集的排列与组合

　　为了讨论允许重复选取的问题, 我们引入多重集的概念.

定义 2.3.1　元素可以多次出现的集合, 我们称之为多重集. 多重集中某个元素 a_i 出现的次数 n_i, 称为该元素的重复数. 通常将含有 k 种不同元素的多重集 S, 记作 $S = \{n_1 \cdot a_1, n_2 \cdot a_2, \cdots, n_k \cdot a_k\}$.

定义 2.3.2　从一个多重集 S 中有序地选取 r 个元素, 称为 S 的一个 r-排列. 若 $r = n$, 则称此排列为 S 的一个排列, 简称 S 的排列.

例 2.3.1　多重集 $S = \{2a, 1b, 3c\}$, $acab$, $abcc$ 是 S 的两个 4-排列, $abccca$ 是 S 的一个排列.

定理 2.3.1　设多重集 $S = \{\infty a_1, \infty a_2, \cdots, \infty a_k\}$, 则 S 的 r-排列数为 k^r.

证明　由于 S 中元素可以重复选取, 故在构造 S 的一个 r-排列时, 第一位有 k 种选法, 第二位也有 k 种选法 $\cdots\cdots$ 第 r 位仍有 k 种选法, 因此, 由积则可知, 所求的不同的 r-排列数为 k^r.　□

显然有:

推论 2.3.1　设多重集 $S = \{n_1 a_1, n_2 a_2, \cdots, n_k a_k\}$, 且对一切 $i = 1, 2, \cdots, k$, 有 $n_i \geqslant r$, 则 S 的 r-排列数为 k^r.

定理 2.3.2　设多重集 $S = \{n_1 a_1, n_2 a_2, \cdots, n_k a_k\}$, 且 $n = n_1 + n_2 + \cdots + n_k$, 则 S 的排列数等于

$$\frac{n!}{n_1! n_2! \cdots n_k!}.$$

证明　S 的一个排列就是它的 n 个元素的一个全排列. 因为 S 中有 n_1 个 a_1, 在排列时要占据 n_1 个位置, 这些位置的选法有 $C(n, n_1)$ 种; 接下来, 在剩余的 $n - n_1$ 个位置中选取 n_2 个放 a_2, 选法有 $C(n - n_1, n_2)$ 种; 类似地, 有 $C(n - n_1 - n_2, n_3)$ 种方法放 a_3 $\cdots\cdots$ 有 $C(n - n_1 - \cdots - n_{k-1}, n_k)$ 种方法放 a_k, 由积则可知, S-排列数为

$$C(n, n_1) C(n - n_1, n_2) \cdots C(n - n_1 - \cdots - n_{k-1}, n_k)$$

$$= \frac{n!}{n_1!(n - n_1)!} \cdot \frac{(n - n_1)!}{n_2!(n - n_1 - n_2)!} \cdots \frac{(n - n_1 - \cdots - n_{k-1})!}{n_k! 0!}$$

$$= \frac{n!}{n_1! n_2! \cdots n_k!}.$$　□

例 2.3.2　将 6 个蓝球、5 个红球、4 个白球、3 个黄球排成一行, 要求黄球不相邻, 则有多少种排列方式?

解　在构造所求排列时, 先将红、蓝、白三种球进行全排列, 再将 3 个黄球插入其中. 令 $M = \{6b, 5r, 4w\}$, 则 M 的全排列数为 $\dfrac{15!}{6!5!4!}$, 要使黄球不相邻, 就将 3 个黄球插入前面排好的红、蓝、白三种球的全排列的间隔中, 共有 16 个位置, 故

插入黄球的方法数为 $\binom{16}{3}$, 因此所求的排列方式有 $\dfrac{15!}{6!5!4!}\binom{16}{3}$ 种.

定义 2.3.3   设 S 是多重集, S 的含有 r 个元素的子多重集称为 S 的 r-组合.

例 2.3.3   多重集 $S = \{2a, 1b, 3c\}$, S 的 2-组合: ab, ac, aa, bc, cc. S 的 3-组合: $aab, aac, abc, acc, bcc, ccc$.

易知 (1) 若多重集 S 有 n 个元素 (包含重复元素), 则 S 的 n-组合只有一个, 即 S 本身;

(2) 若多重集 S 有 k 种不同的元素, 则 S 的 1-组合恰有 k 个.

引理 2.3.1   多重集 S 的 r-组合数等于方程 $x_1 + x_2 + \cdots + x_k = r$ 的非负整数解的个数.

证明   令 $A = \{$多重集 S 的 r-组合$\}$, $B = \{$方程 $x_1 + x_2 + \cdots + x_k = r$ 的非负整数解$\}$, 对 A 中任意一个元素, 即 S 中的任何一个 r-组合都具有以下形式:

$$\{x_1 \cdot a_1, \ x_2 \cdot a_2, \ \cdots, \ x_k \cdot a_k\},$$

其中 $x_1, x_2, \cdots, x_k$ 为非负整数, 且满足 $x_1 + x_2 + \cdots + x_k = r$, 即对应 B 中一个元素. 反之, 对于每一组满足方程 $x_1 + x_2 + \cdots + x_k = r$ 的非负整数 $x_1, x_2, \cdots, x_k$, 则 $\{x_1 \cdot a_1, \ x_2 \cdot a_2, \ \cdots, \ x_k \cdot a_k\}$ 就是 S 的一个 r-组合. 因此, 集合 A 与 B 之间存在双射, 故 $|A| = |B|$, 结论得证. $\square$

引理 2.3.2   方程 $x_1 + x_2 + \cdots + x_k = r$ 的非负整数解的个数等于多重集 $T = \{(k-1) \cdot 0, \ r \cdot 1\}$ 的排列数.

证明   令 $A = \{$方程 $x_1 + x_2 + \cdots + x_k = r$ 的非负整数解$\}$, $B = \{$多重集 $T = \{(k-1) \cdot 0, \ r \cdot 1\}$ 的排列$\}$, 对于 A 中的一组非负整数解 $x_1, x_2, \cdots, x_k$, 构造如下形式的排列:

$$\underbrace{1\cdots1}_{x_1\text{个}1}0\underbrace{1\cdots1}_{x_2\text{个}1}\cdots0\cdots0\underbrace{1\cdots1}_{x_k\text{个}1},$$

它就是多重集 $T = \{(k-1) \cdot 0, \ r \cdot 1\}$ 的一个排列. 反之, 任意 B 中一个元素, 即 T 的一个排列, 也就是 $k-1$ 个 0, r 个 1 的一个排列, 在这个排列中 $k-1$ 个 0 把 r 个 1 分成 k 组, 从左边数起, 把第一个 0 左边的 1 的个数记作 x_1, 第一个 0 与第二个 0 之间的 1 的个数记作 x_2 …… 最后一个 0 右边的 1 的个数记作 x_k, 则 $x_1, x_2, \cdots, x_k$ 均为非负整数, 且它们的和是 r, 即对应 A 中一个元素, 故 A 与 B 之间存在双射, 因此 $|A| = |B|$. 故结论得证. $\square$

根据上面两个引理, 则有

定理 2.3.3   设多重集 $S = \{\infty a_1, \infty a_2, \cdots, \infty a_k\}$, 则 S 的 r-组合数为 $C(k+r-1, r)$.

推论 2.3.2 设多重集 $S = \{n_1 a_1, n_2 a_2, \cdots, n_k a_k\}$, 且对一切 $i = 1, 2, \cdots, k$, 有 $n_i \geqslant r$, 则 S 的 r-组合数为 $C(k + r - 1, r)$.

推论 2.3.3 设多重集 $S = \{\infty a_1, \infty a_2, \cdots, \infty a_k\}$, 且 $r \geqslant k$, 则 S 中每个元素至少取一个的 r-组合数为 $C(r - 1, k - 1)$.

证明 任取一个所求的 r-组合, 从中拿走元素 $a_1, a_2, \cdots, a_k$, 就得到 S 的一个 $(r - k)$-组合, 反之, 对于 S 的一个 $(r - k)$-组合, 加入元素 $a_1, a_2, \cdots, a_k$, 就得到所求的组合, 因此 S 中每个元素至少取一个的 r-组合数就是 S 的 $(r - k)$-组合数. 由定理 2.3.3 知, 所求为

$$N = C(k + (r - k) - 1, r - k) = C(r - 1, r - k) = C(r - 1, k - 1). \qquad \square$$

例 2.3.4 (1) 考虑方程 $x_1 + x_2 + \cdots + x_n = r$ 满足

$$x_i \geqslant s_i, \quad i = 1, 2, \cdots, n$$

且 $s = s_1 + s_2 + \cdots + s_n \leqslant r$ 的整数解的个数.

(2) 考虑方程 $x_1 + x_2 + \cdots + x_n = r$ 满足

$$x_i \leqslant m_i, \quad i = 1, 2, \cdots, n$$

且 $m = m_1 + m_2 + \cdots + m_n \geqslant r$ 的整数解的个数.

解 (1) 应用变换 $y_i = x_i - s_i, i = 1, 2, \cdots, n$, 方程变为

$$y_1 + y_2 + \cdots + y_n = r - s$$

且 $y_i \geqslant 0, i = 1, 2, \cdots, n$. 由于它们的解之间存在一一对应, 故所求解的个数为

$$\binom{n + r - s - 1}{r - s} = \binom{n + r - s - 1}{n - 1}.$$

(2) 类似地, 作变换 $z_i = m_i - x_i, i = 1, 2, \cdots, n$, 方程变为

$$z_1 + z_2 + \cdots + z_n = m - r$$

且 $z_i \geqslant 0, i = 1, 2, \cdots, n$. 由于它们的解之间存在一一对应, 故所求解的个数为

$$\binom{n + m - r - 1}{m - r} = \binom{n + m - r - 1}{n - 1}.$$

定理 2.3.4 若 n 元集的 k 元子集中任何两个元素在原 n 元集中至少间隔 r 个元素, 则该 k 元子集的个数为

$$f_r(n, k) = C(n - kr + r, k).$$

证明　令 n 元集为 $S = \{1, 2, \cdots, n\}$, 以及 $P = \{i_1, i_2, \cdots, i_k\}$ 为 S 的一个任何两个元素在原 n 元集中至少间隔 r 个元素的 k 元子集, 其中 $1 \leqslant i_1 < i_2 < \cdots < i_k \leqslant n$. 作下列一一对应变换:

$$y_1 = i_1 - 1,$$
$$y_j = i_j - i_{j-1} - 1 \quad (2 \leqslant j \leqslant k),$$
$$y_{k+1} = n - i_k,$$

则给出 P 等价于给出方程

$$y_1 + y_2 + \cdots + y_k + y_{k+1} = n - k \tag{2.3.1}$$

的一个非负整数解, 并且当 $2 \leqslant j \leqslant k$ 时, 有 $y_j \geqslant r$ (满足至少间隔 r 个元素的要求). 再令

$$z_1 = y_1,$$
$$z_j = y_j - r \quad (2 \leqslant j \leqslant k),$$
$$z_{k+1} = y_{k+1},$$

则方程 (2.3.1) 的满足条件 (当 $2 \leqslant j \leqslant k$ 时, 有 $y_j \geqslant r$) 的非负整数解的个数等价于

$$z_1 + z_2 + \cdots + z_k + z_{k+1} = n - k - (k-1)r \tag{2.3.2}$$

的非负整数解的个数. 根据方程非负整数解的个数 (定理 2.3.3) 知, 上述方程的非负整数解个数为

$$C(k + 1 + n - k - (k-1)r - 1, n - k - (k-1)r)$$
$$= C(n - (k-1)r, n - k - (k-1)r)$$
$$= C(n - kr + r, k).$$

故命题得证. □

2.4　二项式系数与二项式定理

组合数 $C(n, k)$, 也记作 $\binom{n}{k}$, 常被称为二项式系数. 即有

$$\binom{n}{k} = \begin{cases} 0, & k > n, \\ \dfrac{n!}{k!(n-k)!}, & 0 \leqslant k \leqslant n. \end{cases}$$

它具有如下性质.

性质 2.4.1 令 n, k, r 均为非负整数, 则有

(1) 对称性:

$$\binom{n}{k} = \binom{n}{n-k}. \tag{2.4.1}$$

(2) 降阶性:

$$\binom{n}{k} = \frac{n(n-1)\cdots(n-r)}{k(k-1)\cdots(k-r)} \binom{n-r-1}{k-r-1} \quad (k > r). \tag{2.4.2}$$

(3) 递归关系:

$$\binom{n}{k} = \binom{n-1}{k} + \binom{n-1}{k-1}. \tag{2.4.3}$$

(4) 单峰性: 当 n 为偶数时, 有

$$\binom{n}{0} < \binom{n}{1} < \cdots < \binom{n}{\frac{n}{2}} > \cdots > \binom{n}{n-1} > \binom{n}{n}; \tag{2.4.4}$$

当 n 为奇数时, 有

$$\binom{n}{0} < \binom{n}{1} < \cdots < \binom{n}{\frac{n-1}{2}} = \binom{n}{\frac{n+1}{2}} > \cdots > \binom{n}{n-1} > \binom{n}{n}. \tag{2.4.5}$$

证明 性质 (1)—(3) 易证, 这里不再给出证明. 现证明性质 (4) 单峰性. 考察 $\binom{n}{k-1}$ 与 $\binom{n}{k}$ 的比值:

$$\frac{\binom{n}{k}}{\binom{n}{k-1}} = \frac{n-k+1}{k}.$$

若 n 为偶数, $k \leqslant \frac{n}{2}$, 则

$$n - k + 1 \geqslant n - \frac{n}{2} + 1 > \frac{n}{2} \geqslant k,$$

因此

$$\binom{n}{k} > \binom{n}{k-1};$$

若 n 为偶数, $k \geqslant \dfrac{n}{2}+1$, 则

$$n-k+1 \leqslant n-\left(\dfrac{n}{2}+1\right)+1 = \dfrac{n}{2} < k,$$

因此

$$\binom{n}{k} < \binom{n}{k-1}.$$

若 n 为奇数, $k = \dfrac{n+1}{2}$, 则

$$n-k+1 = n-\dfrac{n+1}{2}+1 = \dfrac{n+1}{2} = k,$$

因此

$$\binom{n}{k} = \binom{n}{k-1};$$

若 n 为奇数, $k > \dfrac{n+1}{2}$, 则

$$n-k+1 < n-\dfrac{n+1}{2}+1 = \dfrac{n+1}{2} < k,$$

因此

$$\binom{n}{k} < \binom{n}{k-1};$$

若 n 为奇数, $k \leqslant \dfrac{n-1}{2}$ 时, 则

$$n-k+1 \geqslant n-\dfrac{n-1}{2}+1 = \dfrac{n+1}{2} > k,$$

因此

$$\binom{n}{k} > \binom{n}{k-1}.$$

综上所述, (4) 成立.   □

注 2.4.1 利用二项式系数的递归关系, 可以得到下面朱世杰恒等式:

$$\sum_{j=0}^{m}\binom{n+j}{n}=\binom{m+n+1}{n+1}, \tag{2.4.6}$$

这里 n, m 均为非负整数.

定理 2.4.1 (帕斯卡 (Pascal) 二项式定理) 设 n 为正整数, 对一切 x 和 y, 有

$$(x+y)^n=\sum_{k=0}^{n}\binom{n}{k}x^k y^{n-k}. \tag{2.4.7}$$

证明 等式左边是 n 个 $x+y$ 相乘, 每个 $x+y$ 在相乘时有两种选择, 贡献一个 x 或者一个 y, 由积则知, 乘积中有 2^n 个项 (包含同类项), 并且每项都具有形式 $x^k y^{n-k}$, $k=0,1,2,\cdots,n$, 对于项 $x^k y^{n-k}$, 它是由 k 个 $x+y$ 贡献 x, $n-k$ 个 $x+y$ 贡献 y 而得到, 它在乘积中出现的次数就是从 n 个 $x+y$ 中选取 k 个的方法数 $\binom{n}{k}$. 因此

$$(x+y)^n=\sum_{k=0}^{n}\binom{n}{k}x^k y^{n-k}. \qquad \Box$$

显然, Pascal 二项式定理有下述推论.

推论 2.4.1 设 n 为正整数, 对一切 x 有

$$(1+x)^n=\sum_{k=0}^{n}\binom{n}{k}x^k. \tag{2.4.8}$$

进而得到

$$\left(1+\frac{1}{n}\right)^{n-1}=\sum_{k=1}^{n}\binom{n}{k}\frac{k}{n^k}.$$

推论 2.4.2 对任何正整数 n, 有

$$\binom{n}{0}+\binom{n}{1}+\cdots+\binom{n}{n}=2^n.$$

推论 2.4.3 对任何正整数 n, 有

$$\binom{n}{0}-\binom{n}{1}+\binom{n}{2}-\binom{n}{3}+\cdots+(-1)^n\binom{n}{n}=0.$$

定理 2.4.2 (多项式定理)　设 t 为正整数, n 为非负整数, 对一切实数 x_1, $x_2, \cdots, x_t$, 则有

$$(x_1 + x_2 + \cdots + x_t)^n = \sum \binom{n}{n_1, n_2, \cdots, n_t} x_1^{n_1} x_2^{n_2} \cdots x_t^{n_t}, \qquad (2.4.9)$$

这里 $\binom{n}{n_1, n_2, \cdots, n_t}$ 定义为 $\dfrac{n!}{n_1! n_2! \cdots n_t!}$, 并且其中求和是对满足方程 $n_1 + n_2 + \cdots + n_t = n$ 的一切非负整数解 $n_1, n_2, \cdots, n_t$ 来求.

证明　$(x_1 + x_2 + \cdots + x_t)^n$ 是 n 个因式 $(x_1 + x_2 + \cdots + x_t)$ 相乘, 每个因式相乘时可以分别贡献 x_1, 或 x_2, $\cdots$, x_t, 有 t 种选择, 所以乘积展开式中共有 t^n 个项 (含同类项), 且每一项都具有形式: $x_1^{n_1} x_2^{n_2} \cdots x_t^{n_t}$, 其中 $n_1, n_2, \cdots, n_t$ 均为非负整数并且满足 $n_1 + n_2 + \cdots + n_t = n$. 项 $x_1^{n_1} x_2^{n_2} \cdots x_t^{n_t}$ 就是说在因式 $(x_1 + x_2 + \cdots + x_t)$ 中有 n_1 个贡献 x_1, 在剩下的 $n - n_1$ 个因式中有 n_2 个贡献 x_2, $\cdots$, 在剩下的 $(n - n_1 - n_2 - \cdots - n_{t-1})$ 个因式中有 n_t 个贡献 x_t, 所以项 $x_1^{n_1} x_2^{n_2} \cdots x_t^{n_t}$ 在展开式中出现的次数为

$$\binom{n}{n_1}\binom{n - n_1}{n_2} \cdots \binom{n - n_1 - n_2 - \cdots - n_{t-1}}{n_t}$$

$$= \frac{n!}{n_1! n_2! \cdots n_t!} = \binom{n}{n_1, n_2, \cdots, n_t}. \qquad \square$$

推论 2.4.4　$(x_1 + x_2 + \cdots + x_t)^n$ 的展开式在合并同类项以后不同的项数为 $\binom{n + t - 1}{n}$.

证明　$(x_1 + x_2 + \cdots + x_t)^n$ 的展开式中任何一项都是 $x_1^{n_1} x_2^{n_2} \cdots x_t^{n_t}$ 的形式, 其中 $n_1 + n_2 + \cdots + n_t = n$ 的每一项对应方程 $n_1 + n_2 + \cdots + n_t = n$ 的一组非负整数解, 所以不同的项的个数等于非负整数解的个数 $\binom{n + t - 1}{n}$. $\qquad \square$

推论 2.4.5

$$\sum \binom{n}{n_1, n_2, \cdots, n_t} = t^n, \qquad (2.4.10)$$

其中求和是满足方程 $n_1 + n_2 + \cdots + n_t = n$ 的一切非负整数解 $n_1, n_2, \cdots, n_t$ 来求. $\binom{n}{n_1, n_2, \cdots, n_t}$ 被称为多项式系数, 是多重集 $S = \{n_1 a_1, n_2 a_2, \cdots, n_t a_t\}$ 的排列数.

例 2.4.1 求 $(2x_1 - 3x_2 + 5x_3)^6$ 展开式中项 $x_1^2 x_1 x_3^2$ 与项 $x_1^3 x_2 x_3^2$ 的系数.

解 由定理 2.4.2 可得, 项 $x_1^2 x_1 x_3^2$ 的系数为零. 项 $x_1^3 x_2 x_3^2$ 的系数为

$$\binom{6}{3,1,2} \cdot 2^3 \cdot (-3) \cdot 5^2 = \frac{6!}{3!2!} \cdot 8 \cdot (-3) \cdot 25 = -36000.$$

2.5 组合恒等式的组合意义

有关二项式系数, 甚至多项式系数的恒等式, 称为组合恒等式. 给出组合恒等式本身所包含的组合意义, 或者说给出组合恒等式的组合解释, 亦称组合证明, 是组合学研究的重要课题之一. 本节举例说明.

定理 2.5.1 设 n 为正整数, 则

$$\binom{n}{0} + \binom{n}{2} + \cdots = \binom{n}{1} + \binom{n}{3} + \cdots. \tag{2.5.1}$$

证明 设 n 元集 S, 取定 S 中一个元素 x, 对 S 的任何一个偶子集 $A \subseteq S$, 若 $x \in A$, 则令 $B = A - \{x\}$. 若 $x \notin A$, 则令 $B = A \cup \{x\}$. B 显然是 S 的奇子集. 反之亦然, 故偶子集与奇子集之间存在双射. 因此其个数相等. □

注 2.5.1 此组合恒等式的组合意义为: n 元集 $(n \neq 0)$ 的偶子集的个数与奇子集的个数相等.

定理 2.5.2 设 n, r, k 均为正整数, 则有

$$\binom{n}{r}\binom{r}{k} = \binom{n}{k}\binom{n-k}{r-k}. \tag{2.5.2}$$

证明 等式左边是从 n 个元素的集合中先选取 r 个元素, 然后再从这 r 个元素中选取 k 个元素的方法数. 这种选取的方法数与直接从 n 元集中取 k 个元素的选取数不同, 应该是所选取的 k 个元素同时包含在 n 元集和它的一个 r 元子集中, 为达到这样的选取方法数, 首先从 n 元集中取 k 个元素, 由于这 k 个元素要保证也包含在 r 元子集中, 故将它们放入 r 元子集中, 这时还需要从 n 元集选取 k 元集剩下的 $n-k$ 个元素中选取 $r-k$ 个元素, 将这 $r-k$ 个元素与原来选取的 k 个元素放在一起构成一个 r 元子集, 并且也保证了原来选取的 k 个元素来自 r 元子集, 利用乘法原理得到这种选取数为 $\binom{n}{k}\binom{n-k}{r-k}$. 因此等式成立. □

定理 2.5.3 (朱世杰-范德蒙德 (Vandermonde) 恒等式) 设 m, n, r 均为正整数以及 $r \leqslant \min\{m, n\}$, 则有

$$\sum_{k=0}^{r} \binom{m}{k}\binom{n}{r-k} = \binom{m+n}{r}. \tag{2.5.3}$$

证明 用组合分析的方法, 设 $S = \{a_1, a_2, \cdots, a_m, b_1, b_2, \cdots, b_n\}$, 等式左边表示从 S 中选取 r 个元素的方法数. 令 $S_1 = \{a_1, a_2, \cdots, a_m\}$, $S_2 = \{b_1, b_2, \cdots, b_n\}$, 把选法进行分类: 从 S_1 中不选, 从 S_2 中选 r 个的方法数为 $\binom{m}{0}\binom{n}{r}$; 从 S_1 中选 1 个, 从 S_2 中选 $r-1$ 个的方法数为 $\binom{m}{1}\binom{n}{r-1}$; $\cdots\cdots$; 从 S_1 中选 r 个, 从 S_2 中不选的方法数为 $\binom{m}{r}\binom{n}{0}$. 由和则可得, 总的选法数为

$$\sum_{k=0}^{r} \binom{m}{k}\binom{n}{r-k},$$

因此, 有

$$\sum_{k=0}^{r} \binom{m}{k}\binom{n}{r-k} = \binom{m+n}{r}. \qquad \square$$

定义 2.5.1 在直角坐标系中, 从 $(0,0)$ 出发, 所走步要求按 $(0,0) \to (0,1)$(向上), $(0,0) \to (1,0)$(向右) 到达指定地点, 这样的问题称为非降路径问题.

对非降路径问题, 首先有下述结论.

定理 2.5.4 从 $(0,0)$ 点到 (m,n) 点的非降路径数为 $\binom{m+n}{m}$.

证明 从 $(0,0)$ 开始, 水平向右走一步为 x, 垂直向上走一步为 y, 则走到 (m,n) 点水平向右要走 m 步, 垂直向上要走 n 步, 所以一条从 $(0,0)$ 点到 (m,n) 点的非降路径就是 m 个 x 和 n 个 y 的一个排列, 如图 2.1. 反之, 给定具有 m 个 x 和 n 个 y 的一个排列就唯一确定了一条从 $(0,0)$ 点到 (m,n) 点的非降路径. 所以从 $(0,0)$ 点到 (m,n) 点的非降路径数等于 m 个 x, n 个 y 的排列数, 即为 $\binom{m+n}{m}$. $\qquad \square$

推论 2.5.1 从 (a,b) 点到 (c,d) 点 $(a \leqslant c, b \leqslant d)$ 的非降路径数为

$$\binom{c-a+d-b}{c-a}.$$

推论 2.5.2 (反射原理) 从 $(0,0)$ 点到 (m,n) 点的非降路径数等于从 $(0,0)$ 点到 (n,m) 点的非降路径数.

证明 对任何一条从 $(0,0)$ 点到 (m,n) 点的非降路径, 以直线 $y = x$ 为轴, 可以作一条与之对称的非降路径, 这条路径正是一条从 $(0,0)$ 点到 (n,m) 点的非降路径 (图 2.2), 显然这种对应是一一对应, 故结论成立. $\qquad \square$

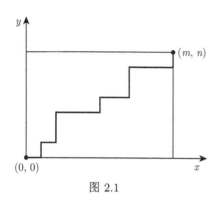

图 2.1

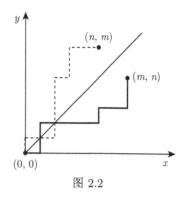

图 2.2

例 2.5.1　利用非降路径证明下述恒等式:

$$\binom{n}{0} + \binom{n}{1} + \cdots + \binom{n}{n} = 2^n. \tag{2.5.4}$$

证明　先看公式左边, $\binom{n}{0}$ 是从 $(0,0)$ 点到 $(0,n)$ 点的非降路径数, $\binom{n}{1}$ 是从 $(0,0)$ 点到 $(1,n-1)$ 点的非降路径数 $\cdots\cdots$ $\binom{n}{n-1}$ 是从 $(0,0)$ 点到 $(n-1,0)$ 点的非降路径数, $\binom{n}{n}$ 是从 $(0,0)$ 点到 $(n,0)$ 点的非降路径数 (图 2.3), 而这所有的非降路径数之和就是从 $(0,0)$ 点到斜边上的点的非降路径数.

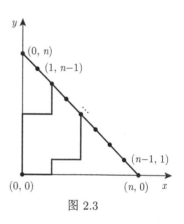

图 2.3

另一方面, 从 $(0,0)$ 点到斜边上任何一点的非降路径都是 n 步长, 每一步是 x 或是 y, 有两种选择, 由积则, n 步的不同选择方法的总数为 2^n. 因此, 等式成立. □

例 2.5.2　利用非降路径证明下述恒等式:

$$\binom{m+n}{n} = \binom{m+n-1}{n-1} + \binom{m+n-1}{n}. \tag{2.5.5}$$

证明　公式左边是从 $(0,0)$ 点到 (m,n) 点的非降路径数. 由于这些路径不是经过 $(m-1,n)$ 点就是经过 $(m,n-1)$ 点到达 (m,n) 点, 经过 $(m-1,n)$ 点的路

径数为 $\binom{m+n-1}{n}$，经过 $(m, n-1)$ 点的路径数为 $\binom{m+n-1}{n-1}$，如图 2.4，由和则可知等式成立. □

例 2.5.3 利用非降路径证明定理 2.5.3: 朱世杰-Vandermonde 恒等式.

证明 恒等式右边表示从 $(0,0)$ 点到 $(m+n-r, r)$ 点的非降路径数. 任何一条这样的非降路径一定经过图 2.5 中斜线上的点，我们按所经过点的不同将路径分类. 从 $(0,0)$ 点到 $(m-k, k)$ 点的非降路径是 $\binom{m}{k}$ 条，从 $(m-k, k)$ 点到 $(m+n-r, r)$ 点的非降路径是 $\binom{n}{r-k}$ 条，由积则，从 $(0,0)$ 点经过 $(m-k, k)$ 点的非降路径是 $\binom{m}{k}\binom{n}{r-k}$ 条，再对 $k = 0, 1, \cdots, r$ 求和就得到所有的从 $(0,0)$ 点到 $(m+n-r, r)$ 点的非降路径数，因此恒等式成立. □

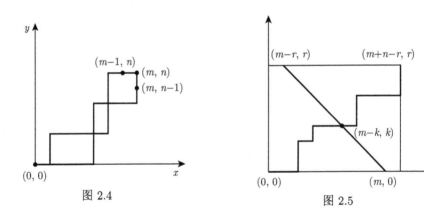

图 2.4   图 2.5

注 2.5.2 对于非降路径问题的进一步研究可参看文献 [13, 14].

定理 2.5.5 设 n 为正整数，则有

$$\sum_{k=1}^{n} k^2 = \binom{n+1}{2} + \binom{n+1}{3} + \binom{n+1}{3}$$

$$= \frac{1}{6} n(n+1)(2n+1). \tag{2.5.6}$$

证明 设从 $\{x, y, z\}$ 到 $S = \{d_1, d_2, \cdots, d_{n+1} | d_1 < d_2 < \cdots < d_{n+1}\}$，并且满足 $f(x) < f(z)$ 以及 $f(y) < f(z)$ 的函数 f 的集合为 H. 给出 H 的下述子集:

(1) $H_k = \{f | f \in H, f(z) = k+1\}$;

(2) $A = \{f | f \in H, f(x) = f(y)\}$;

(3) $B = \{f | f \in H, f(x) < f(y)\}$;

(4) $C = \{f | f \in H, f(x) > f(y)\}$.

由于

$$H = \sum_{k=1}^{n} H_k = A + B + C$$

以及

$$|H_k| = k^2, \quad |A| = \binom{n+1}{2}, \quad |B| = \binom{n+1}{3}, \quad |C| = \binom{n+1}{3},$$

则有

$$|H| = \sum_{k=1}^{n} k^2 = \binom{n+1}{2} + \binom{n+1}{3} + \binom{n+1}{3} = \frac{1}{6}n(n+1)(2n+1). \quad \square$$

注 2.5.3 设 n 均为正整数, 同样的方法可以得到

$$\sum_{k=1}^{n} k^3 = \binom{n+1}{2} + 2\binom{3}{2}\binom{n+1}{3} + 3!\binom{n+1}{4} = \left(\frac{1}{2}n(n+1)\right)^2. \quad (2.5.7)$$

2.6 李善兰恒等式及其他

李善兰恒等式是我国古代数学家在组合数学领域做出的一项重要成果.

定理 2.6.1 (广义李善兰恒等式) 设 x, y, n 均为非负整数, 则

$$\sum_{k=0}^{n} \binom{x}{k}\binom{y}{k}\binom{x+y+n-k}{n-k} = \binom{x+n}{n}\binom{y+n}{n}. \quad (2.6.1)$$

证明 在下面的推导过程中, 多次应用朱世杰-Vandermonde 恒等式 (定理 2.5.3) 和 (2.5.2), 则

$$\sum_{k=0}^{n} \binom{x}{k}\binom{y}{k}\binom{x+y+n-k}{n-k}$$

$$= \sum_{k\geqslant 0} \binom{x}{k}\binom{y}{k}\binom{x+y+n-k}{x+y} = \sum_{k\geqslant 0} \binom{x}{k}\binom{y}{k} \sum_{j\geqslant 0} \binom{x+n}{x+y-j}\binom{y-k}{j}$$

$$= \sum_{k\geqslant 0} \binom{x}{k}\binom{y}{k} \sum_{j\geqslant 0} \binom{x+n}{x+j}\binom{y-k}{y-j} = \sum_{j\geqslant 0} \binom{x+n}{x+j} \sum_{k\geqslant 0} \binom{x}{k}\binom{y}{k}\binom{y-k}{y-j}$$

$$= \sum_{j \geqslant 0} \binom{x+n}{x+j} \sum_{k \geqslant 0} \binom{x}{k} \binom{y}{y-k} \binom{y-k}{y-j}$$

$$= \sum_{j \geqslant 0} \binom{x+n}{x+j} \sum_{k \geqslant 0} \binom{x}{k} \binom{y}{y-j} \binom{j}{j-k}$$

$$= \sum_{j \geqslant 0} \binom{x+n}{x+j} \sum_{k \geqslant 0} \binom{x}{k} \binom{y}{j} \binom{j}{j-k} = \sum_{j \geqslant 0} \binom{x+n}{x+j} \binom{y}{j} \sum_{k \geqslant 0} \binom{x}{k} \binom{j}{j-k}$$

$$= \sum_{j \geqslant 0} \binom{x+n}{x+j} \binom{y}{j} \binom{x+j}{j} = \sum_{j \geqslant 0} \binom{x+n}{x+j} \binom{x+j}{x} \binom{y}{j}$$

$$= \sum_{j \geqslant 0} \binom{x+n}{x} \binom{n}{j} \binom{y}{j} = \binom{x+n}{x} \sum_{j \geqslant 0} \binom{n}{n-j} \binom{y}{j}$$

$$= \binom{x+n}{n} \binom{y+n}{n}.$$ □

在上面组合恒等式中, 令 $x = y$, 则得到下面李善兰恒等式.

定理 2.6.2 (李善兰恒等式)

$$\sum_{k=0}^{n} \binom{x}{k}^2 \binom{n+2x-k}{n-k} = \binom{x+n}{n}^2. \tag{2.6.2}$$

定理 2.6.3 (Stanley 恒等式 [15])　设 x, y, a, b 均为非负整数, 则

$$\sum_{k=0}^{\min\{a,b\}} \binom{x+y+k}{k} \binom{y}{a-k} \binom{x}{b-k} = \binom{x+a}{b} \binom{y+b}{a}. \tag{2.6.3}$$

证明

$$\sum_{k=0}^{\min\{a,b\}} \binom{x+y+k}{k} \binom{y}{a-k} \binom{x}{b-k}$$

$$= \sum_{k \geqslant 0} \binom{x}{b-k} \binom{y}{y-a+k} \sum_{j \geqslant 0} \binom{y-a+k}{k-j} \binom{x+a}{j}$$

$$= \sum_{j \geqslant 0} \binom{x+a}{j} \sum_{k \geqslant 0} \binom{x}{b-k} \binom{y}{y-a+k} \binom{y-a+k}{y-k+j}$$

$$= \sum_{j \geqslant 0} \binom{x+a}{j} \sum_{k \geqslant 0} \binom{x}{b-k} \binom{y}{y-a+j} \binom{a-j}{k-j}$$

$$= \sum_{j \geqslant 0} \binom{x+a}{j} \binom{y}{a-j} \sum_{k \geqslant 0} \binom{x}{b-k} \binom{a-j}{k-j}$$

$$= \sum_{j \geqslant 0} \binom{x+a}{x+a-j} \binom{x+a-j}{b-j} \binom{y}{a-j}$$

$$= \sum_{j \geqslant 0} \binom{x+a}{x+a-j} \binom{x+a-j}{x+a-b} \binom{y}{a-j}$$

$$= \sum_{j \geqslant 0} \binom{x+a}{x+a-b} \binom{b}{b-j} \binom{y}{a-j}$$

$$= \binom{x+a}{b} \sum_{j \geqslant 0} \binom{b}{j} \binom{y}{a-j}$$

$$= \binom{x+a}{b} \binom{y+b}{a}. \qquad \square$$

注2.6.1 李善兰恒等式还可被推广为: 设 a, b, c, d, e 为自然数, 则有 Szekely 恒等式[16]

$$\binom{a+c+d+e}{a+c} \binom{b+c+d+e}{c+e} = \sum_{k} \binom{a+b+c+d+e-k}{a+b+c+d} \binom{a+d}{k+d} \binom{b+c}{k+c},$$
(2.6.4)

具有以下特例.

(1) 在 (2.6.4) 中, 令 $a = n, b = r, c = d = 0, e = x$, 则得 Suranyi 恒等式[17,18]:

$$\sum_{k \geqslant 0} \binom{n}{k} \binom{r}{k} \binom{x+n+r-k}{n+r} = \binom{x+r}{r} \binom{x+n}{n}.$$

(2) 在 (2.6.4) 中, 令 $c = 0, b \to b, a \to b-d, d \to c-b+d, e \to a-c$, $k \to b-k$, 则得 Bizley 恒等式[19]:

$$\sum_{k} \binom{b}{k} \binom{c}{k-d} \binom{a+k}{b+c} = \binom{a}{b-d} \binom{a+d}{c+d}.$$

(3) 在 (2.6.4) 中, 令 $a \to 0, b \to x-y, c \to n, d \to m-x+y, e \to x-m-n$, $k \to -k$, 则得 Nanjundiah 恒等式[20]:

$$\sum_{k} \binom{m-x+y}{k} \binom{n+x-y}{n-k} \binom{x+k}{m+n} = \binom{x}{m} \binom{y}{n}.$$

(4) 在 (2.6.4) 中, 令 $a \to y - a$, $b \to x - b$, $c \to b$, $d \to a$, $e \to 0$, $k \to -k$, 则得 Stanley 恒等式 (2.6.3).

(5) 在 (2.6.4) 中, 令 $a = m - s$, $b = r$, $c = 0$, $d = s - r$, $e = t - a - d$, $k = r - j$, 则得 Takacs 恒等式 [21]:

$$\sum_{j=0}^{s} \binom{r}{j} \binom{m-r}{s-j} \binom{t+j}{m} = \binom{t}{m-s} \binom{t-m+s+r}{s}.$$

下面再列举其他几个著名组合恒等式 [22], 这里不给出证明.

Riordan 公式 [23]:

$$\sum_{k=0}^{n-1} \binom{n-1}{k} n^{n-1-k} (k+1)! = n!.$$

Andrews-Paule 恒等式 [24,25]:

$$\sum_{i=0}^{n} \sum_{j=0}^{n} \binom{i+j}{i}^2 \binom{4n-2i-2j}{2n-2i} = (2n+1) \binom{2n}{n}^2.$$

Carlitz 恒等式 [26]:

$$\sum_{i} \sum_{j} \binom{i+j}{i} \binom{n-i}{j} \binom{n-j}{n-i-j} = \sum_{l=0}^{n} \binom{2l}{l}.$$

Carlitz 恒等式 [27]:

$$\sum_{i} \sum_{j} \binom{i+j}{i} \binom{m-i+j}{j} \binom{n-j+i}{i} \binom{m+n-i-j}{m-i}$$

$$= \frac{(m+n+1)!}{m!n!} \sum_{k} \frac{1}{2k+1} \binom{m}{k} \binom{n}{k}.$$

Apery-Schmidt-Strehi 恒等式 [28]:

$$\sum_{i} \sum_{j} \binom{n}{j} \binom{n+j}{j} \binom{j}{i}^3 = \sum_{k} \binom{n}{k}^2 \binom{n+k}{k}^2.$$

Strehi 恒等式 [28]:

$$\sum_{i} \sum_{j} \binom{n}{j} \binom{n+j}{j} \binom{j}{i}^2 \binom{2i}{i} \binom{2i}{j-i} = \sum_{k} \binom{n}{k}^3 \binom{n+k}{k}^3.$$

Graham-Knuth-Patashnik 恒等式 [29]:

$$\sum_j \sum_k (-1)^{j+k} \binom{j+k}{k+l} \binom{r}{j} \binom{n}{k} \binom{s+n-j-k}{m-j} = (-1)^l \binom{n+r}{n+l} \binom{s-l}{m-n-l}.$$

Petkovsek-Wilf-Zeilberger 恒等式 [30]:

$$\sum_r \sum_s (-1)^{n+r+s} \binom{n}{r} \binom{n}{s} \binom{n+s}{s} \binom{n+r}{r} \binom{2n-r-s}{n} = \sum_k \binom{n}{k}^4.$$

2.7 Newton 二项式定理

本节将二项式系数推广为不含组合意义的广义形式.

定义 2.7.1 对于任何实数 r 和整数 k, 有

$$\binom{r}{k} = \begin{cases} 0, & k < 0, \\ 1, & k = 0, \\ \dfrac{r(r-1)(r-2)\cdots(r-k+1)}{k!}, & k > 0. \end{cases}$$

例 2.7.1

$$\binom{\frac{5}{2}}{3} = \frac{\frac{5}{2}\left(\frac{5}{2}-1\right)\left(\frac{5}{2}-2\right)}{3!} = \frac{5}{16},$$

$$\binom{-\frac{1}{2}}{3} = \frac{-\frac{1}{2}\left(-\frac{1}{2}-1\right)\left(-\frac{1}{2}-2\right)}{3!} = -\frac{5}{16}.$$

注 2.7.1 对于这样的扩展定义, 已经失去了组合含义, 只是一个记号. 但一些恒等式依然可以成立, 例如

$$\binom{r}{k} = \frac{r}{k}\binom{r-1}{k-1};$$

$$\binom{r}{k} = \binom{r-1}{k} + \binom{r-1}{k-1};$$

$$\binom{r}{m}\binom{m}{k} = \binom{r}{k}\binom{r-k}{m-k};$$

$$\sum_{i=0}^{k} \binom{r+i}{i} = \binom{r+k+1}{k}, \qquad (广义朱世杰恒等式)$$

但有些恒等式不成立, 例如对称性 (2.4.1) 就不成立.

在微积分中, 有如下广义二项式定理:

定理 2.7.1 (Newton 二项式定理) 对一切实数 α 和 x, 满足 $|x| < 1$, 则有

$$(1+x)^{\alpha} = \sum_{k=0}^{\infty} \binom{\alpha}{k} x^k. \tag{2.7.1}$$

例 2.7.2 若在 (2.7.1) 中, 取 $\alpha = n$ (正整数), 则 Newton 二项式定理变为 Pascal 二项式定理. 若在 (2.7.1) 中, 取 $\alpha = -n$, 由于

$$\binom{-n}{k} = \frac{(-n)(-n-1)\cdots(-n-k+1)}{k!} = (-1)^k \frac{n(n+1)\cdots(n+k-1)}{k!}$$

$$= (-1)^k \binom{n+k-1}{k},$$

因此

$$(1+x)^{-n} = \sum_{k=0}^{\infty} (-1)^k \binom{n+k-1}{k} x^k, \quad |x| < 1. \tag{2.7.2}$$

特别地, 有

$$\frac{1}{1+x} = \sum_{k=0}^{\infty} (-1)^k x^k = 1 - x + x^2 - x^3 + \cdots, \quad |x| < 1,$$

$$\frac{1}{1-x} = \sum_{k=0}^{\infty} x^k = 1 + x + x^2 + x^3 + \cdots, \quad |x| < 1.$$

例 2.7.3 若在 (2.7.1) 中, 取 $\alpha = \dfrac{1}{2}$, 由于

$$\binom{\frac{1}{2}}{k} = \frac{\frac{1}{2}\left(\frac{1}{2}-1\right)\cdots\left(\frac{1}{2}-k+1\right)}{k!} = \frac{(-1)^{k-1} 1 \cdot 3 \cdot 5 \cdots \cdot (2k-3)}{2^k \cdot k!}$$

$$= \frac{(-1)^{k-1}(2k-2)!}{2^k \cdot k! \cdot 2^{k-1} \cdot (k-1)!} = \frac{(-1)^{k-1}}{2^{2k-1} \cdot k} \binom{2k-2}{k-1},$$

因此

$$\sqrt{1+x} = 1 + \sum_{k=1}^{\infty} \frac{(-1)^{k-1}}{k \cdot 2^{2k-1}} \binom{2k-2}{k-1} x^k, \quad |x| < 1.$$

若在 (2.7.1) 中, 取 $\alpha = -\dfrac{1}{2}$, 由于

$$\binom{-\frac{1}{2}}{k} = \frac{-\frac{1}{2}\left(-\frac{1}{2}-1\right)\cdots\left(-\frac{1}{2}-k+1\right)}{k!} = (-1)^k \frac{(2k)!}{4^k k! k!} = \frac{(-1)^k}{4^k}\binom{2k}{k}.$$

因此

$$\frac{1}{\sqrt{1+x}} = \sum_{k \geqslant 0} \frac{(-1)^k}{4^k}\binom{2k}{k} x^k, \quad |x| < 1. \tag{2.7.3}$$

利用 $\dfrac{1}{1-4x} = (1-4x)^{-\frac{1}{2}}(1-4x)^{-\frac{1}{2}}$ 和 (2.7.3), 则有

$$\sum_{n \geqslant 0} 4^n x^n = \sum_{k \geqslant 0}\binom{2k}{k} x^k \sum_{k \geqslant 0}\binom{2k}{k} x^k = \sum_{n \geqslant 0}\left(\sum_{k=0}^{n}\binom{2k}{k}\binom{2n-2k}{n-k}\right) x^n.$$

比较上式两边 x^n 系数, 则得下述恒等式:

$$\sum_{k=0}^{n}\binom{2k}{k}\binom{2n-2k}{n-k} = 4^n.$$

定理 2.7.2 二项式系数乘积的和具有下列结果 [29]:

$$\sum_{k \geqslant 0}\binom{r}{m+k}\binom{s}{n-k} = \binom{r+s}{m+n}, \quad m,n \text{为整数};$$

$$\sum_{k \geqslant 0}\binom{l}{m+k}\binom{s}{n+k} = \binom{l+s}{l-m+n}, \quad l,m,n \text{为整数}, l \geqslant 0;$$

$$\sum_{k \geqslant 0}\binom{l}{m+k}\binom{s+k}{n}(-1)^k = (-1)^{l+m}\binom{s-m}{n-l}, \quad l,m,n \text{为整数}, l \geqslant 0;$$

$$\sum_{k \geqslant 0}\binom{l-k}{m}\binom{s}{k-n}(-1)^k = (-1)^{l+m}\binom{s-m-1}{l-m-n}, \quad l,m,n \text{为整数且} \geqslant 0;$$

$$\sum_{0 \leqslant k \leqslant l} \binom{l-k}{m} \binom{q+k}{n} = \binom{l+q+1}{m+n+1}, \quad l,m \text{ 为整数且} \geqslant 0, n \geqslant q \geqslant 0 \text{ 且均为整数}.$$

$$\sum_{k=0}^{n} \binom{\alpha+k}{k} \binom{\gamma+n-k}{n-k} = \binom{\alpha+\gamma+n+1}{n}.$$

2.8 多项式的正规族表示

定义 2.8.1 多项式序列 $P_0(x), P_1(x), P_2(x), \cdots$ 被称为正规族的多项式序列, 如果它满足下述条件:

(1) $P_0(x) = 1$;

(2) 当 $n \geqslant 1$ 时, $P_n(x)$ 是 x 的 n 次多项式, 且当 $x = 0$ 时, $P_n(x) = 0(n \geqslant 1)$.

定义 2.8.2 联系正规族多项式序列 $P_0(x), P_1(x), P_2(x), \cdots$ 的微商算子 $\mathfrak{D}$ 定义为对每个多项式 $p(x)$ 都满足下列条件的一个函数 (记作 $\mathfrak{D}p(x)$):

(1) $\mathfrak{D}$ 线性, 即对任意实数 λ,

$$\mathfrak{D}(\lambda p(x)) = \lambda \mathfrak{D}p(x);$$

对任意多项式 $p_1(x)$ 和 $p_2(x)$,

$$\mathfrak{D}(p_1(x) + p_2(x)) = \mathfrak{D}p_1(x) + \mathfrak{D}p_2(x).$$

(2) $\mathfrak{D}$ 作用到正规族多项式序列 $P_0(x), P_1(x), P_2(x), \cdots$ 上,

$$\mathfrak{D}P_n(x) = nP_{n-1}(x), \quad n \neq 0$$

和

$$\mathfrak{D}P_n(x) = 0, \quad n = 0.$$

命题 2.8.1 对每个正规族多项式 $P_n(x)$, 存在且仅存在一个微商算子 $\mathfrak{D}$.

证明 只需证明任何 n 次多项式 $p_n(x)$ 均可唯一地表示成

$$p_n(x) = a_n P_n(x) + a_{n-1} P_{n-1}(x) + \cdots + a_0 P_0(x), \tag{2.8.1}$$

这里 $a_n, a_{n-1}, \cdots, a_0$ 是实数. 令 a_n 为 $p_n(x)$ 里 x^n 的系数被 $P_n(x)$ 中 x^n 的系数除所得的商, 则 $p_{n-1}(x) = p_n(x) - a_n P_n(x)$ 是一个至多 $n-1$ 次的多项式. 继续做下去, 令 a_{n-1} 为 $p_{n-1}(x)$ 中 x^{n-1} 的系数被 $P_{n-1}(x)$ 里 x^{n-1} 的系数相除所得的商, 则 $p_{n-2}(x) = p_{n-1}(x) - a_{n-1} P_{n-1}(x)$ 是一个至多 $n-2$ 次的多项式 $\cdots\cdots$ 最后得到所需的展开式, 即, (2.8.1) 表达式中系数 $a_n, a_{n-1}, \cdots, a_0$

由正规族多项式 $P_n(x)$ 和给定多项式 $p_n(x)$ 唯一确定. 故正规族多项式 $P_n(x)$ 构成实系数多项式的向量空间的一组基. 由于算子 $\mathfrak{D}$ 是由正规族多项式 $P_n(x)$ 所定义的, 对任意一个 n 次的多项式 $p_n(x)$, 由 $\mathfrak{D}$ 算子的线性性知

$$\mathfrak{D}p_n(x) = \mathfrak{D}\{a_n P_n(x) + a_{n-1}P_{n-1}(x) + \cdots + a_0 P_0(x)\}$$

$$= na_n P_{n-1}(x) + (n-1)a_{n-1}P_{n-2}(x) + \cdots + a_1 P_0(x). \quad (2.8.2)$$

因此, 算子 $\mathfrak{D}$ 对任意多项式 $p_n(x)$ 是确定的, 故是唯一的. $\qquad\square$

命题 2.8.2 若 $p_n(x)$ 是 x 的 n 次多项式, 则 $p_n(x)$ 的形如正规族的多项式的和的唯一表达式为

$$p_n(x) = p_n(0) + \frac{\mathfrak{D}p_n(0)}{1!}P_1(x) + \frac{\mathfrak{D}^2 p_n(0)}{2!}P_2(x) + \cdots + \frac{\mathfrak{D}^n p_n(0)}{n!}P_n(x), \quad (2.8.3)$$

这里 $\mathfrak{D}^k p_n(x)$ 表示将算子 $\mathfrak{D}$ 在多项式 $p_n(x)$ 上作用 k 次, $\mathfrak{D}^k p_n(0)$ 表示 $x = 0$ 时这个多项式的值.

证明 由命题 2.8.1 知, 对任意的 n 次多项式 $p_n(x)$, 存在一个唯一的展开式

$$p_n(x) = a_0 P_0(x) + a_1 P_1(x) + \cdots + a_n P_n(x).$$

现在要证明 $a_k = \dfrac{\mathfrak{D}^k p_n(0)}{k!}$. 取 $x = 0$, 因为 $P_0(x) = 1$, 就得到 $p_n(0) = a_0$. 在等式两边作用一个线性算子 $\mathfrak{D}$, 得到

$$\mathfrak{D}p_n(x) = a_1 P_0(x) + 2a_2 P_1(x) + \cdots + na_n P_{n-1}(x),$$

取 $x = 0$, 得到 $\mathfrak{D}p_n(0) = a_1$. 再作用一次 $\mathfrak{D}$,

$$\mathfrak{D}^2 p_n(x) = 2a_2 P_0(x) + 3 \cdot 2a_3 P_1(x) + \cdots + n(n-1)a_n P_{n-2}(x),$$

从而得到 $\mathfrak{D}^2 p_n(0) = 2a_2$. 在得到

$$\mathfrak{D}^k p_n(x) = k!a_k P_0(x) + \cdots + n(n-1)\cdots(n-k+1)a_n P_{n-k}(x)$$

以后, 我们得到 $\mathfrak{D}^k p_n(0) = k!a_k$, 并且再作用一次算子 $\mathfrak{D}$, 就得到

$$\mathfrak{D}^{k+1} p_n(x) = (k+1)!a_{k+1} P_0(x) + \cdots + n(n-1)\cdots(n-k)a_n P_{n-k-1}(x).$$

就这样通过归纳得到了关于 $\mathfrak{D}^k p_n(x)$ 的表达式, 故对任意 $k = 0, 1, \cdots, n$, 有 $\mathfrak{D}^k p_n(0) = k!a_k$. $\qquad\square$

例 2.8.1 对任意 k, 取正规族多项式 $P_k(x) = x^k$, 则联系这个正规族的微商算子就是通常的导数 $\dfrac{\mathrm{d}p_n(x)}{\mathrm{d}x}$, 式 (2.8.3) 就是经典的泰勒-麦克劳林 (Taylor-Maclaurin) 公式, 考虑多项式 $p_n(x) = (x+y)^n$, 则 $\mathfrak{D}p_n(x) = \mathfrak{D}(x+y)^n = n(x+y)^{n-1}$, $\mathfrak{D}^k p_n(x) = \mathfrak{D}^k(x+y)^n = n(n-1)\cdots(n-k+1)(x+y)^{n-k}$, 则式 (2.8.3) 给出二项式定理:

$$(x+y)^n = \sum_{k=0}^{n} \binom{n}{k} x^k y^{n-k}.$$

例 2.8.2 对任意 k, 取正规族多项式 $P_k(x) = (x)_k = x(x-1)\cdots(x-k+1)$, $P_0(x) = 1$, 则联系这个正规族的微商算子 Λ, 由于 $\Lambda P_n(x) = nP_{n-1}(x)$, $\Lambda P_0(x) = 0$, 则 $\Lambda P_n(x) = nP_{n-1}(x) = nx(x-1)\cdots(x-n+2) = P_n(x+1) - P_n(x)$, 因此 (2.8.3) 中变换多项式为 $\Lambda p_n(x) = p_n(x+1) - p_n(x)$. 于是

$$\Lambda(x)_n = (x+1)_n - (x)_n = n(x)_{n-1}.$$

考虑多项式 $p_n(x) = (x+y)_n$, 则 $\Lambda^k p_n(x) = n(n-1)\cdots(n-k+1)(x+y)_{n-k}$, 则式 (2.8.3) 给出 Vandermonde 公式:

$$(x+y)_n = \sum_{k=0}^{n} \binom{n}{k} (x)_k (y)_{n-k}.$$

例 2.8.3 对任意 k, 取正规族多项式 $P_k(x) = \langle x \rangle_k = x(x+1)\cdots(x+k-1)$, $P_0(x) = 1$, 则联系这个正规族的微商算子 Υ, 由于 $\Upsilon P_n(x) = nP_{n-1}(x)$, $\Upsilon P_0(x) = 0$, 则 $\Upsilon P_n(x) = nP_{n-1}(x) = nx(x+1)\cdots(x+n-2) = P_n(x) - P_n(x-1)$, 因此 (2.8.3) 中变换多项式为 $\Upsilon p_n(x) = p_n(x) - p_n(x-1)$. 于是

$$\Upsilon \langle x \rangle_n = \langle x \rangle_n - \langle x-1 \rangle_n = n\langle x \rangle_{n-1}.$$

考虑多项式 $p_n(x) = \langle x+y \rangle_n$, 则 $\Upsilon^k p_n(x) = n(n-1)\cdots(n-k+1)\langle x+y \rangle_{n-k}$, 则式 (2.8.3) 给出内隆 (Nörlund) 公式:

$$\langle x+y \rangle_n = \sum_{k=0}^{n} \binom{n}{k} \langle x \rangle_k \langle y \rangle_{n-k}.$$

定理 2.8.1 (阿贝尔 (Abel) 二项式定理)

$$(x+y)^n = \sum_{k=0}^{n} \binom{n}{k} x(x-kz)^{k-1}(y+kz)^{n-k}. \tag{2.8.4}$$

证明 引入 Abel 多项式

$$a_k(x,z) = \frac{x(x-kz)^{k-1}}{k!}, \quad k \geqslant 1; \quad a_0 = 1.$$

对 $a_k(x,z)$ 对 x 求偏导, 有

$$\frac{\partial}{\partial x}a_k(x,z) = \frac{(x-kz)^{k-1}+(k-1)x(x-kz)^{k-2}}{k!} = a_{k-1}(x-z,z),$$

$$\frac{\partial^2}{\partial x^2}a_k(x,z) = \frac{\partial}{\partial x}a_{k-1}(x-z,z) = a_{k-2}(x-2z,z),$$

$$\cdots\cdots$$

$$\frac{\partial^j}{\partial x^j}a_k(x,z) = a_{k-j}(x-jz,z).$$

对固定的 z, 多项式 $a_k(x,z)$ 的次数为 $k(=0,1,2,\cdots)$, 因此 $a_k(x,z)$ 构成关于 x 的多项式集合的一组基, 故每一个任意多项式 $P(x)$ 均可唯一地表示为

$$P(x) = \sum_{k \geqslant 0} \lambda_k a_k(x,z),$$

这里所有 λ_k 都与 x 无关. 因此

$$P^{(j)}(x) = \frac{\mathrm{d}^j}{\mathrm{d}x^j}P(x) = \sum_{k \geqslant 0} \lambda_k \frac{\partial^j}{\partial x^j}a_k(x,z) = \sum_{k \geqslant j} \lambda_k a_{k-j}(x-jz,z). \qquad (2.8.5)$$

由于对 $k \geqslant 1$ 时, 取 $x = jz$, 均有 $a_k(x-jz,z) = 0$, 故得 $\lambda_j = P^{(j)}(jz)$, 由此可得任一多项式均可表示为

$$P(x) = \sum_{k \geqslant 0} a_k(x,z)P^{(k)}(kz). \qquad (2.8.6)$$

则令 $P(x) = (x+y)^n$, 可得 Abel 二项式定理. $\qquad \square$

注 2.8.1 若在 (2.8.6) 中, 取 $P(x) = a_n(x+y,z)$, 则可得关于 $a_k(x,z)$ 的卷积公式:

$$a_n(x+y,z) = \sum_{k=0}^{n} a_k(x,z)a_{n-k}(y,z),$$

即

$$(x+y)(x+y-nz)^{n-1} = \sum_{k=0}^{n} \binom{n}{k}xy(x-kz)^{k-1}(y-(n-k)z)^{n-k-1}. \qquad (2.8.7)$$

注 2.8.2   用数学归纳法可以得到下面组合恒等式:

$$(x+y)^{2n} = \sum_{k=1}^{n} \binom{2n-k-1}{n-1}(x^k + y^k)(x+y)^k(xy)^{n-k}, \tag{2.8.8}$$

$$x^n + y^n = \sum_{k=0}^{\frac{n}{2}}(-1)^k \frac{n}{n-k}\binom{n-k}{k}(xy)^k(x+y)^{n-2k}, \tag{2.8.9}$$

$$\frac{x^n - y^n}{x-y} = \sum_{k=0}^{[(n-1)/2]}(-1)^k\binom{n-k-1}{k}(xy)^k(x+y)^{n-2k-1}, \quad n \geqslant 1. \tag{2.8.10}$$

定理 2.8.2 (广义的 Taylor 展开)   对任一多项式 $f(t)$, 有

$$f(t) = \sum_{k \geqslant 0} \frac{t(t-ku)^{k-1}}{k!} f^{(k)}(ku),$$

其中 u 是一个新的未定元, $f^{(k)}$ 是 f 的 k 阶导数.

证明   在 Abel 二项式恒等式 (2.8.4) 中, 令 $x \to t, y \to 0, z \to u$ 可得

$$f(t) = \sum_{n \geqslant 0} a_n t^n = \sum_{n \geqslant 0}\left\{ a_n \sum_k \binom{n}{k} t(t-ku)^{k-1}(ku)^{n-k}\right\}$$

$$= \sum_{k \geqslant 0}\left\{\frac{t(t-ku)^{k-1}}{k!}\sum_{n \geqslant 0}(n)_k a_n(ku)^{n-k}\right\}.$$

由此得证.   □

例 2.8.4 [31]   设 $\mathfrak{D} = \dfrac{\mathrm{d}}{\mathrm{d}x}$, 考虑

$$(\mathfrak{D}x)\left\{(1-x^a)^n\right\} = \sum_{k=0}^{n}(-1)^k\binom{n}{k}(1+ak)x^{ak}$$

和

$$(\mathfrak{D}x)^n\left\{(1-x^a)^n\right\} = \sum_{k=0}^{n}(-1)^k\binom{n}{k}(1+ak)^n x^{ak}.$$

从

$$\int_{x=0}^{1} x^{\alpha\beta-1}(\mathfrak{D}x)^n\left\{(1-x^a)^n\right\}\mathrm{d}x = \int_{x=0}^{1} x^{\alpha\beta-1}\sum_{k=0}^{n}(-1)^k\binom{n}{k}(1+ak)^n x^{ak}\mathrm{d}x$$

得到

$$\sum_{k=0}^{n}(-1)^k\beta\binom{n}{k}\frac{(1+ak)^n}{k+\beta}=\frac{(1-\beta a)^n n!}{(\beta+1)_n}.$$

考虑

$$\sum_{n=0}^{\infty}\frac{z^n}{n!}\sum_{k=0}^{n}(-1)^k\beta\binom{n}{k}\frac{(1+ak)^n}{k+\beta}=\sum_{n=0}^{\infty}z^n\left\{\frac{(1-\beta a)^n}{(\beta+1)_n}\right\}.$$

应用变换

$$\sum_{n=0}^{\infty}\sum_{k=0}^{[n/s]}f(n,k)=\sum_{n=0}^{\infty}\sum_{k=0}^{\infty}f(n+sk,k),$$

则得到

$$\sum_{k=0}^{\infty}\frac{(-ze^{az})^k\beta(1+ak)^k}{k!(k+\beta)}=e^{-z}\sum_{n=0}^{\infty}z^n\left\{\frac{(1-\beta a)^n}{(\beta+1)_n}\right\}. \tag{2.8.11}$$

在 (2.8.11) 中, 取 $\beta a=1$ 和 $\beta\to\infty$, 分别得到

$$\sum_{n=0}^{\infty}\frac{w^n(1+an)^{n-1}}{n!}=e^{-z},$$

$$\sum_{n=0}^{\infty}\frac{w^n(1+an)^n}{n!}=\frac{e^{-z}}{1+az},$$

这里 $w=-ze^{az}$.

例 2.8.5 [32] 令

$$(x\mathfrak{D})\left\{x^{\alpha}(1-x^a)^n\right\}=\sum_{k=0}^{n}(-1)^k\binom{n}{k}(\alpha+ak)x^{\alpha+ak},$$

因此

$$(x\mathfrak{D})^{n-m}\left\{x^{\alpha}(1-x^a)^n\right\}|_{x=1}=\sum_{k=0}^{n}(-1)^k\binom{n}{k}(\alpha+ak)^{n-m}.$$

类似地

$$(x\mathfrak{D})^{m-n}\left\{x^{\beta}(1-x^b)^m\right\}|_{x=1}=\sum_{\rho=0}^{m}(-1)^{\rho}\binom{m}{\rho}(\beta+b\rho)^{m-n}.$$

故

$$\sum_{m=0}^{\infty} \sum_{n=0}^{\infty} \frac{x^m y^n}{m! n!} (x\mathfrak{D})^{n-m} \left\{ x^\alpha (1-x^a)^n \right\} (x\mathfrak{D})^{m-n} \left\{ x^\beta (1-x^b)^m \right\}$$

$$= \sum_{m=0}^{\infty} \sum_{n=0}^{\infty} \sum_{k=0}^{n} (-1)^k \binom{n}{k} (\alpha + ak)^{n-m} \sum_{\rho=0}^{m} (-1)^\rho \binom{m}{\rho} (\beta + b\rho)^{m-n}, \qquad (2.8.12)$$

(2.8.12) 的右边交换和号, 经过运算可得

$$\sum_{k=0}^{\infty} \sum_{\rho=0}^{\infty} \frac{(-1)^{k+\rho} y^k x^\rho}{k! \rho!} \left(\frac{\alpha + ak}{\beta + b\rho} \right)^{k-\rho} e^{y \left(\frac{\alpha+ak}{\beta+b\rho} \right) - x \left(\frac{\beta+b\rho}{\alpha+ak} \right)}.$$

由 (2.8.12) 的左边得

$$\sum_{n=0}^{\infty} \sum_{k=0}^{\infty} \frac{(-1)^k y^n}{n! \beta^n} \binom{n}{k} (\alpha + ak)^n + \sum_{m=1}^{\infty} (-b\alpha x)^m = \frac{1 - \dfrac{abxy}{\alpha\beta}}{\left(1 + \dfrac{ay}{\beta}\right) \left(1 + \dfrac{bx}{\alpha}\right)}.$$

故

$$\sum_{k=0}^{\infty} \sum_{\rho=0}^{\infty} \frac{(-1)^{k+\rho} y^k x^\rho}{k! \rho!} \left(\frac{\alpha + ak}{\beta + b\rho} \right)^{k-\rho} e^{y \left(\frac{\alpha+ak}{\beta+b\rho} \right) - x \left(\frac{\beta+b\rho}{\alpha+ak} \right)} = \frac{1 - \dfrac{abxy}{\alpha\beta}}{\left(1 + \dfrac{ay}{\beta}\right) \left(1 + \dfrac{bx}{\alpha}\right)}.$$

2.9　Cauchy 恒等式

q-移位阶乘定义为

$$(a;q)_\infty = \prod_{j \geqslant 0} (1 - aq^j), \qquad (2.9.1)$$

以及对正整数 k, 定义

$$(a;q)_k = \prod_{j=0}^{k-1} (1 - aq^j) = \frac{(a;q)_\infty}{(aq^k;q)_\infty}. \qquad (2.9.2)$$

定义 2.9.1 [33]　设 n, k 均为非负整数, 且 $n \geqslant k$, 则 q-二项式系数定义为

$$\begin{bmatrix} n \\ k \end{bmatrix} = \frac{(q;q)_n}{(q;q)_k (q;q)_{n-k}}.$$

显然, $\lim\limits_{q \to q^-} \begin{bmatrix} n \\ k \end{bmatrix} = \begin{pmatrix} n \\ k \end{pmatrix}$.

定理 2.9.1 (柯西 (Cauchy) 恒等式)

$$\sum_{n=0}^{\infty} \frac{(a;q)_n}{(q;q)_n} z^n = \frac{(az;q)_\infty}{(z;q)_\infty}, \quad |z| < 1, \ |q| < 1. \tag{2.9.3}$$

证明 由

$$f(z) = \frac{(az;q)_\infty}{(z;q)_\infty} = \frac{(1-az)(1-azq)(1-azq^2)\cdots}{(1-z)(1-zq)(1-zq^2)\cdots} = \frac{(1-az)}{(1-z)} f(zq),$$

故 $(1-z)f(z) = (1-az)f(zq)$. 令 $f(z) = \sum\limits_{n=0}^{\infty} f_n z^n$, $f_0 = 1 = f(0)$, 则

$$(1-z)\sum_{n=0}^{\infty} f_n z^n = (1-az)\sum_{n=0}^{\infty} f_n q^n z^n,$$

即

$$\sum_{n=0}^{\infty} f_n z^n - \sum_{n=0}^{\infty} f_n z^{n+1} = \sum_{n=0}^{\infty} f_n q^n z^n - a\sum_{n=0}^{\infty} f_n q^n z^{n+1}.$$

比较两边 z^n 系数, 可得

$$f_n - f_{n-1} = q^n f_n - aq^{n-1} f_{n-1},$$

即

$$(1-q^n)f_n = (1-aq^{n-1})f_{n-1},$$

因此

$$\begin{aligned}
f_n &= \frac{1-aq^{n-1}}{1-q^n} f_{n-1} = \frac{(1-aq^{n-1})(1-aq^{n-2})}{(1-q^n)(1-q^{n-1})} f_{n-2} \\
&= \frac{(1-aq^{n-1})(1-aq^{n-2})\cdots(1-a)}{(1-q^n)(1-q^{n-1})\cdots(1-q)} f_0 \\
&= \frac{(1-a)(1-aq)\cdots(1-aq^{n-1})}{(1-q)(1-q^2)\cdots(1-q^n)} \\
&= \frac{(a;q)_n}{(q;q)_n},
\end{aligned}$$

由此定理得证. $\qquad\qquad\square$

推论 2.9.1　设 N 为非负整数, 则

$$\sum_{k=0}^{N}\begin{bmatrix}N\\k\end{bmatrix}(-1)^k q^{\binom{k}{2}}z^k=(z;q)_N.\tag{2.9.4}$$

证明　在 Cauchy 恒等式 (2.9.3) 中, 取 $a\to q^{-N}$, 由于 $(q^{-N};q)_k=(-1)^k\cdot q^{-Nk+\binom{k}{2}}\dfrac{(q;q)_N}{(q;q)_{N-k}}$, 因此

$$\sum_{k=0}^{\infty}\begin{bmatrix}N\\k\end{bmatrix}(-1)^k q^{-Nk+\binom{k}{2}}z^k=\frac{(q^{-N}z;q)_\infty}{(z;q)_\infty}.$$

取 $z\to q^N z$, 则

$$\sum_{k=0}^{\infty}\begin{bmatrix}N\\k\end{bmatrix}(-1)^k q^{\binom{k}{2}}z^k=\frac{(z;q)_\infty}{(q^N z;q)_\infty}=(z;q)_N.$$

由于若 $k>N$, 则 $\begin{bmatrix}N\\k\end{bmatrix}=0$, 所以

$$\sum_{k=0}^{N}\begin{bmatrix}N\\k\end{bmatrix}(-1)^k q^{\binom{k}{2}}z^k=(z;q)_N.\qquad\square$$

推论 2.9.2　设 $|z|<1$, 则有

$$\sum_{k=0}^{\infty}\begin{bmatrix}N+k-1\\k\end{bmatrix}z^k=\frac{1}{(z;q)_N}.\tag{2.9.5}$$

证明　在 Cauchy 恒等式 (2.9.3) 中取 $a\to q^N$, 则

$$\sum_{k=0}^{\infty}\frac{(q^N;q)_k}{(q;q)_k}z^k=\frac{(zq^N;q)_\infty}{(z;q)_\infty}=\frac{1}{(z;q)_N},$$

其中

$$\frac{(q^N;q)_k}{(q;q)_k}=\frac{(q^N;q)_k(q;q)_{N-1}}{(q;q)_k(q;q)_{N-1}}=\frac{(q;q)_{N+k-1}}{(q;q)_k(q;q)_{N-1}}=\begin{bmatrix}N+k-1\\k\end{bmatrix}.$$

因此可得

$$\sum_{k=0}^{\infty}\begin{bmatrix}N+k-1\\k\end{bmatrix}z^k=\frac{1}{(z;q)_N}\quad(|z|<1).\qquad\square$$

注 2.9.1　若 $q\to 1^+$, 推论 2.9.1 和推论 2.9.2 分别退化为 (2.4.8) 和 (2.7.2).

2.10 Newton 差分公式

设 $f(x)$ 为一实函数, 定义差分算子 Δ 为

$$\Delta^0 f(x) = f(x), \quad \Delta f(x) = f(x+1) - f(x), \quad \Delta^k f(x) = \Delta^{k-1} f(x+1) - \Delta^{k-1} f(x).$$

对给定的 $k \geqslant 0$, 称数列 $\{\Delta^k f(n)\}_{n \geqslant 0}$ 为数列 $\{f(n)\}_{n \geqslant 0}$ 的 k 阶差分, 易知

$$\Delta(f(n) \pm g(n)) = \Delta f(n) \pm \Delta g(n), \tag{2.10.1}$$

$$\Delta(f(n)g(n)) = f(n+1)\Delta g(n) + g(n)\Delta f(n). \tag{2.10.2}$$

定义 2.10.1 设 k 为正整数, n 为非负整数, 定义移位算子 E 和恒等算子 I 分别为

$$Ef(n) = f(n+1), \quad E^k f(n) = f(n+k),$$

$$If(n) = f(n), \quad I^k f(n) = f(n).$$

易知

$$\alpha I = I\alpha = \alpha, \quad \Delta = E - I, \quad E = \Delta + I, \quad I = E - \Delta.$$

定理 2.10.1 (Newton 差分公式)

$$E^n = (\Delta + I)^n = \sum_{k=0}^{n} \binom{n}{k} \Delta^k, \tag{2.10.3}$$

$$\Delta^n = (E - I)^n = \sum_{k=0}^{n} (-1)^{n-k} \binom{n}{k} E^k. \tag{2.10.4}$$

证明 由 Δ, E 和 I 的定义, 可知 $\Delta = E - I$. 由于 E, I, Δ 彼此可交换, 由 Pascal 二项式定理 (2.4.7) 可得结果. □

定理 2.10.2 设 $f(n)$ 为 n 的 m 次多项式, 则当 $k \leqslant m$ 时, $\Delta^k f(n)$ 是 n 的 $m-k$ 次多项式; 当 $k > m$ 时, $\Delta^k f(n) = 0$.

证明 由于 $f(n)$ 为 n 的 $m(m \geqslant 1)$ 次多项式, 故可设

$$f(n) = a_m n^m + a_{m-1} n^{m-1} + \cdots + a_1 n + a_0 = \sum_{j=0}^{m} a_j n^j \quad (a_m \neq 0).$$

此时

$$f(n+1) = \sum_{j=0}^{m} a_j (n+1)^j = \sum_{j=0}^{m} a_j \sum_{i=0}^{j} \binom{j}{i} n^i = \sum_{i=0}^{m} \left[\sum_{j=i}^{m} \binom{j}{i} a_j \right] n^i,$$

故

$$\Delta f(n) = f(n+1) - f(n) = \sum_{i=0}^{m} \left[\sum_{j=i}^{m} \binom{j}{i} a_j \right] n^i - \sum_{i=0}^{m} a_i n^i$$

$$= \sum_{i=0}^{m-1} \left[\sum_{j=i}^{m} \binom{j}{i} a_j - a_i \right] n^i = \sum_{i=0}^{m-1} \left[\sum_{j=i+1}^{m} \binom{j}{i} a_j \right] n^i.$$

由上式知 $\Delta f(n)$ 是 n 的次数不高于 $m-1$ 的多项式, 且 n^{m-1} 的系数为 $\binom{m}{m-1} a_m = m a_m \neq 0$, 因此 $\Delta f(n)$ 是 n 的 $m-1$ 次多项式.

因为 $\Delta^2 f(n)$ 是 n 的 $m-1$ 次多项式 $\Delta f(n)$ 的差分, 所以 $\Delta^2 f(n)$ 是 n 的 $m-2$ 次多项式. 如此类推可知, 当 $k \leqslant m$ 时, $\Delta^k f(n)$ 是 n 的 $m-k$ 次多项式.

又由于 $\Delta^m f(n)$ 是 n 的零次多项式, 即为一个常数, 故当 $k > m$ 时,

$$\Delta^k f(n) = 0. \qquad\qquad \square$$

推论 2.10.1　若 $f(x)$ 为次数小于 n 的多项式, 则

$$\sum_{k=0}^{n} (-1)^k \binom{n}{k} f(k) = 0. \tag{2.10.5}$$

证明　由定理 2.10.2 和 (2.10.4) 式可得. $\qquad\qquad \square$

定理 2.10.3　设 $f(n)$ 为 n 的 m 次多项式, 则

$$\sum_{k=0}^{n} f(k) = \sum_{j=0}^{m} \binom{n+1}{j+1} \Delta^j f(0). \tag{2.10.6}$$

证明　因为 $f(n)$ 为 n 的 m 次多项式, 则当 $k > m$ 时,

$$\Delta^k f(n) \equiv 0.$$

由 Newton 差分公式得

$$\sum_{k=0}^{n} f(k) = \sum_{k=0}^{n} E^k f(0) = \sum_{k=0}^{n} (\Delta + I)^k f(0) = \sum_{k=0}^{n} \sum_{j=0}^{k} \binom{k}{j} \Delta^j f(0)$$

$$= \sum_{j=0}^{n} \left[\sum_{k=j}^{n} \binom{k}{j} \right] \Delta^j f(0)$$

$$= \sum_{j=0}^{n} \binom{n+1}{j+1} \Delta^j f(0) = \sum_{j=0}^{m} \binom{n+1}{j+1} \Delta^j f(0). \qquad \square$$

2.11 二项式定理的 Jensen 拓广

定理 2.11.1 (二项式定理的詹森 (Jensen) 拓广)   设 α, β 为任意复数, 则

$$\sum_{j=0}^{\infty} \binom{\alpha + \beta j}{j} \frac{\alpha}{\alpha + \beta j} z^j = x^{\alpha}, \tag{2.11.1}$$

这里

$$z = \frac{x-1}{x^{\beta}} \quad \text{和} \quad |z| < \left| \frac{(\beta-1)^{\beta-1}}{\beta^{\beta}} \right|.$$

证明   令

$$A_n(\alpha, \beta) = \binom{\alpha + \beta n}{n} \frac{\alpha}{\alpha + \beta n}, \tag{2.11.2}$$

由推论 2.10.1 知

$$\sum_{k=0}^{n} (-1)^k \binom{n}{k} \binom{\alpha + k\beta}{n} \frac{\alpha}{\alpha + k\beta}$$

$$= (-1)^n A_n(\alpha, \beta) + \sum_{k=0}^{n-1} (-1)^k \binom{n}{k} \binom{\alpha + k\beta}{n} \frac{\alpha}{\alpha + k\beta} = 0, \quad n \geqslant 1.$$

因此

$$A_k(\alpha, \beta) = \sum_{j=0}^{k-1} (-1)^{j+k+1} \binom{k}{j} \binom{\alpha + \beta j}{k} \frac{\alpha}{\alpha + \beta j}, \quad k \geqslant 1. \tag{2.11.3}$$

故

$$\sum_{k=0}^{\infty} A_k(\alpha, \beta) z^k = 1 + \sum_{k=1}^{\infty} A_k(\alpha, \beta) z^k$$

$$= 1 + \sum_{k=1}^{\infty} z^k \sum_{j=0}^{k-1} (-1)^{j+k+1} \binom{k}{j} \binom{\alpha + \beta j}{k} \frac{\alpha}{\alpha + \beta j}$$

$$= 1 + \sum_{j=0}^{\infty} (-1)^j \frac{\alpha}{\alpha + \beta j} \sum_{k=j}^{\infty} (-1)^k \binom{k+1}{j} \binom{\alpha + \beta j}{k+1} z^{k+1}$$

$$= 1 + \sum_{j=0}^{\infty} (-1)^j \binom{\alpha + \beta j}{j} \frac{\alpha}{\alpha + \beta j} \sum_{k=j}^{\infty} (-1)^k \binom{\alpha + \beta j - j}{k + 1 - j} z^{k+1}$$

$$= 1 - \sum_{j=0}^{\infty} \binom{\alpha + \beta j}{j} \frac{\alpha}{\alpha + \beta j} z^j \sum_{k=1}^{\infty} (-1)^k \binom{\alpha + \beta j - j}{k} z^k$$

$$= 1 - \sum_{j=0}^{\infty} A_j(\alpha, \beta) z^j \sum_{k=0}^{\infty} (-1)^k \binom{\alpha + \beta j - j}{k} z^k + \sum_{j=0}^{\infty} A_j(\alpha, \beta) z^j.$$

从而发现

$$\sum_{j=0}^{\infty} A_j(\alpha, \beta) z^j \sum_{k=0}^{\infty} (-1)^k \binom{\alpha + \beta j - j}{k} z^k = 1,$$

设 $z \to 1 - z$, 则

$$\sum_{j=0}^{\infty} A_j(\alpha, \beta) z^j (1-z)^{\alpha + \beta j - j} = 1.$$

改写上式为

$$\sum_{j=0}^{\infty} A_j(\alpha, \beta) \left((1-z) z^{\beta - 1} \right)^j = z^{-\alpha}.$$

令 $z \to \dfrac{1}{x}$, 则上式变为

$$\sum_{j=0}^{\infty} A_j(\alpha, \beta) \left(\frac{x-1}{x^\beta} \right)^j = x^\alpha.$$

令 $z = \dfrac{x-1}{x^\beta}$, 则得结果.　　　　　　　　　　　　　　　　　　　　　　　　□

定理 2.11.2　设 α, β 为任意复数, 则

$$\sum_{k=0}^{\infty} \binom{\alpha + \beta k}{k} z^k = \frac{x^{\alpha+1}}{(1-\beta)x + \beta}, \tag{2.11.4}$$

这里

$$z = \frac{x-1}{x^\beta}, \quad |z| < \left| \frac{(\beta - 1)^{\beta - 1}}{\beta^\beta} \right|.$$

证明 应用有限差分易得

$$\sum_{k=0}^{n}(-1)^k \binom{n}{k}\binom{\alpha+\beta k}{n} = (-1)^n \beta^n, \quad n \geqslant 0, \tag{2.11.5}$$

由 (2.11.5) 式有

$$(-1)^n \binom{\alpha+\beta n}{n} = (-1)^n \beta^n - \sum_{k=0}^{n-1}(-1)^k \binom{n}{k}\binom{\alpha+\beta k}{n}, \quad n \geqslant 1.$$

因此

$$\sum_{n=0}^{\infty}(-1)^n \binom{\alpha+\beta n}{n} z^n$$

$$= 1 + \sum_{n=1}^{\infty}(-1)^n \binom{\alpha+\beta n}{n} z^n$$

$$= 1 + \sum_{n=1}^{\infty}(-\beta z)^n - \sum_{n=1}^{\infty} z^n \sum_{k=0}^{n-1}(-1)^k \binom{n}{k}\binom{\alpha+\beta k}{n}$$

$$= \frac{1}{1+\beta z} - \sum_{k=0}^{\infty}(-1)^k \sum_{n=k}^{\infty} \binom{n+1}{k}\binom{\alpha+\beta k}{n+1} z^{n+1}$$

$$= \frac{1}{1+\beta z} - \sum_{k=0}^{\infty}(-1)^k \binom{\alpha+\beta k}{k} \sum_{n=k}^{\infty} \binom{\alpha+\beta k-k}{n+1-k} z^{n+1}$$

$$= \frac{1}{1+\beta z} - \sum_{k=0}^{\infty}(-1)^k \binom{\alpha+\beta k}{k}\left\{\sum_{n=0}^{\infty} \binom{\alpha+\beta k-k}{n} z^{n+k} - z^k\right\}$$

$$= \frac{1}{1+\beta z} - \sum_{k=0}^{\infty}(-1)^k \binom{\alpha+\beta k}{k} z^k (z+1)^{\alpha+\beta k-k} + \sum_{k=0}^{\infty}(-1)^k \binom{\alpha+\beta k}{k} z^k.$$

因此有

$$\sum_{k=0}^{\infty}(-1)^k \binom{\alpha+\beta k}{k} z^k (1+z)^{\alpha+\beta k-k} = \frac{1}{1+\beta z}.$$

设 $z \to z-1$, 则

$$\sum_{k=0}^{\infty}\binom{\alpha+\beta k}{k}(1-z)^k z^{\alpha+\beta k-k} = \frac{1}{1+\beta(z-1)}.$$

改写上式为

$$\sum_{k=0}^{\infty}(-1)^k\binom{\alpha+\beta k}{k}((1-z)z^{\beta-1})^k=\frac{z^{-\alpha}}{1+\beta(z-1)}.$$

令 $z\to\dfrac{1}{x}$, 则上式变为

$$\sum_{k=0}^{\infty}(-1)^k\binom{\alpha+\beta k}{k}\left(\frac{x-1}{x^{\beta}}\right)^k=\frac{x^{\alpha+1}}{(1-\beta)x+\beta}.$$

令 $z=\dfrac{x-1}{x^{\beta}}$, 则得结果. □

定理 2.11.3 设 α,β,γ 为任意复数, 则

$$\sum_{k=0}^{n}\frac{\gamma}{\gamma+\beta k}\binom{\gamma+\beta k}{k}\frac{\gamma}{\gamma+\beta(n-k)}\binom{\gamma+\beta(n-k)}{n-k}=\frac{\alpha+\gamma}{\alpha+\gamma+\beta n}\binom{\alpha+\gamma+\beta n}{n}.$$

(2.11.6)

证明 利用定理 2.11.1 以及 $x^{\alpha}\cdot x^{\gamma}=x^{\alpha+\gamma}$ 进行卷积运算可得. □

定理 2.11.4 设 α,β,γ 为任意复数, 则

$$\sum_{k=0}^{n}\binom{\gamma+\beta k}{k}\binom{\alpha+(n-k)\beta}{n-k}\frac{\gamma}{\gamma+\beta k}=\binom{\alpha+\gamma+\beta n}{n}.$$

(2.11.7)

证明 联合应用定理 2.11.1 和定理 2.11.2 以及

$$\frac{x^{\alpha+\gamma+1}}{(1-\beta)x+\beta}=x^{\gamma}\cdot\frac{x^{\alpha+1}}{(1-\beta)x+\beta}$$

可得结果. □

定理 2.11.5 设 $\alpha,\beta,\gamma,\epsilon$ 为任意复数, 则

$$\sum_{k=0}^{n}\binom{\alpha+k\beta}{k}\binom{\gamma+(n-k)\beta}{n-k}=\sum_{k=0}^{n}\binom{\alpha+\epsilon+k\beta}{k}\binom{\gamma-\epsilon+(n-k)\beta}{n-k}.$$

(2.11.8)

证明 令

$$f(\alpha,x)=\frac{x^{\alpha+1}}{(1-\beta)x+\beta},$$

则有

$$f(\alpha, x) \cdot f(\gamma, x) = f(\alpha + \epsilon, x) \cdot f(\gamma - \epsilon, x).$$

再利用定理 2.11.2 进行卷积运算, 比较系数则得定理.   □

注 2.11.1   关于本节级数收敛性的讨论, 详见文献 [34] 中. 本节取自文献 [35].

注 2.11.2   K. L. Chung 在 *Amer. Math. Monthly* (1946, p.397) 上的问题 (No.4211) 中给出了下述恒等式:

$$\binom{nd}{n} = d(d-1) \sum_{k=1}^{n} \frac{(dk-2)!}{(k-1)!(dk-k)!} \binom{nd-kd}{n-k}, \quad n \geqslant 1. \qquad (2.11.9)$$

由于

$$\begin{aligned}
\binom{nd}{n} \frac{1}{d-1} &= \sum_{k=1}^{n} \binom{dk}{k} \binom{nd-kd}{n-k} \frac{1}{dk-1} \\
&= \sum_{k=1}^{n} \binom{dk-1}{k-1} \frac{d}{dk-1} \binom{nd-kd}{n-k} \\
&= \sum_{k=0}^{n-1} \binom{dk+d-1}{k} \frac{d}{dk+d-1} \binom{nd-kd-d}{n-1-k},
\end{aligned}$$

则 (2.11.9) 式可重写为

$$\binom{nd-1}{n-1} = \sum_{k=0}^{n-1} \binom{d-1+dk}{k} \frac{d-1}{d-1+dk} \binom{(n-1)d-kd}{n-1-k}. \qquad (2.11.10)$$

在 (2.11.7) 中令 $n \to n-1$, $\beta \to d$, $\gamma \to d-1$, $\alpha = 0$, 则得式 (2.11.10).

定理 2.11.6 (阿让 (Hagen) 恒等式)

$$\sum_{k=0}^{n} \binom{x+\beta k}{k} \binom{y-\beta k}{n-k} \frac{p+qk}{(x+\beta k)(y-\beta k)} = \frac{p(x+y-\beta n)+nxq}{(x+y)x(y-\beta n)} \binom{x+y}{n}. \qquad (2.11.11)$$

证明   由定理 2.11.1 有

$$\sum_{k=0}^{\infty} A_k(\alpha, \beta) w^{p+qk} = w^p x^\alpha,$$

这里

$$w = \frac{(x-1)^{1/q}}{x^{\beta/q}}.$$

在绝对收敛区间内作微分, 得到

$$\sum_{k=0}^{\infty} A_k(\alpha,\beta)(p+qk)w^{p+qk-1}$$

$$= pw^{p-1}x^\alpha + \frac{\alpha w^p x^{\alpha-1} q x^{(\beta/q)+1}}{(x-1)^{(1/q)-1}\{(1-\beta)x+\beta\}}$$

$$= pw^{p-1}x^\alpha + \alpha q w^{p-1}\frac{x^{\alpha+1}}{(1-\beta)x+\beta} - \alpha q w^{p-1}\frac{x^\alpha}{(1-\beta)x+\beta}.$$

因此有

$$\sum_{k=0}^{\infty} A_k(\alpha,\beta)(p+qk)w^{p+qk} = pw^p x^\alpha + \alpha q w^p \frac{x^{\alpha+1}}{(1-\beta)x+\beta} - \alpha q w^p \frac{x^\alpha}{(1-\beta)x+\beta}.$$

$$(2.11.12)$$

设

$$S = \left\{\sum_{k=0}^{\infty} A_k(\alpha,\beta)(p+qk)w^{p+qk}\right\} \cdot \left\{\sum_{j=0}^{\infty} A_j(\gamma,\beta)w^{p+qk}\right\}$$

$$= w^p \sum_{k=0}^{\infty} w^{p+qk} \sum_{i=0}^{k} A_i(\alpha,\beta)A_{k-i}(\gamma,\beta)(p+qi). \qquad (2.11.13)$$

应用 (2.11.12), 上式变为

$$S = w^p x^\gamma \left\{ pw^p x^\alpha + \alpha q w^p \frac{x^{\alpha+1}}{(1-\beta)x+\beta} - \alpha q w^p \frac{x^\alpha}{(1-\beta)x+\beta}\right\}$$

$$= w^p \left\{ p\sum_{k=0}^{\infty} A_k(\alpha+\gamma,\beta)w^{p+qk} + \alpha q \sum_{k=0}^{\infty}\binom{\alpha+\gamma+\beta k}{k}w^{p+qk} \right.$$

$$\left. -\alpha q \sum_{k=0}^{\infty}\binom{\alpha+\gamma-1+\beta k}{k}w^{p+qk}\right\}$$

$$= w^p \sum_{k=0}^{\infty} w^{p+qk} \left\{\frac{p(\alpha+\gamma)}{\alpha+\gamma+\beta k} + \alpha q - \alpha q\frac{\alpha+\gamma+\beta k-k}{\alpha+\gamma+\beta k}\right\} \cdot \binom{\alpha+\gamma+\beta k}{k}$$

$$= w^p \sum_{k=0}^{\infty} w^{p+qk} \binom{\alpha + \gamma + \beta k}{k} \frac{p(\alpha + \gamma) + k\alpha q}{\alpha + \gamma + \beta k}. \tag{2.11.14}$$

现在比较 (2.11.13) 和 (2.11.14) 的系数, 导致

$$\sum_{k=0}^{n} A_k(\alpha, \beta) A_{n-k}(\gamma, \beta)(p + qk) = \frac{p(\alpha + \gamma) + n\alpha q}{\alpha + \gamma + \beta n} \binom{\alpha + \gamma + \beta n}{n}, \quad n \geqslant 0,$$
$$\tag{2.11.15}$$

它是关于 α, γ 和 β 的一个多项式. 令 $\gamma + \beta n = y$ 和 $\alpha = x$, 得

$$\sum_{k=0}^{n} \binom{x + \beta k}{k} \binom{y - \beta k}{n - k} \frac{p + qk}{(x + \beta k)(y - \beta k)}$$
$$= \frac{p(x + y - \beta n) + nxq}{(x + y)x(y - \beta n)} \binom{x + y}{n}. \tag{2.11.16}$$

$\square$

关于二项式卷积公式的进一步讨论可参看文献 [36].

2.12　问 题 探 究

1. (Tainiter[37]) 设 X 为 n 元集, A 为 X 的一个 m 元子集 ($0 \leqslant m \leqslant n$), 证明把 A 写成 k 个集合的交集的方法数等于 $(2^k - 1)^{n-m}$, 把 A 写成 k 个集合的并集的方法数等于 $(2^k - 1)^m$.

2. 对任何复数 a 和 b, 且 $ab \neq 1$ 以及 n 为非负整数, 计算双重和: $s = \sum_{0 \leqslant h \leqslant k \leqslant n} a^h b^k$. 进一步, 设 N 为任何有限集, 且 $|N| = n$, 计算双重和: $S = \sum_{A \cdot B \subset N} |A \cap B|$. 参见文献 [13, pp. 33-34] 或文献 [38—40].

3. 证明恒等式: $\sum_{k=0}^{2k} (-2)^{-k} \binom{n}{m+k} \binom{n+m+k}{k} = (-1)^p 2^{-2p} \binom{n}{p}$, 这里 $n - m = 2p$. 参见文献 [23, pp.13-14].

4. 设 $m > n + t$, t 是一个非零整数, 计算直角坐标系内从原点到 (m, n), 不接触直线 $x = y + t$ 的非降路径数. (提示: 应用反射原理 [41]), 参见文献 [14, pp. 2-3].

5. 设 $m > n$, 计算直角坐标系内从原点到 (m, n), 除了原点之外, 不接触直线 $x = y$ 的非降路径数, 参见文献 [14, (1.4)]. 进一步, 考虑从原点到 (m, n)

$(m > \mu n)$, 除了原点之外, 不接触直线 $x = \mu y$ 的非降路径数, 这里 μ 为一个非负整数, 参见文献 [14, pp. 7-8].

6. 计算双重和 [42]: $s_n = \displaystyle\sum_{1 \leqslant j \leqslant n, 1 \leqslant i \leqslant n, i+j=n} ij$ 与 $S_n(a, b) = \displaystyle\sum_{1 \leqslant i \leqslant j \leqslant n} a^{i-1} b^{j-1}$.

7. (Carlitz 数 [43]) Carlitz 数 $B(n, k; s)$ 定义为

$$\binom{st}{n} = \sum_{k=0}^{n} B(n, k; s) \binom{t+n-k}{n}, \quad n = 0, 1, 2, \cdots.$$

证明:

$$B(n, k; s) = \sum_{r=0}^{k} (-1)^r \binom{n+1}{r} \binom{s(k-r)}{n}$$

和

$$(n+1)B(n+1, k; s) = (sk-n)B(n, k; s) + [s(n-k+2)+n]B(n, k-1; s),$$

$$B(0, 0; s) = 1, \quad B(n, 0; s) = 0, \quad n > 0, \quad B(n, k; s) = 0, \quad k > n.$$

进一步, 考虑非中心 Carlitz 数 $B(n, k; s, r)$, 定义为

$$\binom{st+r}{n} = \sum_{k=0}^{n} B(n, k; s, r) \binom{t+n-k}{n}, \quad n = 0, 1, 2, \cdots,$$

讨论其表示式、递归关系等性质 [42,pp.539-540].

8. 确定从 $(0, 0)$ 点到 (n, n) 点的不穿过直线 $y = x$ 的非降路径数.

9. 设 x 与 y 为实数, n, r 为正整数, 则有下述有趣组合恒等式.

(1) $\displaystyle\sum_{k=0}^{r} \binom{2r}{k}^2 = \frac{1}{2} \binom{4r}{2r} + \frac{1}{2} \binom{2r}{r}^2$.

(2) $\displaystyle\sum_{k=0}^{r} \binom{2r+1}{k}^2 = \frac{1}{2} \binom{4r+2}{2r+1}$.

(3) $\displaystyle\sum_{k=0}^{n} \binom{n}{k} \frac{(x)_k}{(x+y)_k} = \frac{(x+y+n)_n}{(y+n)_n}, \quad y \neq -1, -2, \cdots, -n$.

特别地

$$\sum_{k=0}^{n} (-1)^{n-k} \binom{n}{k} \frac{x}{x-k} = \frac{1}{\binom{x-1}{n}}, \quad \sum_{k=0}^{n} (-1)^k \binom{n}{k} \frac{y}{y+k} = \frac{1}{\binom{y+n}{n}}.$$

(4) $\sum\limits_{k=0}^{n}(-1)^k\dfrac{\dbinom{n}{k}\dbinom{r}{k}}{\dbinom{n+r}{k}}=\dfrac{1}{\dbinom{n+r}{r}}.$

特别地

$$\sum_{k=0}^{n}(-1)^k\dfrac{\dbinom{n}{k}^2}{\dbinom{2n}{k}}=\dfrac{1}{\dbinom{2n}{n}}.$$

(5) $\sum\limits_{k=1}^{n}k\dbinom{r}{k}\dbinom{s}{n-k}=r\dbinom{r+s-1}{n-1}.$

特别地

$$\sum_{k=1}^{n}k\dbinom{n}{k}^2=(2n-1)\dbinom{2n-2}{n-1}.$$

第 3 章　容斥原理及其应用

容斥原理 (inclusion-exclusion principle), 亦称筛法公式, 是组合数学的一个基本计数原理. 本章主要介绍容斥原理的内容及应用.

3.1　容斥原理

令 A 是集合 S 的子集, $\overline{A}$ 是 A 关于 S 的补集, 则

$$|\overline{A}| = |S| - |A|.$$

它是容斥原理的最简单的一种形式.

设 S 是有限集, P_1 和 P_2 分别表示两种性质. 对于 S 中的任何一个元素 x, x 具有性质 $P_i(i=1,2)$ 或者 x 不具有性质 P_i, 这两者只能有一个成立. 令 A_i 表示 S 中具有性质 P_i 的元素组成的子集 $(i=1,2)$, 则 S 中既不具有性质 P_1 也不具有性质 P_2 的元素个数为

$$|\overline{A}_1 \cap \overline{A}_2| = |S| - |A_1| - |A_2| + |A_1 \cap A_2|.$$

如图 3.1 所示.

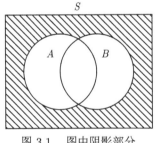

图 3.1　图中阴影部分

一般来说, 设 S 是有限集, $P_1, P_2, \cdots, P_m$ 是 m 个性质. S 中的任何一个元素 x 对于性质 $P_i(i=1,2,\cdots,m)$ 具有或不具有, 两者必居其一. 令 A_i 表示 S 中具有性质 P_i 的元素构成的子集. 上述思想可推广为如下定理.

定理 3.1.1 (容斥原理)　S 中不具有性质 $P_1, P_2, \cdots, P_m$ 的元素个数为

$$|\overline{A}_1 \cap \overline{A}_2 \cap \cdots \cap \overline{A}_m|$$

$$= |S| - \sum_{i=1}^{m} |A_i| + \sum_{1 \leqslant i < j \leqslant m} |A_i \cap A_j|$$

$$- \sum_{1 \leqslant i < j < k \leqslant m} |A_i \cap A_j \cap A_k| + \cdots + (-1)^m |A_1 \cap A_2 \cap \cdots \cap A_m|.$$

证明 等式左边是 S 中不具有性质 $P_1, P_2, \cdots, P_m$ 的元素个数. 要证明此定理, 我们只需证明对 S 的任何一个元素 x, 如果 x 不具有性质 $P_1, P_2, \cdots, P_m$, 则对等式右边的贡献为 1; 如果 x 至少具有其中一条性质, 则对等式右边的贡献为 0.

设 x 中不具有性质 $P_1, P_2, \cdots, P_m$, 则 $x \notin A_i$, $i = 1, 2, \cdots, m$. 令 $T = \{1, 2, \cdots, m\}$. 对 T 的所有 2-组合 $\{i, j\}$ 都有 $x \notin A_i \cap A_j$, 对 T 的所有 3-组合 $\{i, j, k\}$ 都有 $x \notin A_i \cap A_j \cap A_k$, $\cdots$, 直到 $x \notin A_1 \cap A_2 \cap \cdots \cap A_m$. 但 $x \in S$, 所以 x 对等式右边的贡献是

$$1 - 0 + 0 - 0 + \cdots + (-1)^m 0 = 1.$$

设 x 具有 m 条性质中的 n 条性质 $(m \geqslant n \geqslant 1)$. 则 x 对 $|S|$ 的贡献为 1, 对 $\sum_{i=1}^{m} |A_i|$ 的贡献为 $n = \binom{n}{1}$, 对 $\sum_{1 \leqslant i < j \leqslant m} |A_i \cap A_j|$ 的贡献为 $n = \binom{n}{2}$ $\cdots\cdots$ 对 $|A_1 \cap A_2 \cap \cdots \cap A_m|$ 的贡献为 $n = \binom{n}{m}$. 因此 x 对等式右边的总贡献是

$$\binom{n}{0} - \binom{n}{1} + \binom{n}{2} - \cdots + (-1)^m \binom{n}{m} \quad (n \leqslant m)$$

$$= \binom{n}{0} - \binom{n}{1} + \binom{n}{2} - \cdots + (-1)^n \binom{n}{n} = 0.$$

故命题得证. □

推论 3.1.1 在 S 中至少具有一条性质的元素数是

$$|A_1 \cup A_2 \cup \cdots \cup A_m| = \sum_{i=1}^{m} |A_i| - \sum_{1 \leqslant i < j \leqslant m} |A_i \cap A_j| + \sum_{1 \leqslant i < j < k \leqslant m} |A_i \cap A_j \cap A_k|$$

$$- \cdots + (-1)^{m+1} |A_1 \cap A_2 \cap \cdots \cap A_m|.$$

证明 由于

$$|A_1 \cup A_2 \cup \cdots \cup A_m|$$

$$= |S| - |\overline{A_1 \cup A_2 \cup \cdots \cup A_m}|$$

$$= |S| - |\overline{A}_1 \cap \overline{A}_2 \cap \cdots \cap \overline{A}_m|$$

$$= \sum_{i=1}^{m} |A_i| - \sum_{1 \leqslant i < j \leqslant m} |A_i \cap A_j|$$

$$+ \sum_{1 \leqslant i < j < k \leqslant m} |A_i \cap A_j \cap A_k| - \cdots + (-1)^{m+1}|A_1 \cap A_2 \cap \cdots \cap A_m|.$$

故命题得证. □

例 3.1.1 设 n 是正整数, $n \geqslant 2$, 欧拉 (Euler) 数 $\phi(n)$ 表示小于 n 且与 n 互素的正整数的个数. 求 $\phi(n)$ 的表达式.

解 任何正整数均可表示为下述形式:

$$n = p_1^{\alpha_1} p_2^{\alpha_2} \cdots p_k^{\alpha_k},$$

其中 $p_1, p_2, \cdots, p_k$ 为素数. 令

$$S = \{x | x \text{ 是小于等于 } n \text{ 的正整数}\},$$

$$A_i = \{x | x \in S \text{ 且 } p_i \text{ 整除 } x\}, \quad i = 1, 2, \cdots, k.$$

则有下面的结果:

$$|S| = n,$$

$$|A_i| = \lfloor n/p_i \rfloor = \frac{n}{p_i} \quad (i = 1, 2, \cdots, k),$$

$$|A_i \cap A_j| = \lfloor n/[p_i, p_j] \rfloor = \frac{n}{p_i p_j} \quad (1 \leqslant i < j \leqslant k),$$

$$\cdots \cdots$$

$$|A_1 \cap A_2 \cap \cdots \cap A_k| = \lfloor n/[p_1, p_2, \cdots, p_k] \rfloor = \frac{n}{p_1 p_1 \cdots p_k}.$$

由定理 3.1.1 (容斥原理) 得

$$\phi(n) = |\overline{A}_1 \cap \overline{A}_2 \cap \cdots \cap \overline{A}_k|$$

$$= n - \sum_{i=1}^{k} \frac{n}{p_i} + \sum_{1 \leqslant i < j \leqslant k} \frac{n}{p_i p_j} - \cdots + (-1)^k \frac{n}{p_1 p_2 \cdots p_k}$$

$$= n - n\left(\frac{1}{p_1} + \frac{1}{p_2} + \cdots + \frac{1}{p_k}\right) + n\left(\frac{1}{p_1 p_2} + \cdots + \frac{1}{p_{k-1} p_k}\right)$$

$$- \cdots + (-1)^k n \frac{1}{p_1 p_2 \cdots p_k}$$

$$= n \left(1 - \frac{1}{p_1}\right) \left(1 - \frac{1}{p_2}\right) \cdots \left(1 - \frac{1}{p_k}\right).$$

例 3.1.2 确定多重集 $S = \{3 \cdot a, 4 \cdot b, 5 \cdot c\}$ 的 10-组合数.

解 令 $T = \{\infty \cdot a, \infty \cdot b, \infty \cdot c\}$, T 的所有 10-组合构成集合 W, 则由定理 2.3.3, 得

$$|W| = \binom{3 + 10 - 1}{10} = \binom{12}{10} = \binom{12}{2} = 66.$$

任取 T 的 10-组合, 如果其中的 a 多于 3 个, 则称它具有性质 P_1; 如果其中的 b 多于 4 个, 则称它具有性质 P_2; 如果其中的 c 多于 5 个, 则称它具有性质 P_3. 不难看出所求的 10-组合数就是 W 中不具有性质 P_1, P_2 和 P_3 的元素个数. 令

$$A_i = \{x | x \in W \text{ 且 } x \text{ 具有性质 } P_i\}, \quad i = 1, 2, 3.$$

由于 A_1 中的每个 10-组合至少含有 4 个 a, 把这 4 个 a 拿走就得到 T 的一个 6-组合. 反之, 对 T 的任意一个 6-组合加上 4 个 a 就得 A_1 中的一个 10-组合. 所以 $|A_1|$ 就是 T 的 6-组合数, 即

$$|A_1| = \binom{3 + 6 - 1}{6} = \binom{8}{6} = \binom{8}{2} = 28,$$

同理可得

$$|A_2| = \binom{3 + 5 - 1}{5} = \binom{7}{5} = \binom{7}{2} = 21,$$

$$|A_3| = \binom{3 + 4 - 1}{4} = \binom{6}{4} = \binom{6}{2} = 15.$$

用类似的方法可以计算 $|A_1 \cap A_2|$, $|A_1 \cap A_3|$, $|A_2 \cap A_3|$ 和 $|A_1 \cap A_2 \cap A_3|$, 所得的结果是

$$|A_1 \cap A_2| = \binom{3 + 1 - 1}{1} = 3,$$

$$|A_1 \cap A_3| = \binom{3 + 0 - 1}{0} = 1,$$

$$|A_2 \cap A_3| = 0, \quad |A_1 \cap A_2 \cap A_3| = 0.$$

因此所求的 10-组合数

$$|\overline{A}_1 \cap \overline{A}_2 \cap \overline{A}_3| = 66 - (28 + 21 + 15) + (3 + 1 + 0) - 0 = 6.$$

列出这 6 个 10-组合如下:

$$\{1 \cdot a, 4 \cdot b, 5 \cdot c\}, \quad \{2 \cdot a, 3 \cdot b, 5 \cdot c\}, \quad \{2 \cdot a, 4 \cdot b, 4 \cdot c\},$$
$$\{3 \cdot a, 2 \cdot b, 5 \cdot c\}, \quad \{3 \cdot a, 3 \cdot b, 4 \cdot c\}, \quad \{3 \cdot a, 4 \cdot b, 3 \cdot c\}.$$

注 3.1.1　对多重集 $S = \{n_1 \cdot a_1, n_2 \cdot a_2, \cdots, n_k \cdot a_k\}$, 我们要求 S 的 r-组合数. 如果某个 $n_i > r$, 我们可以用 r 代替 n_i 得到多重集 S'. 则容易看到 S' 的 r-组合数就是 S 的 r-组合数. 因此, 不妨假设所有的 $n_i \leqslant r, i = 1, 2, \cdots, k$. 那么我们令 P_i 表示性质为 a_i 的个数超过 n_i 个, $A_i = \{x | x$ 具有性质 $P_i\}$ $(i = 1, 2, \cdots, k)$. 则所求的 $S = \{n_1 \cdot a_1, n_2 \cdot a_2, \cdots, n_k \cdot a_k\}$ 的 r-组合数就为

$$|\overline{A}_1 \cap \overline{A}_2 \cap \cdots \cap \overline{A}_k|.$$

这样就可利用容斥原理得到结果.

注 3.1.2　由于多重集 $S = \{n_1 \cdot a_1, n_2 \cdot a_2, \cdots, n_k \cdot a_k\}$ 的 r-组合数等于方程 $x_1 + x_2 + \cdots + x_k = r$ 的非负整数解的个数. 因此用容斥原理可以确定附加条件的不定方程的非负整数解的个数. 例如确定方程

$$x_1 + x_2 + x_3 = 5 \quad (0 \leqslant x_1 \leqslant 2, 0 \leqslant x_2 \leqslant 2, 1 \leqslant x_3 \leqslant 5)$$

的整数解的个数. 令 $x_3' = x_3 - 1$, 则有 $0 \leqslant x_3' \leqslant 4$, 用 $x_3' + 1$ 代替 x_3 得

$$x_1 + x_2 + x_3' = 4 \quad (0 \leqslant x_1 \leqslant 2, 0 \leqslant x_2 \leqslant 2, 0 \leqslant x_3' \leqslant 4),$$

这个方程的整数解的个数就是原方程的整数解的个数. 而它又与多重集 $\{2 \cdot a, 2 \cdot b, 4 \cdot c\}$ 的 4-组合数相等, 仿照例 3.1.2 求得多重集的 4-组合数, 结果是 9, 故原方程有 9 个解, 它们为

$$(0,0,5), (0,1,4), (0,2,3), (1,0,4), (1,1,3), (1,2,2), (2,0,3), (2,1,2), (2,2,1).$$

例 3.1.3　考虑由 $2n(n \geqslant 2)$ 个相异元 $a_1, a_2, \cdots, a_n, b_1, b_2, \cdots, b_n$ 作成的 a_k 与 $b_k(k = 1, 2, \cdots, n)$ 均不相邻的全排列的个数 g_n. 以 S 表示由 $2n$ 个相异元 $a_1, a_2, \cdots, a_n, b_1, b_2, \cdots, b_n$ 作成的全排列所组成的集合, 则 $|S| = (2n)!$. 以 $A_i(i = 1, 2, \cdots, n)$ 表示 S 中的 a_i 和 b_i 相邻的排列所成之集, 则

$$g_n = |S| + \sum_{k=1}^{n} (-1)^k \sum_{1 \leqslant i_1 < i_2 < \cdots < i_k \leqslant n} |A_{i_1} \cap A_{i_2} \cap \cdots \cap A_{i_k}|.$$

由于 $A_{i_1} \cap A_{i_2} \cap \cdots \cap A_{i_k}(1 \leqslant i_1 < i_2 < \cdots < i_k \leqslant n)$ 表示由 $a_1, a_2, \cdots, a_n, b_1, b_2, \cdots, b_n$ 作成的 a_{i_j} 与 $b_{i_j}(j = 1, 2, \cdots, k)$ 相邻的全排列所成之集, 所以

$$|A_{i_1} \cap A_{i_2} \cap \cdots \cap A_{i_k}| = 2^k(2n - k)!,$$

从而

$$g_n = (2n)! + \sum_{k=1}^{n}(-1)^k \binom{n}{k} 2^k(2n - k)!$$

$$= \sum_{k=0}^{n}(-1)^k \binom{n}{k} 2^k(2n - k)!.$$

类似地, 可以得到由 2 个 a_1, 2 个 a_2, $\cdots$, 2 个 a_m 和 $b_1, b_2, \cdots, b_n$ 作成的任何两个 $a_i(i = 1, 2, \cdots, m)$ 均不相邻的全排列的个数

$$f(1^n 2^m) = \sum_{k=0}^{m}(-1)^{m-k} \binom{m}{k} \frac{(n + m + k)!}{2^k}.$$

例 3.1.4 考虑由 m 个元素 A 到 $n(m \geqslant n)$ 元集 B 的满射的个数 $g(m, n)$. 令 S 为所有从 A 到 B 映射的集合, 则 $|S| = n^m$, 定义性质 P_i 为 B 中 i 不是映射的像, A_i 为满足性质 $P_i(1 \leqslant i \leqslant n)$ 的所有从 A 到 B 映射的集合, 则对任意 $1 \leqslant i \leqslant n$, 有

$$|A_i| = (n - 1)^m;$$

对任意 $1 \leqslant i_1 < i_2 < \cdots < i_j \leqslant n$, 有

$$\left|A_{i_1} \cap \cdots \cap A_{i_j}\right| = (n - j)^m.$$

故所求满射的个数为

$$\left|\overline{A_1} \cap \overline{A_2} \cap \cdots \cap \overline{A_n}\right|$$

$$= |S| - \sum_i |A_i| + \sum_{i<j} |A_i \cap A_j|$$

$$- \sum_{i<j<l} |A_i \cap A_j \cap A_l| + \cdots + (-1)^n |A_1 \cap A_2 \cap \cdots \cap A_n|$$

$$= \sum_{j=0}^{n}(-1)^j \binom{n}{j}(n - j)^m = \sum_{j=1}^{n}(-1)^{n-j} \binom{n}{j} j^m.$$

注 3.1.3 由此例本身的组合意义可知, 若 $n > m$, 则不存在这样的满射; 若 $n = m$, 则满射的个数是 $m!$. 由此得到

$$\sum_{j=0}^{n}(-1)^{n-j} \binom{n}{j} j^m = \begin{cases} 0, & n > m, \\ m!, & n = m. \end{cases}$$

3.2　排列中的不动点问题

设排列 τ 是 $12\cdots n, \tau$ 的一个排列: $i_1 i_2 \cdots i_n$, 若存在某个 $i_j = j$, 即此点在新的排列中保持不变, 则称此点为不动点.

若在新的排列中, 不存在不动点, 则此类排列称为错位排列 (简称错排) 问题. 即, 错位排列就是在 $12\cdots n$ 的重新排列 $i_1 i_2 \cdots i_n$ 中, 对所有 $j = 1, 2, \cdots, n$, 均 $i_j \neq j$. 我们用 D_n 表示 n 个元素的错位排列的个数, 简称错排数 D_n.

当 $n = 1$ 时不存在错位排列, 所以 $D_1 = 0$.

当 $n = 2$ 时, 错位排列只有 21, 所以 $D_2 = 1$.

当 $n = 3$ 时, 错位排列只有 $231, 312$, 所以 $D_3 = 2$.

当 $n = 4$ 时, 错位排列只有 2143, 2341, 2413, 3142, 3412, 3421, 4123, 4312, 4321, 故 $D_4 = 9$.

对于一般的 n, 我们有以下的定理.

定理 3.2.1　对于 $n \geqslant 1$ 有

$$D_n = n! \left(1 - \frac{1}{1!} + \frac{1}{2!} - \frac{1}{3!} + \cdots + (-1)^n \frac{1}{n!}\right) = n! \sum_{k=0}^{n} \frac{(-1)^k}{k!}. \tag{3.2.1}$$

证明　设 $\tau = 12\cdots n, X = \{1, 2, \cdots, n\}$. 我们用 S 表示 X 的所有排列的集合. 对于 $j = 1, 2, \cdots, n$, 规定在一个排列中, 如果 j 在第 j 个位置上, 则该排列具有性质 P_j. 令 A_j 表示 S 中具有性质 P_j 的排列的集合, 则 τ 的错位排列就是 $\overline{A_1} \cap \overline{A_2} \cap \cdots \cap \overline{A_n}$ 中的排列.

A_1 中的排列具有形式: $1 i_2 i_3 \cdots i_n$, 其中 $i_2 i_3 \cdots i_n$ 是 $\{2, 3, \cdots, n\}$ 的一个排列, 所以 $|A_1| = (n-1)!$. 同理, 对于 $j = 2, 3, \cdots, n$, 有 $|A_j| = (n-1)!$.

$A_1 \cap A_2$ 中的排列具有形式: $12 i_3 \cdots i_n$, 其中 $i_3 \cdots i_n$ 是 $\{3, 4, \cdots, n\}$ 的一个排列, 所以 $|A_1 \cap A_2| = (n-2)!$. 同理, 对于 $\{1, 2, \cdots, n\}$ 的任何一个 2-组合 $\{i, j\}$, 有 $|A_1 \cap A_2| = (n-2)!$.

一般来说, 对任意的整数 $k, 1 \leqslant k \leqslant n$, 有

$$|A_{i_1} \cap A_{i_2} \cap \cdots \cap A_{i_k}| = (n-k)!,$$

其中 $i_1, i_2, \cdots, i_k$ 是 $\{1, 2, \cdots, n\}$ 的一个 k-组合. 由容斥原理得

$$D_n = n! - \binom{n}{1}(n-1)! + \binom{n}{2}(n-2)! - \cdots + (-1)^n \binom{n}{n} \cdot 0!$$

$$= n! - \frac{n!}{1!} + \frac{n!}{2!} - \cdots + (-1)^n \frac{n!}{n!}$$

$$= n! \left[1 - \frac{1}{1!} + \frac{1}{2!} - \cdots + (-1)^n \frac{1}{n!} \right].$$ □

注 3.2.1 错排问题也称伯努利-欧拉 (Bernoulli-Euler) 错排问题, 是由 Bernoulli 提出, Euler 给出了解答. 原始问题为: 若有 n 位客人来到家里做客, 每个客人都戴了一顶帽子, 来的时候他们把自己的帽子都挂在衣帽架上. 晚会结束后, 客人们取走帽子回家, 那么所有客人取走的不是自己帽子的概率是多少呢? 按照前面得到的错排数, 所求的概率为 $D_n/n!$, 显然随着 n 的增大, 此概率越来越接近 $1/e$, 即 $\lim_{n\to\infty} D_n/n! = 1/e$.

更多相关的问题可以参考文献 [44].

由定理 3.2.1 直接可得:

定理 3.2.2 集合 $\{1, 2, \cdots, n\}$ 具有 k 个不动点的排列数 $D_{n,k}$ 为

$$D_{n,k} = \binom{n}{k} D_{n-k} = \frac{n!}{k!} \sum_{j=0}^{n-k} \frac{(-1)^j}{j!}.$$

例 3.2.1 (1) 重新排列 123456789, 使得偶数在原来的位置上而奇数不在原来的位置上, 问有多少种排法?

(2) 如果要求只有 4 个数在原来的位置上, 那么又有多少种排法?

解 (1) 这是排列 13579 的错位排列问题, 由定理 3.2.1 得

$$D_5 = 5! \left(1 - \frac{1}{1!} + \frac{1}{2!} - \frac{1}{3!} + \frac{1}{4!} - \frac{1}{5!} \right) = 60 - 20 + 5 - 1 = 44.$$

(2) 从 $\{1, 2, \cdots, 9\}$ 中任取 4 个数的取法为 $\binom{9}{4}$, 而其他 5 个数的错位排列数是 D_5, 由定理 3.2.2 得

$$\binom{9}{4} D_5 = 126 \times 44 = 5544.$$

定理 3.2.3

$$D_1 = 0, \quad D_2 = 1, \tag{3.2.2}$$

$$D_n = (n-1)(D_{n-1} + D_{n-2}) \quad (n \geqslant 3). \tag{3.2.3}$$

证明 显然可以直接计算出 $D_1 = 0$, $D_2 = 1$. 现设 $n \geqslant 3$, 考虑排列 $12 \cdots n$ 的所有的错位排列. 根据在排列中的第一位的数字是 $2, 3, \cdots, n$ 而将这些排列划

分为 $n-1$ 类. 显然每一类的错位排列数相等. 令 d_n 表示第一位是 2 的错位排列数, 则有

$$D_n = (n-1)d_n.$$

考察在 d_n 中的排列, 它们都是 $2i_2i_3\cdots i_n$ 的形式, 其中 $i_j \neq j$, $i = 2, 3, \cdots, n$. 进一步把这些排列分成两个子类, 称 $i_2 = 1$ 的为第一子类, 并把其中的排列个数记作 d_n', 称 $i_2 \neq 1$ 的为第二子类, 它的排列个数记作 d_n'', 则有

$$d_n = d_n' + d_n''.$$

因此 d_n' 就是 $34\cdots n$ 的错位排列数 D_{n-2}. 在第二子类中的排列具有 $2i_2i_3\cdots i_n$ 的形式, 其中 $i_2 \neq 1, i_j \neq j, j = 3, 4, \cdots, n$. 所以 d_n'' 就是 $134\cdots n$ 的错位排列数 D_{n-1}, 因此得到

$$d_2 = D_{n-2} + D_{n-1}.$$

故可得结论.　　　　　　　　　　　　　　　　　　　　　　　　　　　　□

定理 3.2.4　设 $n \geqslant 2$, 则

$$D_n = nD_{n-1} + (-1)^n, \tag{3.2.4}$$

$$D_1 = 0. \tag{3.2.5}$$

证明　由定理 3.2.1, 可得

$$D_n = n! \sum_{k=0}^{n} \frac{(-1)^k}{k!} = n! \sum_{k=0}^{n-1} \frac{(-1)^k}{k!} + (-1)^n$$

$$= n(n-1)! \sum_{k=0}^{n-1} \frac{(-1)^k}{k!} + (-1)^n = nD_{n-1} + (-1)^n.　　□$$

3.3　秩为 k 的集合的排列问题

设 $(j_1, j_2, \cdots, j_n)$ 为集合 $\{1, 2, 3, \cdots, n\}$ 的一个排列, 如果

$$j_r \neq r, \quad r = 1, 2, \cdots, k-1, \quad j_k = k, \quad 2 \leqslant k \leqslant n,$$

此排列被称为秩为 k 的排列. 特别地, 如果 $j_1 = 1$, 排列被称为秩为 1 的排列, 同时如果 $j_r \neq r, r = 1, 2, \cdots, n$, 约定此排列为秩为 $n+1$ 的排列.

例 3.3.1　集合 $\{1, 2, 3, 4\}$ 的 24 个排列 (j_1, j_2, j_3, j_4) 可以按它们的秩分类如下.

(1) 秩为 1 的排列 6 个:

$$(1,2,3,4),\ (1,2,4,3),\ (1,3,2,4),\ (1,3,4,2),\ (1,4,2,3),\ (1,4,3,2).$$

(2) 秩为 2 的排列 4 个:

$$(3,2,1,4),\ (3,2,4,1),\ (4,2,1,3),\ (4,2,3,1).$$

(3) 秩为 3 的排列 3 个:

$$(2,1,3,4),\ (2,4,3,1),\ (4,1,3,2).$$

(4) 秩为 4 的排列 2 个:

$$(2,3,1,4),\ (3,1,2,4).$$

(5) 秩为 5 的排列 9 个:

$$(2,1,4,3),\ (2,4,1,3),\ (2,3,4,1),\ (3,1,4,2),\ (3,4,1,2),$$

$$(3,4,2,1),\ (4,1,2,3),\ (4,3,1,2),\ (4,3,2,1).$$

注意秩为 5 的排列为错排.

定理 3.3.1 集合 $\{1,2,\cdots,n\}$ 的秩为 k 的排列数

$$R_{n,k} = \sum_{s=0}^{k-1} (-1)^s \binom{k-1}{s}(n-s-1)!, \quad k=1,2,\cdots,n, \tag{3.3.1}$$

以及 $R_{n,n+1}=D_n$. 进一步, 满足递归关系

$$R_{n,k} = R_{n,k-1} - R_{n-1,k}, \quad k=2,3,\cdots,n, \quad n=2,3,\cdots, \tag{3.3.2}$$

且 $R_{n,1}=(n-1)!, R_{n,k}=0, k>n+1$.

证明 令 Ω 表示集合 $\{1,2,\cdots,n\}$ 的所有排列构成的集合, 设 A_r 排列 $(j_1,j_2,\cdots,j_n)$ 中 j_r 为固定点的子集, $r=1,2,\cdots,n$. $R_{n,k}$ 等于秩为 k 的 Ω 的关于 n 个有序可交换集 $A_1,A_2,\cdots,A_n$ 元素的个数. 由于

$$|\overline{A}_{i_1} \cap \overline{A}_{i_2} \cap \cdots \cap \overline{A}_{i_s}| = (n-s)!, \quad s=1,2,\cdots,n,$$

根据容斥原理知

$$R_{n,k} = \sum_{s=0}^{k-1} (-1)^s \binom{k-1}{s}(n-s-1)!, \quad k=1,2,\cdots,n.$$

显然 $R_{n,n+1} = D_n$. 进一步

$$R_{n,k} = (n-1)! + \sum_{s=1}^{k-1}(-1)^s \left\{ \binom{k-2}{s} + \binom{k-2}{s-1} \right\}(n-s-1)!,$$

故

$$R_{n,k} = \sum_{s=0}^{k-2}(-1)^s \binom{k-2}{s}(n-s-1)! + \sum_{s=1}^{k-1}(-1)^s \binom{k-2}{s-1}(n-s-1)!$$

$$= \sum_{s=0}^{k-2}(-1)^s \binom{k-2}{s}(n-s-1)! - \sum_{i=0}^{k-2}(-1)^i \binom{k-2}{i}(n-i-2)!$$

$$= R_{n,k-1} - R_{n-1,k}.$$

□

3.4 禁止元素半相邻的排列问题

错位排列问题是一种有限制条件的排列问题, 它的限制是对元素排列位置的限制, 本节所研究的是元素相邻禁止的排列问题, 其限制是对元素之间相邻关系的限制.

令 $X = \{1, 2, \cdots, n\}$, 在 X 的排列中不出现 $12, 23, 34, \cdots, (n-1)n$ 的排列, 称为元素半相邻禁止排列问题, 把这种排列的个数称为禁止元素半相邻排列数 (因为可以出现 $21, 32, 43, \cdots, n(n-1)$, 故称半相邻), 记作 Q_n.

当 $n = 1$ 时, $Q_1 = 1$.

当 $n = 2$ 时, 所求的排列是 21, 所以 $Q_2 = 1$.

当 $n = 3$ 时, 所求的排列是 213, 321, 132, 所以 $Q_3 = 3$.

当 $n = 4$ 时, 所求的排列是 4132, 4321, 4213, 3214, 3241, 3142, 2431, 2413, 2143, 1324, 1432, 所以 $Q_4 = 11$.

对于一般的正整数 n, 我们有下面的定理.

定理 3.4.1

$$Q_n = \sum_{k=0}^{n-1}(-1)^k \binom{n-1}{k}(n-k)! = (n-1)! \sum_{k=0}^{n-1}(-1)^k \frac{n-k}{k!}. \tag{3.4.1}$$

证明 设 $X = \{1, 2, \cdots, n\}$, X 的排列有 $n!$ 个, 把这些排列构成的集合记作 S. 对于 $j = 1, 2, \cdots, n-1$, 如果 X 的一个排列里有 $j(j+1)$ 出现, 则称这个排列具有性质 P_j, 令 A_j 是 S 中具有性质 P_j 的排列构成的子集, 则

$$Q_n = |\overline{A}_1 \cap \overline{A}_2 \cap \cdots \cap \overline{A}_{n-1}|.$$

我们先计算 $|A_1|$. 一个排列属于 A_1 当且仅当 12 出现在这个排列里, 所以 A_1 中的排列就是 $\{12, 3, 4, \cdots, n\}$ 的一个排列, 因此 $|A_1| = (n-1)!$. 同理, 对于 $j = 2, \cdots, n-1$, 也有 $A_j = (n-1)!$.

再计算 $|A_i \cap A_j|$, 其中 $\{i, j\}$ 是 $\{1, 2, \cdots, n-1\}$ 的一个 2-组合. 一个排列如果属于 $A_i \cap A_j$, 那么 $i(i+1)$ 和 $j(j+1)$ 都出现在这个排列里. 我们分两种情况来考虑.

(1) $i + 1 = j$, 这时排列中出现 $i(i+1)(i+2)$, 这种排列就是 $\{1, 2, \cdots, i-1, i(i+1)(i+2), i+3, \cdots, n\}$ 的排列, 所以 $|A_i \cap A_j| = (n-2)!$.

(2) $i + 1 \neq j$, 这时排列就是 $\{1, 2, \cdots, i-1, i(i+1), (i+2), \cdots, j-1, j(j+1), j+2, \cdots, n\}$ 的排列, 也有 $|A_i \cap A_j| = (n-2)!$.

由类似的分析可以得到, 对于任意的 $1 \leqslant k \leqslant n-1$, 有

$$|A_{i_1} \cap A_{i_2} \cap \cdots \cap A_{i_k}| = (n-k)!.$$

根据容斥原理得

$$Q_n = n! - \binom{n-1}{1}(n-1)! + \binom{n-1}{2}(n-2)!$$
$$- \cdots + (-1)^{n-1}\binom{n-1}{n-1} \cdot 1!. \qquad \square$$

定理 3.4.2

$$nQ_n = (n^2 - 1)Q_{n-1} - (-1)^n, \quad n = 2, 3, \cdots, \quad S_1 = 1. \tag{3.4.2}$$

$$Q_n = D_n + D_{n-1} \quad (n \geqslant 2), \tag{3.4.3}$$

$$Q_n = (n-1)Q_{n-1} + (n-2)Q_{n-2}, \quad n = 3, 4, \cdots, \quad S_1 = S_2 = 1. \tag{3.4.4}$$

证明 由于

$$\frac{n(n-k)}{k!} = \frac{(n+1)(n-k-1)}{k!} + \frac{1}{k!} + \frac{1}{(k-1)!},$$

在其两边乘以 $(-1)^k(n-1)!$, 并对 $k = 0, 1, 2, \cdots, n-1$ 求和, 则

$$n(n-1)! \sum_{k=0}^{n-1} (-1)^k \frac{n-k}{k!} = (n^2 - 1)(n-2) \sum_{k=0}^{n-2} (-1)^k \frac{n-k-1}{k!} + (-1)^{n-1}.$$

应用 (3.4.1) 可得定理的第一式. 重写 (3.4.1) 为

$$Q_n = n(n-1)! \sum_{k=0}^{n-1} \frac{(-1)^k}{k!} - (n-1)! \sum_{k=1}^{n-1} \frac{(-1)^k}{(k-1)!}$$

$$= n! \sum_{k=0}^{n} \frac{(-1)^k}{k!} + (n-1)! \sum_{j=0}^{n-1} \frac{(-1)^j}{j!}.$$

应用 (3.2.1), 得证第二式. 联合第二式与 (3.2.3) 可得第三式.　　　□

定理 3.4.3

$$Q_n = (n+1)D_{n-1} + (-1)^n, \tag{3.4.5}$$

$$Q_n = \frac{1}{n} D_{n+1}. \tag{3.4.6}$$

证明　由 (3.2.4) 和 (3.4.3) 有

$$(n+1)D_{n-1} + (-1)^n = nD_{n-1} + (-1)^n + D_{n-1} = D_n + D_{n-1} + Q_n$$

和

$$nQ_n = nD_n + nD_{n-1} = (n+1)D_n - D_n + nD_{n-1}$$

$$= D_{n+1} - (-1)^{n+1} - D_n + D_n - (-1)^n = D_{n+1}.$$

故 $Q_n = \dfrac{1}{n} D_{n+1}$.　　　□

推论 3.4.1　n 元集 $\{1, 2, \cdots, n\}$ 的排列中含有 k 个相邻的排列数 $Q_{n,k}$ 等于

$$Q_{n,k} = \frac{(n-1)!}{k!} \sum_{j=0}^{n-k-1} (-1)^j \frac{n-k-j}{j!} = \binom{n-1}{k} Q_{n-k}.$$

将 $X = \{1, 2, \cdots, n\}$ 的 n 个元素依次排列在一个圆圈上, 交换它们之间的位置, 使得每一个元素的前面都不是原来在它前面的元素, 即在交换位置后, 不出现 $12, 23, 34, \cdots, (n-1)n, n1$ 的环排列, 称为禁止元素半相邻环排列问题, 把这种排列的个数称为禁止元素半相邻环排列数, 记作 $\mathbb{Q}_n$.

对于一般的正整数 n, 我们有下面的定理.

定理 3.4.4

$$\mathbb{Q}_n = \sum_{k=0}^{n-1} (-1)^k \binom{n}{k} (n-1-k)! + (-1)^n. \tag{3.4.7}$$

证明　我们规定如果 $j(j+1)$ 出现在环排列中 $(j = 1, 2, \cdots, n-1)$, 就称这个环排列具有性质 P_j. 同时规定如果 $n1$ 出现在环排列中, 就称这个环排列具有

性质 P_n. 令具有性质 P_j 的环排列的集合是 A_j, 按照上述定理的证明方法不难得到

$$|A_{i_1} \cap A_{i_2} \cap \cdots \cap A_{i_k}| = (n-k-1)! \quad (1 \leqslant k \leqslant n-1),$$

$$|A_1 \cap A_2 \cap \cdots \cap A_n| = 1.$$

应用容斥原理得

$$\mathbb{Q}_n = |\overline{A}_1 \cap \overline{A}_2 \cap \cdots \cap \overline{A}_n| = (n-1)! - \binom{n}{1}(n-2)! + \cdots + (-1)^n\binom{n}{n}\cdot 1!. \quad \square$$

禁止元素半相邻环排列问题与错排问题之间有下述密切的联系.

定理 3.4.5

$$\mathbb{Q}_n + \mathbb{Q}_{n-1} = D_{n-1}, \quad n = 3, 4, \cdots,$$

$$\mathbb{Q}_n = \sum_{k=3}^{n}(-1)^{n-k}D_{k-1}, \quad n = 3, 4, \cdots,$$

$$\mathbb{Q}_n = (n-2)\mathbb{Q}_{n-1} + (n-1)\mathbb{Q}_{n-2} + (-1)^{n-1}, \quad n = 4, 5, \cdots,$$

这里 $\mathbb{Q}_2 = 0$, $\mathbb{Q}_3 = 1$,

$$\mathbb{Q}_n = (n-3)\mathbb{Q}_{n-1} + 2(n-2)\mathbb{Q}_{n-2} + (n-2)\mathbb{Q}_{n-3}, \quad n = 5, 6, \cdots,$$

这里 $\mathbb{Q}_2 = 0$, $\mathbb{Q}_3 = 1$, $\mathbb{Q}_4 = 1$.

证明 重写 (3.4.7) 为

$$\mathbb{Q}_n = (n-1)!\sum_{k=0}^{n-1}(-1)^k\frac{(n-k)+k}{(n-k)k!} + (-1)^n$$

$$= (n-1)!\sum_{k=0}^{n-1}\frac{(-1)^k}{k!} + (n-1)!\sum_{k=1}^{n-1}\frac{(-1)^k}{(n-k)(k-1)!} + (-1)^n$$

$$= (n-1)!\sum_{k=0}^{n-1}\frac{(-1)^k}{k!} - \left\{(n-1)!\sum_{j=0}^{n-2}\frac{(-1)^j}{(n-1-j)!} + (-1)^{n-1}\right\}.$$

应用 (3.2.1), 则得

$$\mathbb{Q}_n + \mathbb{Q}_{n-1} = D_{n-1}, \quad n = 3, 4, \cdots. \tag{3.4.8}$$

写这个关系为

$$(-1)^{n-k}\mathbb{Q}_k + (-1)^{n-k}\mathbb{Q}_{k-1} = (-1)^{n-k}D_{k-1}, \quad k = 3, 4, \cdots.$$

对 $k = 3, 4, \cdots, n$ 求和, 则

$$\sum_{k=3}^{n}(-1)^{n-k}\mathbb{Q}_k + \sum_{k=3}^{n}(-1)^{n-k}\mathbb{Q}_{k-1} = \sum_{k=3}^{n}(-1)^{n-k}D_{k-1},$$

此式的左边等于 $\mathbb{Q}_n + (-1)^{n-3}\mathbb{Q}_2$. 由于 $\mathbb{Q}_2 = 0$, 则

$$\mathbb{Q}_n = \sum_{k=3}^{n}(-1)^{n-k}D_{k-1}, \quad n = 3, 4, \cdots.$$

注意到 (3.4.8), 应用递归关系 (3.2.3) 和 (3.2.4) 产生

$$\mathbb{Q}_n = (n-2)\mathbb{Q}_{n-1} + (n-1)\mathbb{Q}_{n-2} + (-1)^{n-1}, \quad n = 4, 5, \cdots,$$

这里 $\mathbb{Q}_2 = 0$, $\mathbb{Q}_3 = 1$,

$$\mathbb{Q}_n = (n-3)\mathbb{Q}_{n-1} + 2(n-2)\mathbb{Q}_{n-2} + (n-2)\mathbb{Q}_{n-3}, \quad n = 5, 6, \cdots,$$

这里 $\mathbb{Q}_2 = 0$, $\mathbb{Q}_3 = 1$, $\mathbb{Q}_4 = 1$.　　　　　　　　　　　　　　　　　　□

推论 3.4.2　n 元集 $\{1, 2, \cdots, n\}$ 的环排列中含有 k 个相邻的排列数 $\mathbb{Q}_{n,k}$ 等于

$$\mathbb{Q}_{n,k} = \frac{n!}{k!}\left\{\sum_{j=0}^{n-k-1}\frac{(-1)^j}{(n-k-j)j!} + \frac{(-1)^{n-k}}{(n-k)!}\right\} = \binom{n}{k}\mathbb{Q}_{n-k}.$$

3.5　有禁区的排列问题

我们将借助棋盘多项式来解决有禁区的排列问题, 为此我们先来介绍棋盘多项式的有关概念.

设 C 是一个棋盘, $r_k(C)$ 表示把 k 个相同的棋子布到 C 中的方案数. 在布棋时我们规定: 当一个棋子放到 C 中某个格以后, 这个格所在的行与列就不能再放其他棋子了, 并规定对任意的棋盘 C 有 $r_0(C) = 1$.

不难得到以下的结果:

$$r_1(\square) = 1,$$

$$r_1\left(\begin{array}{c}\square\\\square\end{array}\right) = r_1(\square\square) = 2,$$

$$r_2\left(\begin{array}{c}\square\\\square\end{array}\right) = r_2(\square\square) = 0,$$

$$r_1\left(\begin{array}{c}\square\\\square\square\end{array}\right) = 1.$$

易知, 对于任意的棋盘 C, $r_1(C)$ 等于 C 中的方格数. 若 k 大于棋盘 C 中的方格数, 则 $r_k(C) = 0$. 若棋盘 C_1 经过旋转或者翻转就变成棋盘 C_2, 则 $r_k(C_1) = r_k(C_2)$.

下面给出两条计算布棋方案数的性质.

性质 3.5.1 设 C_i 是棋盘 C 中去掉指定的方格所在的行和列以后剩余的棋盘, C_l 是棋盘 C 中去掉指定的方格以后剩余的棋盘, 则有

$$r_k(C) = r_{k-1}(C_i) + r_k(C_l) \quad (k \geqslant 1).$$

证明 从 C 中任意指定一个方格 a, 如果有一个格子布在 a, 则其余的 $k - 1$ 个格子只能布在去掉 a 所在的行和列以后剩余的棋盘 C_i 上, 布棋方案数为 $r_{k-1}(C_i)$. 如果没有棋子布在 a, 则 k 个棋子都布在去掉 a 后所剩的棋盘 C_l 上, 布棋方案数为 $r_k(C_l)$. 由和则, 则等式成立. □

性质 3.5.2 设棋盘 C 由两个子棋盘 C_1 和 C_2 组成, 如果 C_1 和 C_2 的布棋方案是相互独立的, 则有

$$r_k(C) = \sum_{i=0}^{k} r_i(C_1) \cdot r_{k-i}(C_2).$$

证明 由于 C_1 和 C_2 的布棋方案是相互独立的就是说在由 C_1 和 C_2 构成的棋盘 C 上, C_1 和 C_2 的行和列都是不重叠的. 由于 C_1 和 C_2 的布棋方案是相互独立的, 由积则与和则可证此性质. □

定义 3.5.1 设 C 是棋盘, 则

$$R(C) = \sum_{k=0}^{\infty} r_k(C)x^k$$

叫做棋盘多项式.

例 3.5.1 求 $n \times n$ 棋盘 C 的棋盘多项式.

解 先求将 k 个棋子布置到棋盘 C 上的方案数 $r_k(C)$. 分两个步骤: 首先从 n 中选出 k 行布置 k 个棋子, 有 $\binom{n}{k}$ 种方法; 其次, k 个棋子放到 k 个行上, 共有 $n(n-1)\cdots(n-k+1)$ 种方案数. 由乘法原理知, $r_k(C) = \binom{n}{k}n(n-1)\cdots(n-k+1)$. 故 $n \times n$ 棋盘 C 的棋盘多项式

$$R(x) = \sum_{k=0}^{n} \binom{n}{k}n(n-1)\cdots(n-k+1)x^k.$$

根据 $r_k(C)$ 的前面性质易得 $R(C)$ 的下列性质.

性质 3.5.3　对任意棋盘 C, 则有

$$R(C) = xR(C_i) + R(C_l),$$

这里 C_i 和 C_l 被定义在性质 3.5.1中.

证明

$$R(C) = \sum_{k=0}^{\infty} r_k(C)x^k = r_0(C) + \sum_{k=1}^{\infty} r_k(C) \cdot x^k$$

$$= r_0(C_l) + \sum_{k=1}^{\infty} [r_{k-1}(C_i) + r_k(C_l)] \cdot x^k$$

$$= \sum_{k=1}^{\infty} r_{k-1}(C_i) \cdot x^k + r_0(C_l) + \sum_{k=1}^{\infty} r_k(C_l) \cdot x^k$$

$$= x \sum_{k=0}^{\infty} r_k(C_i) \cdot x^k + \sum_{k=0}^{\infty} r_k(C_l) \cdot x^k$$

$$= xR(C_i) + R(C_l). \qquad \square$$

性质 3.5.4　对任意棋盘 C, 则有

$$R(C) = R(C_1) \cdot R(C_2),$$

这里 C_1 和 C_2 被定义在性质 3.5.2中.

证明　由性质 3.5.2 得

$$R(C) = \sum_{k=0}^{\infty} r_k(C)x^k = \sum_{k=0}^{\infty} \sum_{i=0}^{\infty} r_i(C_1)r_{k-i}(C_2)x^k = \sum_{i=0}^{\infty} \sum_{k=i}^{\infty} r_i(C_1)r_{k-i}(C_2)x^k$$

$$= \sum_{i=0}^{\infty} \sum_{k=0}^{\infty} r_i(C_1)r_k(C_2)x^{k+i} = \sum_{i=0}^{\infty} r_i(C_1)x^i \sum_{k=i}^{\infty} r_k(C_2)x^k$$

$$= R(C_1) \cdot R(C_2). \qquad \square$$

由棋盘上布棋的规定, 易知

引理 3.5.1　n 个不同元素的排列与 n 个棋子布到 $n \times n$ 棋盘上布棋方案存在一一对应.

证明　设 $X = \{a_1, a_2, \cdots, a_n\}$ 表示 n 个不同元素组成的集合, 以棋盘的行表示 X 中的元素, 列表示排列中的位置, 则 X 的一个排列就对应了一种布棋方案, 反之, 一种布棋方案就对应了 X 的一个排列. 故存在一一对应. $\qquad \square$

例如在图 3.2 中我们以棋盘的行表示 X 中的元素, 列表示排列中的位置, 则这种放棋方案就对应了排列 2143.

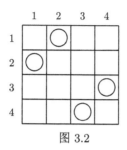

图 3.2

如果在排列中限制元素 i 不能排在第 j 个位置, 则相应的布棋方案中的第 i 行第 j 列的方格不许放棋子, 把所有这些不许放棋子的格子称为禁区.

例 3.5.2 求 $X = \{a_1, a_2, a_3, a_4\}$ 的排列数, 其中 a_1, a_2 不能排在第 3, 4 个位置, a_3, a_4 不能排在第 1, 2 个位置.

解 所求排列对应的棋盘为图 3.3, 对应的棋盘多项式为

$$R\left(\quad\right) = (1 + 4x + 2x^2)(1 + 4x + 2x^2) = 1 + 8x + 20x^2 + 16x^3 + 4x^4.$$

故所求排列数为 x^4 的系数, 即为 4.

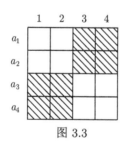

图 3.3

注 3.5.1 在所求的排列中, 如果对应的棋盘允许布棋的区域较小, 则直接计算棋盘布棋区域的棋盘多项式即可. 如果对应的棋盘允许布棋的区域较大, 而不允许布棋的禁区较小, 则需要利用容斥原理来做.

下面我们就利用棋盘多项式来解决有禁区排列的问题.

定理 3.5.1 设 C 是 $n \times n$ 的具有给定禁区的棋盘, 这个禁区是对于集合 $\{1, 2, \cdots, n\}$ 中的元素在排列中不允许出现的位置. 则这种有禁区的排列数是

$$n! - r_1(n-1)! + r_2(n-2)! - \cdots + (-1)^n r_n,$$

其中, r_i 是 i 个棋子布置到禁区的方案数.

证明　先不考虑禁区的限制, 那么 n 个棋子布到 $n \times n$ 棋盘上的方案有 $n!$ 个. 如果对 n 个棋子分别编号为 $1, 2, \cdots, n$, 并认为编号不同的棋子放入相同的格子是不同的放置方案, 那么带编号的棋子布到 $n \times n$ 棋盘上的方案数是 $n! \cdot n!$. 我们把这些方案构成的集合记作 S.

对 $j = 1, 2, \cdots, n$, 令 P_j 表示第 j 个棋子落入禁区的性质, 并令 A_j 是 S 中具有性质 P_j 的方案构成的子集, 那么所求的排列数就是 $|\overline{A_1} \cap \overline{A_2} \cap \cdots \cap \overline{A_n}|$.

1 号棋子落入禁区的方案数为 r_1, 当它落入禁区的第一格以后, $2, 3, \cdots, n$ 号棋子可以任意布置在 $(n-1) \times (n-1)$ 的棋盘上, 由积则得

$$|A_1| = r_1(n-1)! \cdot (n-1)!,$$

同理, 对 $i = 2, 3, \cdots, n$, 有

$$|A_i| = r_1(n-1)! \cdot (n-1)!,$$

对 i 求和得

$$\sum_{i=1}^{n} |A_i| = r_1(n-1)! \cdot n!.$$

1 号和 2 号两个棋子落入禁区的方案数为 $2r_2$, 它们落入以后, $3, 4, \cdots, n$ 号棋子可以任意布置在 $(n-2) \times (n-2)$ 的棋盘上, 所以

$$|A_1 \cap A_2| = 2r_2(n-2)! \cdot (n-2)!,$$

同理, 对 $\{i, j\} \in \{1, 2, \cdots, n\}$, 有

$$|A_i \cap A_j| = 2r_2(n-2)! \cdot (n-2)!,$$

对所有的 $1 \leqslant i < j \leqslant n$ 求和得

$$\sum_{1 \leqslant i < j \leqslant n} |A_i \cap A_j| = 2\binom{n}{2} r_2(n-2)!(n-2)!$$
$$= r_2(n-2)! \cdot n!.$$

用类似的方法, 我们可以得到

$$\sum_{1 \leqslant i < j < k \leqslant n} |A_i \cap A_j \cap A_k| = r_3(n-3)! \cdot n!,$$

······

$$|A_1 \cap A_2 \cap \cdots \cap A_n| = r_n \cdot n!.$$

根据容斥原理, 带编号的 n 个棋子都不落入禁区的方案数是

$$|\overline{A_1} \cap \overline{A_2} \cap \cdots \cap \overline{A_n}|$$

$$= n! \cdot n! - r_1(n-1)! \cdot n! + r_2(n-2)! \cdot n! - \cdots + r_n(-1)^n \cdot n!.$$

因为带编号的方案数与不带编号的方案数相差 $n!$ 倍, 所以我们所求的方案数是

$$n! - r_1(n-1)! + r_2(n-2)! - \cdots + (-1)^n r_n. \qquad \square$$

需要说明一点, 这个定理适应于 $n \times n$ 棋盘的小禁区的布棋问题. 如果是 $m \times n$ 的棋盘或者禁区很大的布棋问题, 那么只能用 $R(C)$ 来求解.

例 3.5.3 用五种颜色 (红, 蓝, 绿, 黄, 白) 涂染五台仪器 A, B, C, D, E, 规定每台仪器只能用一种颜色并且任意两台仪器都不能相同. 如果 B 不允许用蓝色和红色, C 不允许用蓝色和绿色, D 不允许用绿色和黄色, E 不允许用白色, 问有多少种染色方案?

解 这个问题就是图 3.4 中的有禁区的布棋问题, 禁区的棋盘多项式为

由于

$$R(\square) = 1 + x$$

和

$$= x[x(1 + 2x) + (1 + 3x + x^2)] + x(1 + 3x + x^2) + R\left(\square\right)$$

$$= x(1 + 4x + 3x^2) + x + 3x^2 + x^3 + 1 + 4x + 3x^2$$

$$= 1 + 6x + 10x^2 + 4x^3,$$

故

$$R\left(\text{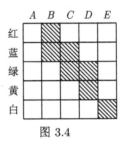}\right) = (1 + 6x + 10x^2 + 4x^3)(1 + x) = 1 + 7x + 16x^2 + 14x^3 + 4x^4.$$

从而得到 $r_1 = 7$, $r_2 = 16$, $r_3 = 14$, $r_4 = 4$, 根据定理 3.5.1, 所求的方案数为

$$N = 5! - 7 \cdot 4! + 16 \cdot 3! - 14 \cdot 2! + 4 \cdot 1! = 24.$$

图 3.4

例 3.5.4 (错排问题) 错排问题就是求集合 $\{1, 2, \cdots, n\}$ 的每个元素均不在其自己的位置上的全排列. 其对应的禁区棋盘多项式为

$$R\left(\begin{array}{c}\end{array}\right) = R\left(\square\right) R\left(\square\right) \cdots R\left(\square\right) = (1 + x)^n$$

$$= 1 + \binom{n}{1}x + \binom{n}{2}x^2 + \cdots + \binom{n}{n}x^n.$$

故错排数 D_n 为

$$D_n = n! - \binom{n}{1}(n-1)! + \binom{n}{2}(n-2)! - \cdots + (-1)^n\binom{n}{n}1! = \sum_{k=0}^{n}(-1)^n\frac{n!}{k!}.$$

3.6 问 题 探 究

1. 设 D_n 为错排数, 则 D_n 为偶数当且仅当 n 为奇数.

2. (MacMahon[45]) 证明各元素均为非负整数的行和列的和都等于 r 的 3×3 数组个数等于

$$H_3(r) = \binom{r+2}{2}^2 - 3\binom{r+3}{4}.$$

3. 令 $U(n,k,r)$ 为集合 $\{1,2,\cdots,n\}$ 的可以重复的 k-排列 $(j_1,j_2,\cdots,j_k)$, 且满足 $j_1+j_2+\cdots+j_k \leqslant r$ 的排列数, 证明

$$U(n,k,r) = \sum_{s=0}^{m}(-1)^s \binom{k}{s}\binom{r-ns}{k}, \quad m=[(r-k)/n],$$

进而得到

$$n^k = \sum_{j=1}^{k}(-1)^{k-j}\binom{k}{j}\binom{nj}{k}.$$

4. (线排列上包含连续元素的组合) 令 $C(n,k,s)$ 为集合 $\{1,2,\cdots,n\}$ 的不包含 s 个连续整数的 k-组合数, 则

$$C(n,k,s) = \sum_{r=0}^{[k/2]}(-1)^r\binom{n-k+1}{r}\binom{n-rs}{n-k}.$$

5. (环排列上包含连续元素的组合) 令 $B(n,k,s)$ 为 n 个元素的集合 $\{1,2,\cdots,n\}$ 展示在环上 (认为 n 和 1 连续) 的没有 s 个连续整数的 k-组合数, 则

$$B(n,k,s) = \sum_{r=0}^{[k/s]}(-1)^r\binom{n-k}{r}\frac{n}{n-rs}\binom{n-rs}{n-k}.$$

6. (Riordan[46]) 令集合 $\{1,2,\cdots,n\}$ 的秩为 k 的排列数为 $R_{n,k}$, 错排数为 D_n. 则

$$R_{n,k} = \sum_{r=0}^{n-k}\binom{n-k}{r}D_{k+r-1}, \quad k=1,2,3,\cdots,n,$$

且令

$$R_n = \sum_{k=1}^{n+1}R_{n,k}, \quad E_n = \sum_{k=1}^{n+1}kR_{n,k}.$$

则应用递归关系 (3.3.2) 与 $R_{n,1}=(n-1)!, R_{n,n}=D_{n-1}, R_{n,n+1}=D_n$, 有

$$R_{n-1}=(n-1)!, \quad E_{n-1}=n!-D_n, \quad n=1,2,\cdots.$$

7. 令集合 $\{1,2,\cdots,n\}$ 的秩为 k 的排列数为 $R_{n,k}$. 则

$$R_{n,k} = (n-k)R_{n-1,k}+(k-1)R_{n-1,k-1}, \quad k=2,3,\cdots,n-1; n=3,4,\cdots.$$

第 4 章　生成函数与递归关系

生成函数在组合与概率问题的统一处理中起着十分重要的作用, 其算术与代数性质可以揭示序列的内在结构, 它由拉普拉斯 (Laplace) 以幂级数的形式所引进. 建立组合计数问题的递归关系是解决组合问题的一个重要方法. 如何给出递归关系的显式表达式成为人们需要解决的问题.

4.1　生成函数的定义与性质

定义 4.1.1　设 $a_0, a_1, \cdots, a_n, \cdots$ 是一个无限数列, 作形式幂级数

$$f(x) = a_0 + a_1 x + a_2 x^2 + \cdots + a_n x^n + \cdots,$$

我们称 $f(x)$ 是数列 $a_0, a_1, \cdots, a_n, \cdots$ 的生成函数, 这里 x 为复数域 $\mathbb{C}$ 上的未定元.

注 4.1.1　定义中之所以使用 "形式幂级数" 称呼, 是因为我们这里不考虑级数的收敛问题.

注 4.1.2　若生成函数为有限级数, 它对应一个有限项的数列 (也可说后面的项为零的无限数列), 此时, 生成函数就是一个多项式.

例 4.1.1　设 m 是正整数, 二项式系数数列 $\binom{m}{0}, \binom{m}{1}, \cdots, \binom{m}{m}$ 的生成函数是

$$f_m(x) = \binom{m}{0} + \binom{m}{1} x + \cdots + \binom{m}{m} x^m = (1+x)^m.$$

设 α 是一个实数, 数列 $\binom{\alpha}{0}, \binom{\alpha}{1}, \cdots, \binom{\alpha}{n}, \cdots$ 的生成函数为

$$f_\alpha(x) = \binom{\alpha}{0} + \binom{\alpha}{1} x + \cdots + \binom{\alpha}{n} x^n + \cdots = (1+x)^\alpha.$$

设 $\mathbb{C}[[x]]$ 表示所有复数域 $\mathbb{C}$ 上的形式幂级数, $\mathbb{R}[[x]]$ 表示所有实数域 $\mathbb{R}$ 上的形式幂级数. 则形式幂级数的代数运算定义为

定义 4.1.2 设 $a(x) = \sum\limits_{n=0}^{\infty} a_n x^n \in \mathbb{C}[[x]]$, $b(x) = \sum\limits_{n=0}^{\infty} b_n x^n \in \mathbb{C}[[x]]$. 定义

(1) 加法运算: $a(x) + b(x) = \sum\limits_{n=0}^{\infty} (a_n + b_n) x^n$.

(2) 乘法运算: $a(x)b(x) = \sum\limits_{n=0}^{\infty} \left(\sum\limits_{k=0}^{n} a_k b_{n-k} \right) x^n$.

(3) 微商运算: $D_x a(x) = \sum\limits_{n \geqslant 1} n a_n x^{n-1}$, 并且归纳定义 $D_x^0 a(x) = a(x)$, $D_x^n a(x) = D_x(D_x^{n-1} a(x))$.

性质 4.1.1 设数列 $\{a_n\}$, $\{b_n\}$, $\{c_n\}$ 的生成函数分别为 $A(x)$, $B(x)$, $C(x)$, 则下述性质能被得到.

(1) 若 $b_n = \alpha a_n$, α 为常数, 则 $B(x) = \alpha A(x)$.

(2) 若 $c_n = a_n + b_n$, 则 $C(x) = A(x) + B(x)$.

(3) 若 $c_n = \sum\limits_{i=0}^{n} a_i b_{n-i}$, 则 $C(x) = A(x) \cdot B(x)$.

(4) 若 $b_n = \begin{cases} 0, & n < l, \\ a_{n-1}, & n \geqslant l, \end{cases}$ 则 $B(x) = x^l \cdot A(x)$.

(5) 若 $b_n = a_{n+l}$, 则 $B(x) = \dfrac{A(x) - \sum\limits_{n=0}^{l-1} a_n x^n}{x^l}$.

(6) 若 $b_n = \sum\limits_{i=0}^{n} a_i$, 则 $B(x) = \dfrac{A(x)}{1-x}$.

(7) 若 $b_n = \sum\limits_{i=n}^{\infty} a_i$, 且 $A(1) = \sum\limits_{n=0}^{\infty} a_n$ 收敛, 则 $B(x) = \dfrac{A(1) - xA(x)}{1-x}$.

(8) 若 $b_n = \alpha^n a_n$, α 为常数, 则 $B(x) = A(\alpha x)$.

(9) 若 $b_n = n a_n$, 则 $B(x) = x A'(x)$.

(10) 若 $b_n = \dfrac{a_n}{n+1}$, 则 $B(x) = \dfrac{1}{x} \int_0^x A(x) \mathrm{d}x$.

注 4.1.3 在进行形式幂级数运算时, 若幂级数收敛, 则可以利用它的收敛的和函数代替进行运算, 这样可以利用函数论的知识处理组合问题, 若遇到幂级数不收敛, 我们仅仅将它看成形式上的一种表示, 不具备函数论的意义, 但具备组合上的意义.

定义 4.1.3 设形式幂级数 $f(x) = \sum\limits_{n=0}^{\infty} a_n x^n$ 和 $g(x) = \sum\limits_{n=0}^{\infty} b_n x^n$ 满足 $b_0 = 0$,

则 $f(x)$ 与 $g(x)$ 的复合定义为

$$f(g(x)) = \sum_{n=0}^{\infty} a_n (g(x))^n. \tag{4.1.1}$$

若相关复合存在, 且 $f(g(x)) = g(f(x)) = x$, 则称 $f(x)$ 与 $g(x)$ 互为复合逆函数.

定义 4.1.4　设形式幂级数 $f(x) = \sum\limits_{n=0}^{\infty} a_n x^n$ 和 $g(x) = \sum\limits_{n=0}^{\infty} b_n x^n$ 满足 $f(x)g(x) = 1$, 则称 $f(x)$ 与 $g(x)$ 互为乘法逆函数.

定理 4.1.1　形式幂级数 $f(x) = \sum\limits_{n=0}^{\infty} a_n x^n$ 有乘法逆的充分必要条件为 $a_0 \neq 0$, 且逆元唯一.

证明　设 $A(t)$ 有逆元 $B(t) = \sum\limits_{n=0}^{\infty} b_n t^n$. 因为 $A(t)B(t) = 1$, 所以

$$\sum_{n=0}^{\infty} \left(\sum_{k=0}^{n} a_k b_{n-k} \right) t^n = 1,$$

故对任何一个自然数 n, 有

$$\begin{cases} a_0 b_0 = 1, \\ a_1 b_0 + a_0 b_1 = 0, \\ a_2 b_0 + a_1 b_1 + a_0 b_2 = 0, \\ \cdots\cdots \\ a_n b_0 + a_{n-1} b_1 + \cdots + a_0 b_n = 0. \end{cases} \tag{4.1.2}$$

由于 $a_0 b_0 = 1$, 所以 $a_0 \neq 0$. 把 $b_0, b_1, \cdots, b_n$ 作为未知数, 则方程 (4.1.2) 的系数行列式的值为 $a_0^{n+1} \neq 0$. 由克拉默 (Cramer) 法则知

$$b_n = \frac{(-1)^{n+2}}{a_0^{n+1}} \begin{vmatrix} a_1 & a_0 & 0 & \cdots & 0 \\ a_2 & a_1 & a_0 & \cdots & 0 \\ \vdots & \vdots & \vdots & & \vdots \\ a_{n-1} & a_{n-2} & a_{n-3} & \cdots & a_0 \\ a_n & a_{n-1} & a_{n-2} & \cdots & a_1 \end{vmatrix}. \tag{4.1.3}$$

由此可见, 若 $A(t)$ 有逆元, 则 $a_0 \neq 0$ 且逆元唯一. 反之, 设 $a_0 \neq 0$, 令 $b_0 = \dfrac{1}{a_0}$, 并用 (4.1.3) 式定义 $b_n(n = 1, 2, \cdots)$, 则 $a_0 b_0 = 1$ 且

$$\sum_{k=0}^{n} a_k b_{n-k} = 0 \quad (n = 1, 2, \cdots).$$

因此 $\sum_{n=0}^{\infty} \left(\sum_{k=0}^{n} a_k b_{n-k} \right) t^n = 1.$ 令 $B(t) = \sum_{n=0}^{\infty} b_n t^n$, 则 $A(t)B(t) = 1$, 故 $B(t) = \sum_{n=0}^{\infty} b_n t^n$ 是 $A(t)$ 的逆元, 即, 当 $a_0 \neq 0$ 时, $A(t) = \sum_{n=0}^{\infty} a_n t^n$ 有逆元. $\qquad\square$

注 4.1.4 对形式幂级数 $f(x) = \sum_{n=0}^{\infty} a_n x^n$, 若 $f'(x) = 0$, 则 $f(x) = a_0$ 为常数. 若 $f'(x) = f(x)$, 则 $f(x) = ce^x$, 这里 c 为常数.

例 4.1.2 证明组合恒等式:

$$\binom{n+s-1}{s} = \sum_{k=0}^{2s} (-1)^k \binom{n+2s-k-1}{2s-k} \binom{n+k-1}{k}. \tag{4.1.4}$$

证明 由 $(1-t^2)^{-n} = (1-t)^{-n}(1+t)^{-n}$, 有

$$\sum_{r \geqslant 0} \binom{-n}{r} (-t^2)^r = \sum_{i \geqslant 0} \binom{-n}{i} (-t)^i \sum_{j \geqslant 0} \binom{-n}{j} t^j,$$

因此

$$\sum_{r \geqslant 0} \binom{n+r-1}{r} t^{2r} = \sum_{i,j \geqslant 0} (-1)^i \binom{-n}{i} \binom{-n}{j}$$

$$= \sum_{s \geqslant 0} t^s \sum_{0 \leqslant j \leqslant s} (-1)^j \binom{n+s-j-1}{s-j} \binom{n+j-1}{j},$$

比较两边 t^s 的系数, 则有

$$\sum_{0 \leqslant j \leqslant s} (-1)^j \binom{n+s-j-1}{s-j} \binom{n+j-1}{j} = \begin{cases} n + \dfrac{s}{2} - 1, & \text{若 } 2|s, \\ 0, & \text{若 } 2 \nmid s. \end{cases}$$

得证. $\qquad\square$

例 4.1.3 计算

$$f_n = \sum_{k=0}^{n} \binom{n}{k} \left(-\frac{1}{2}\right)^k \binom{2k}{k}. \tag{4.1.5}$$

解 方法一 (Greene 和 Knuth[47]) 将 (4.1.5) 改写成下式:

$$f_n = \sum_{k=0}^{n} \binom{n}{k} \left(-\frac{1}{2}\right)^{n-k} \binom{2n-2k}{n-k}.$$

令 $[x^n]f(x)$ 表示 $f(x)$ 的展开式中 x^n 的系数, 则

$$[x^k](1-2x)^n = \binom{n}{k}(-2)^k,$$

$$[y^{n-k}](1+y)^{2n-2k} = \binom{2n-2k}{n-k} = [y^n]y^k(1+y)^{2n-2k},$$

从而

$$f_n = \left(-\frac{1}{2}\right)^n [y^n](1+y)^{2n} \sum_{k=0}^{n} [x^k](1-2x)^n \left(\frac{y}{(1+y)^2}\right)^k,$$

但是由于

$$\sum_{k=0}^{n} [x^k]f(x)g(y)^k = f(g(y)),$$

这里 $f(x)$ 解析, 则有

$$f_n = (-2)^{-n}[y^n](1+y)^{2n}\left(1 - \frac{2y}{(1+y)^2}\right)^n$$

$$= (-2)^{-n}[y^n](1+y^2)^{2n},$$

展开可得

$$f_n = \begin{cases} 2^{-n}\dbinom{n}{n/2}, & n \text{ 为偶数}, \\ 0, & n \text{ 为奇数}. \end{cases}$$

方法二　(Greene 和 Knuth[47])　从

$$[x^0]\left(x+\frac{1}{x}\right)^{2k} = \binom{2k}{k},$$

$$\left(1 - \frac{\left(x+\frac{1}{x}\right)^2}{2}\right)^n = \sum_{k=0}^{n}\binom{n}{k}\left(-\frac{1}{2}\right)^k\left(x+\frac{1}{x}\right)^{2k}$$

和

$$f_n = [x^0]\left(x^2+\frac{1}{x^2}\right)^k = [x^0]\left(1 - \frac{\left(x+\frac{1}{x}\right)^2}{2}\right)^n,$$

因此

$$f_n = \sum_{k=0}^{n} \binom{n}{k} \left(-\frac{1}{2}\right)^k \binom{2k}{k}.$$

注 4.1.5 此和出现在 Jonassen 和 Knuth 的文献 [48] 里.

例 4.1.4 [22, Sec. 4.2] 设 $d(x) = (1-4x)^{-\frac{1}{2}}$, 则其展开式为

$$d(x) = (1-4x)^{-\frac{1}{2}} = \frac{1}{\sqrt{1-4x}} = \sum_{n=0}^{\infty} \binom{2n}{n} x^n.$$

由于 $d^2(x) = \dfrac{1}{1-4x}$, 可得到

$$4^n = \sum_{k=0}^{n} \binom{2k}{k} \binom{2n-2k}{n-k}.$$

又由于 $d(x)d(-x) = (1-4^2x^2)^{-\frac{1}{2}}$, 可得到

$$\binom{2n}{n} 4^n = \sum_{k=0}^{2n} (-1)^k \binom{2k}{k} \binom{4n-2k}{2n-k};$$

$$0 = \sum_{k=0}^{2n+1} (-1)^k \binom{2k}{k} \binom{4n+2-2k}{2n+1-k},$$

再由于

$$d^{-1}(x) = \sqrt{1-4x} = (1-4x)d(x) = \sum_{n=0}^{\infty} \frac{1}{1-2n} \binom{2n}{n} x^n$$

以及 $d^{-1}(x)d^2(x) = d(x)$, 则有

$$\sum_{k=0}^{n} \frac{1}{1-2k} \binom{2k}{k} 4^{n-k} = \binom{2n}{n}.$$

由 $d(x)d^{-1}(x) = 1$, 则有

$$\sum_{k=0}^{n} \binom{2n-2k}{n-k} \frac{1}{1-2k} \binom{2k}{k} = \delta_{n,0}, \tag{4.1.6}$$

这里

$$\delta_{n,m} = \begin{cases} 1, & n = m, \\ 0, & n \neq m \end{cases} \text{为克罗内克 (Kronecker) 符号.}$$

令 $\mathcal{D}$ 为微商算子 $\mathrm{d}/\mathrm{d}x$, 则

$$\mathcal{D}d^n(x) = nd^{n-1}(x)\mathcal{D}d(x) = 2nd^{n+2}(x).$$

或者

$$2(n-2)d^n(x) = \mathcal{D}d^{n-2}(x).$$

迭代上式, 则有

$$\binom{2m}{m}d^{2m+1}(x) = \frac{1}{m!}\mathcal{D}^m d(x) = \sum_{n=0}^{\infty}\binom{n+m}{m}d_{n+m}x^n,$$

这里 $d_n = (n+1)C_n$, C_n 为卡塔兰 (Catalan) 数, 定义为 $\sum_{n\geqslant 1}C_n x^n = \dfrac{1-\sqrt{1-4x}}{2}$.

由于 $d^{j+k}(x) = d^j(x)d^k(x)$, 可以产生多样的恒等式. 例如最简单的情形是

$$d^3(x) = \frac{1}{2}\sum_{n=0}^{\infty}(n+1)d_{n+1}x^n = \sum_{n=0}^{\infty}(2n+1)d_n x^n = d^2(x)d(x),$$

因此

$$(2n+1)\binom{2n}{n} = \sum_{k=0}^{n}\binom{2k}{k}4^{n-k}.$$

又由于

$$d^{2m}(x) = (1-4x)^{-m} = \sum_{n=0}^{\infty}\binom{m+n-1}{n}4^n x^n,$$

利用关系 $d^4(x) = d^3(x)d(x)$, 产生下列恒等式:

$$(n+1)4^n = \sum_{k=0}^{n}(2k+1)d_k d_{n-k} = \sum_{k=0}^{n}2kd_k d_{n-k} + 4^n.$$

故得

$$n2^{2n-1} = \sum_{k=0}^{n}\binom{2k}{k}\binom{2n-2k}{n-k}.$$

4.2　多重集的 r-组合数

设多重集 $S = \{n_1 \cdot e_1, n_2 \cdot e_2, \cdots, n_k \cdot e_k\}$, S 的 r-组合数 a_r 就相当于方程

$$x_1 + x_2 + \cdots + x_k = r \quad (x_1 \leqslant n_1, x_2 \leqslant n_2, \cdots, x_k \leqslant n_k)$$

的非负整数解的个数. 作幂级数

$$A(y) = (1 + y + y^2 + \cdots + y^{n_1}) \cdot (1 + y + y^2 + \cdots + y^{n_2}) \cdots (1 + y + \cdots + y^{n_k}),$$
$$(4.2.1)$$

把这个式子展开以后, 它的各项都是如下的形式:

$$y^{x_1} y^{x_2} \cdots y^{x_k} = y^{x_1 + x_2 + \cdots + x_k}, \tag{4.2.2}$$

其中 y^{x_1} 来自第一个因式 $(1 + y + y^2 + \cdots + y^{n_1})$, y^{x_2} 来自第二个因式 $(1 + y + y^2 + \cdots + y^{n_2})$, $\cdots$, y^{x_k} 来自第 k 个因式 $(1 + y + \cdots + y^{n_k})$, 且 $x_1, \cdots, x_k$ 为非负整数. 不难看出 $A(y)$ 的展开式中 y^r 的系数对应了方程 $x_1 + x_2 + \cdots + x_k = r$ 满足 $x_1 \leqslant n_1$, $x_2 \leqslant n_2$, $\cdots$, $x_k \leqslant n_k$ 的非负整数解的个数, 所以 (4.2.1) 式就是 $\{a_r\}$ 的生成函数 $A(y)$. 那么 $A(y)$ 的展开式中 y^r 的系数就是所求的 S 的 r-组合数 a_r. 故得下面的定理.

定理 4.2.1 设多重集为 $S = \{n_1 \cdot e_1, n_2 \cdot e_2, \cdots, n_k \cdot e_k\}$, 则 S 的 r-组合数 a_r 的生成函数为

$$A(y) = (1 + y + y^2 + \cdots + y^{n_1}) \cdot (1 + y + y^2 + \cdots + y^{n_2}) \cdots (1 + y + \cdots + y^{n_k}).$$

例 4.2.1 考虑 $S = \{3 \cdot a, 4 \cdot b, 5 \cdot c\}$ 的 10-组合数. 设 S 的 10-组合数为 a_{10}, 则 $\{a_n\}$ 的生成函数为

$$A(y) = (1 + y + y^2 + y^3)(1 + y + y^2 + y^3 + y^4)(1 + y + y^2 + y^3 + y^4 + y^5).$$

不难得到上式中 y^{10} 的系数是 6.

用生成函数的方法还可以求解有限制条件的多重集的 r-组合数.

例 4.2.2 设 $S = \{\infty \cdot e_1, \infty \cdot e_2, \cdots, \infty \cdot e_k\}$, 考虑 S 的每个元素只出现偶数次的 r-组合数 a_r. 令 (a_r) 的生成函数是 $A(y)$, 则

$$A(y) = (1 + y + y^2 + y^4 + \cdots)^k = \frac{1}{(1 - y^2)^k}$$
$$= 1 + ky^2 + \binom{k+1}{2} y^4 + \cdots + \binom{k+n-1}{n} y^{2n} + \cdots,$$

所以有

$$a_r = \begin{cases} \dbinom{k+n-1}{n}, & r = 2n, \\ 0, & r = 2n+1 \end{cases} \qquad (n = 0, 1, \cdots).$$

用生成函数的方法也可以求解不定方程的整数解的个数.

例 4.2.3 考虑方程 $x_1 + x_2 + x_3 = 1$ 的整数解的个数, 其中 $x_1, x_2, x_3 > -5$. 作变换, 令 $x_1 = x_1' - 4, x_2 = x_2' - 4, x_3 = x_3' - 4$, 则原方程变成

$$\begin{cases} x_1' + x_2' + x_3' = 13, \\ x_1', x_2', x_3' \geqslant 0. \end{cases}$$

这个方程与原方程的解的个数相等. 设解的个数为 a_{13}, 则 $\{a_r\}$ 的生成函数是

$$A(y) = \frac{1}{(1-y)^3} = \sum_{r=0}^{\infty} \binom{r+2}{2} y^r,$$

因此, 有

$$a_{13} = \binom{13+2}{2} = 105.$$

4.3 Snake Oil 方法

万金油 (Snake Oil) 方法由国际知名组合学家 Wilf[49] 提出, 就是利用生成函数处理组合和式的计算, 这个方法能够处理大量的包含二项式系数的求和, 对包含其他组合数的和式也非常有效, 其基本思想为: 不要试图计算我们关注的和式, 而是设所求的组合和的生成函数, 按照已有的函数封闭结果, 求出其生成函数, 然后化简之, 再将生成函数展开, 提取系数得到所求组合和. 本节举例说明其思想与方法, 举例之前, 先引进下列展开式:

$$\sum_{r\geqslant 0} \binom{r}{k} x^r = \frac{x^k}{(1-x)^{k+1}} \quad (k \geqslant 0).$$

下面给出两个例子.

例 4.3.1 考虑和式

$$\sum_k \binom{n+k}{m+2k} \binom{2k}{k} \frac{(-1)^k}{k+1} \quad (m, n \geqslant 0). \tag{4.3.1}$$

设 $f(n)$ 表示所求的和, 再设 $F(x)$ 是它的生成函数, 即用 x^n 去乘 $f(n)$ 并对 $n \geqslant 0$ 求和, 故得

$$F(x) = \sum_{n\geqslant 0} x^n \sum_k \binom{n+k}{m+2k} \binom{2k}{k} \frac{(-1)^k}{k+1}$$

$$= \sum_k \binom{2k}{k} \frac{(-1)^k}{k+1} x^{-k} \sum_{n \geqslant 0} \binom{n+k}{m+2k} x^{n+k}$$

$$= \sum_k \binom{2k}{k} \frac{(-1)^k}{k+1} x^{-k} \sum_{r \geqslant k} \binom{r}{m+2k} x^r$$

$$= \sum_k \binom{2k}{k} \frac{(-1)^k}{k+1} x^{-k} \frac{x^{m+2k}}{(1-x)^{m+2k+1}}$$

$$= \frac{x^m}{(1-x)^{m+1}} \sum_k \binom{2k}{k} \frac{1}{k+1} \left(\frac{-x}{(1-x)^2} \right)^k$$

$$= \frac{-x^{m-1}}{2(1-x)^{m-1}} \left(1 - \sqrt{1 + \frac{4x}{(1-x)^2}} \right)^k$$

$$= \frac{-x^{m-1}}{2(1-x)^{m-1}} \left(1 - \frac{1+x}{1-x} \right)$$

$$= \frac{x^m}{(1-x)^m}$$

$$= \sum_n \binom{n-1}{m-1} x^n.$$

故

$$\sum_k \binom{n+k}{m+2k} \binom{2k}{k} \frac{(-1)^k}{k+1} = \binom{n-1}{m-1}.$$

例 4.3.2 考虑和式

$$f_n = \sum_k \binom{n+k}{2k} 2^{n-k} \quad (n \geqslant 0). \tag{4.3.2}$$

令 $F(x)$ 是它的生成函数, 即用 x^n 去乘 $f(n)$ 并对 $n \geqslant 0$ 求和, 故得

$$F(x) = \sum_k 2^{-k} \sum_{n \geqslant 0} \binom{n+k}{2k} 2^n x^n$$

$$= \sum_k 2^{-k} (2x)^{-k} \sum_{n \geqslant 0} \binom{n+k}{2k} (2x)^{n+k}$$

$$= \sum_k 2^{-k} (2x)^{-k} \frac{(2x)^{2k}}{(1-2x)^{2k+1}}$$

$$= \frac{1}{1-2x} \sum_{k \geqslant 0} \left(\frac{x}{(1-2x)^2} \right)^k$$

$$= \frac{1}{1-2x} \frac{1}{1 - \dfrac{x}{(1-2x)^2}}$$

$$= \frac{1-2x}{(1-4x)(1-x)}$$

$$= \frac{2}{3(1-4x)} + \frac{1}{3(1-x)}$$

$$= \sum_n \frac{2^{2n+1}+1}{3} x^n.$$

故

$$f_n = \sum_k \binom{n+k}{2k} 2^{n-k} = \frac{2^{2n+1}+1}{3}.$$

注 4.3.1　下面列出几个可能在使用 Snake Oil 方法时要用到的若干幂级数展开式:

$$\ln(1+x) = \sum_{n \geqslant 1} (-1)^{n-1} \frac{x^n}{n} = \sum_{n \geqslant 1} (-1)^{n-1} (n-1) \frac{x^n}{n!},$$

$$\mathrm{e}^x = \sum_{n \geqslant 0} \frac{x^n}{n!},$$

$$\sin x = \sum_{n \geqslant 0} (-1)^n \frac{x^{2n+1}}{(2n+1)!},$$

$$\cos x = \sum_{n \geqslant 0} (-1)^n \frac{x^{2n}}{(2n)!},$$

$$\arctan x = \sum_{n \geqslant 0} (-1)^n \frac{x^{2n+1}}{2n+1},$$

$$\frac{1 - \sqrt{1-4x}}{2x} = \sum_{n \geqslant 0} \frac{1}{n+1} \binom{2n}{n} x^n, \tag{4.3.3}$$

$$\frac{1}{\sqrt{1-4x}} \left(\frac{1 - \sqrt{1-4x}}{2x} \right)^k = \sum_n \binom{2n+k}{n} x^n,$$

$$\left(\frac{1-\sqrt{1-4x}}{2x}\right)^k = \sum_{n\geqslant 0} \frac{k(2n+k-1)!}{n!(n+k)!}x^n \quad (k\geqslant 1),$$

$$\mathrm{e}^x \sin x = \sum_{n\geqslant 1} \frac{2^{\frac{n}{2}}\sin\frac{n\pi}{4}}{n!}x^n,$$

$$\frac{1}{2}\arctan x \ln(1+x^2) = \sum_{r\geqslant 1}(-1)^{r-1}H_{2r}\frac{x^{2r+1}}{2r+1},$$

$$\frac{1}{4}\arctan x \ln\frac{1+x}{1-x} = \sum_{r\geqslant 0}\frac{x^{4r+2}}{4r+2}\left(1-\frac{1}{3}+\frac{1}{5}-\cdots+\frac{1}{4r+1}\right),$$

$$\frac{1}{2}\left(\ln\frac{1}{1-x}\right)^2 = \sum_{r\geqslant 2}\frac{H_{r-1}}{r}x^n,$$

$$\sqrt{\frac{1-\sqrt{1-x}}{x}} = \sum_{k\geqslant 0}\frac{(4k)!}{16^k\sqrt{2}(2k)!(2k+1)!}x^k,$$

这里 $H_n = 1 + \dfrac{1}{2} + \cdots + \dfrac{1}{n}$ 为调和数.

例 4.3.3 (例 4.1.3 计算二项式和的一般化) 设

$$f_n(y) = \sum_{k=0}^{n}\binom{n}{k}\binom{2k}{k}y^k. \tag{4.3.4}$$

则

$$F(x,y) = \sum_{n\geqslant 0}f_n(y)x^n = \sum_{n\geqslant 0}\sum_{k=0}^{n}\binom{n}{k}\binom{2k}{k}y^k x^n$$

$$= \sum_{k\geqslant 0}\binom{2k}{k}y^k\sum_{n\geqslant k}\binom{n}{k}x^n$$

$$= \frac{1}{1-x}\sum_{k\geqslant 0}\binom{2k}{k}\left(\frac{xy}{1-x}\right)^k.$$

应用 $\sum\limits_{k\geqslant 0}\binom{2k}{k}z^k = \dfrac{1}{\sqrt{1-4x}}$, 故

$$F(x,y) = \frac{1}{(1-x)\sqrt{1-\dfrac{4xy}{1-x}}} = \frac{1}{\sqrt{(1-x)(1-x(1+4y))}}.$$

若 $y = -\dfrac{1}{2}$, $F(x, -1/2) = \dfrac{1}{\sqrt{1 - x^2}}$, 则

$$\sum_{k=0}^{n} \binom{n}{k} \left(-\frac{1}{2}\right)^k \binom{2k}{k} = \begin{cases} 2^{-n} \dbinom{n}{n/2}, & n \text{ 为偶数}, \\ 0, & n \text{ 为奇数}, \end{cases}$$

这就是例 4.1.3 的结果. 若 $y = -1/4$, $F(x, -1/4) = \dfrac{1}{\sqrt{1-x}} = \sum_{m \geqslant 0} \binom{2m}{m}(x/2)^{2m}$, 因此

$$\sum_{k \geqslant 0} \binom{n}{k} (-1/4)^k \binom{2k}{k} = 2^{-2n} \binom{2n}{n} = \frac{\Gamma(n+1/2)}{n! \pi}.$$

令 $f_n(b, c) = \sum_{k=0}^{n} \binom{n}{k} b^k \binom{c}{k}$. 则有

$$F(z, c, b) = \sum_{n \geqslant 0} f_n(b, c) z^n = \frac{(1 + z(b-1))^c}{(1-z)^{c+1}}.$$

对于整数 c, 总有一个展开式给出解 $f_n(b, c)$. 若 $c = -1/2$ 以及 $b = 2$ 或 $b = 1$ 等, 可得相应结果.

4.4 指数型生成函数与多重排列问题

定义 4.4.1 设 $a_0, a_1, a_2, \cdots, a_n, \cdots$ 是一个无限数列, 它的指数型生成函数记作 $f_e(x)$, 且有

$$f_e(x) = \sum_{n=0}^{\infty} a_n \frac{x^n}{n!}.$$

例 4.4.1 数列 $P(m, n)$ 的指数型生成函数

$$f_e(x) = \sum_{n=0}^{\infty} P(m, n) \frac{x^n}{n!} = \sum_{n=0}^{\infty} C(m, n) x^n = (1 + x)^m.$$

数列 $a_n = 1$ 的指数型生成函数 $f_e(x) = \sum_{n=0}^{\infty} 1 \cdot \dfrac{x^n}{n!} = e^x$. 数列 $a_n = b^n$ 的指数型生成函数 $f_e(x) = \sum_{n=0}^{\infty} b^n \dfrac{x^n}{n!} = \sum_{n=0}^{\infty} \dfrac{(bx)^n}{n!} = e^{bx}$.

定理 4.4.1 设 D_n 与 Q_n 分别为错排数与相邻禁位数, 它们的指数型生成函数为

$$\sum_{n \geqslant 0} D_n \frac{t^n}{n!} = \frac{e^{-t}}{1 - t}. \tag{4.4.1}$$

证明

$$\sum_{n=0}^{\infty} D_n \frac{t^n}{n!} = \sum_{k=0}^{\infty} \left(n! \sum_{k=0}^{n} (-1)^k \frac{1}{k!} \right) \frac{t^n}{n!} = \sum_{n=0}^{\infty} (-1)^k \frac{1}{k!} \sum_{n=k}^{\infty} t^n$$

$$= \sum_{n=0}^{\infty} (-1)^k \frac{t^k}{k!} \sum_{n=0}^{\infty} t^n = \frac{\mathrm{e}^{-t}}{1-t}. \qquad \square$$

利用指数型生成函数还可以解决多重集的排列问题.

定理 4.4.2 设多重集 $S = \{n_1 \cdot e_1, n_2 \cdot e_2, \cdots, n_k \cdot e_k\}$, 对任意的非负整数 n, 令 a_n 为 S 的 n-排列数, 设数列 $\{a_n\}$ 的指数型生成函数为 $f_{\mathrm{e}}(x)$, 则

$$f_{\mathrm{e}}(x) = f_{n_1}(x) \cdot f_{n_2}(x) \cdots f_{n_k}(x),$$

其中 $f_{n_i}(x) = 1 + x + \dfrac{x^2}{2!} + \cdots + \dfrac{x^{n_i}}{n_i!}$, $i = 1, 2, \cdots, k$.

证明 考察 $f_{\mathrm{e}}(x)$ 的展开式中的每一项都具有形式:

$$\frac{x^{m_1}}{m_1!} \cdot \frac{x^{m_2}}{m_2!} \cdots \cdots \frac{x^{m_k}}{m_k!},$$

其中 $\dfrac{x^{m_j}}{m_j!}$ $(j = 1, 2, \cdots, k)$ 来自 $f_{n_j}(x)$. 展开式中 x^n 的项, 一定是下面这种项之和:

$$\frac{x^{m_1}}{m_1!} \cdot \frac{x^{m_2}}{m_2!} \cdots \cdots \frac{x^{m_k}}{m_k!},$$

其中 $m_1 + m_2 + \cdots + m_k = n, 0 \leqslant m_i \leqslant n_i, i = 1, 2, \cdots, k$. 而这种项又可以写成

$$\frac{x^{m_1 + m_2 + \cdots + m_k}}{m_1! m_2! \cdots m_k!} = \frac{n!}{m_1! m_2! \cdots m_k!} \frac{x^n}{n!}.$$

所以在 $f_{\mathrm{e}}(x)$ 的展开式中 $\dfrac{x^n}{n!}$ 的系数是

$$\sum \frac{n!}{m_1! m_2! \cdots m_k!}, \tag{4.4.2}$$

其中求和是对方程

$$\begin{cases} m_1 + m_2 + \cdots + m_k = n, \\ m_i \leqslant n_i, \quad i = 1, 2, \cdots, k \end{cases} \tag{4.4.3}$$

的一切非负整数解来求. 现在证明 (4.4.2) 就是 a_n, 由于 $\dfrac{n!}{m_1!m_2!\cdots m_k!}$ 就是 S 的 n 元子集 $\{m_1\cdot e_1, m_2\cdot e_2, \cdots, m_k\cdot e_k\}$ 的排列数. 如果对所有的满足式 (4.4.3) 的 $m_1, \cdots, m_k$ 求和, 就是 S 的所有 n 元子集的排列数, 也就是 S 的 n-排列数. 所以 $f_{\mathrm{e}}(x)$ 的展开式中的 $\dfrac{x^n}{n!}$ 的系数 a_n 就是多重集 S 的 n-排列数.　　　　　□

例 4.4.2　多重集 $S = \{\infty\cdot e_1, \infty\cdot e_2, \cdots, \infty\cdot e_k\}$, 有

$$f_{n_i}(x) = 1 + x + \frac{x^2}{2!} + \cdots = \mathrm{e}^x,$$

因此

$$f_{\mathrm{e}}(x) = (\mathrm{e}^x)^k = \mathrm{e}^{kx} = 1 + kx + \frac{k^2}{2!}x^2 + \cdots + k^n\frac{x^n}{n!} + \cdots,$$

故 S 的 n-排列数为 k^n.

例 4.4.3　由 $1, 2, 3, 4$ 能组成多少个五位数, 要求这些五位数中 1 出现 2 次或 3 次, 2 最多出现 1 次, 4 出现偶数次?

解　根据题意, 该排列数的指数型生成函数为

$$\left(\frac{x^2}{2!} + \frac{x^3}{3!}\right)\left(1 + \frac{x}{1!}\right)\left(1 + \frac{x}{1!} + \frac{x^2}{2!} + \cdots\right)\left(1 + \frac{x^2}{2!} + \frac{x^4}{4!} + \cdots\right)$$

$$= \frac{x^2}{6}(3 + 4x + x^2)\cdot\mathrm{e}^x\cdot\frac{\mathrm{e}^x + \mathrm{e}^{-x}}{2}$$

$$= \frac{x^2}{12}(3 + 4x + x^2)(\mathrm{e}^{2x} + 1),$$

故 $\dfrac{x^5}{5!}$ 的系数为

$$5! \times \frac{1}{12}\left(3 \times \frac{2^3}{3!} + 4 \times \frac{2^2}{2!} + 2 \times \frac{1}{1!}\right) = 140.$$

所以满足题意的五位数有 140 个.

例 4.4.4　求 $M = \{\infty\cdot a_1, \infty\cdot a_2, \cdots, \infty\cdot a_n\}$ 的 k 排列中每个 a_i $(1 \leqslant i \leqslant n)$ 至少出现一次的排列数 P_k.

解　根据题意, 所求排列数的指数型生成函数为

$$\left(\frac{x}{1!} + \frac{x^2}{2!} + \frac{x^3}{3!} + \cdots\right)^n = (\mathrm{e}^x - 1)^n = \sum_{i=0}^{n}(-1)^i\binom{n}{i}\mathrm{e}^{(n-i)x}$$

$$= \sum_{i=0}^{n} (-1)^i \binom{n}{i} \sum_{k=0}^{\infty} \frac{(n-i)^k x^k}{k!}$$

$$= \sum_{k=0}^{\infty} \left(\sum_{i=0}^{n} (-1)^i \binom{n}{i} (n-i)^k \right) \frac{x^k}{k!}.$$

故所求排列数为 $\dfrac{x^k}{k!}$ 的系数, 即 $P_k = \sum_{i=0}^{n} (-1)^i \binom{n}{i} (n-i)^k$.

注 4.4.1 实际上, 对于双变量的序列, 有时也采用混合的生成函数表达, 例如令 $D_k(n)$ 表示 S_n 中恰有 k 个不动点的置换个数, 则有

$$\sum_{n,k=0}^{\infty} D_k(n) \frac{x^n y^k}{n!} = \frac{\mathrm{e}^{-x(1-y)}}{1-x}.$$

4.5 二项式反演公式

下面给出指数型生成函数卷积的一个性质及应用.

性质 4.5.1 设 $\{a_n\}, \{b_n\}$ 的指数型生成函数分别为 $A_{\mathrm{e}}(x)$ 和 $B_{\mathrm{e}}(x)$, 则

$$A_{\mathrm{e}}(x) \cdot B_{\mathrm{e}}(x) = \sum_{n=0}^{\infty} c_n \frac{x^n}{n!},$$

其中

$$c_n = \sum_{k=0}^{n} \binom{n}{k} a_k b_{n-k}.$$

证明

$$\sum_{n=0}^{\infty} c_n \frac{x^n}{n!} = A_{\mathrm{e}}(x) \cdot B_{\mathrm{e}}(x) = \sum_{k=0}^{\infty} a_k \frac{x^k}{k!} \cdot \sum_{l=0}^{\infty} b_l \frac{x^l}{l!},$$

比较上式两边 x^n 的系数得

$$\frac{c_n}{n!} = \sum_{k=0}^{n} \frac{a_k}{k!} \cdot \frac{b_{n-k}}{(n-k)!} = \frac{1}{n!} \sum_{k=0}^{n} \frac{n!}{k!(n-k)!} a_k b_{n-k} = \frac{1}{n!} \sum_{k=0}^{n} \binom{n}{k} a_k b_{n-k},$$

因此

$$c_n = \sum_{k=0}^{n} a_k b_{n-k}.$$

$\square$

定理 4.5.1 (二项式反演公式)　设 $\{a_n\}$, $\{b_n\}$ 是两个任意复数列, 在下面两式

$$b_n = \sum_{k=0}^{n}(-1)^k\binom{n}{k}a_k,$$

$$a_n = \sum_{k=0}^{n}(-1)^k\binom{n}{k}b_k$$

中, 有一个成立, 另一个也一定成立.

证明　设 $\{(-1)^n a_n\}$ 的指数型生成函数为 $A_{\mathrm{e}}(x)$, 则

$$A_{\mathrm{e}}(x) = \sum_{n=0}^{\infty}(-1)^n a_n \frac{x^n}{n!},$$

上式两边同时乘以 e^x 得

$$\mathrm{e}^x A_{\mathrm{e}}(x) = \mathrm{e}^x\sum_{n=0}^{\infty}(-1)^n a_n\frac{x^n}{n!} = \sum_{n=0}^{\infty}\frac{x^n}{n!}\sum_{n=0}^{\infty}(-1)^n a_n\frac{x^n}{n!}$$

$$= \sum_{n=0}^{\infty}\frac{x^n}{n!}\sum_{k=0}^{n}(-1)^k\binom{n}{k}a_k = \sum_{n=0}^{\infty}b_n\frac{x^n}{n!} = B_{\mathrm{e}}(x).$$

因此, 有

$$\sum_{n=0}^{\infty}(-1)^n a_n\frac{x^n}{n!} = A_{\mathrm{e}}(x) = \mathrm{e}^{-x}\cdot B_{\mathrm{e}}(x)$$

$$= \sum_{n=0}^{\infty}(-1)^n\frac{x^n}{n!}\cdot\sum_{n=0}^{\infty}b_n\frac{x^n}{n!} = \sum_{n=0}^{\infty}\frac{x^n}{n!}\cdot\sum_{k=0}^{n}\binom{n}{k}(-1)^{n-k}b_k.$$

比较上式两边 x^n 的系数得

$$(-1)^n a_n = \sum_{k=0}^{n}(-1)^{n-k}\binom{n}{k}b_k = (-1)^n\sum_{k=0}^{n}(-1)^{-k}\binom{n}{k}b_k,$$

故有

$$a_n = \sum_{k=0}^{n}(-1)^{-k}\binom{n}{k}b_k = \sum_{k=0}^{n}(-1)^k\binom{n}{k}b_k. \qquad \square$$

利用定理 4.5.1 和定理 3.2.1 中 D_n 的表达式, 易得

定理 4.5.2　设 D_n 为错排数, 则

$$\sum_{k=0}^{n}\binom{n}{k}D_{n-k}=\sum_{k=0}^{n}\binom{n}{k}D_k=n!. \tag{4.5.1}$$

证明　由于

$$D_n=\sum_{k=0}^{n}(-1)^k\frac{n!}{k!}=\sum_{k=0}^{n}(-1)^k\frac{n!}{k!(n-k)!}(n-k)!$$

$$=\sum_{k=0}^{n}(-1)^k\binom{n}{k}(n-k)!=\sum_{k=0}^{n}(-1)^{n-k}\binom{n}{k}k!,$$

即

$$(-1)^nD_n=\sum_{k=0}^{n}(-1)^k\binom{n}{k}k!.$$

由二项式反演公式得

$$\sum_{k=0}^{n}\binom{n}{k}D_k=n!.$$

再作和序变换, 得

$$\sum_{k=0}^{n}\binom{n}{k}D_{n-k}=n!.$$

$\square$

注 4.5.1　定理 4.5.2 可以用错位排列的组合意义来解释.

例 4.5.1　证明组合恒等式:

$$\sum_{k=1}^{n}(-1)^k\binom{n}{k}\left(1+\frac{1}{2}+\frac{1}{3}+\cdots+\frac{1}{k}\right)=-\frac{1}{n}.$$

证明　由于

$$f_{n+1}=\sum_{k=1}^{n+1}(-1)^{k-1}\binom{n+1}{k}\frac{1}{k}=f_n+\frac{1}{n+1},$$

故可得

$$\sum_{k=1}^{n}(-1)^{k-1}\binom{n}{k}\frac{1}{k}=1+\frac{1}{2}+\cdots+\frac{1}{n}.$$

根据定理 4.5.1, 得

$$a_n = \sum_{k=1}^{n} (-1)^k \binom{n}{k} b_k$$

$$= \sum_{k=1}^{n} (-1)^k \binom{n}{k} \left(1 + \frac{1}{2} + \frac{1}{3} + \cdots + \frac{1}{k}\right),$$

而 $a_n = -\dfrac{1}{n}$, 所以有

$$\sum_{k=1}^{n} (-1)^k \binom{n}{k} \left(1 + \frac{1}{2} + \frac{1}{3} + \cdots + \frac{1}{k}\right) = -\frac{1}{n}. \qquad \square$$

例 4.5.2　用 $m(m \geqslant 2)$ 种颜色去涂 $1 \times n$ 棋盘, 每格涂一种颜色, 以 $h(m,n)$ 表示使得相邻格子异色且每种颜色都用上的涂色方法数, 求 $h(m,n)$ 的计数公式.

解　用 m 种颜色去涂 $1 \times n$ 棋盘, 每种涂一种颜色且使得相邻格子异色的涂色方法共有 $m(m-1)^{n-1}$ 种, 其中恰好用上了 $k(2 \leqslant k \leqslant m)$ 种颜色的涂色方法数有 $\binom{m}{k} h(k,n)$ 种, 由加法原理有

$$m(m-1)^{n-1} = \sum_{k=2}^{m} \binom{m}{k} h(k,n).$$

由二项式反演公式得

$$h(m,n) = \sum_{k=2}^{m} (-1)^{m-k} \binom{m}{k} k(k-1)^{n-1}.$$

4.6　常系数线性齐次递归关系的求解

研究组合计数问题, 除了前面讲的容斥原理、生成函数等方法外, 通过建立其递归关系, 解决组合计数问题也是组合分析的重要思想方法. 但建立递归关系后, 如何解此递归关系, 得到通项表示式, 是需要解决的问题. 先看一个例子:

例 4.6.1　平面上 n 个圆相互交叠最多可将平面划分成多少个区域?

解　设 a_n 表示平面上 n 个圆相互交叠最多可将平面划分的区域个数. 显然, $a_1 = 2$, $a_2 = 4$, a_{n+1} 可以由 a_n 生成, 在 n 个圆的基础上, 再加上第 $n+1$ 个大圆, 它同前 n 个圆共有 $2n$ 个交点 (因无三个大圆相交于一点), 而每增加一个交点就增加一个面, 故增加 $2n$ 个面, 因此有

$$a_{n+1} = a_n + 2n.$$

由初值, 迭代上述递归关系可以得到所求区域数

$$
\begin{aligned}
a_n &= a_{n-1} + 2(n-1) \\
&= a_{n-2} + 2(n-2) + 2(n-1) \\
&= \cdots \\
&= 2(n-1) + 2(n-2) + \cdots + 2 + a_1 \\
&= 2(n-1) + 2(n-2) + \cdots + 2 + 2 \\
&= 2 \cdot \frac{(n-1)(n-1+1)}{2} + 2 \\
&= n^2 - n + 2.
\end{aligned}
$$

定义 4.6.1 等式

$$
H(n) = a_1 H(n-1) + a_2 H(n-2) + \cdots + a_k H(n-k)
$$

$$
(n = k, k+1, \cdots, a_1, a_2, \cdots, a_k \text{是常数}, a_k \neq 0) \tag{4.6.1}
$$

称作 k 阶常系数线性齐次递归关系.

此式也可以写作

$$
H(n) - a_1 H(n-1) - a_2 H(n-2) - \cdots - a_k H(n-k) = 0. \tag{4.6.2}
$$

定义 4.6.2 方程

$$
x^k - a_1 x^{k-2} - a_2 x^{k-2} - \cdots - a_k = 0 \tag{4.6.3}
$$

叫做递归关系 (4.6.1) 的特征方程. 它的 k 个根 $q_1, q_2, \cdots, q_k$ 叫做递归关系 (4.6.1) 的特征根, 其中 $q_i(i = 1, 2, \cdots, k)$ 是复数.

易得, 因为 $a_k \neq 0$, 因此递归关系 (4.6.1) 的特征根不为零.

定理 4.6.1 设 q 是一个非零的复数, 则 $H(n) = q^n$ 是递归关系 (4.6.1) 的一个解当且仅当 q 是它的一个特征根.

证明

$$
\begin{aligned}
H(n) = q^n \text{是递归关系 (4.6.1) 的解} &\Leftrightarrow q^n - a_1 q^{n-1} - a_2 q^{n-2} - \cdots - a_k q^{n-k} = 0 \\
&\Leftrightarrow q^{n-k}(q^k - a_1 q^{k-1} - a_2 q^{k-2} - \cdots - a_k) = 0 \\
&\Leftrightarrow q^k - a_1 q^{k-1} - a_2 q^{k-2} - \cdots - a_k = 0 \\
&\Leftrightarrow q \text{ 是递归关系 (4.6.1) 的特征根.} \qquad \square
\end{aligned}
$$

定理 4.6.2 设 $h_1(n)$ 和 $h_2(n)$ 是递归关系 (4.6.1) 的两个解, c_1 和 c_2 是任意常数, 则 $c_1 h_1(n) + c_2 h_2(n)$ 也是递归关系 (4.6.1) 的解.

证明 把 $c_1 h_1(n) + c_2 h_2(n)$ 代入 (4.6.1) 式的左边得

$$[c_1 h_1(n) + c_2 h_2(n)] - a_1[c_1 h_1(n-1) + c_2 h_2(n-1)]$$
$$- \cdots - a_k[c_1 h_1(n-k) + c_2 h_2(n-k)]$$
$$= [c_1 h_1(n) - a_1 c_1 h_1(n-1) - \cdots - a_k c_1 h_1(n-k)]$$
$$+ [c_2 h_2(n) - a_1 c_2 h_2(n-1) - \cdots - a_k c_2 h_2(n-k)]$$
$$= c_1[h_1(n) - a_1 h_1(n-1) - \cdots - a_k h_1(n-k)]$$
$$+ c_2[h_2(n) - a_1 h_2(n-1) - \cdots - a_k h_2(n-k)]$$
$$= 0,$$

所以, $c_1 h_1(n) + c_2 h_2(n)$ 是递归关系 (4.6.1) 的解.   □

由定理 4.6.1 和定理 4.6.2 知, 若 $q_1, q_2, \cdots, q_k$ 是递归关系 (4.6.1) 的特征根, 且 $c_1, c_2, \cdots, c_k$ 是任意常数, 那么

$$H(n) = c_1 q_1^n + c_2 q_2^n + \cdots + c_k q_k^n$$

是递归关系 (4.6.1) 的解.

定义 4.6.3 如果对于递归关系 (4.6.1) 的每一个解 $h(n)$ 都可以选择一组常数 $c_1', c_2', \cdots, c_k'$ 使得

$$h(n) = c_1' q_1^n + c_2' q_2^n + \cdots + c_k' q_k^n$$

成立, 则称 $c_1 q_1^n + c_2 q_2^n + \cdots + c_k q_k^n$ 是递归关系 (4.6.1) 的通解, 其中 $c_1, c_2, \cdots, c_k$ 为任意常数.

定理 4.6.3 设 $q_1, q_2, \cdots, q_k$ 是递归关系 (4.6.1) 的不相等的特征根, 则

$$H(n) = c_1 q_1^n + c_2 q_2^n + \cdots + c_k q_k^n$$

是递归关系 (4.6.1) 的通解.

证明 由前面的分析可知 $H(n)$ 是递归关系 (4.6.1) 的解. 设 $h(n)$ 是这个递归关系的任意一个解, 则 $h(n)$ 由 k 个初值 $h(0) = b_0, h(1) = b_1, \cdots, h(k-1) = b_{k-1}$ 唯一地确定, 所以有

$$\begin{cases} c_1 + c_2 + \cdots + c_k = b_0, \\ c_1 q_1 + c_2 q_2 + \cdots + c_k q_k = b_1, \\ \cdots\cdots \\ c_1 q_1^{k-1} + c_2 q_2^{k-1} + \cdots + c_k q_k^{k-1} = b_{k-1}. \end{cases} \quad (4.6.4)$$

如果方程组 (4.6.4) 有唯一解 $c_1', c_2', \cdots, c_k'$, 这说明可以找到 k 个常数 $c_1', c_2', \cdots, c_k'$ 使得

$$h(n) = c_1' q_1^n + c_2' q_2^n + \cdots + c_k' q_k^n$$

成立, 从而证明了 $c_1' q_1^n + c_2' q_2^n + \cdots + c_k' q_k^n$ 是递归关系的通解, 考虑方程组 (4.6.4), 它的系数行列式是

$$\begin{vmatrix} 1 & 1 & \cdots & 1 \\ q_1 & q_2 & \cdots & q_k \\ \vdots & \vdots & & \vdots \\ q_1^{k-1} & q_2^{k-1} & \cdots & q_k^{k-1} \end{vmatrix},$$

即著名的 Vandermonde 行列式, 其值为 $\prod\limits_{1 \leqslant i < j \leqslant k} (q_j - q_i)$. 因为当 $i \neq j$ 时, $q_i \neq q_j$, 所以行列式的值不等于 0, 这也就是说方程组 (4.6.4) 有唯一解. □

例 4.6.2 解下列递归关系:

$$\begin{cases} f(n) = 2f(n-1) + 2f(n-2), \\ f(1) = 3, \quad f(2) = 8. \end{cases}$$

解 此递归关系的特征方程为 $x^2 - 2x - 2 = 0$, 其特征根为

$$x_1 = 1 + \sqrt{3}, \quad x_2 = 1 - \sqrt{3}.$$

故设通解为

$$f(n) = c_1 \left(1 + \sqrt{3}\right)^n + c_2 \left(1 - \sqrt{3}\right)^n.$$

代入初值, 得到方程组

$$\begin{cases} c_1 \left(1 + \sqrt{3}\right) + c_2 \left(1 - \sqrt{3}\right) = 3, \\ c_1 \left(1 + \sqrt{3}\right)^2 + c_2 \left(1 - \sqrt{3}\right)^2 = 8. \end{cases}$$

解此方程组得

$$c_1 = \frac{2+\sqrt{3}}{2\sqrt{3}}, \quad c_2 = \frac{-2+\sqrt{3}}{2\sqrt{3}},$$

故所求递归关系的解为

$$f(n) = \frac{2+\sqrt{3}}{2\sqrt{3}}\left(1+\sqrt{3}\right)^n + \frac{-2+\sqrt{3}}{2\sqrt{3}}\left(1-\sqrt{3}\right)^n, \quad n = 1, 2, \cdots.$$

由定理 4.6.3 知, 若 k 阶常系数齐次递归关系的 k 个特征根均不相同, 其通解可以由所有特征根给出. 但若递归关系的特征根 $q_1, q_2, \cdots, q_k$ 中存在重根, 此方法失效, 即, $c_1 q_1^n + c_2 q_2^n + \cdots + c_k q_k^n$ 不是原递归关系的通解. 因为 k 个初值代入以后得到 k 个方程, 但未知数至多为 $k-1$ 个, 这样可能使得方程组无解. 这说明只有在 $q_1, q_2, \cdots, q_k$ 都线性无关时, 递归关系才有通解.

引理 4.6.1　如果 q 是递归关系 (4.6.1) 的 m 重根, 则 q^n, nq^n, $n^2 q^n$, $\cdots$, $n^{m-1} q^n$ 都是原递归关系 (4.6.1) 的解.

证明　由于递归关系 (4.6.1) 的特征方程是

$$x^k - a_1 x^{k-1} - a_2 x^{k-2} - \cdots - a_k = 0.$$

令

$$\begin{aligned} P(x) &= x^k - a_1 x^{k-1} - a_2 x^{k-2} - \cdots - a_k, \\ P_n(x) &= x^{n-k} \cdot P(x) = x^n - a_1 x^{n-1} - a_2 x^{n-2} - \cdots - a_k x^{n-k}. \end{aligned}$$

由于 q 是 $P(x)$ 的 m 重根, 故 q 也是 $P_n(x)$ 的 m 重根. 从而 q 是 $x\dfrac{\mathrm{d}}{\mathrm{d}x} P_n(x)$ 的 $m-1$ 重根, 是 $\left(x\dfrac{\mathrm{d}}{\mathrm{d}x}\right)^2 P_n(x)$ 的 $m-2$ 重根, 是 $\left(x\dfrac{\mathrm{d}}{\mathrm{d}x}\right)^3 P_n(x)$ 的 $m-3$ 重根 $\cdots\cdots$ 是 $\left(x\dfrac{\mathrm{d}}{\mathrm{d}x}\right)^{m-1} P_n(x)$ 的 1 重根 (或根). 将 $x = q$ 代入显然可以看出 q^n, nq^n, $n^2 q^n$, $\cdots$, $n^{m-1} q^n$ 都满足递归关系 (4.6.1), 故 q^n, nq^n, $n^2 q^n$, $\cdots$, $n^{m-1} q^n$ 都是递归关系 (4.6.1) 的解.   □

通过以上分析, 可以得到下面的定理.

定理 4.6.4　设 $q_1, q_2, \cdots, q_t$ 是递归关系

$$H(n) - a_1 H(n-1) - \cdots - a_k H(n-k) = 0 \quad (n \geqslant k, a_k \neq 0)$$

的不相等的特征根, 则这个递归关系的通解中对应于 $q_i(i = 1, 2, \cdots, t)$ 的部分是

$$H_i(n) = c_1 q_i^n + c_2 n q_i^n + \cdots + c_{m_i} n^{m_i-1} q_i^n,$$

其中 m_i 是 q_i 的重数. 而

$$H(n) = H_1(n) + H_2(n) + \cdots + H_t(n)$$

是该递归关系的通解.

例 4.6.3 求解递归关系

$$\begin{cases} H(n) + H(n-1) - 3H(n-2) - 5H(n-3) - 2H(n-4) = 0, \\ H(0) = 1, \quad H(1) = 0, \quad H(2) = 1, \quad H(3) = 2, \quad n \geqslant 4. \end{cases}$$

解 该递归关系的特征方程是

$$x^4 + x^3 - 3x^2 - 5x - 2 = 0,$$

它的特征根是 $-1, -1, -1, 2$. 由定理 4.6.4 知, 故设所求递归关系的通解为

$$H(n) = c_1(-1)^n + c_2 n(-1)^n + c_3 n^2(-1)^n + c_4 2^n.$$

代入初值得到以下方程组

$$\begin{cases} c_1 + c_4 = 1, \\ -c_1 - c_2 - c_3 + 2c_4 = 0, \\ c_1 + 2c_2 + 4c_3 + 4c_4 = 1, \\ -c_1 - 3c_2 - 9c_3 + 8c_4 = 2. \end{cases}$$

解此方程组得

$$c_1 = \frac{7}{9}, \quad c_2 = -\frac{1}{3}, \quad c_3 = 0, \quad c_4 = \frac{2}{9}.$$

因此原递归关系的解为

$$H(n) = \frac{7}{9}(-1)^n - \frac{1}{3}n(-1)^n + \frac{2}{9} \cdot 2^n.$$

4.7 常系数线性非齐次递归关系的求解

常系数线性非齐次递归关系的一般形式如下:

$$H(n) - a_1 H(n-1) - a_2 H(n-2) - \cdots - a_k H(n-k)$$

$$= f(n) \quad (n \geqslant k, a_k \neq 0, f(n) \neq 0), \tag{4.7.1}$$

它的通解是齐次递归关系通解与非齐次递归关系特解之和, 即

$$H(n) = H'(n) + H^*(n),$$

其中 $H'(n)$ 是递归关系 (4.7.1) 所对应的齐次递归关系

$$H(n) - a_1 H(n-1) - \cdots - a_k H(n-k) = 0$$

的通解, $H^*(n)$ 是递归关系 (4.7.1) 的特解. 这是因为当把 $H(n)$ 代入 (4.7.1) 式的左边时有

$$[H'(n) + H^*(n)] - a_1[H'(n-1) + H^*(n-1)]$$
$$- \cdots - a_k[H'(n-k) + H^*(n-k)]$$
$$= [H'(n) - a_1 H'(n-1) - \cdots - a_k H'(n-k)]$$
$$+ [H^*(n) - a_1 H^*(n-1) - \cdots - a_k H^*(n-k)]$$
$$= 0 + f(n) = f(n).$$

对于一般的 $f(n)$ 的常系数线性非齐次递归关系, 没有普遍的特解求解方法, 但在某些简单的情况下可以用待定系数法求出 $H^*(n)$. 下面利用待定系数法给出两种情形下特解 $H^*(n)$ 的求解方法.

(1) 当 $f(n)$ 是 n 的 t 次多项式时, 此时递归关系为

$$H(n) - \sum_{j=1}^{k} a_j H(n-j) = n \text{ 的 } t \text{ 次多项式.} \tag{4.7.2}$$

令其特解为

$$H^*(n) = \sum_{i=1}^{t+1} P_i n^{t+1-i},$$

这里 $P_i \ (i = 1, 2, \cdots, t+1)$ 为待定系数. 将其代入递归关系 (4.7.2), 则有

$$\sum_{i=1}^{t+1} P_i n^{t+1-i} - \sum_{j=1}^{k} a_j \sum_{i=1}^{t+1} P_i (n-j)^{t+1-i} = n \text{ 的 } t \text{ 次多项式.} \tag{4.7.3}$$

比较上式两边 n 的各幂次的系数, 建立联立方程组, 可将各待定系数 $P_i \ (i = 1, 2, \cdots, t+1)$ 求出. 但若 1 为递归关系对应的齐次递归关系的特征根, 则可发现 (4.7.3) 的左边 n^t 的系数为零, 这与右边为 n 的 t 次多项式矛盾. 为此, 若

1 为递归关系对应的齐次递归关系的特征根, 在设特解时要将 n 的最高次幂提高, 并且可以不设常数项, 再代入原递归关系 (4.7.2), 将其待定系数求出. 也就是说, 若 1 是递归关系对应的齐次递归关系的 m 重特征根, 设特解为

$$H^*(n) = n^m \sum_{i=1}^{t+1} P_i n^{t+1-i},$$

将其代入 (4.7.3), 求出待定系数.

例 4.7.1 求解递归关系

$$H(n) + 5H(n-1) + 6H(n-2) = 3n^2$$

的特解.

解 由于 1 不是对应齐次递归关系的特征根, 设特解为

$$H^*(n) = P_1 n^2 + P_2 n + P_3,$$

其中 P_1, P_2, P_3 为待定系数. 把 $H^*(n)$ 代入原递归关系得

$$P_1 n^2 + P_2 n + P_3 + 5[P_1(n-1)^2 + P_2(n-1) + P_3]$$
$$+ 6[P_1(n-2)^2 + P_2(n-2) + P_3] = 3n^2,$$

化简左边得

$$12P_1 n^2 + (-34P_1 + 12P_2)n + (29P_1 - 17P_2 + 12P_3) = 3n^2.$$

因此有

$$\begin{cases} 12P_1 = 3, \\ -34P_1 + 12P_2 = 0, \\ 29P_1 - 17P_2 + 12P_3 = 0. \end{cases}$$

解得 $P_1 = \dfrac{1}{4}$, $P_2 = \dfrac{17}{24}$, $P_3 = \dfrac{115}{288}$. 所求的特解是

$$H^*(n) = \frac{1}{4}n^2 + \frac{17}{24}n + \frac{115}{288}.$$

例 4.7.2 令平面上 n 条直线最多将平面划分成的区域个数为 a_n, 则 a_n 满足递归关系 $a_n = a_{n-1} + n$, 初值为 $a_1 = 2$, 由于 1 是对应齐次递归关系的特征根, 故设特解为 $H^*(n) = P_1 n^2 + P_2 n$, 代入原递归关系则有

$$P_1 n^2 + P_2 n - P_1(n-1)^2 - P_2(n-1) = n.$$

比较两边 n 的幂次的系数, 则得

$$\begin{cases} P_2 + 2P_1 - P_2 = 1, \\ -P_1 + P_2 = 0. \end{cases}$$

解之得 $P_1 = P_2 = \dfrac{1}{2}$. 因此, 设 a_n 的通解为

$$a_n = C + \frac{1}{2}n^2 + \frac{1}{2}n,$$

将初值 $a_1 = 2$ 代入, 可得 $C = 1$. 因此有

$$a_n = 1 + \frac{1}{2}n^2 + \frac{1}{2}n = \frac{1}{2}(n^2 + n + 2).$$

(2) 当 $f(n) = \alpha \cdot \beta^n$ 时, 此时所求递归关系为

$$H(n) - a_1 H(n-1) - a_2 H(n-2) - \cdots - a_k H(n-k) = \alpha \cdot \beta^n. \tag{4.7.4}$$

假设该递归关系的特解为

$$H^*(n) = P \cdot \beta^n.$$

将此代入原递归关系(4.7.4)中, 则有

$$P(\beta^n - a_1 \beta^{n-1} - a_2 \beta^{n-2} - \cdots - a_k \beta^{n-k}) = \alpha \beta^n.$$

故

$$P(\beta^k - a_1 \beta^{k-1} - a_2 \beta^{k-2} - \cdots - a_k) = \alpha \beta^k.$$

显然, 若 $\beta^k - a_1 \beta^{k-1} - a_2 \beta^{k-2} - \cdots - a_k \neq 0$, 即 β 不是对应齐次递归关系的特征根时, 则得递归关系 (4.7.4) 的特解为

$$H^*(n) = \frac{\alpha \beta^{n+k}}{\beta^k - a_1 \beta^{k-1} - a_2 \beta^{k-2} - \cdots - a_k}.$$

若 $\beta^k - a_1 \beta^{k-1} - a_2 \beta^{k-2} - \cdots - a_k = 0$, 即 β 是对应齐次递归关系的特征根, 并假定其为 m 重特征根时, 设 (4.7.4) 的特解为

$$H^*(n) = P \cdot n^m \beta^n.$$

将其代入递归关系 (4.7.4) 中, 则有

$$P(n^m \beta^n - a_1(n-1)^m \beta^{n-1} - a_2(n-2)^m \beta^{n-2} - \cdots - a_k(n-k)^m \beta^{n-k}) = \alpha \beta^n,$$

整理得

$$P(n^m \beta^k - a_1(n-1)^m \beta^{k-1} - a_2(n-2)^m \beta^{k-2} - \cdots - a_k(n-k)^m) = \alpha \beta^k.$$

由于 β 是对应齐次递归关系的 m 重特征根, 则

$$n^m \beta^k - a_1(n-1)^m \beta^{k-1} - a_2(n-2)^m \beta^{k-2} - \cdots - a_k(n-k)^m \neq 0.$$

故

$$P = \frac{\alpha \beta^k}{n^m \beta^k - a_1(n-1)^m \beta^{k-1} - a_2(n-2)^m \beta^{k-2} - \cdots - a_k(n-k)^m}.$$

则得递归关系 (4.7.4) 的特解为

$$H^*(n) = \frac{\alpha \beta^{n+k}}{n^m \beta^k - a_1(n-1)^m \beta^{k-1} - a_2(n-2)^m \beta^{k-2} - \cdots - a_k(n-k)^m}.$$

例 4.7.3 求解递归关系

$$H(n) + 5H(n-1) + 6H(n-2) = 42 \cdot 4^n$$

的特解.

解 由于 4 不是对应齐次递归关系的特征根, 故设递归关系的特解为

$$H^*(n) = P \cdot 4^n,$$

其中 P 为待定系数. 代入原递归关系得

$$P \cdot 4^n + 5P \cdot 4^{n-1} + 6P \cdot 4^{n-2} = 42 \cdot 4^n,$$

化简得

$$42P = 42 \times 16,$$

解得 $P = 16$, 那么所求的特解为

$$H^*(n) = 16 \cdot 4^n = 4^{n+2}.$$

例 4.7.4 求解递归关系

$$\begin{cases} H(n) - 4H(n-1) + 4H(n-2) = n2^n, \\ H(0) = 0, \quad H(1) = 1. \end{cases}$$

解 由于 2 是特征方程的二重根, 故该递归关系的特解设为

$$H^*(n) = n^2(P_1 n + P_2)2^n.$$

将此代入递归关系, 并比较两边 n 的幂次的系数, 则

$$\begin{cases} 6P_1 = 1, \\ -6P_1 + 2P_2 = 0, \end{cases}$$

解此方程组得

$$P_1 = \frac{1}{6}, \quad P_2 = \frac{1}{2}.$$

而相应的齐次递归关系的通解为

$$H'(n) = (C_1 + C_2 n)2^n,$$

从而非齐次递归关系的通解为

$$H(n) = (C_1 + C_2 n)2^n + n^2\left(\frac{1}{6}n + \frac{1}{2}\right)2^n.$$

将初值代入, 可得 $C_1 = 0$, $C_2 = -\frac{1}{6}$. 故所求递归关系为

$$H(n) = \frac{1}{6}(n^3 + 3n^2 - n)2^n.$$

4.8　Catalan 数

首先, 我们看一个问题.

例 4.8.1　求从 $(0,0)$ 点到 (n,n) 点的除端点外不接触直线 $y = x$ 的直线下方的非降路径数.

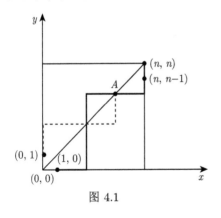

图 4.1

解　如图 4.1, 对角线下方的路径都是从 $(0,0)$ 点出发经过 $(1,0)$ 点到达 (n,n) 点的. 我们可以将它看作是从 $(1,0)$ 点出发到达 $(n,n-1)$ 点的不接触对角线的非降路径.

从 $(1,0)$ 点到 $(n,n-1)$ 点的所有非降路径数是 $\binom{2n-2}{n-1}$, 对其中任意一条接触对角线的路径, 我们可以把它从最后离开对角线的点 (如图 4.1 中 A 点) 到 $(1,0)$ 点之间的部分关于对角线作一个反射, 就得到一条从 $(0,1)$ 点出发经过 A 点到达 $(n,n-1)$ 点的非降路径. 反之, 任何一条从 $(0,1)$ 点出发, 穿过对角线而到达 $(n,n-1)$ 点的非降路径, 也可以通过这样的反射对应到一条从 $(1,0)$ 点出发接触到对角线而到达 $(n,n-1)$ 点的非降路径. 从 $(0,1)$ 点到达 $(n,n-1)$ 点的非降路径数是 $\binom{2n-2}{n}$, 从而在对角线下

方的路径数为

$$\binom{2n-2}{n-1} - \binom{2n-2}{n} = \frac{1}{n}\binom{2n-2}{n-1}.$$

再看 Euler 解决的一个问题.

例 4.8.2 给定一个 n 条边的凸多边形区域 R, 我们可以用 $n-3$ 条不在内部相交的对角线把这个区域分成 $n-2$ 个三角形, 问有多少种分法?

解 令 h_n 表示分一个 $n+1$ 条边的凸多边形为三角形的方法数. 约定 $h_1 = 1$, 当 $n = 2$ 时, $n+1$ 边形就是三角形, 故 $h_2 = 1$. 当 $n \geqslant 3$ 时, 考虑一个有 $n+1 \geqslant 4$ 条边的凸多边形区域 R. 如图 4.2 所示, 我们任取一条边 a, a 的两个端点记作 A_1 和 A_{n+1}. 以 a 为一条边, 以多边形的任一端点 $A_{k+1}(k = 1, 2, \cdots, n-1)$ 与 A_1, A_{n+1} 的连线为两条边构成三角形 T. T 把 R 分割成 R_1 和 R_2 两部分. R_1 为 $k+1$ 边形, R_2 为 $n-k+1$ 边形, 因此, R_1 可以用 h_k 种方法划分, R_2 可以用 h_{n-k} 种方法划分, 所以有

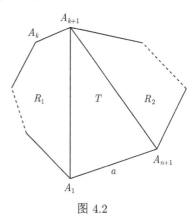

图 4.2

$$\begin{cases} h_n = \sum_{k=1}^{n-1} h_k h_{n-k}, & n \geqslant 2, \\ h_1 = 1, \end{cases}$$

令 $H(x) = \sum_{n \geqslant 1} h_n x^n$, 补充定义 $h_0 = 0$, 易知

$$H^2(x) = \sum_{n \geqslant 2} \left(\sum_{k=1}^{n-1} h_k h_{n-k} \right) x^n = \sum_{n \geqslant 2} h_n x^n = H(x) - x,$$

即

$$H^2(x) - H(x) + x = 0.$$

解此二次方程, 得到

$$H(x) = \frac{1 - \sqrt{1-4x}}{2}.$$

由 (4.3.3) 可得 $h_n = \frac{1}{n}\binom{2n-2}{n-1}$.

因此, 我们有

定义 4.8.1 称 $\frac{1}{n}\binom{2n-2}{n-1}$ 为 Catalan 数, 记作 C_n.

显然, Catalan 数具有下述性质.

定理 4.8.1　(1) 递归关系: $C_n = \sum\limits_{k=1}^{n-1} C_k C_{n-k}$, $C_{n+1} = \dfrac{2(2n-1)}{n+1} C_n$.

(2) 生成函数: $\sum\limits_{n \geqslant 1} C_n x^n = \dfrac{1 - \sqrt{1-4x}}{2}$.

(3) 通项公式: $C_n = \dfrac{1}{n}\dbinom{2n-2}{n-1} = \dbinom{2n-2}{n-1} - \dbinom{2n-2}{n-2}$.

注 4.8.1　实际上, Catalan 数有非常多的组合解释, 见 Stanley 所著 [50].

*4.9　Riordan 阵组合求和与 Cartier-Foata 常数项法

1. Riordan 阵求和

定义 4.9.1　一个 Riordan 阵是一个形式幂级数对 $(g(t), f(t))$, 其中 $g(t) = \sum\limits_{k \geqslant 0} g_k t^k$, $f(t) = \sum\limits_{k \geqslant 1} f_k t^k$, Riordan 阵 $(g(t), f(t))$ 是按如下规则定义的一个无穷下三角矩阵 $(d_{n,k})_{n,k \in \mathbb{N}}$:

$$d_{n,k} = [t^n] g(t)(f(t))^k, \tag{4.9.1}$$

这里 $[t^n] f(t)$ 表示形式幂级数 $f(t)$ 中 t^n 的系数. $g(t)(f(t))^k$ 称为该 Riordan 阵的列生成函数, $d_{n,k}$ 称为该 Riordan 阵的一般元.

例 4.9.1　设 $g(t) = 1/(1-t)$, $f(t) = t/(1-t)$, 则

$$d_{n,k} = [t^n]\frac{1}{1-t}\left(\frac{t}{1-t}\right)^k = [t^{n-k}]\left(\frac{1}{1-t}\right)^{k+1} = \binom{n}{k},$$

故 Pascal 矩阵即为 Riordan 阵 $(1/(1-t), t/(1-t))$. 进一步, 取 $g(t) = (1+t)^r$, $f(t) = (1+t)^a t^b (b \geqslant 1)$, 则

$$d_{n,k} = [t^n](1+t)^r((1+t)^a t^b)^k = [t^n]t^{bk}(1+t)^{r+ak} = [t^{n-bk}](1+t)^{r+ak} = \binom{r+ak}{n-bk}.$$

Riordan 阵理论的一个重要应用就是处理具有形式 $\sum\limits_{k=0}^{n} d_{n,k} h_k$ 的和式, 即有如下定理成立.

定理 4.9.1 [51]　令 $(g(t), f(t)) = (d_{n,k})_{n,k \in \mathbb{N}}$ 为一个 Riordan 阵, 令 $h(t) = \sum\limits_{k \geqslant 0} h_k t^k$ 为序列 h_n 的生成函数, 则

$$\sum_{k=0}^{n} d_{n,k} h_k = [t^n] g(t) h(f(t)), \tag{4.9.2}$$

$$\sum_{k=0}^{n} d_{n-k,k}h_k = [t^n]g(t)h(tf(t)). \tag{4.9.3}$$

证明 由定义 4.9.1 可得

$$\sum_{k=0}^{n} d_{n,k}h_k = \sum_{k=0}^{\infty} d_{n,k}h_k = \sum_{k=0}^{\infty} [t^n]g(t)(f(t))^k h_k$$

$$= [t^n]g(t)\sum_{k=0}^{\infty} h_k(f(t))^k = [t^n]g(t)h(f(t)).$$

第一式得证, 同理可证第二式. $\qquad\qquad\square$

例 4.9.2 对于 Pascal 矩阵 $(1/(1-t), t/(1-t))$, $(4.9.2)$ 将转化为

$$\sum_{k=0}^{n} \binom{n}{k}h_k = [t^n]\frac{1}{1-t}h\left(\frac{t}{1-t}\right), \tag{4.9.4}$$

这就是 Euler 变换.

例 4.9.3 若在定理 4.9.1 中取 $h_k = 1, (-1)^k$ 和 k, 则它们对应的生成函数分别为 $(1-t)^{-1}$, $(1+t)^{-1}$ 以及 $t(1+t)^{-2}$, 则可以由 $(4.9.2)$ 得到

$$\sum_k d_{n,k} = [t^n]\frac{g(t)}{1-f(t)} \quad (行和), \tag{4.9.5}$$

$$\sum_k (-1)^k d_{n,k} = [t^n]\frac{g(t)}{1+f(t)} \quad (交错行和), \tag{4.9.6}$$

$$\sum_k k d_{n,k} = [t^n]\frac{g(t)f(t)}{(1+f(t))^2} \quad (加权行和). \tag{4.9.7}$$

$$\sum_k d_{n-k,k} = [t^n]\frac{g(t)}{1-tf(t)} \quad (对角线和). \tag{4.9.8}$$

$$\sum_k (-1)^k d_{n-k,k} = [t^n]\frac{g(t)}{1+tf(t)}, \tag{4.9.9}$$

$$\sum_k k d_{n-k,k} = [t^n]\frac{tf(t)g(t)}{(1+f(t))^2}. \tag{4.9.10}$$

例 4.9.4 令 F_n 为斐波那契 (Fibonacci) 数, 其生成函数为 $\displaystyle\sum_{n\geqslant 0} F_n t^n = \frac{t}{1-t-t^2}$, 则

$$\sum_k \binom{n-k}{k} = [t^n]\frac{1}{1-t}\frac{1}{1-t^2(1-t)^{-1}} = [t^n]\frac{1}{1-t-t^2}$$

$$= [t^{n+1}]\frac{t}{1-t-t^2} = F_{n+1}.$$

注 4.9.1 Riordan 阵对组合恒等式的应用, 还可看文献 [52].

2. Cartier-Foata 常数项法

设 $f(x,y) = \sum\limits_{m,n} a_{m,n}x^my^n$ 为洛朗 (Laurent) 级数, 且仅对 $m < 0$ 或 $n < 0$ 的有限对 (m,n), $a_{m,n} \neq 0$. 令 $\mathbf{CT}f(x,y)$ 表示 $f(x,y)$ 的常数项.

引理 4.9.1 [53] 对任意的 Laurent 级数 $f(x,y)$, 有

$$\mathbf{CT}f\left(\frac{x}{1+y}, \frac{y}{1+x}\right) = \mathbf{CT}\frac{1}{1-xy}f(x,y). \tag{4.9.11}$$

证明 根据线性关系, 只需证明情形 $f(x,y) = x^ly^m$:

$$\mathbf{CT}\frac{x^l}{(1+y)^l}\frac{y^m}{(1+x)^m} = \begin{cases} 1, & l = m \leqslant 0, \\ 0, & \text{其他}. \end{cases} \tag{4.9.12}$$

由于 $(1+y)^{-l}(1+x)^{-m}$ 不含 x 或 y 的负次幂, 如果 $l > 0$ 或 $m > 0$, (4.9.12) 式成立. 现在假定 $l = -r$ 和 $m = -s$, 且 r, $s \geqslant 0$, 则 (4.9.12) 式的左边等于

$$\mathbf{CT}\frac{(1+x)^s}{x^r}\frac{(1+y)^r}{y^s} = \binom{s}{r}\binom{r}{s} = \begin{cases} 1, & r = s, \\ 0, & r \neq s. \end{cases} \tag{4.9.13}$$

$\square$

现在对

$$f(x,y) = \frac{(1+x)^a(1+y)^b(x-y)^n}{x^ly^m(1-xy)^{a+b+n}}$$

应用引理 4.9.1, 则得

$$\mathbf{CT}\frac{(1+x)^a(1+y)^b(x-y)^n}{x^ly^m(1-xy)^{a+b+n+1}}$$

$$= \mathbf{CT}\frac{1}{1-xy}\frac{(1+x)^a(1+y)^b(x-y)^n}{x^ly^m(1-xy)^{a+b+n}}$$

$$= \mathbf{CT}\frac{1}{1-xy}f(x,y) = \mathbf{CT}f\left(\frac{x}{1+y}, \frac{y}{1+x}\right)$$

$$= \mathbf{CT}\frac{\left(1+\dfrac{x}{1+y}\right)^a\left(1+\dfrac{y}{1+x}\right)^b\left(\dfrac{x}{1+y}-\dfrac{y}{1+x}\right)^n}{\dfrac{x^l}{(1+y)^l}\dfrac{y^m}{(1+x)^m}\left(1-\dfrac{x}{1+y}\dfrac{y}{1+x}\right)^{a+b+n}}$$

$$= \mathbf{CT}\frac{(1+x)^{a+m}(1+y)^{b+l}(x-y)^n}{x^l y^m},$$

即

$$\mathbf{CT}\frac{(1+x)^{a+m}(1+y)^{b+l}(x-y)^n}{x^l y^m} = \mathbf{CT}\frac{(1+x)^a(1+y)^b(x-y)^n}{x^l y^m(1-xy)^{a+b+n+1}}. \qquad (4.9.14)$$

若在 (4.9.14) 中取 $n = 0$, 则有

$$\mathbf{CT}\frac{(1+x)^{a+m}(1+y)^{b+l}}{x^l y^m} = \mathbf{CT}\frac{(1+x)^a(1+y)^b}{x^l y^m(1-xy)^{a+b+1}}, \qquad (4.9.15)$$

由此可以得到恒等式

$$\sum_{k\geqslant 0}\binom{a}{l-k}\binom{b}{m-k}\binom{a+b+k}{k} = \binom{a+m}{l}\binom{b+l}{m}. \qquad (4.9.16)$$

注意到在这个情形里, (4.9.16) 等价于公式

$$\sum_{l,m=0}^{\infty}\binom{a+m}{l}\binom{b+l}{m}x^l y^m = \frac{(1+x)^a(1+y)^b}{(1-xy)^{a+b+1}}. \qquad (4.9.17)$$

现在在 (4.9.14) 中, 取 $a = b = 0$, 则有

$$\mathbf{CT}\frac{(1+x)^m(1+y)^l(x-y)^n}{x^l y^m} = \mathbf{CT}\frac{(x-y)^n}{x^l y^m(1-xy)^{n+1}}, \qquad (4.9.18)$$

(4.9.18) 的左边为

$$\mathbf{CT}\frac{(1+x)^m(1+y)^l(x-y)^n}{x^l y^m} = \mathbf{CT}\sum_{i,j,k}(-1)^k\binom{m}{i}\binom{l}{j}\binom{n}{k}x^{i+n-k-l}y^{j-m+k}$$

$$= \sum_{i,j,k\geqslant 0,i+n-k-l=0,j-m+k=0}(-1)^k\binom{m}{i}\binom{l}{j}\binom{n}{k}$$

$$= \sum_{k\geqslant 0}(-1)^k\binom{n}{k}\binom{m}{l-n+k}\binom{l}{m-k}$$

$$= \sum_{k\geqslant 0}(-1)^k\binom{n}{k}\binom{m}{l-n+k}\binom{l}{l-m+k}. \qquad (4.9.19)$$

现在考虑 (4.9.18) 的右边. 代替 $x \to xz$, $y \to yz$, 不影响右边的常数项 (现在是关于 x, y, z, 这是由于 $\mathbf{CT}f(xz, yz) = \mathbf{CT}\sum_{m,n}a_{m,n}(xz)^m(yz)^n$), 故右边

$$\mathbf{CT}\frac{(x-y)^n}{x^l y^m(1-xy)^{n+1}} = \mathbf{CT}\frac{(x-y)^n}{x^l y^m z^{l+m-n}(1-z^2 xy)^{n+1}}. \qquad (4.9.20)$$

若 $l+m-n$ 为奇数, 由于 $\dfrac{1}{(1-z^2xy)^{n+1}} = \sum\limits_{k} \dbinom{n+k}{k} z^{2k}x^ky^k$, (4.9.20) 显然为零. 若 $l+m-n = 2r$ 为偶数, 则

$$
\begin{aligned}
\mathbf{CT}\frac{(x-y)^n}{x^ly^mz^{l+m-n}(1-z^2xy)^{n+1}} &= \mathbf{CT}\frac{(x-y)^n}{x^ly^mz^{2r}}\sum_{j=0}^{\infty}\binom{n+j}{j}z^{2j}x^jy^j \\
&= \mathbf{CT}\sum_{j=0}^{\infty}\frac{(x-y)^n}{x^{l-j}y^{m-j}}\binom{n+j}{j}z^{2j-2r} \\
&= \mathbf{CT}\frac{(x-y)^n}{x^{l-r}y^{m-r}}\binom{n+r}{r} \\
&= \mathbf{CT}\frac{(x-y)^n}{x^{l-r}y^{m-r}} \\
&= \mathbf{CT}\binom{n+r}{n}\sum_{k=0}^{n}(-1)^k\binom{n}{k}x^{n-k-l+r}y^{k-m+r} \\
&= (-1)^{m-r}\binom{n+r}{n}\binom{n}{m-r} \\
&= (-1)^{m-r}\binom{n+r}{n}\binom{n}{l-r}. \tag{4.9.21}
\end{aligned}
$$

因此得到

$$
\sum_{k\geqslant 0}(-1)^k\binom{n}{k}\binom{m}{l-n+k}\binom{l}{l-m+k}
$$

$$
= \begin{cases} 0, & l+m-n \text{ 为奇数}, \\ (-1)^{m-r}\dbinom{n+r}{n}\dbinom{n}{l-r}, & l+m-n = 2r \text{ 为偶数}. \end{cases} \tag{4.9.22}
$$

在 (4.9.22) 中, 当 $l+m-n$ 为偶数, 令 $m=q+r$, $l=r+p$, $n=p+q$, (4.9.22)的两边乘以 $(-1)^q$, 再变化 $k\to k+q$, 则可以将 (4.9.22) 写成更对称的形式:

$$
\sum_{k}(-1)^k\binom{p+q}{k+q}\binom{q+r}{k+r}\binom{r+p}{k+p} = \frac{(p+q+r)!}{p!q!r!}. \tag{4.9.23}
$$

特别地

$$
\sum_{k=0}^{3m}(-1)^k\binom{2m}{k}^3 = (-1)^m\frac{(3m)!}{(m!)^3}. \tag{4.9.24}
$$

注 4.9.2 取

$$f(x,y) = (1+x)^a(1+y)^b \left[1 + ax - (1-a)xy\right]^c \left[a + y + (1-a)xy\right]^d$$
$$\times \left[x - ay + (1-a)xy\right]^n (1-xy)^{-a-b-c-d-e-n} x^{-l} y^{-m},$$

应用引理 4.9.1, 有

$$\mathbf{CT}(1+x)^{a+n+e}(1+y)^{b+l+e}(1+ax)^c(a+y)^d(x-ay)^n(1+x+y)^{-e}x^{-l}y^{-m}$$

$$= \mathbf{CT} f(x,y) \frac{1}{1-xy}.$$

令 $a = b = c = d = e = 0$, 得到

$$\sum_{k \geqslant 0} (-\alpha)^k \binom{n}{k} \binom{m}{l-n+k} \binom{l}{l-m+k}$$

$$= (1-\alpha)^{m+n-l} \sum_{j \leqslant (m+n-l)/2} \left[-\frac{\alpha}{(1-\alpha)^2} \right]^j$$

$$\times \frac{(l+j)!}{j!(l-n+j)!(l-m+j)!(m+n-l-2j)!}.$$

*4.10　n 元集的 k 元子集中元素关系限制的计数问题

在定理 2.3.4 中, 我们讨论了 n 元集的 k 元子集中任何两个元素在原 n 元集中至少间隔 r 个元素, 该 k 元子集的个数问题 (当至少间隔一个元素时, 就相当于所取元素不含相邻元素的情形). 本节讨论 n 元集的 k 元子集中元素恰好不含单位间隔的计数问题.

定理 4.10.1 (Konvalina[54])　设 $f(n,k)$ 表示从排列在一条直线上的 n 个对象中选取 k 个对象, 在选取的 k 个对象中不包含单位间隔的方法数. 则 $f(n,k)$ 满足下列递归关系:

$$f(n,k) = f(n-1,k) + f(n-3,k-1) + f(n-4,k-2). \tag{4.10.1}$$

证明　$f(n,k)$ 对应的选择包含第一个对象或者不包含第一个对象, 如果不包含第一个对象, 则满足条件的方法数为 $f(n-1,k)$. 如果包含第一个对象, 则对应地选择包含第二个对象或者不包含, 如果不包含第二个对象, 则也不包含第三个对象, 因此, 此情形条件下, 满足条件的方法数为 $f(n-3,k-1)$. 如果包含第一和第二个对象, 则不能包含第三与第四个对象, 因此, 在这种情形下, 满足条件的方法数为 $f(n-4,k-2)$. 故

$$f(n,k) = f(n-1,k) + f(n-3,k-1) + f(n-4,k-2).$$

显然, 边界条件为 $f(n,1) = n$, 当 $k > 1$ 时, $f(1,k) = 0$, 约定 $f(n,0) = 1$.　　□

定理 4.10.2 [55]

$$f(2k-2,k) = \frac{(-1)^k + 1}{2}.$$

当 $n \geqslant 2k - 1$ 时

$$f(n,k) = \sum_{i=0}^{k} (-1)^i \binom{n+2-k-i}{k-i}.$$

证明　首先, 建立函数列 $\{f_k(x)\}_{k \geqslant 0}$, 其中 $f_k(x) = \sum\limits_{n \geqslant 0} f(n,k)x^n$. 由边界条件知

$$f_0(x) = \sum_{n \geqslant 0} f(n,0)x^n = \sum_{n \geqslant 0} x^n = \frac{1}{1-x}, \tag{4.10.2}$$

$$f_1(x) = \sum_{n \geqslant 0} f(n,1)x^n = \sum_{n \geqslant 0} nx^n = \frac{x}{(1-x)^2}. \tag{4.10.3}$$

由递归关系 (4.10.1), 我们可以得到

$$f(n,2) = \frac{1}{2}(n-1)(n-2) + 1,$$

因此, 可以得到

$$f_2(x) = \sum_{n \geqslant 0} f(n,2)x^n = \sum_{n \geqslant 2} \left(\frac{1}{2}(n-1)(n-2) + 1 \right) x^n = \frac{x^4 - x^3 + x^2}{(1-x)^3}.$$

再由递归关系 (4.10.1) 知, 当 $k \geqslant 3$ 时, 有

$$f_k(x) - f(0,k) - f(1,k)x - f(2,k)x^2 - f(3,k)x^3$$

$$= xf_k(x) + x(-f(0,k) - f(1,k)x - f(2,k)x^2)$$

$$+ x^3 f_{k-1}(x) + x^3(-f(0,k-1)) + x^4 f_{k-2}(x),$$

即

$$f_k(x) = xf_k(x) + x^3 f_{k-1}(x) + x^4 f_{k-2}(x).$$

于是得递归关系:

$$f_k(x) = \frac{x^3}{1-x} f_{k-1}(x) + \frac{x^4}{1-x} f_{k-2}(x) \quad (k \geqslant 3).$$

再令

$$F(y) = \sum_{k \geqslant 0} f_k(x) y^k,$$

则

$$F(y) = \sum_{k \geqslant 0} f_k(x) y^k = f_0(x) + f_1(x)y + f_2(x)y^2 + \sum_{k \geqslant 3} f_k(x) y^k$$

$$= f_0(x) + f_1(x)y + f_2(x)y^2 + \frac{x^3}{1-x} \sum_{k \geqslant 3} f_{k-1}(x) y^k + \frac{x^4}{1-x} \sum_{k \geqslant 3} f_{k-2}(x) y^k$$

$$= f_0(x) + f_1(x)y + f_2(x)y^2 + \frac{x^3}{1-x} y [F(y) - f_0(x) - f_1(x)y]$$

$$+ \frac{x^4}{1-x} y^2 [F(y) - f_0(x)]$$

$$= \frac{1}{1-x} + \frac{x}{(1-x)^2} y + \frac{x^4 - x^3 + x^2}{(1-x)^3} y^2$$

$$+ \frac{x^3}{1-x} y \left[F(y) - \frac{1}{1-x} - \frac{x}{(1-x)^2} y \right] + \frac{x^4}{1-x} y^2 \left[F(y) - \frac{1}{1-x} \right].$$

整理得

$$F(y) = \frac{1 + x(1+x)y + x^2(1+x)y^2}{1 - x - x^3 y - x^4 y^2}$$

$$= (1 + x(1+x)y + x^2(1+x)y^2) \frac{1}{1-x} \cdot \frac{1}{(1+x^2y)\left(1 - \dfrac{x^2}{1-x}y\right)}$$

$$= (1 + x(1+x)y + x^2(1+x)y^2) \sum_{k \geqslant 0} \sum_{i+j \geqslant k} \frac{(-1)^i x^{2k} y^k}{(1-x)^{j+1}}$$

$$= (1 + x(1+x)y + x^2(1+x)y^2) \sum_{k \geqslant 0} \left(\sum_{i=0}^{k} \frac{(-1)^i x^{2k}}{(1-x)^{k-i+1}} \right) y^k$$

$$= \sum_{k \geqslant 0} \left(\sum_{i=0}^{k} \frac{(-1)^i x^{2k}}{(1-x)^{k-i+1}} \right) y^k + \sum_{k \geqslant 0} \left(\sum_{i=0}^{k} \frac{(-1)^i x^{2k+1}(1+x)}{(1-x)^{k-i+1}} \right) y^{k+1}$$

$$+ \sum_{k \geqslant 0} \left(\sum_{i=0}^{k} \frac{(-1)^i x^{2k+2}(1+x)}{(1-x)^{k-i+1}} \right) y^{k+2},$$

所以

$$
\begin{aligned}
F(y) &= \frac{(-1)^k x^{2k}}{1-x} + \frac{(-1)^{k-1} x^{2k}}{(1-x)^2} + \frac{(-1)^{k-1} x^{2k-1}(1+x)}{(1-x)} \\
&\quad + \sum_{i=0}^{k-2} \left(\frac{(-1)^i x^{2k}}{(1-x)^{k-i+1}} + \frac{(-1)^i x^{2k-1}(1+x)}{(1-x)^{k-i}} + \frac{(-1)^i x^{2k-2}(1+x)}{(1-x)^{k-i-1}} \right) \\
&= \frac{(-1)^{k-1} x^{2k-1}}{(1-x)^2} + \sum_{i=0}^{k-2} \frac{(-1)^i x^{2k-2}}{(1-x)^{k-i+1}} \\
&= (-1)^{k-1} \sum_{k \geqslant 0} (n+1) x^{n+2k-1} + \sum_{k \geqslant 0} \sum_{i=0}^{k-2} (-1)^i \binom{k+n-i}{n} x^{n+2k-2} \\
&= (-1)^{k-1} \sum_{n \geqslant 2k-1} (n-2k+2) x^n + \sum_{i=0}^{k-2} (-1)^i x^{2k-2} \\
&\quad + \sum_{n \geqslant 2k-1} \sum_{i=0}^{k-2} (-1)^i \binom{n-k+2-i}{n-2k+2} x^n.
\end{aligned}
$$

于是, 整理得

$$f(2k-2, k) = \frac{(-1)^k + 1}{2}.$$

当 $n \geqslant 2k-1$ 时

$$f(n, k) = \sum_{i=0}^{k} (-1)^i \binom{n+2-k-i}{k-i}.$$

□

注 4.10.1 Konvalina[54] 给出下列表示式: 如果 $n \geqslant 2(k-1)$, 则

$$f(n, k) = \sum_{i=0}^{[k/2]} \binom{n-k+1-2i}{k-2i}; \tag{4.10.4}$$

如果 $n < 2(k-1)$, 则

$$f(n, k) = 0.$$

显然, 与定理 4.10.2 比较, 可得下述恒等式: 当 $n \geqslant 2k - 1$ 时,

$$\sum_{i=0}^{[\frac{k}{2}]} \binom{n-k+1-2i}{k-2i} = \sum_{i=0}^{k} (-1)^i \binom{n+2-k-i}{k-i}. \tag{4.10.5}$$

将恒等式

$$(1-t^2)^{-1}(1-t)^{-(n-2k+2)} = (1+t)^{-1}(1-t)^{-(n-2k+3)}$$

展开成幂级数, 则可得恒等式 (4.10.5). 与文献 [56] 中结果比较, 又得

$$\sum_{i=0}^{k} (-1)^i \binom{n+2-k-i}{k-i} = \sum_{i=0}^{[\frac{k}{2}]} \binom{k-i}{i} \binom{n-2k+2+i}{k-i}.$$

利用文献 [57] 中定理 1.2 的系 1.4, 即

$$\sum_{k_1+\cdots+k_m=k} \prod_{i=1}^{m} \binom{a_i+k_i c}{k_i} = \sum_{i=0}^{k} c^i \binom{m+i-2}{i} \binom{a+kc-i}{k-i},$$

其中 $c, a_1, \cdots, a_m$ 为任一复数, 且 $\sum_{i=1}^{m} a_i = a$, 取 $m=2, c=-1, a_1=k, a_2 = n-k+2$, 则得证.

定理 4.10.3 (Konvalina[54]) 设 $g(n,k)$ 表示从排列在一个圆圈上的 n 个对象中选取 k 个对象, 在选取的 k 个对象中不包含单位间隔的方法数. 当 $n > 3$ 时, $g(n,k) = f(n-2,k) + 2f(n-5,k-1) + 3f(n-6,k-2)$, 且当 $n \geqslant 2k+1$ 时,

$$g(n,k) = \binom{n-k}{k} + \binom{n-k-1}{k-1}. \tag{4.10.6}$$

证明 由于 $g(3,k) = 0, k > 1$, 假定 $n > 3$. 对应选择为或者包含前两个对象中至少一个或者一个也不包含. 分以下几类:

(1) 如果都不包含, 则符合条件的方法数为 $f(n-2,k)$;

(2) 如果仅包含第二个对象 (不包含第一个对象), 且包含第三个对象, 在此情形下, 则符合条件的方法数为 $f(n-6,k-2)$;

(3) 如果仅包含第二个对象 (不包含第一个对象), 且不包含第三个对象, 在此情形下, 则符合条件的方法数为 $f(n-5,k-1)$;

(4) 如果选择包含前两个对象, 则符合条件的方法数为 $f(n-6,k-2)$;

(5) 如果选择仅包含第一个对象 (不包含第二个对象) 和最后一个对象, 符合条件的方法数为 $f(n-6,k-2)$;

(6) 如果选择仅包含第一个对象 (不包含第二个对象) 和不包含最后一个对象, 则符合条件的方法数为 $f(n-5, k-1)$.

因此, 综合以上得, 当 $n > 3$ 时,

$$g(n,k) = f(n-2,k) + 2f(n-5,k-1) + 3f(n-6,k-2). \qquad (4.10.7)$$

若 $n \geqslant 2k+1$, 则由式 (4.10.4) 和 (4.10.7) 得

$$g(n,k) = \sum_{i=0}^{[\frac{k}{2}]} \binom{n-k-1-2i}{k-2i} + 2\sum_{i=0}^{[(k-1)/2]} \binom{n-k-3-2i}{k-1-2i}$$
$$+ 3\sum_{i=0}^{[(k-1)/2]} \binom{n-k-3-2i}{k-2-2i}.$$

情形 1: k 为偶数, 则有

$$g(n,k)$$
$$= \binom{n-k-1}{k} + \sum_{i=1}^{k/2} \binom{n-k-1-2i}{k-2i} + 2\sum_{i=0}^{(k-2)/2} \binom{n-k-3-2i}{k-1-2i}$$
$$+ 3\sum_{i=0}^{(k-2)/2} \binom{n-k-3-2i}{k-2-2i}$$
$$= \binom{n-k-1}{k} + \sum_{i=0}^{(k-2)/2} \binom{n-k-3-2i}{k-2-2i} + 2\sum_{i=0}^{(k-2)/2} \binom{n-k-3-2i}{k-1-2i}$$
$$+ 3\sum_{i=0}^{(k-2)/2} \binom{n-k-3-2i}{k-2-2i}$$
$$= \binom{n-k-1}{k} + 2\left[\sum_{i=0}^{(k-2)/2} \binom{n-k-3-2i}{k-2-2i} + \sum_{i=0}^{(k-2)/2} \binom{n-k-2-2i}{k-1-2i}\right]$$
$$= \binom{n-k-1}{k} + 2\sum_{i=0}^{k-1} \binom{n-k-2-i}{k-1-i}$$
$$= \binom{n-k-1}{k} + 2\binom{n-k-1}{k-1}$$
$$= \binom{n-k-1}{k} + \binom{n-k-1}{k-1} + \binom{n-k-1}{k-1}$$
$$= \binom{n-k}{k} + \binom{n-k-1}{k-1}.$$

情形 2: k 为奇数, 则有

$g(n,k)$

$$= \sum_{i=0}^{(k-1)/2} \binom{n-k-1-2i}{k-2i} + 2 \sum_{i=0}^{(k-1)/2} \binom{n-k-3-2i}{k-1-2i}$$

$$+ 3 \sum_{i=0}^{(k-3)/2} \binom{n-k-3-2i}{k-2-2i}$$

$$= \binom{n-k-1}{k} + 2\binom{n-2k-2}{0} + \sum_{i=0}^{(k-3)/2} \binom{n-k-3-2i}{k-2-2i}$$

$$+ 2 \sum_{i=0}^{(k-3)/2} \binom{n-k-3-2i}{k-1-2i} + 3 \sum_{i=0}^{(k-3)/2} \binom{n-k-3-2i}{k-2-2i}$$

$$= \binom{n-k-1}{k} + 2 + 2 \left[\sum_{i=0}^{(k-3)/2} \binom{n-k-3-2i}{k-2-2i} + \sum_{i=0}^{(k-3)/2} \binom{n-k-2-2i}{k-1-2i} \right]$$

$$= \binom{n-k-1}{k} + 2 + 2 \sum_{i=0}^{(k-2)/2} \binom{n-k-2-i}{k-1-i}$$

$$= \binom{n-k-1}{k} + 2 + 2 \left[\binom{n-k-1}{k-1} - 1 \right]$$

$$= \binom{n-k-1}{k} + 2 \binom{n-k-1}{k-1}$$

$$= \binom{n-k}{k} + \binom{n-k-1}{k-1}. \qquad \square$$

注 4.10.2 Hwang[58] 给出了从排列在一个圆圈上的 n 个对象中选取 k 个对象, 在选取的 k 个对象中恰好间隔 s 个对象恰好有 p 个对的方法数. Hwang, Korner 和 Wei[59] 研究了多条线上不含相邻元素的选取问题.

4.11 问 题 探 究

1. 设 $f(m,n)$ 表示从 $(0,0)$ 到 $(m,n) \in \mathbb{N} \times \mathbb{N}$ 的非降路径数, 其中每一步的形式为 $(1,0), (0,1)$ 或 $(1,1)$. 则

(a) 证明 $\sum\limits_{m \geqslant 0} \sum\limits_{n \geqslant 0} f(m,n) x^m y^n = \dfrac{1}{1-x-y-xy}$;

(b) 给出 $\sum\limits_{n\geqslant 0} f(n,n)x^n$ 的一个简单具体表达式, 见文献 [50, Chap. 1, Ex. 5].

2. (Catalan 数的卷积) 令 C_n 为 Catalan 数, 对固定的 $k=2,3,\cdots$, 序列

$$C_n^{(k)} = \sum_{j=1}^{n-1} C_j C_{n-j}^{(k-1)}, \quad n=1,2,\cdots,$$

且 $C_n^{(1)} = C_n$, $C_n^{(k)}$ 被称为序列 C_n 的 k-折叠卷积. 则

(a) 证明其生成函数为

$$C_k(t) = \sum_{n=1}^{\infty} C_n^{(k)} t^n = 2^{-k}(1-\sqrt{1-4t})^k;$$

(b) 求导其递归关系

$$C_n^{(k)} = C_n^{(k+1)} + C_{n-1}^{(k-1)}, \quad k=2,3,\cdots, n=1,2,\cdots,$$

且 $C_n^{(1)} = C_n^{(2)} = C_n$;

(c) 证明

$$C_n^{(k)} = \frac{k}{n}\binom{2n-k-1}{n-1}, \quad n=1,2,\cdots, \quad k=2,3,\cdots.$$

3. (Cauchy 数) 考虑第一类 Cauchy 数 $a_n = \int_0^1 x(x-1)(x-2)\cdots(x-n+1)\mathrm{d}x$

和第二类 Cauchy 数 $b_n = \int_0^1 x(x+1)(x+2)\cdots(x+n-1)\mathrm{d}x$, 证明:

(1) $\sum a_n \dfrac{t^n}{n!} = \dfrac{t}{\log(1+t)}$, $\sum b_n \dfrac{t^n}{n!} = \dfrac{-t}{(1-t)\log(1-t)}$;

(2) $a_n = \sum\limits_k \dfrac{s(n,k)}{k+1}$, $b_n = \sum\limits_k \dfrac{\mathfrak{s}(n,k)}{k+1}$;

(3) $a_n = \sum\limits_{k=1}^n (-1)^{k-1}(n)_k \dfrac{a_{n-k}}{k+1}$, $b_n = \sum\limits_{k=1}^n (n)_k \dfrac{b_{n-k}}{k+1}$.

4. (中三项式系数) 中三项式系数定义为 $a_n = [t^n](1+t+t^2)^n$, 证明

(1) a_n 是将无区别的球放到 n 个不同的盒子里, 并且每个盒子里最多含两个球的分配方法数.

(2) $(n+1)a_{n+1} = (2n+1)a_n + 3na_{n-1}$.

(3) $\sum\limits_{n\geqslant 0} a_n t^n = \dfrac{1}{\sqrt{1-2t-3t^2}}$.

5. (莱布尼茨 (Leibniz) 数) 定义 Leibniz 数为 $\mathfrak{L}(n,k)$, 若 $0\leqslant k\leqslant n$, 则

$$\mathfrak{L}(n,k) = \frac{1}{(n+1)\binom{n}{k}} = \frac{1}{(k+1)\binom{n+1}{k+1}}\frac{k!}{(n+1)n(n-1)\cdots(n-k+1)}.$$

对于其他情形 $\mathfrak{K}(n,k) = 0$, 证明

(1) 对于 $k \geqslant 0$, 有 $\mathfrak{L}(n,k) + \mathfrak{L}(n,k-1) = \mathfrak{L}(n-1,k-1)$ 和 $\sum\limits_{m=l}^{n} \mathfrak{L}(m,k) =$

$\mathfrak{L}(l-1,k-1) - \mathfrak{L}(n,k-1)$, 故 $\sum\limits_{n=l}^{\infty} \mathfrak{L}(n,k) = \mathfrak{L}(l-1,k-1)$.

(2) $\sum\limits_{h=0}^{k} (-1)^h \mathfrak{L}(n,h) = \mathfrak{L}(n+1,0) + (-1)^k \mathfrak{L}(n+1,k+1)$.

(3) $\Delta^k(n^{-1}) = (-1)^k(n+k-1,k)$.

(4) 下面生成函数成立:

$$\sum_{0 \leqslant k \leqslant n} \mathfrak{L}(n,k)t^{n+1}u^k = \frac{-\log((1-t)(1-ut))}{1+u(1-t)},$$

且

$$\sum_{n \geqslant k} \mathfrak{L}(n,k)t^{n+1} = \sum_{i=1}^{k} (-1)^{k-i} i^{-1} t^i (1-t)^{k-1} + (t-1)^k (-\log(1-t))$$

和

$$\sum_{k} \mathfrak{L}(n,k)u^k = \sum_{i=1}^{n+1} \frac{1+u^i}{i} \left(\frac{u}{1+u} \right)^{n+1-i}.$$

(5) 设 $\mathfrak{J}(n,k)$ 为 $\mathfrak{L}(n,k)$ 的逆, 即 $b_n = \sum\limits_{k} \mathfrak{L}(n,k)a_k \Leftrightarrow a_n = \sum\limits_{k} \mathfrak{J}(n,k)b_k$, 则

$$\mathfrak{J}(n,k) = \frac{c(n,k)(k+1)!}{n!},$$

这里 $\dfrac{1}{1+1!t+2!t^2+\cdots} = \sum\limits_{n \geqslant 0} c(n,k)t^n$.

6. (调和三角形数) 对于上题中的 Leibniz 数, 对任何实数 x 不属于 $\{-1, 0, 1, 2, \cdots, k-1\}$, 用同样方法定义调和三角形数 $\mathfrak{L}(x,k)$, 调和三角形数 $\mathfrak{L}(x,k)$ 具有非常类似二项式系数三角的性质, 试讨论之.

7. 用多米诺骨牌 (即 1×2 的矩形) 布满一个 $2 \times n$ 的矩形的方法数为 Fibonacci 数. 设 $U(n)$ 是用骨牌布满 $3 \times n$ 矩形的方法数, 显然, 若 n 为奇数, $U(n) = 0$. 证明

$$U(2m) = \frac{1}{2\sqrt{3}} \left[(\sqrt{3}+1)(2+\sqrt{3})^m + (\sqrt{3}-1)(2-\sqrt{3})^m \right].$$

参见文献 [60].

8. 令

$$A_n(x) = \frac{1}{2}[(1+x)^n + (1-x)^n] = \sum_{k=0}^{\lfloor \frac{n}{2} \rfloor} \binom{n}{2k} x^{2k},$$

$$B_n(x) = \frac{1}{2}[(1+x)^n - (1-x)^n] = \sum_{k=0}^{\lfloor \frac{n}{2} \rfloor} \binom{n}{2k+1} x^{2k+1},$$

利用上面表达式, 证明当 $n \geqslant m$ 时, 有

$$2\sum_{j=0}^{k} \binom{n}{2j}\binom{m}{2k-2j} = \binom{n+m}{2k} - \sum_{j=0}^{k}(-1)^{k-j}\binom{n-m}{2j}\binom{m}{k-j};$$

$$2\sum_{j=0}^{k+1} \binom{n}{2j+1}\binom{m}{2k-2j-1} = \binom{n+m}{2k} - \sum_{j=0}^{k}(-1)^{k-j}\binom{n-m}{2j}\binom{m}{k-j};$$

$$2\sum_{j=0}^{k} \binom{n}{2j}\binom{m}{2k+1-2j} = \binom{n+m}{2k+1} - \sum_{j=0}^{k}(-1)^{k-j}\binom{n-m}{2j+1}\binom{m}{k-j};$$

$$2\sum_{j=0}^{k+1} \binom{n}{2j+1}\binom{m}{2k-2j} = \binom{n+m}{2k+1} + \sum_{j=0}^{k}(-1)^{k-j}\binom{n-m}{2j+1}\binom{m}{k-j}.$$

特别是, 当 $n = m$ 时,

$$2\sum_{j=0}^{k} \binom{n}{2j}\binom{n}{2k-2j} = \binom{2n}{2k} + (-1)^k \binom{n}{k};$$

$$2\sum_{j=0}^{k-1} \binom{n}{2j+1}\binom{n}{2k-2j-1} = \binom{2n}{2k} - (-1)^k \binom{n}{k};$$

$$2\sum_{j=0}^{k} \binom{n}{2j}\binom{n}{2k+1-2j} = \binom{2n}{2k+1}.$$

令 $r^3 = 1$, $C_n(x) = \frac{1}{3}((1+x)^n + (1+rx)^n + (1+r^2x)^n)$, 应用 $1 + r + r^2 = 0$, 则有

$$3C_n(x) = (1+x)^n + (1+rx)^n + (1+r^2x)^n = 3\sum_{k\geqslant 0}\binom{n}{3k}x^{3k}$$

和

$$9C_n^2(x) = 3C_{2n}(x) + 6C_n(x)(1+x)^n - 2(1+x)^{2n} + 2(1-x+x^2)^n.$$

讨论由此二式产生的恒等式. 参见文献 [23, Sec. 4.3, Example 4, Problem 8].

9. 设 C_n 为 Catalan 数, 证明下列性质:

$$C_n = \sum_{k=0}^{\lfloor \frac{n}{n} \rfloor} \left(\left(1 - \frac{2k}{n}\right) \binom{n}{2} \right)^2,$$

$$C_{n+1} = \sum_{k \geqslant 0} (-1)^k \binom{n-k}{k+1} C_{n-k},$$

$$C_n = \sum_{k \geqslant 1} (-1)^{k-1} \left(\binom{n-k+1}{k} + \binom{n-k}{k-1} \right) C_{n-k}, \quad n \geqslant 3.$$

10. (循环二项式系数的生成函数) 乘积

$$a_{k,r} = \binom{r+k}{k} \binom{k+r}{r}, \quad k = 0, 1, 2, \cdots, \quad r = 0, 1, 2, \cdots$$

被称为长度为 2 的循环二项式系数, 证明

$$A(t, u) = \sum_{r=0}^{\infty} \sum_{k=0}^{\infty} \binom{r+k}{k} \binom{k+r}{r} t^k u^r$$

$$= \sum_{r=0}^{\infty} \sum_{k=0}^{\infty} \binom{r+k}{k}^2 t^k u^r = \frac{1}{\sqrt{(1-t+u)^2 - 4u}}.$$

11. 考虑递归关系:

$$g_0 = 1, \quad g_1 = 1,$$

$$g_n = -2ng_{n-1} + \sum_k \binom{n}{k} g_k g_{n-k} \quad (n > 1).$$

(提示: 应用指数型生成函数.)

12. 设 a_n 为一凸 n 边形被其对角线划分为互不重合的区域的个数, 设该凸 n 边形每三条对角线都不交于一点.

(1) 证明

$$\begin{cases} a_n - a_{n-1} = \dfrac{(n-1)(n-2)(n-3)}{6} + n - 2, & n \geqslant 3, \\ a_0 = a_1 = a_2 = 0; \end{cases}$$

(2) 确定 a_n.

第 5 章　二阶线性齐次递归序列

二阶线性齐次递归序列是递归序列中简单而重要的一类序列, 其特殊情形 Fibonacci 序列、卢卡斯 (Lucas) 序列在许多领域都有着非常重要的应用, 本章主要讨论它们的性质和应用.

5.1　Fibonacci 序列

1202 年, 意大利数学家 Fibonacci 提出如下问题: 把一对兔子 (雌雄各一) 在某年的开始放到围栏里, 每个月这对兔子都生出一对新兔, 其中雌雄各一, 由第二个月开始, 每对新兔子每个月也生出一对新兔, 也是雌雄各一, 问一年后围栏里共有多少对兔子?

令 $f(n)$ 表示第 n 个月开始时围栏里的兔子对数, 显然 $f(1) = f(2) = 1$. 设 $n \geqslant 3$, 现在考虑第 n 个月开始时围栏里的兔子对数. 在第 n 个月开始时, 第 $n-1$ 个月初围栏里的兔子仍在, 每对在第 $n-2$ 个月初的兔子将在第 $n-1$ 个月生出一对新兔子, 故有

$$f(1) = 1, \quad f(2) = 2, \tag{5.1.1}$$

$$f(n) = f(n-1) + f(n-2) \quad (n \geqslant 3, n\text{为整数}). \tag{5.1.2}$$

显然这是一个带有初值二阶齐次递归关系. 为了方便, 通常将下述关系称为 Fibonacci 序列:

$$F_0 = 0, \quad F_1 = 1, \tag{5.1.3}$$

$$F_n = F_{n-1} + F_{n-2} \quad (n \geqslant 2, n \text{ 为整数}), \tag{5.1.4}$$

它的项 F_n 称为 Fibonacci 数. 它的前几个值为

$$0, \ 1, \ 1, \ 2, \ 3, \ 5, \ 8, \ 13, \ 21, \ 34, \ 55, \ 89, \ 144, \ 233, \ 377, \ \cdots.$$

显然, 原问题一年之后围栏内有 233 对兔子.

由递归关系 (5.1.3) 易得下列性质:

$$F_0 + F_1 + \cdots + F_n = F_{n+2} - 1,$$

$$F_0 + F_2 + \cdots + F_{2n} = F_{2n+1} - 1,$$

$$F_1 + F_3 + \cdots + F_{2n-1} = F_{2n}.$$

利用数学归纳法可证:

$$F_{n+m} = F_{m-1}F_{n+1} + F_{m-2}F_n \quad (m \geqslant 2)$$

和

$$F_{n+1} = \binom{n}{0} + \binom{n-1}{1} + \binom{n-2}{2} + \cdots + \binom{n-k}{k} = \sum_{j=0}^{\lfloor \frac{n}{2} \rfloor} \binom{n-j}{j}, \quad k = \left\lfloor \frac{n}{2} \right\rfloor .$$

(5.1.5)

注 5.1.1 等式 (5.1.5) 说明 Fibonacci 序列可表示为二项式系数之和, 此性质在杨辉三角表 (也称 Pascal 三角表) 中体现出来就是表中斜线上数字的和等于 Fibonacci 数.

定理 5.1.1 (Kaplansky[61]) 设 $f(n,k)$ 表示 n 元集合 $X = \{1,2,3,\cdots,n\}$ 的不包含相邻元素的 k 元子集的个数. 则

$$f(n,k) = \binom{n-k+1}{k}.$$

(5.1.6)

证明 n 元集合 $X = \{1,2,3,\cdots,n\}$ 的不包含相邻元素的限制相当于所取元素至少间隔 1 个元素, 由例 2.3.4 可得此结论. □

显然, n 元集 $X = \{1,2,3,\cdots,n\}$ 的所有不包含相邻元素子集的个数为 $\sum_{k=0}^{\left\lceil \frac{n+1}{2} \right\rceil} \binom{n-k+1}{k}$. 由 (5.1.5) 可知: n 元集 $X = \{1,2,3,\cdots,n\}$ 的所有不包含相邻元素子集的个数为 F_{n+2}.

定理 5.1.2 (Kaplansky[61]) 设 $g(n,k)$ 表示 n 元集合 $X = \{1,2,3,\cdots,n\}$ 的不包含相邻元素以及也不同时包含 1 和 n 的 k 元子集的个数. 则

$$g(n,k) = \frac{n}{n-k} \binom{n-k}{k}.$$

(5.1.7)

证明 方法一 若这样的 k 元子集包含 n, 则不能同时包含数 $n-1$ 和 1, 这样的子集数为 $f(n-3,k-1)$. 若所求的 k 元子集不包含 n, 则这样的子集数为 $f(n-1,k)$. 故有

$$g(n,k) = f(n-3,k-1) + f(n-1,k)$$

$$= \binom{n-k-1}{k-1} + \binom{n-k}{k}$$

$$= \frac{n}{n-k}\binom{n-k}{k}.$$

方法二　将这些点顺时针标号为 $1, 2, \cdots, n$, 我们希望将其中的 k 个两两不相邻的点染成红色. 首先计数当 1 没有染成红色的方法数, 将 $n-k$ 个无色点放在圆圈上, 其中一个标号为 1, 然后将 k 个红点插入到这些无色点形成的 $n-k$ 个空隙中, 有 $\binom{n-k}{k}$. 另一方面, 如果 1 被染成了红色, 则将 $n-k+1$ 个点放在圆圈上, 将其中一个染成红色并标号为 1, 然后将 $k-1$ 个红点插入到 $n-k-1$ 个允许的位置上, 有 $\binom{n-k-1}{k-1}$ 种方法. 因此,

$$g(n,k) = \binom{n-k}{k} + \binom{n-k-1}{k-1} = \frac{n}{n-k}\binom{n-k}{k}. \tag{5.1.8}$$

$\square$

显然, n 元集 $X = \{1, 2, 3, \cdots, n\}$ 的所有不包含相邻元素且同时也不包含 1 和 n 的子集的个数为 $\sum\limits_{k=0}^{\left[\frac{n}{2}\right]} \frac{n}{n-k}\binom{n-k}{k}$, 记作 L_n. 易证 L_n 满足下列关系:

$$L_1 = 1, \quad L_2 = 3, \tag{5.1.9}$$

$$L_n = L_{n-1} + L_{n-2} \quad (n \geqslant 2, n \text{ 为整数}). \tag{5.1.10}$$

令 $L_0 = 2$, 数列 L_n 被称为 Lucas 序列.

定理 5.1.3

$$F_{n-1} + F_{n+1} = L_n;$$

$$F_{n+2} - F_{n-2} = L_n;$$

$$L_{n-1} + L_{n+1} = 5F_n.$$

证明　利用式 (5.1.5) 和 (5.1.8), 则

$$L_n = \sum_{k=0}^{\left[\frac{n}{2}\right]} \frac{n}{n-k}\binom{n-k}{k} = 1 + \sum_{k=1}^{\left[\frac{n}{2}\right]} \left\{ \binom{n-k}{k} + \binom{n-k-1}{k-1} \right\}$$

$$= \sum_{k=0}^{[\frac{n}{2}]} \binom{n-k}{k} + \sum_{k=1}^{[\frac{n}{2}]} \binom{n-k-1}{k-1} = \sum_{k=0}^{[\frac{n}{2}]} \binom{n-k}{k} + \sum_{k=0}^{[\frac{n}{2}]} \binom{n-k-2}{k}$$

$$= F_{n+1} + F_{n-1}.$$

第一式得证, 利用第一式以及递归关系可得其他两式. □

注 5.1.2 Fibonacci 序列 F_n 与 Lucas 序列 L_n 常出现在许多组合计数问题中, 是组合学与数论研究中的重要数列, 在数学与其他科学领域有许多重要而有趣的应用 [62,63]. 国际上, Fibonacci 序列的研究十分活跃, 成立了专门的 Fibonacci 学会 (The Fibonacci Association), 于 1963 年创办了 *The Fibonacci Quarterly* 国际杂志, 刊载 Fibonacci 序列和与它有关的数的研究论文和札记. 从 1984 年起, 又每隔二年召开一次 Fibonacci 序列及其应用的国际会议 (International Conference on Fibonacci Numbers and Their Applications), 并出版文集.

Fibonacci 序列与 Lucas 序列具有许多有趣而又重要的性质, 详细可看 Koshy 著作即文献 [64].

例 5.1.1 (夫妻入座不相邻问题) n 对夫妻围圆桌入座, 要求男女相间, 而且妻子都不坐在自己丈夫身旁, 问有多少入座方法 M_n?

解 不妨让妻子先入座, 这样有 $2 \cdot n!$ 种方式, 然后丈夫再入座. 设妻子已入座并按环排列顺序给以 $i = 1, 2, \cdots, n$ 的编号, 把第 i 号妻子的丈夫编号为第 i 号, 把第 i 号妻子和第 $i+1$ 号妻子之间的位置称为第 i 号位置 $(i < n)$, 第 n 号妻子与第 1 号妻子之间的位置称为第 n 号位置, 假定坐在第 i 号位置上的丈夫编号为 a_i, 故夫妻不相邻就要求 $a_i \neq i$ 和 $i+1 (1 \leqslant i \leqslant n-1)$, 以及 $a_n \neq n$ 和 1. 也就是说要求排列 $a_1 a_2 \cdots a_n$ 在下表中且同列中与前两行元素无一相重:

$$1, \quad 2, \quad 3, \quad \cdots, \quad n-1, \quad n,$$
$$2, \quad 3, \quad 4, \quad \cdots, \quad n, \quad 1,$$
$$a_1, \quad a_2, \quad a_3, \quad \cdots, \quad a_{n-1}, \quad a_n.$$

令 U_n 表示这 n 个元素满足上述条件的排列个数. 现在计算 U_n: 设 S 表示 $1, 2, 3, \cdots, n$ 的所有全排列构成的集合, 元素 i 在第 i 个位置上 $(i = 1, 2, \cdots, n)$, 则称此排列具有性质 P_i, 类似地, 使元素 i 在第 $i+1$ 个位置上 $(i = 1, 2, \cdots, n-1)$, 则称此排列具有性质 P_i', 使元素 n 在第 1 个位置上, 则称此排列具有性质 P_n', 现将此 $2n$ 个性质列成一行

$$P_1, P_1', P_2, P_2', P_3, P_3', \cdots, P_n, P_n'.$$

若从此 $2n$ 个性质取出 k 个相容的性质 (不出现 P_i 与 $P_i'(i = 1, 2, \cdots, n$ 同时选取的情形)), 则具有这 k 个相容性质的排列的个数为 $(n-k)!$, 否则 (不相容, 即某

个 P_i 与 P_i' 同时出现的情形) 均等于零. 令 ν_k 表示从 $2n$ 个性质中选取 k 个相容性质的取法数, 则由容斥原理, 得

$$U_n = \nu_0 n! - \nu_1(n-1)! + \nu_2(n-2)! - \cdots + (-1)^n \nu_n 0!. \tag{5.1.11}$$

现在计算 ν_k. 如果把 $2n$ 个性质排成圆圈, 则只有处在相邻位置上的性质才是不相容的, 因此由定理 5.1.2 可得

$$\nu_k = \frac{2n}{2n-k}\binom{2n-k}{k}.$$

故

$$
\begin{aligned}
U_n &= n! - \frac{2n}{2n-1}\binom{2n-1}{1}(n-1)! + \frac{2n}{2n-2}\binom{2n-2}{2}(n-2)! \\
&\quad - \cdots + (-1)^n \frac{2n}{n}\binom{n}{n}0! \\
&= 2n\sum_{k=0}^{n}(-1)^k \binom{2n-k}{k}\frac{(n-k)!}{2n-k},
\end{aligned}
$$

因此所求问题的入座数为

$$M_n = 2 \cdot n! U_n = 4n \cdot n! \sum_{k=0}^{n}(-1)^k \binom{2n-k}{k}\frac{(n-k)!}{2n-k}.$$

注 5.1.3 此问题由 Lucas 于 1891 年提出, 首先由 Touchard 得到 [65].

5.2 一般二阶线性齐次递归序列

设二阶线性齐次递归序列 $\{W_n(p,q;a,b)\}$ 定义为

$$W_0(a,b;p,q) = a, \quad W_1(a,b;p,q) = b, \tag{5.2.1}$$

$$W_{n+2}(a,b;p,q) = pW_{n+1}(a,b;p,q) - qW_n(a,b;p,q) \quad (n \geqslant 0), \tag{5.2.2}$$

且 $p^2 - 4q > 0$. 它的特征方程为

$$\lambda^2 - p\lambda + q = 0, \tag{5.2.3}$$

故其特征根为

$$\alpha = \frac{p+\sqrt{p^2-4q}}{2}, \quad \beta = \frac{p-\sqrt{p^2-4q}}{2}. \tag{5.2.4}$$

故递归关系 (5.2.2) 的通解为 $W_n(a,b;p,q) = C\alpha^n + D\beta^n$. 将初值 (5.2.1) 代入通解, 则得

$$\begin{cases} C + D = a, \\ C\alpha + D\beta = b, \end{cases} \tag{5.2.5}$$

解之得

$$\begin{cases} C = \dfrac{b - a\beta}{\alpha - \beta}, \\ D = \dfrac{a\alpha - b}{\alpha - \beta}, \end{cases} \tag{5.2.6}$$

因此, 得到一般二阶齐次递归序列 $W_n(a,b;p,q)$ 的通项公式 [66] 为

$$W_n(a,b;p,q) = \frac{1}{\alpha - \beta}\left\{(b - a\beta)\alpha^n + (a\alpha - b)\beta^n\right\}. \tag{5.2.7}$$

通常令 $A = b - a\beta$, $B = b - a\alpha$, $W_n(a,b;p,q)$ 的通项公式表示为

$$W_n(a,b;p,q) = \frac{A\alpha^n - B\beta^n}{\alpha - \beta}. \tag{5.2.8}$$

令

$$U_n(p,q) = W_n(0,1;p,q), \tag{5.2.9}$$

$$V_n(p,q) = W_n(2,p;p,q), \tag{5.2.10}$$

称 $U_n(p,q)$ 和 $V_n(p,q)$ 为递归关系 (5.2.2) 的基础序列. $W_n(a,b;p,q)$ 可以由它们表示出来:

$$W_n(a,b;p,q) = \left(b - \frac{1}{2}ap\right)U_n(p,q) + \frac{1}{2}aV_n(p,q). \tag{5.2.11}$$

显然 $U_n(p,q)$ 和 $V_n(p,q)$ 的通项公式为

定理 5.2.1

$$U_n(p,q) = \frac{1}{\sqrt{p^2 - 4q}}\left\{\left(\frac{p + \sqrt{p^2 - 4q}}{2}\right)^n - \left(\frac{p - \sqrt{p^2 - 4q}}{2}\right)^n\right\}; \tag{5.2.12}$$

$$V_n(p,q) = \left(\frac{p + \sqrt{p^2 - 4q}}{2}\right)^n + \left(\frac{p - \sqrt{p^2 - 4q}}{2}\right)^n. \tag{5.2.13}$$

简记 $U_n(p,q)$ 与 $V_n(p,q)$ 为 U_n 与 V_n, 由上述定理, 可以进一步推广为:

定理 5.2.2   设 n, m 为非负整数, 则

$$U_{nm} = \frac{1}{\sqrt{p^2 - 4q}} \left\{ \left(\frac{V_m + \sqrt{p^2 - 4q}\, U_m}{2} \right)^n - \left(\frac{V_m - \sqrt{p^2 - 4q}\, U_m}{2} \right)^n \right\};$$
$$(5.2.14)$$

$$V_{nm} = \left(\frac{V_m + \sqrt{p^2 - 4q}\, U_m}{2} \right)^n + \left(\frac{V_m - \sqrt{p^2 - 4q}\, U_m}{2} \right)^n . \qquad (5.2.15)$$

由 (5.2.1) 和 (5.2.2) 知

$$F_n = W_n(0, 1; 1, -1),$$

$$L_n = W_n(2, 1; 1, -1).$$

故

推论 5.2.1 F_n 与 L_n 的通项公式分别为

$$F_n = \frac{1}{\sqrt{5}} \left\{ \left(\frac{1 + \sqrt{5}}{2} \right)^n - \left(\frac{1 - \sqrt{5}}{2} \right)^n \right\}; \qquad (5.2.16)$$

$$L_n = \left(\frac{1 + \sqrt{5}}{2} \right)^n + \left(\frac{1 - \sqrt{5}}{2} \right)^n . \qquad (5.2.17)$$

令 $f(x) = \sum\limits_{n=0}^{\infty} W_n(a, b; p, q)x^n$, 根据递归关系 (5.2.2) 和初值 (5.2.1), 则易得 $W_n(a, b; p, q)$ 的生成函数为

$$f(x) = \sum_{n=0}^{\infty} W_n(a, b; p, q)x^n = \frac{a + (b - ap)x}{1 - px + qx^2}. \qquad (5.2.18)$$

由此可得

定理 5.2.3   广义 Fibonacci 与 Lucas 序列 U_n 与 V_n 的生成函数为

$$\sum_{n=0}^{\infty} U_n x^n = \frac{x}{1 - px + qx^2}, \qquad (5.2.19)$$

$$\sum_{n=0}^{\infty} V_n x^n = \frac{2 - px}{1 - px + qx^2}. \qquad (5.2.20)$$

推论 5.2.2 设 F_n 与 L_n 分别为 Fibonacci 与 Lucas 序列, 则它们的生成函数为

$$\sum_{n=0}^{\infty} F_n x^n = \frac{x}{1-x-x^2}, \tag{5.2.21}$$

$$\sum_{n=0}^{\infty} L_n x^n = \frac{2-x}{1-x-x^2}. \tag{5.2.22}$$

注 5.2.1 上述生成函数结果可以推广为

$$\sum_{n=0}^{\infty} W_{nm}(a,b;p,q) x^n = \frac{a + (bU_m - aU_{m+1}x)}{1 - V_m x + q^m x^2}. \tag{5.2.23}$$

从而有

$$\sum_{n=0}^{\infty} U_{mn} x^n = \frac{U_m x}{1 - V_m x + q^m x^2}, \tag{5.2.24}$$

$$\sum_{n=0}^{\infty} V_{mn} x^n = \frac{2 + (pU_m - 2U_{m+1})x}{1 - V_m x + q^m x^2}. \tag{5.2.25}$$

令 $f_e(x) = \sum\limits_{n=0}^{\infty} W_n(a,b;p,q) \dfrac{t^n}{n!}$, 根据通项公式 (5.2.8), 则易得 $W_n(a,b;p,q)$ 的指数型生成函数为

$$f_e(x) = \sum_{n=0}^{\infty} W_n(a,b;p,q) \frac{t^n}{n!} = \frac{1}{\alpha - \beta} \left\{ A e^{\alpha t} - B e^{\beta t} \right\}. \tag{5.2.26}$$

易得

定理 5.2.4

$$\sum_{r=0}^{\infty} U_{nr} \frac{t^r}{r!} = \frac{1}{\sqrt{p^2 - 4q}} (\exp(t\alpha^n) - \exp(t\beta^n)) \tag{5.2.27}$$

和

$$\sum_{r=0}^{\infty} V_{nr} \frac{t^r}{r!} = \exp(t\alpha^n) + \exp(t\beta^n). \tag{5.2.28}$$

注 5.2.2 $W_n(a,b;p,q)$ 还具有许多特殊的序列:

佩尔 (Pell)数: $W_n(2,1;0,1)$;

$$\text{Pell-Lucas数} : W_n(2, 1; 2, 2);$$

$$\text{费马 (Fermat)数} : W_n(3, -2; 0, 1);$$

$$\text{Fermat-Luacs数} : W_n(3, -2; 2, 3);$$

$$\text{雅各布查 (Jacobsthal)数} : W_n(1, 2; 0, 1);$$

$$\text{Jacobsthal-Lucas 数} : W_n(1, 2; 2, 1);$$

$$\text{平衡数} : W_n(6, -1; 0, 1);$$

$$\text{共同平衡数} : W_n(6, -1; 2, 6).$$

下面简记 $W_n(a, b; p, q)$ 为 W_n, 给出几个一般二阶线性齐次递归序列的恒等式.

定理 5.2.5 ([67, 定理 2.1])

$$W_{2n+k} = \sum_{j=0}^{n} \binom{n}{j}(-1)^{n-j} p^j q^{n-j} W_{j+k}. \tag{5.2.29}$$

证明 采用定义 2.10.1 中的算子, 从递归关系 (5.2.2) 可得 W_n 满足的算子关系: $E^2 = pE - qI$, 故 $E^{2n} = (pE - qI)^n$. 从而有

$$E^{2n+k} = \sum_{j=0}^{n} \binom{n}{j}(-1)^{n-j} p^j q^{n-j} E^{j+k}.$$

将 W_n 代入上述算子恒等式, 则得结果. □

引理 5.2.1 设 $u = \alpha$ 或 β, 则

$$-q^{m+1} + pq^m u + u^{2(m+1)} = V_m u^{m+2}.$$

证明 利用各值代入可得. □

定理 5.2.6

$$-q^{m+1} W_k + pq^m W_{k+1} + W_{k+2(m+1)} = V_m W_{k+m+2}.$$

证明 利用引理 5.2.1, 可得. □

定理 5.2.7 ([68, 定理 2])

$$W_{(m+2)n+k} = (pq^m)^{-1} \sum_{i+j+s=n} \binom{n}{i, j, s}(-1)^j q^{(m+1)s} V_m^i W_{(m+2)i+2(m+1)j+k},$$

$$\tag{5.2.30}$$

$$W_{n+k} = V_m^{-n} \sum_{i+j+s=n} \binom{n}{i,j,s}(-1)^s p^j q^{mj+(m+1)s} W_{2(m+1)i+j+k}, \quad (5.2.31)$$

$$W_{2(m+1)n+k} = \sum_{i+j+s=n} \binom{n}{i,j,s}(-1)^j p^j q^{(m+1)s+mj} V_m^i W_{(m+2)i+j+k}, \quad (5.2.32)$$

这里 $\binom{n}{i,j,s} = \dfrac{n!}{i!j!s!}$ 且 $i+j+s=n$ 为多项式系数.

证明 利用引理 5.2.1 和多项式展开定理 2.4.2 可得. □

定理 5.2.8 ([68, 定理 3])

$$p^n q^{mn} W_{n+k} - \sum_{j=0}^{n} \binom{n}{j}(-1)^j q^{(m+1)(n-j)} W_{2(m+1)j+k} \equiv 0 \pmod{V_m},$$

$$W_{2(m+1)n+k} - (-1)^n q^{mn} W_{2n+k} \equiv 0 \pmod{V_m}.$$

证明 在 (5.2.30) 和 (5.2.32), 应用分解

$$\sum_{i+j+s=n} = \sum_{i+j+s=n,i=0} + \sum_{i+j+s=n,i\neq 0}$$

和定理 5.2.5 可得结果. □

注 5.2.3 取 a,b,p,q 的特殊值, 由定理 5.2.5, 定理 5.2.7, 定理 5.2.8 得到

$$F_{2n+k} = \sum_{j=0}^{n} \binom{n}{j} F_{j+k},$$

$$F_{(m+2)n+k} = (-1)^m \sum_{i+j+s=n} \binom{n}{i,j,s}(-1)^{j+(m+1)s} L_m^i F_{(m+2)i+2(m+1)j+k},$$

$$F_{n+k} = \frac{1}{L_m^n} \sum_{i+j+s=n} \binom{n}{i,j,s}(-1)^{n+mj+(m+1)s} F_{2(m+1)i+j+k},$$

$$F_{2(m+1)n+k} = \sum_{i+j+s=n} \binom{n}{i,j,s}(-1)^{j+(m+1)s+mj} L_m^i F_{(m+2)i+j+k},$$

$$(-1)^{mn} F_{n+k} - \sum_{j=0}^{n} \binom{n}{j}(-1)^{j+(m+1)(n-j)} F_{2(m+1)j+k} \equiv 0 \pmod{L_m},$$

$$F_{2(m+1)n+k} - (-1)^{n+mn} F_{2n+k} \equiv 0 \pmod{L_m}.$$

5.3　二阶线性递归序列卷积型和及其相关性质

定理 5.3.1 ([69, 定理 1])

$$\sum_{k=0}^{n} U_k U_{n-k} = \frac{(n+1)V_n - 2U_{n+1}}{p^2 - 4q} = \frac{nV_n - pU_n}{p^2 - 4q} = \frac{(n-1)V_n - 2qU_{n-1}}{p^2 - 4q}, \quad (5.3.1)$$

$$\sum_{k=0}^{n} \binom{n}{k} U_k U_{n-k} = \frac{2^n V_n - 2p^n}{p^2 - 4q}. \quad (5.3.2)$$

证明　令 α, β 为 $t^2 - pt + q = 0$ 的两个根, 利用定理 5.2.1, 则有

$$\sum_{k=0}^{n} f(n,k) U_k U_{n-k} = \sum_{k=0}^{n} f(n,k) \left(\frac{\alpha^k - \beta^k}{\alpha - \beta} \right) \left(\frac{\alpha^{n-k} - \beta^{n-k}}{\alpha - \beta} \right)$$

$$= \frac{1}{(\alpha - \beta)^2} \sum_{k=0}^{n} f(n,k)(\alpha^n - \beta^n - \alpha^k \beta^{n-k} - \alpha^{n-k} \beta^k)$$

$$= \frac{1}{p^2 - 4q} \left(V_n \sum_{k=0}^{n} f(n,k) - \sum_{k=0}^{n} f(n,k)(\alpha^k \beta^{n-k} + \alpha^{n-k} \beta^k) \right).$$

若 $f(n,k) = 1$, 则

$$\sum_{k=0}^{n} U_k U_{n-k} = \frac{1}{p^2 - 4q} \left((n+1)V_n - \sum_{k=0}^{n} (\alpha^k \beta^{n-k} + \alpha^{n-k} \beta^k) \right).$$

因为

$$\sum_{k=0}^{n} \alpha^k \beta^{n-k} = \sum_{k=0}^{n} \alpha^{n-k} \beta^k = \beta^n \left(\frac{(\alpha/\beta)^{n+1} - 1}{(\alpha/\beta) - 1} \right) = \frac{\alpha^{n+1} - \beta^{n+1}}{\alpha - \beta} = U_{n+1},$$

因此得证 (5.3.1) 的第一部分:

$$\sum_{k=0}^{n} U_k U_{n-k} = \frac{(n+1)V_n - 2U_{n-1}}{p^2 - 4q}.$$

又由于

$$(n+1)V_n - 2U_{n-1} = nU_n + V_n - 2U_{n+1} = nV_n - pU_n$$

$$= (n-1)V_n + V_n - pU_n = (n-1)V_n - 2qU_{n-1},$$

得证 (5.3.1) 的其他部分成立.

若 $f(n,k) = \binom{n}{k}$, 则

$$\sum_{k=0}^{n} \binom{n}{k} U_k U_{n-k} = \frac{1}{p^2 - 4q} \left(V_n \sum_{k=0}^{n} \binom{n}{k} - \sum_{k=0}^{n} \binom{n}{k} (\alpha^{n-k}\beta^k + \alpha^k \beta^{n-k}) \right)$$

$$= \frac{1}{p^2 - 4q}(2^n V_n - 2(\alpha+\beta)^n) = \frac{2^n V_n - 2p^n}{p^2 - 4q}. \qquad \square$$

定理 5.3.2 ([69, 定理 2])

$$\sum_{k=0}^{n} V_k V_{n-k} = (n+1)V_n + 2U_{n+1}, \qquad (5.3.3)$$

$$\sum_{k=0}^{n} \binom{n}{k} V_k V_{n-k} = 2^n V_n + 2p^n. \qquad (5.3.4)$$

证明　与定理 5.3.1 的证明相似. $\qquad \square$

定理 5.3.3 ([69, 定理 3])

$$w_{n-1} = \sum_{k=0}^{n} U_k U_{n-k} \quad (n \geqslant 1)$$

当且仅当 $w_0 = 0$, $w_1 = 1$, $w_n = pw_{n-1} - qw_{n-2} + U_n$ $(n \geqslant 2)$.

证明　(充分性) 令

$$W(t) = \sum_{k=0}^{\infty} w_n t^n.$$

则

$$(1 - pt + qt^2)W(t) = w_0 + (w_1 - pw_0)t + \sum_{k=2}^{\infty}(w_n - pw_{n-1} + qw_{n-2})t^n$$

$$= t + \sum_{k=2}^{\infty} U_n t^n = \sum_{k=0}^{\infty} U_n t^n = \frac{t}{1 - pt + qt^2}.$$

故 $W(t) = \dfrac{t}{(1 - pt + qt^2)^2}$. 因此

$$w_{n-1} = \sum_{k=0}^{n} U_k U_{n-k}.$$

(必要性) (对 n 进行归纳). 设

$$w_{n-1} = \sum_{k=0}^{n} U_k U_{n-k} \quad (n \geqslant 1),$$

通过直接计算, 有

$$w_0 = 0, \quad w_1 = 1, \quad w_2 = 2p, \quad w_3 = 3p^2 - 2q.$$

由于 (5.3.1) 蕴含 $w_{n-1} = \dfrac{1}{p^2 - 4q}(nV_n - pU_n)$. 现在

$$pw_1 - qw_0 + U_2 = p(1) - q(0) + p = 2p = w_2.$$

$$pw_2 - qw_1 + U_3 = p(2p) - q(1) + (p^2 - q) = 3p^2 - 2q = w_3.$$

$$\begin{aligned}
pw_{n-1} - qw_{n-2} &= \frac{p}{p^2 - 4q}(nV_n - pU_n) - \frac{p}{p^2 - 4q}((n-1)V_{n-1} - pU_{n-1}) \\
&= \frac{1}{p^2 - 4q}(pV_n + (n-1)(pV_n - qV_{n-1}) - p(pU_n - qU_{n-1})) \\
&= \frac{1}{p^2 - 4q}(pV_n + (n-1)V_{n+1} - pU_{n+1}) \\
&= \frac{1}{p^2 - 4q}(pV_n - 2V_{n+1} + (n+1)V_{n+1} - pU_{n+1}) \\
&= w_n - \frac{1}{p^2 - 4q}(2V_{n+1} - pV_n).
\end{aligned}$$

由于 $2V_{n+1} - pV_n = 2(\alpha^{n+1} + \beta^{n+1}) - (\alpha + \beta)(\alpha^n + \beta^n) = \alpha^{n+1} + \beta^{n+1} - \alpha\beta^n - \alpha^n\beta = (\alpha^n - \beta^n)(\alpha - \beta) = (p^2 - 4q)U_n$. 因此,

$$pw_{n-1} - qw_{n-2} + U_n = w_n - \frac{1}{p^2 - 4q}((p^2 - 4q)U_n) + U_n = w_n.$$

故 $n+1$ 时必要性成立, 由归纳知, 命题成立.　　　　　　　　　　　　　　　□

定理 5.3.4 ([69, 定理 4])　若

$$x_n = \sum_{k=0}^{n} V_k V_{n-k} \quad (n \geqslant 0),$$

则 $x_0 = 4, x_1 = 4p, x_n = px_{n-1} - qx_{n-2} + (p^2 - 4q)U_n \ (n \geqslant 2)$.

证明 类似于定理 5.3.3 中的必要性证明. □

引理 5.3.1 设 $f(n, k)$ 是一个对所有 k $(0 \leqslant k \leqslant n)$ 满足 $f(n, n-k) = f(n, k)$ 的函数, 这里 n 和 k 为非负整数. 则

$$\sum_{k=0}^{n} q^k f(n, k) U_{n-2k} = 0.$$

证明 设

$$S_n = \sum_{k=0}^{n} q^k f(n, k) U_{n-2k}, \quad n^* = \left[\frac{1}{2}(n-1)\right], \quad S_1 = \sum_{k=0}^{n^*} q^k f(n, k) U_{n-2k}.$$

则

$$S_n - S_1 = \sum_{j=n-n^*}^{n} q^j f(n, j) U_{n-2j}.$$

令 $k = n - j$, 得到

$$S_n - S_1 = \sum_{k=0}^{n^*} q^{n-k} f(n, n-k) U_{2k-n} = \sum_{k=0}^{n^*} f(n, k) q^{n-k} (-U_{n-2k}/q^{n-2k}),$$

也就是

$$S_n - S_1 = -\sum_{k=0}^{n^*} q^k f(n, k) U_{n-2k} = -S_1.$$

故

$$S_n = 0.$$ □

定理 5.3.5 ([69, 定理 5]) 若 $f(n, k)$ 满足引理 5.3.1 的假设, 则

$$\sum_{k=0}^{n} f(n, k) U_k V_{n-k} = U_n \sum_{k=0}^{n} f(n, k).$$

证明 由引理 5.3.1,

$$\sum_{k=0}^{n} f(n, k) U_k V_{n-k} = \sum_{k=0}^{n} f(n, k) \left(\frac{\alpha^k - \beta^k}{\alpha - \beta}\right) (\alpha^{n-k} + \beta^{n-k})$$

$$= \sum_{k=0}^{n} f(n, k) \left(\frac{\alpha^n - \beta^n - \alpha^{n-k}\beta^k + \alpha^k\beta^{n-k}}{\alpha - \beta}\right)$$

$$= \sum_{k=0}^{n} f(n,k) \left(U_n - (\alpha\beta)^k \left(\frac{\alpha^{n-2k} - \beta^{n-2k}}{\alpha - \beta} \right) \right)$$

$$= U_n \sum_{k=0}^{n} f(n,k) - \sum_{k=0}^{n} q^k f(n,k) U_{n-2k} = U_n \sum_{k=0}^{n} f(n,k). \quad \square$$

推论 5.3.1

$$\sum_{k=0}^{n} U_k V_{n-k} = (n+1) U_n, \quad \sum_{k=0}^{n} \binom{n}{k} U_k V_{n-k} = 2^n U_n,$$

$$\sum_{k=0}^{n} \binom{n}{k}^2 U_k V_{n-k} = \binom{2n}{n} U_n, \quad \sum_{k=0}^{n} k(n-k) U_k V_{n-k} = \left(\frac{n^3 - n}{6} \right) U_n,$$

$$\sum_{k=0}^{n} k^2 (n-k)^2 U_k V_{n-k} = \left(\frac{n^5 - n}{30} \right) U_n.$$

进一步, 还有下列两个结论.

定理 5.3.6 ([69, 定理 6])　设 U_n 和 V_n 是参数为 p 和 q, 判别式为 $D = p^2 - 4q$ 的二阶线性递归关系的基础序列. 定义

$$\mathcal{U}_n = \sum_{k=0}^{n} \binom{n}{k} U_k, \quad \mathcal{V}_n = \sum_{k=0}^{n} \binom{n}{k} V_k$$

则 $\mathcal{U}_n$ 和 $\mathcal{V}_n$ 分别是参数为 $P^* = p + 2$, $Q^* = p + q + 1$, 判别式为 $D^* = p^2 - 4q$ 的二阶线性递归关系的基础序列.

定理 5.3.7 ([69, 定理 7])　设 $\{U_n\}$ 和 $\{V_n\}$ 为二阶线性递归关系的基础序列, 判别式为 $p^2 - 4q > 0$. 则存在一个正整数 m, 满足

$$\sum_{k=0}^{n} \binom{n}{k} U_k = U_{mn}, \quad \sum_{k=0}^{n} \binom{n}{k} V_k = V_{mn}$$

当且仅当 $m = 2$, $U_n = F_n$, $V_n = L_n$.

注 5.3.1　取 $p = -q = 1$, 则 $p^2 - 4q = 5$, $U_n = F_n$, $V_n = L_n$, 定理 5.3.1 和定理 5.3.2 变为

$$\sum_{k=0}^{n} F_k F_{n-k} = \frac{n L_n - F_n}{5}, \tag{5.3.5}$$

$$\sum_{k=0}^{n} \binom{n}{k} F_k F_{n-k} = \frac{2^n L_n - 2}{5}, \tag{5.3.6}$$

$$\sum_{k=0}^{n} L_k L_{n-k} = (n+1)L_n + 2F_{n+1}, \tag{5.3.7}$$

$$\sum_{k=0}^{n} \binom{n}{k} L_k L_{n-k} = 2^n L_n + 2. \tag{5.3.8}$$

(5.3.5) 被 Hoggatt 和 Bicknell-Johnson 在文献 [70] 中给出, 其交错形式被 Knuth 在文献 [71] 中给出. (5.3.5) 和 (5.3.6) 也被 Wall 在文献 [72] 中给出. (5.3.6) 和 (5.3.8) 被 Buschman 在文献 [73] 中给出. 定理 5.3.7 蕴含下面恒等式:

$$\sum_{k=0}^{n} \binom{n}{k} F_k = F_{2n}, \quad \sum_{k=0}^{n} \binom{n}{k} L_k = L_{2n}.$$

5.4 一类非齐次广义 Fibonacci 序列 $\mathcal{F}_n = \mathcal{F}_{n-1} + \mathcal{F}_{n-2} + r$ 的性质

定义 5.4.1 [74,75] 广义非齐次 Fibonacci 序列 $\{\mathcal{F}_n(a,b,r)\}$ 定义为

$$\mathcal{F}_1(a,b,r) = a, \quad \mathcal{F}_2(a,b,r) = b, \tag{5.4.1}$$

$$\mathcal{F}_n(a,b,r) = \mathcal{F}_{n-1}(a,b,r) + \mathcal{F}_{n-2}(a,b,r) + r, \tag{5.4.2}$$

这里 r 为任意一个常数.

我们增加初值 $\mathcal{F}_0(a,b,r) = b - a - r$. 故 Fibonacci 序列 $F_n = \mathcal{F}_n(1,1,0)$ 和 Lucas 序列 $L_n = \mathcal{F}_n(1,3,0)$. 简记 $\mathcal{F}_n(a,b,r)$ 为 $\mathcal{F}_n$.

首先, 引入算子: E_i 为第 i $(i=1,2)$ 个坐标移位算子; $\nabla = I + E_2 - E_1$.

命题 5.4.1 (Hsu 和 Jiang [76]) 设 $f(n,k)$ 和 $g(n,k)$ 为任意两个序列. 则下列互反公式成立:

$$g(n,k) = \nabla^n f(0,k) = \sum_{i+j+s=n} \binom{n}{i,j,s} (-1)^i f(i, k+j), \tag{5.4.3}$$

$$f(n,k) = \nabla^n g(0,k) = \sum_{i+j+s=n} \binom{n}{i,j,s} (-1)^i g(i, k+j). \tag{5.4.4}$$

证明 先证(5.4.3)⇒(5.4.4). 将 (5.4.3) 式代入 (5.4.4) 式右端, 则得

$$\sum_{i+j+l=n} \binom{n}{i,j,l} (-1)^n \left[\sum_{x+y+z=i} \binom{i}{x,y,z} (-1)^x f(x, k+j+y) \right].$$

对 $x = n$, $z = y = 0$ 的情形, 在后一和中只有在 $i = n$ 时出现, 此时在前一因子中必须是 $l = j = 0$, 从而在整个和中就有一项

$$\binom{n}{n,0,0}(-1)^i \left[\binom{n}{n,0,0}(-1)^n f(n,k)\right] = f(n,k).$$

在上一和中将 $x = n$ 的一项去掉, 对其余的和展开得到

$$\sum_{i+j+l=n} \binom{n}{i,j,l}(-1)^i \left[\sum_{\substack{x+y+z=i\\x\neq n}} \binom{i}{x,y,z}(-1)^x f(x,k+j+y)\right]$$

$$= \sum_{\substack{x+y+z+j+l=n\\x\neq n}} \frac{n!}{j!l!x!y!z!}(-1)^{y+z} f(x,k+j+y).$$

对固定的 $x = x_0 < n$ 和 $y + j = m \neq 0$, 我们有

$$\sum_{z+l=n-m-x_0} \frac{n!}{j!l!x_0!y!z!}(-1)^{y+z} f(x_0, k+m)$$

$$= \frac{f(x_0, k+m)}{x_0!} \sum_{z+l=n-m-x_0} \left[\frac{n!}{l!z!m!}(-1)^z \left(\sum_{y+j=m}(-1)^y \binom{m}{y}\right)\right]$$

$$= 0;$$

对固定的 $x = x_0 < n$ 和 $y + j = 0$, 即 $y = j = 0$, 我们有

$$\sum_{l+z=n-x_0} \frac{n!}{l!z!x_0!}(-1)^z f(x_0, k) = f(x_0, k)\binom{n}{x_0}\sum_{z=0}^{n-x_0}\binom{n-x_0}{z}(-1)^z = 0.$$

故得证 (5.4.4). 同理可以证 (5.4.4)$\Rightarrow$(5.4.3). $\square$

引理 5.4.1

$$\mathcal{F}_k + \mathcal{F}_{k+1} + \mathcal{F}_{k+6} = 3\mathcal{F}_{k+4}. \tag{5.4.5}$$

证明

$$\mathcal{F}_k + \mathcal{F}_{k+1} + \mathcal{F}_{k+6} = \mathcal{F}_k + \mathcal{F}_{k+1} + \mathcal{F}_{k+5} + \mathcal{F}_{k+4} + r$$

$$= \mathcal{F}_{k+2} - r + \mathcal{F}_{k+4} + \mathcal{F}_{k+3} + r + \mathcal{F}_{k+4} + r$$

$$= \mathcal{F}_{k+4} - r + \mathcal{F}_{k+4} + r + \mathcal{F}_{k+4} = 3\mathcal{F}_{k+4}.$$ $\square$

定理 5.4.1

$$\mathcal{F}_{4n+6k} = \sum_{i+j+s=n} \binom{n}{i,j,s} 3^{-n} \mathcal{F}_{i+6(j+k)}, \qquad (5.4.6)$$

$$\mathcal{F}_{n+6k} = \sum_{i+j+s=n} \binom{n}{i,j,s} (-1)^{n+i} 3^i \mathcal{F}_{4i+6(j+k)}. \qquad (5.4.7)$$

证明 取 $f(i,j) = (-1)^i \mathcal{F}_{i+6j}$, 应用引理 5.4.1,

$$\nabla f(i,j) = (I + E_2 - E_1) f(i,j) = f(i,j) + f(i,j+1) - f(i+1,j)$$

$$= (-1)^i \mathcal{F}_{i+6j} + (-1)^i \mathcal{F}_{i+6(j+1)} - (-1)^{i+1} \mathcal{F}_{i+1+6j}$$

$$= (-1)^i (\mathcal{F}_{i+6j} + \mathcal{F}_{i+6j+1} + \mathcal{F}_{i+6j+6}) = (-1)^i 3 \mathcal{F}_{i+6j+4}.$$

因此, $\nabla \equiv 3E_1^4$. 则我们得到 $g(n,k) = \nabla^n f(0,k) = 3^n E_i^{4n} f(0,k) = 3^n \mathcal{F}_{4n+6k}$. 由式 (5.4.3)可知

$$3^n \mathcal{F}_{4n+6k} = \sum_{i+j+s=n} \binom{n}{i,j,s} \mathcal{F}_{i+6(j+k)},$$

并由式(5.4.4)得

$$(-1)^n \mathcal{F}_{n+6k} = \sum_{i+j+s=n} \binom{n}{i,j,s} (-1)^i 3^i \mathcal{F}_{4i+6(j+k)}. \qquad \square$$

推论 5.4.1

$$\mathcal{F}_{4n} = \sum_{i+j+s=n} \binom{n}{i,j,s} 3^{-n} \mathcal{F}_{i+6j}, \qquad (5.4.8)$$

$$\mathcal{F}_n = \sum_{i+j+s=n} \binom{n}{i,j,s} (-1)^{n+i} 3^i \mathcal{F}_{4i+6j}. \qquad (5.4.9)$$

证明 在定理 5.4.1 中取 $k = 0$. $\qquad \square$

推论 5.4.2

$$\mathcal{F}_n - (-1)^n \sum_{j=0}^{n} \binom{n}{j} \mathcal{F}_{6j} \equiv 0 \pmod{3}. \qquad (5.4.10)$$

证明 在推论 5.4.1 中取 $i = 0$. $\qquad \square$

应用证明定理 5.4.1 的方法, 通过取 $f(i,j) = (-1)^i \mathcal{F}_{6i+j}$ 并展开 $\nabla f(i,j)$, 则得到下述结果.

定理 5.4.2

$$\mathcal{F}_{4n+k} = \sum_{i+j+s=n} \binom{n}{i,j,s} 3^{-n} \mathcal{F}_{6i+j+k}, \tag{5.4.11}$$

$$\mathcal{F}_{6n+k} = \sum_{i+j+s=n} \binom{n}{i,j,s} (-1)^{n+i} 3^i \mathcal{F}_{4i+j+k}. \tag{5.4.12}$$

在定理 5.4.2 中取 $k=0$, 可得下面推论.

推论 5.4.3

$$\mathcal{F}_{4n} = \sum_{i+j+s=n} \binom{n}{i,j,s} 3^{-n} \mathcal{F}_{6i+j}, \tag{5.4.13}$$

$$\mathcal{F}_{6n} = \sum_{i+j+s=n} \binom{n}{i,j,s} (-1)^{n+i} 3^i \mathcal{F}_{4i+j}. \tag{5.4.14}$$

在 (5.4.14) 中取 $i=0$, 则有

推论 5.4.4

$$\mathcal{F}_{6n} - (-1)^n \sum_{j=0}^{n} \binom{n}{j} \mathcal{F}_j \equiv 0 \pmod 3. \tag{5.4.15}$$

命题 5.4.2　若一个序列 $\{X_n\}$ 满足

$$I = 2E^{-1} - E^{-3}, \tag{5.4.16}$$

则

$$I = \sum_{i=0}^{n} \binom{n}{i} (-1)^{n-i} 2^i E^{-3n+2i}. \tag{5.4.17}$$

因此,

$$X_{3n} = \sum_{i=0}^{n} \binom{n}{i} (-1)^{n-i} 2^i X_{2i} \tag{5.4.18}$$

和

$$X_{3n+k} = \sum_{i=0}^{n} \binom{n}{i} (-1)^{n-i} 2^i X_{2i+k}. \tag{5.4.19}$$

证明 应用二项式展开. □

引理 5.4.2

$$\mathcal{F}_n = 2\mathcal{F}_{n-1} - \mathcal{F}_{n-3}. \tag{5.4.20}$$

证明

$$\mathcal{F}_n = \mathcal{F}_{n-1} + \mathcal{F}_{n-2} + r = \mathcal{F}_{n-1} + \mathcal{F}_{n-1} - \mathcal{F}_{n-3} - r + r = 2\mathcal{F}_{n-1} - \mathcal{F}_{n-3}. \quad □$$

定理 5.4.3

$$\mathcal{F}_{3n} = \sum_{i=0}^{n} \binom{n}{i}(-1)^{n-i}2^i \mathcal{F}_{2i}, \tag{5.4.21}$$

$$\mathcal{F}_{3n+k} = \sum_{i=0}^{n} \binom{n}{i}(-1)^{n-i}2^i \mathcal{F}_{2i+k}. \tag{5.4.22}$$

证明 由于 $\mathcal{F}_n$ 满足 (5.4.16). 由命题 5.4.2 可证. □

在 (5.4.22) 式中令 $i = 0$, 可得

推论 5.4.5

$$\mathcal{F}_{3n+k} - (-1)^n \mathcal{F}_k \equiv 0 \pmod 2. \tag{5.4.23}$$

*5.5 一类广义 Fibonacci 序列与 Aitken 变换

定义 5.5.1 广义 Fibonacci 序列 $W_{n,d}^{(k)}(a,b;p,q)$ 定义为

$$W_{n,d}^{(k)}(a,b;p,q) = \frac{A^k \alpha^{nk+d} - B^k \beta^{nk+d}}{\alpha - \beta}, \tag{5.5.1}$$

这里 A, B 与 α, β 定义在 (5.2.8) 里.

简记 $W_{n,d}^{(k)}(a,b;p,q)$ 为 $W_{n,d}^{(k)}$, 利用此定义, 可以得到下述性质.

性质 5.5.1 设 n, d, t, k 均为非负整数, 则

(a) $W_{n+t,d}^{(k)} W_{n-t,d}^{(k)} - \left(W_{n,d}^{(k)} \right)^2 = -A^k B^k q^{(n-t)+d} U_{kt}^2$;

(b) $W_{n,0}^{(k)} W_{n-t,d}^{(k)} - W_{n,d}^{(k)} W_{n-t,0}^{(k)} = A^k B^k q^{(n-t)k} U_d U_{kt}$;

(c) $W_{n,d}^{(k)} W_{n+t,0}^{(k)} - W_{n,0}^{(k)} W_{n+t,d}^{(k)} = A^k B^k q^{nk} U_{kt}^2$;

(d) $(W_{n,d}^{(k)})^2 - q^d \left(W_{n,0}^{(k)} \right)^2 = U_d W_{n,d}^{(2k)}$;

(e) $W_{n+t,0}^{(k)} - q^{kt} W_{n-t,d}^{(k)} = -U_{kt}(A^k \alpha^{nk} + B^k \beta^{nk})$.

定义艾特肯 (Aitken) 变换为

$$A(x, x', x'') = \frac{xx'' - x'^2}{x - 2x' + x''}. \tag{5.5.2}$$

定理 5.5.1 [77]　设

$$R_n^{(k)} = \frac{W_{n,d}^{(k)}}{W_{n,0}^{(k)}},$$

则

$$A\left(R_{n-t}^{(k)},\ R_n^{(k)},\ R_{n+t}^{(k)}\right) = R_n^{(2k)}. \tag{5.5.3}$$

证明

$$A\left(R_{n-t}^{(k)},\ R_n^{(k)},\ R_{n+t}^{(k)}\right) = \frac{R_{n-t}^{(k)}R_{n+t}^{(k)} - (R_n^{(k)})^2}{R_{n-t}^{(k)} - 2R_n^{(k)} + R_{n+t}^{(k)}} = \frac{\dfrac{W_{n-t,d}^{(k)}W_{n+t,d}^{(k)}}{W_{n-t,0}^{(k)}W_{n+t,0}^{(k)}} - \left(\dfrac{W_{n,d}^{(k)}}{W_{n,0}^{(k)}}\right)^2}{\dfrac{W_{n-t,d}^{(k)}}{W_{n-t,0}^{(k)}} - 2\dfrac{W_{n,d}^{(k)}}{W_{n,0}^{(k)}} + \dfrac{W_{n+t,d}^{(k)}}{W_{n+t,0}^{(k)}}}$$

$$= \frac{(W_{n,0}^{(k)})^2 W_{n-t,d}^{(k)}W_{n+t,d}^{(k)} - (W_{n,d}^{(k)})^2 W_{n-t,0}^{(k)}W_{n+t,0}^{(k)}}{(W_{n,0}^{(k)})^2 W_{n-t,d}^{(k)}W_{n+t,0}^{(k)} - 2W_{n,0}^{(k)}W_{n,d}^{(k)}W_{n-t,0}^{(k)}W_{n+t,d}^{(k)} + (W_{n,0}^{(k)})^2 W_{n+t,d}^{(k)}W_{n-t,0}^{(k)}}$$

$$= \frac{(W_{n,0}^{(k)})^2(W_{n-t,d}^{(k)}W_{n+t,d}^{(k)} - (W_{n,d}^{(k)})^2) - (W_{n,d}^{(k)})^2(W_{n-t,0}^{(k)}W_{n+t,0}^{(k)} - (W_{n,0}^{(k)})^2)}{W_{n,0}^{(k)}\left[W_{n+t,0}^{(k)}(W_{n,0}^{(k)}W_{n-t,d}^{(k)} - W_{n,d}^{(k)}W_{n-t,0}^{(k)}) - W_{n-t,0}^{(k)}(W_{n,d}^{(k)}W_{n+t,0}^{(k)} - W_{n,0}^{(k)}W_{n+t,d}^{(k)})\right]}$$

$$= \frac{(W_{n,0}^{(k)})^2(-A^k B^k q^{(n-t)k+d})U_n^2 - (W_{n,d}^{(k)})^2(-A^k B^k q^{(n-t)k})_{kt}^2}{W_{n,0}^{(k)}\left[W_{n+t,0}^{(k)}A^k B^k q^{(n-t)k}U_{kt}U_d - W_{n-t,0}^{(k)}A^k B^k q^{nk}U_{kt}U_d\right]}$$

$$= \frac{U_{kt}\left[(W_{n,d}^{(k)})^2 - q^d(W_{n,0}^{(k)})^2\right]}{W_{n,0}^{(k)}U_d\left[W_{n+t,0}^{(k)} - q^{kt}W_{n-t,0}^{(k)}\right]}$$

$$= \frac{U_{kt}U_d W_{n,d}^{(2k)}}{W_{n,0}^{(k)}U_d U_{kt}(A^k \alpha^{nk} + B^k \beta^{nk})}$$

$$= \frac{W_{n,d}^{(2k)}}{W_{n,0}^{(2k)}}$$

$$= R_n^{(2k)}. \qquad \Box$$

注 5.5.1 1984 年, Phillips[78] 给出若 $r_n = F_{n+1}/F_n$, 则 $A(r_{n-t}, r_n, r_{n+t}) = r_{2n}$, 此结果也见文献 [79]. McCabe 与 Phillips 推广此结果为 $r_n = U_{n+1}/U_n$ 的情形 [80], Muskat 得到 $r_n = U_{n+d}/U_n$ 也成立 [81], Jamieson 得到

$$A\left(W_{n-t}^{(k)}, W_n^{(k)}, W_{n+t}^{(k)}\right) = \begin{cases} W_{2n}^{(2k)}, & 2k < p, \\ W_{2n}^{(2k-p)}, & 2k \geqslant p, \end{cases} \tag{5.5.4}$$

这里 $W_n^{(k)} = F_{p(n+1)-k}/F_{pn-k}$, $0 \leqslant k \leqslant p - 1$[82].

注 5.5.2 若 (5.2.3) 的根是实的, 当 $k \to \infty$ 时, 则比率 $R_n^{(k)} = \dfrac{W_{n,d}^{(k)}}{W_{n,0}^{(k)}}$ 收敛于

$$x^2 - V_d x + q^d = 0$$

的一个根. 定义塞肯特 (Secant) 变换 $S(x, x')$[81] 为

$$S(x, x') = \frac{x(x'^2 - V_d x' + q^d) - x'(x^2 - V_d x + q^d)}{(x'^2 - V_d x' + q^d) - (x^2 - V_d x + q^d)} = \frac{xx' - q^d}{x + x' - V_d}.$$

定义牛顿-拉弗森 (Newton-Raphson) 变换 $N(x)$[81] 为

$$N(x) = x - \frac{x^2 - V_d x + q^d}{2x - V_d} = \frac{x^2 - q^d}{2x - V_d}.$$

定义哈利 (Halley) 变换 [83] 为

$$H(x) = x - \frac{x^2 - V_d x + q^d}{2x - V_d - \dfrac{x^2 - V_d x + q^d}{2x - V_d}} = \frac{x^3 - 3q^d x + V_d q^d}{3x^2 - 3V_d x + V_d^2 - q^d}.$$

将 $R_n^{(k)} = \dfrac{W_{n,d}^{(k)}}{W_{n,0}^{(k)}}$ 应用到 Secant 变换 [81]、Newton-Raphson 变换 [81] 和 Halley 变换 [83], 可以得到相应的结果, 见文献 [84].

注 5.5.3 定义 $W_{n,d}^{(k)}$ 的伴随序列 $\Psi_{n,d}^{(k)}$ 为

$$\Psi_{n,d}^{(k)} = A^k \alpha^{nk+d} + B^k \beta^{nk+d}.$$

令 $\mathfrak{R}_n^{(k)} = \dfrac{\Psi_{n,d}^{(k)}}{\Psi_{n,0}^{(k)}}$, 则同样可以得到上述关系 [84].

*5.6   广义 Fibonacci 序列的多重卷积和

对满足 (5.2.2) 的一般二阶线性齐次递归关系的序列 $W_n(a, b; p, q)$, 取 $W_0 = a = 0$, 简记此时的序列 $W_n(0, b; p, q)$ 为 W_n, 由式 (5.2.23) 可知

$$\sum_{n=0}^{\infty} W_{mn} x^n = \frac{bU_m x}{1 - V_m x + q^m x^2}, \tag{5.6.1}$$

这里 $U_n = U_n(p, q)$ 与 $V_n = V_n(p, q)$ 定义在式 (5.2.9) 和 (5.2.10) 中. 令

$$G_k(x) = \left(\frac{bU_m}{1 - V_m x + q^m x^2} \right)^k = \sum_{n=0}^{\infty} W_{mn}^{(k)} x^{n-1}, \tag{5.6.2}$$

则显然有

$$\sum_{a_1 + a_2 + \cdots + a_k = n} W_{ma_1} W_{ma_2} \cdots W_{ma_k} = W_{m(n-k+1)}^{(k)}. \tag{5.6.3}$$

定理 5.6.1

$$W_{mn}^{(k+1)} = \frac{bU_m}{k(V_m^2 - 4q^m)} \{ n V_m W_{m(n+1)}^{(k)} - 2q^m (n + 2k - 1) W_{mn}^{(k)} \}. \tag{5.6.4}$$

证明   由于

$$\frac{\mathrm{d}}{\mathrm{d}x} (G_k(x)(V_m - 2q^m x)^k)$$

$$= G_k'(x)(V_m - 2q^m x)^k + G_k(x)k(V_m - 2q^m x)^{k-1}(-2q^m)$$

和

$$\frac{\mathrm{d}}{\mathrm{d}x} (G_k(x)(V_m - 2q^m x)^k) = \frac{\mathrm{d}}{\mathrm{d}x} \left(\frac{bU_m(V_m - 2q^m x)}{1 - V_m x + q^m x^2} \right)^k$$

$$= k \left(\frac{bU_m(V_m - 2q^m x)}{1 - V_m x + q^m x^2} \right)^{k-1} bU_m \frac{2q^m(1 - V_m x + q^m x^2) + V_m^2 - 4q^m}{(1 - V_m x + q^m x^2)^2},$$

故有

$$G_k'(x)bU_m(V_m - 2q^m x) - 2bkU_m q^m G_k(x)$$

$$= 2bkU_m q^m G_k(x) + k(V_m^2 - 4q^m)G_{k+1}(x).$$

比较上述等式两边的系数, 定理得证.   □

    设 $\sigma_i(n, k)$ 表示所有从 $n + k - i + 1, n + k - i + 2, \cdots, n + 2k - 1$ 中选取 i 个不含相邻元素的乘积的和, 即

$$\sigma_i(n, k) = \sum \prod_{t=1}^{i} (n + k - i + j_t) \tag{5.6.5}$$

这里求和是对所有 i-重正整数分量 $(j_1, j_2, \cdots, j_i)$ 满足 $1 \leqslant j_1 < j_2 < \cdots < j_k \leqslant k+i-1$ 和对 $1 \leqslant r \neq s \leqslant i$, $|j_r - j_s| \geqslant 2$.

约定 $\sigma_0(n, k) = 1$. 易证

$$(n + 2k - 1)\sigma_{k-1}(n, k-1) = \sigma_k(n, k) \tag{5.6.6}$$

和

$$(n + 2k - 1)\sigma_{i-1}(n, k-1) + \sigma_i(n+1, k-1) = \sigma_i(n, k), \tag{5.6.7}$$

由此可得

定理 5.6.2

$$W_{mn}^{(k+1)} = \frac{(bU_m)^k}{k!(V_m^2 - 4q^m)^k} \sum_{i=0}^{k} (-2q^m)^i V_m^{k-i} \langle n \rangle_{k-i} \sigma_i(n, k) W_{m(n+k-i)}, \tag{5.6.8}$$

这里 $\langle n \rangle_k = n(n+1)(n+2) \cdots (n+k-1)$.

证明　对 k 实行归纳法. 当 $k = 0, 1$ 时, 由定理 5.6.1 知结论成立. 现假定结论对正整数 $k-1$ 成立. 则

$$W_{mn}^{(k+1)}$$

$$= \frac{bU_m}{k(V_m^2 - 4q^m)} \{ nV_m W_{m(n+1)}^{(k)} - 2q^m(n + 2k - 1) W_{mn}^{(k)} \}$$

$$= \frac{bU_m}{k(V_m^2 - 4q^m)} \left\{ nV_m \frac{(bU_m)^{k-1}}{(k-1)!(V_m^2 - 4q^m)^{k-1}} \sum_{i=0}^{k-1} (-2q^m)^i V_m^{k-i-1} \langle n+1 \rangle_{k-i-1} \right.$$

$$\times \sigma_i(n+1, k-1) W_{m(n+k-i)} + (-2q^m)(n-1+2k) \frac{(bU_m)^{k-1}}{(k-1)!(V_m^2 - 4q^m)^{k-1}}$$

$$\times \sum_{i=0}^{k-1} (-2q^m)^i V_m^{k-i-1} \langle n \rangle_{k-i-1} \sigma_i(n, k-1) W_{m(n+k-i-1)} \Bigg\}$$

$$\times \frac{(bU_m)^k}{k!(V_m^2 - 4q^m)^k} \left\{ V_m^k n \langle n+1 \rangle_{k-i} \sigma_0(n+1, k-1) W_{m(n+k)} \right.$$

$$+ \sum_{i=1}^{k-1} (-2q^m) V_m^{k-i} n \langle n+1 \rangle_{k-i} \sigma_i(n+1, k-1) W_{m(n+k-i)}$$

$$+ \sum_{i=1}^{k} (-2q^m)^i V_m^{k-i}(n + 2k - 1) \langle n \rangle_{k-i} \sigma_{i-1}(n, k-1) W_{m(n+k-i)} \Bigg\}$$

$$= \frac{(bU_m)^k}{k!(V_m^2 - 4q^m)^k} \left\{ V_m^k \langle n \rangle_k \sigma_0(n,k) W_{m(n+k)} + \sum_{i=1}^{k-1} (-2q^m)^i V_m^{k-i} \langle n \rangle_{k-i} \right.$$

$$\times W_{m(n+k-i)}[\sigma_i(n+1, k-1) + (n+2k-1)\sigma_{i-1}(n, k-1)]$$

$$\left. + (-2q^m)^k (n+2k-1)\sigma_{k-1}(n, k-1) W_{mn} \right\}$$

$$= \frac{(bU_m)^k}{k!(V_m^2 - 4q^m)^k} \left\{ V_m^k \langle n \rangle_k \sigma_0(n,k) W_{m(n+k)} \right.$$

$$\left. + \sum_{i=1}^{k-1} (-2q^m)^i V_m^{k-i} \langle n \rangle_{k-i} \sigma_i(n,k) W_{m(n+k-i)} + (-2q^m)^k \sigma_k(n,k) W_{mn} \right\}$$

$$= \frac{(bU_m)^k}{k!(V_m^2 - 4q^m)^k} \sum_{i=0}^{k} (-2q^m)^i V_m^{k-i} \langle n \rangle_{k-i} \sigma_i(n,k) W_{m(n+k-i)}.$$

因此结论对 k 成立. 故定理成立. □

定理 5.6.3 令 m 为正整数, 则

$$\sum_{a_1+a_2+\cdots+a_k=n} W_{ma_1} W_{ma_2} \cdots W_{ma_k}$$

$$= \frac{(bU_m)^{k-1}}{(k-1)!(V_m^2 - 4q^m)^{k-1}}$$

$$\times \sum_{i=0}^{k-1} (-2q^m)^i V_m^{k-1-i} \langle n-k+1 \rangle_{k-1-i} \sigma_i(n-k+1, k-1) W_{m(n-i)}. \quad (5.6.9)$$

证明 应用式 (5.6.3) 和定理 5.6.2. □

引理 5.6.1

$$U_m W_{m(k+n)} = U_{mn} W_{m(k+1)} - q^m U_{m(n-1)} W_{mk}. \quad (5.6.10)$$

证明 应用式子所含序列的通项公式, 可得. □

设

$$g_{k-1}^{(m)}(n) = \sum_{i=0}^{k-1} (-2q^m)^i V_m^{k-1-i} \langle n-k+1 \rangle_{k-1-i} \sigma_i(n-k+1, k-1) U_{m(k-i)}$$

$$(5.6.11)$$

和

$$h_{k-1}^{(m)}(n) = -qM \sum_{i=0}^{k-1} (-2q^m)^i V_m^{k-1-i} \langle n-k+1 \rangle_{k-1-i} \sigma_i(n-k+1,k) U_{m(k-1-i)}.$$

(5.6.12)

则我们得到下述结论.

定理 5.6.4 [85]

$$\sum_{a_1+a_2+\cdots+a_k=n} W_{ma_1} W_{ma_2} \cdots W_{ma_k}$$

$$= \frac{b^{k-1} U_m^{k-2}}{(k-1)!(V_m^2-4q^m)^{k-1}} \{g_{k-1}^{(m)}(n) W_{m(n-k+1)} + h_{k-1}^{(m)}(n) W_{m(n-k)}\}. \quad (5.6.13)$$

证明 应用定理 5.6.3 和引理 5.6.1, 可证. □

推论 5.6.1

$$\sum_{a+b=n} W_{ma} W_{mb}$$

$$= \frac{b}{V_m^2-4q^m} \{[(n-1)V_m U_{2m} - 2q_m n U_m] W_{m(n-1)} - q^m(n-1)V_m U_m W_{m(n-2)}\},$$

$$\sum_{a+b+c=n} W_{ma} W_{mb} W_{mc}$$

$$= \frac{b^2 U_m}{2(V_m^2-4q^m)^2} \{[(n-2)(n-1)V_m^2 U_{3m} - 2q_m(n-2)(2n+1)V_m U_{2m}$$

$$+ 4q^{2m}(n-1)(n+1)U_m] W_{m(n-2)}$$

$$- q^m[(n-2)(n-1)V_m^2 U_{2m} - 2q^m(n-2)(2n+1)V_m U_m] W_{m(n-3)}\}.$$

证明 在定理 5.6.4 中取 $k=2,3$. □

由定理 5.6.4, 有

推论 5.6.2

$$b_{k-1} U_m^{k-2} \{g_{k-1}^{(m)}(n) W_{m(n-k+1)} + h_{k-1}^{(m)}(n) W_{m(n-k)}\}$$

$$\equiv 0 \ (\text{mod}(k-1)!(V_m^2-4q^m)^{k-1}). \quad (5.6.14)$$

设 $\Theta = 2U_{m+1} - pU_m$. 重写 (5.2.25) 式为

$$\sum_{n=0}^{\infty} V_{mn} x^n = \frac{2-\Theta x}{1-V_m x + q^m x^2}.$$

令

$$H_k(x) = \sum_{n=0}^{\infty} V_{mn}^{(k)} x^n = \left(\frac{2 - \Theta x}{1 - V_m x + q^m x^2} \right)^k.$$

显然, $V_{mn}^{(1)} = V_{mn}$. 由此可得

$$\sum_{a_1+a_2+\cdots+a_k=n} V_{ma_1} V_{ma_2} \cdots V_{ma_k} = V_{mn}^{(k)}. \tag{5.6.15}$$

定理 5.6.5

$$k(\Theta V_m - 4q^m) V_{mn}^{(k+1)}$$
$$= 4(n+2)V_{m(n+2)}^{(k)} - 2(2n+k+2)\Theta V_{m(n+1)}^{(k)} + (n+k)\Theta^2 V_{mn}^{(k)}. \tag{5.6.16}$$

证明   由于

$$\frac{\mathrm{d}}{\mathrm{d}x} H_k(x) = \frac{\mathrm{d}}{\mathrm{d}x} \left(\frac{2 - \Theta x}{1 - V_m x + q^m x^2} \right)^k$$
$$= k \left(\frac{2 - \Theta x}{1 - V_m x + q^m x^2} \right)^{k-1} \frac{-\Theta + 2V_m - 4q^m x + q^m \Theta x^2}{(1 - V_m x + q^m x^2)^2}$$
$$= k \left(\frac{2 - \Theta x}{1 - V_m x + q^m x^2} \right)^{k-1} \frac{\Theta[1 - V_m x + q^m x^2] + [\Theta V_m - 4q^m]}{(1 - V_m x + q^m x^2)^2}$$
$$= k \frac{\Theta}{2 - \Theta x} \left(\frac{2 - \Theta x}{1 - V_m x + q^m x^2} \right)^k$$
$$+ k \frac{\Theta V_m - 4q^m}{(2 - \Theta x)^2} x \left(\frac{2 - \Theta x}{1 - V_m x + q^m x^2} \right)^{k+1},$$

有

$$(2 - \Theta x)^2 \frac{\mathrm{d}}{\mathrm{d}x} H_k(x) = k[\Theta V_m - 4q^m] x H_{k+1}(x) + k\Theta(2 - \Theta x) H_k(x).$$

故

$$k[\Theta V_m - 4q^m] x H_{k+1}(x) = (4 - 4\Theta x + \Theta^2 x^2) \frac{\mathrm{d}}{\mathrm{d}x} H_k(x) - k\Theta(2 - \Theta x) H_k(x).$$

比较上式两边系数, 可得结论.   □

定理 5.6.6

$$\sum_{a+b=n} V_{ma}V_{mb}$$

$$= \frac{1}{\Theta V_m - 4q^m}\{4(n+2)V_{m(n+2)} + 2(2n+3)\Theta V_{m(n+1)} + (n+1)\Theta^2 V_{mn}\}.$$

$$\sum_{a+b+c=n} V_{ma}V_{mb}V_{mc}$$

$$= \frac{1}{2(\Theta V_m - 4q^m)^2}\{16(n+4)(n+2)V_{m(n+4)}$$

$$+ 8((n+2)(2n+7) + (n+3)(2n+4))\Theta V_{m(n+3)}$$

$$+ 4((n+2)(n+3) + (2n+4)(2n+5)$$

$$+ (n+2)^2)\Theta^2 V_{m(n+2)} + 2(n+2)(4n+7)\Theta^3 V_{m(n+1)} + (n+1)(n+2)\Theta^4 V_{mn}\}.$$

证明 应用 (5.6.15) 和定理 5.6.5. □

在定理 5.6.5 中取 $m = 1, 2$ 给出下面结果.

推论 5.6.3 [86]

$$k(p^2 - 4q)V_n^{(k+1)}$$

$$= 4(n+2)V_{n+2}^{(k)} - 2p(2n+k+2)V_{n+1}^{(k)} + p^2(n+k)V_n^{(k)}, \tag{5.6.17}$$

$$kp^2(p^2 - 4q)V_{2n}^{(k+1)}$$

$$= 4(n+2)V_{2(n+2)}^{(k)} - 2(2n+k+2)(p^2 - 2q)V_{2(n+1)}^{(k)} + (n+k)(p^2 - 2q)V_{2n}^{(k)}. \tag{5.6.18}$$

注 5.6.1 文献 [87] 给出了定理 5.6.4 的 $m = 1$ 的情形. 文献 [88] 给出了 $m = 1$ 时的系数 $g_{k-1}(n)$ 与 $h_{k-1}(n)$ 的显式表达式. 文献 [89] 给出了 Fibonacci, Lucas 序列的混合卷积结果还参考了文献 [90,91].

*5.7 一类递归序列的两项偶次幂和的乘积展开

Melham[92] 将自然数数列推广为下面递归序列:

$$U_n(p) = pU_{n-1}(p) - U_{n-2}(p), \quad U_0(p) = 0, \quad U_1(p) = 1,$$

$$V_n(p) = pV_{n-1}(p) - V_{n-2}(p), \quad V_0(p) = 2, \quad V_1(p) = p,$$

这里 $p \geqslant 2$. 若 $p = 2$, 对所有 $n \geqslant 0$, 则有 $U_n(2) = n$ (自然数数列) 和 $V_n(2) = 2$.
对 $p > 2$, 若 α 和 β 为 $x^2 - px + 1 = 0$ 的相异的两个根, 则其通项公式为

$$U_n(p) = \frac{\alpha^n - \beta^n}{\alpha - \beta} \quad 和 \quad V_n(p) = \alpha^n + \beta^n.$$

通过简单的变量变化, Grabner 和 Prodinger[93] 指出这些多项式为切比雪夫
(Chebyshev) 多项式, 即

$$U_n(p) = \mathcal{U}_{n-1}\left(\frac{p}{2}\right),$$

$$V_n(p) = 2\mathcal{T}_n\left(\frac{p}{2}\right),$$

这里 $\mathcal{T}_n(x)$ 与 $\mathcal{U}_n(x)$ 分别表示经典的两类 Chebyshev 多项式. 两类 Chebyshev
多项式分别定义为

$$\mathcal{T}_{n+1}(x) = 2x\mathcal{T}_n(x) - \mathcal{T}_{n-1}(x),$$

$$\mathcal{T}_0(x) = 1, \quad \mathcal{T}_1(x) = x$$

和

$$\mathcal{U}_{n+1}(x) = 2x\mathcal{U}_n(x) - \mathcal{U}_{n-1}(x),$$

$$\mathcal{U}_0(x) = 1, \quad \mathcal{T}_1(x) = 2x.$$

它们的生成函数分别为

$$\sum_{n \geqslant 0} \mathcal{T}_n(x)t^n = \frac{1 - xt}{1 - 2xt + t^2}, \quad \sum_{n \geqslant 0} \mathcal{U}_n(x)t^n = \frac{1}{1 - 2xt + t^2}.$$

两类 Chebyshev 多项式源于多倍角的余弦函数和正弦函数的展开式, 是与棣莫弗
(De Moivre) 定理有关、以递归方式定义的多项式序列, 是计算数学中的一类特殊
函数, 对注入连续函数逼近问题、阻抗变换问题等的数学、物理学、技术科学中的
近似计算有着非常重要的作用 [94].

定理 5.7.1 [95]   令 s 为任意的正整数. 设 $W_n(a, b) = aU_n(p) + bV_n(p)$ 与

$$W_n^{2k}(a, b) + W_{n+s}^{2k}(a, b) = \sum_{r=0}^{k} A_r(a, b; k, s)W_n^{k-r}(a, b)W_{n+s}^{k-r}(a, b), \quad (5.7.1)$$

则

$$A_r(a, b; k, s) = \Omega^r U_s^{2r}(p)\left(\left[x^{k-r}\right]\frac{1}{(1 - V_s(p)x + x^2)^{r+1}}\right.$$

$$- \left[x^{k-r-2}\right] \frac{1}{(1 - V_s(p)x + x^2)^{r+1}} \Bigg), \qquad (5.7.2)$$

这里 $\Omega = a^2 + 4b^2 - b^2p^2$ 且 $[x^k]f(x)$ 表示在 $f(x)$ 展开式里 x^k 的系数.

证明此结论之前, 我们给出下述递归关系.

引理 5.7.1

$$A_r(a,b;k+1,s) = V_s(p)A_r(a,b;k,s)$$
$$+ \Omega U_s^2(p)A_{r-1}(a,b;k,s) - A_r(a,b;k-1,s); \qquad (5.7.3)$$

$$A_r(a,b;k,s) = 0, \quad \text{若 } r > k \text{ 或 } r < 0 \text{ 或 } k < 0; \qquad (5.7.4)$$

$$A_0(a,b;0,s) = 2, \quad A_0(a,b;1,s) = V_s(p), \quad A_1(a,b;1,s) = \Omega U_s^2(p); \qquad (5.7.5)$$

$$A_0(a,b;k,s) = V_{ks}(p) \quad (k \geqslant 0). \qquad (5.7.6)$$

证明 显然, 式 (5.7.4) 和 $A_0(a,b;0,s) = 2$ 成立. 由 $U_n(p)$ 和 $V_n(p)$ 的通项公式, 有

$$W_n^2(a,b) + W_{n+s}^2(a,b) = V_s(p)W_n(a,b)W_{n+s}(a,b) + \Omega U_s^2(p). \qquad (5.7.7)$$

由式 (5.7.7), $A_0(a,b;1,s) = V_s(p)$ 和 $A_1(a,b;1,s) = \Omega U_s^2(p)$ 直接成立. 注意到

$$W_n^{2(k+1)}(a,b) + W_{n+s}^{2(k+1)}(a,b)$$
$$= \left(W_n^2(a,b) + W_{n+s}^2(a,b)\right)\left(W_n^{2k}(a,b) + W_{n+s}^{2k}(a,b)\right)$$
$$- W_n^2(a,b)W_{n+s}^2(a,b)\left(W_n^{2(k-1)}(a,b) + W_{n+s}^{2(k-1)}(a,b)\right)$$

并应用式 (5.7.7), 则有

$$\sum_{r=0}^{k+1} A_r(a,b;k+1,s)W_n^{k+1-r}(a,b)W_{n+s}^{k+1-r}(a,b)$$

$$= \left(V_s(p)W_n(a,b)W_{n+s}(a,b) + \Omega U_s^2(p)\right)\left(\sum_{r=0}^{k} A_r(a,b;k,s)W_n^{k-r}(a,b)W_{n+s}^{k-r}(a,b)\right)$$

$$- W_n^2(a,b)W_{n+s}^2(a,b)\sum_{r=0}^{k-1} A_r(a,b;k-1,s)W_n^{k-1-r}(a,b)W_{n+s}^{k-1-r}(a,b).$$

比较 $W_n^{k+1-r}(a,b)W_{n+s}^{k+1-r}(a,b)$ 的系数产生 (5.7.3) 和 $A_0(a,b;k+1,s) = V_s(p) \cdot A_0(a,b;k,s) - A_0(a,b;k-1,s)$. 解此递归关系得到 $A_0(a,b;k,s) = V_{ks}(p)$. $\qquad \square$

现在我们给出定理 5.7.1 的证明.

设 $f(x,y) = \sum\limits_{k \geqslant 0, r \geqslant 0} A_r(a,b;k,s)x^k y^r$. 综合引理 5.7.1, 有

$$\sum_{k \geqslant 1, r \geqslant 0} A_r(a,b;k,s)x^{k+1}y^r$$

$$= \sum_{k \geqslant 1, r \geqslant 0} A_r(a,b;k,s)x^{k+1}y^r + \sum_{k \geqslant 1, r \geqslant 1} \Omega U_s^2(p)A_{r-1}(a,b;k,s)x^{k+1}y^r$$

$$- \sum_{k \geqslant 1, r \geqslant 0} A_r(a,b;k-1,s)x^{k+1}y^r,$$

即

$$\sum_{k \geqslant 2, r \geqslant 0} A_r(a,b;k,s)x^k y^r$$

$$= xV_s(p) \sum_{k \geqslant 1, r \geqslant 0} A_r(a,b;k,s)x^k y^r + xy\Omega U_s^2(p) \sum_{k \geqslant 1, r \geqslant 0} A_r(a,b;k,s)x^k y^r$$

$$- x^2 \sum_{k \geqslant 0, r \geqslant 0} A_r(a,b;k,s)x^k y^r,$$

也就是

$$f(x,y) - 2 - x\left(V_s(p) + \Omega U_s^2(p)y\right)$$

$$= xV_s(p)\left(f(x,y) - 2\right) + xy\Omega U_s^2(p)\left(f(x,y) - 2\right) - x^2 f(x,y).$$

因此

$$f(x,y) = \frac{2 - V_s(p)x - \Omega U_s^2(p)xy}{1 - V_s(p)x - \Omega U_s^2(p)xy + x^2}$$

$$= 1 + \frac{1 - x^2}{1 - V_s(p)x - \Omega U_s^2(p)xy + x^2}$$

$$= 1 + \frac{1 - x^2}{1 - V_s(p)x + x^2} \frac{1}{1 - y\dfrac{\Omega U_s^2(p)x}{1 - V_s(p)x + x^2}}.$$

比较 y^r $(r \geqslant 1)$ 的系数, 得到

$$\sum_{k \geqslant 0} A_r(a,b;k,s)x^k = \Omega^r U_s^{2r}(p)\left\{\frac{(2 - V_s(p)x)x^r}{(1 - V_s(p)x + x^2)^{r+1}} - \frac{x^r}{(1 - V_s(p)x + x^2)^r}\right\}$$

$$= \Omega^r U_s^{2r}(p) x^r \frac{1 - x^2}{(1 - V_s(p)x + x^2)^{r+1}}.$$

选取 x^k 的系数, 则得

$$A_r(a, b; k, s)$$

$$= \Omega^r U_s^{2r}(p) \left([x^{k-r}] \frac{1}{(1 - V_s(p)x + x^2)^{r+1}} - [x^{k-r-2}] \frac{1}{(1 - V_s(p)x + x^2)^{r+1}} \right).$$

定理 5.7.1 的证明被完成. □

定理 5.7.1 能被重写为

$$W_n^{2k}(a, b) + W_{n+s}^{2k}(a, b)$$

$$= \sum_{r=0}^{k} \Omega^r U_s^{2r}(p) \left([x^{k-r}] \frac{1}{(1 - V_s(p)x + x^2)^{r+1}} \right.$$

$$\left. - [x^{k-r-2}] \frac{1}{(1 - V_s(p)x + x^2)^{r+1}} \right) W_n^{k-r}(a, b) W_{n+s}^{k-r}(a, b). \tag{5.7.8}$$

推论 5.7.1

$$U_n^{2k}(p) + U_{n+1}^{2k}(p) = \sum_{r=0}^{k} \frac{\mathcal{D}^r V_k(p)}{r!} U_n^{k-r}(p) U_{n+1}^{k-r}(p).$$

证明 在定理 5.7.1 中取 $a = 1$, $b = 0$, $s = 1$. □

推论 5.7.2

$$V_n^{2k}(p) + V_{n+1}^{2k}(p) = \sum_{r=0}^{k} (-1)^r (p^2 - 4)^r \frac{\mathcal{D}^r V_k(p)}{r!} V_n^{k-r}(p) V_{n+1}^{k-r}(p).$$

证明 在定理 5.7.1 中取 $a = 0$, $b = 1$, $s = 1$. □

下面给出定理 5.7.1中系数的一个显式表示式.

定理 5.7.2

$$A_r(a, b; k, s)$$

$$= \frac{\Omega^r U_s^{r-1}(p)}{r!(V_s^2 - 4)^r} \sum_{i=0}^{r} (-1)^i 2^i V_s^{k-i} \left[\langle k - r + 1 \rangle_{r-i} \sigma_i(k - r + 1, r) U_{s(k+1-r)}(p) \right.$$

$$\left. - \langle k - r - 1 \rangle_{r-i} \sigma_i(k - r - 1, r) U_{s(k-1-r)}(p) \right].$$

证明　联合定理 5.6.2 和定理 5.7.1.　　　　　　　　　　　　　　　　　□

注 5.7.1　Melham[92] 猜测 $A_r(1,0;k,1) = \dfrac{\mathcal{D}^r V_k(p)}{r!}$，这里 $\mathcal{D}$ 表示对 p 的导数. 这个猜想被 Grabner 与 Prodinger 以更一般的结果证明，其得到

$$A_r(a,b;k,1) = \Omega^r \sum_{0 \leqslant 2j \leqslant k-r} (-1)^j \frac{k(k-1-j)!}{r!j!(k-r-2j)!} p^{k-r-2j}$$

和 $A_0(a,b;0,1) = 2$. 进一步，Grabner 和 Prodinger 也得到

$$A_r(a,b;k,2) = \Omega^r \sum_{0 \leqslant \lambda \leqslant k-r} (-1)^\lambda p^{2k-2\lambda} \frac{k\left(k-\left\lfloor\dfrac{\lambda}{2}\right\rfloor-1\right)! 2^{\left\lceil\frac{\lambda}{2}\right\rceil}}{r!\lambda!(k-r-\lambda)!}$$

$$\times \prod_{i=0}^{\left\lfloor\frac{\lambda}{2}\right\rfloor-1} \left(2k-2\left\lceil\frac{\lambda}{2}\right\rceil-1-2i\right)$$

和 $A_0(a,b;0,2) = 2$[93].

5.8　问 题 探 究

1. 设 F_n 表示 Fibonacci 序列, 证明:

$$\sum_{k=0}^n F_k F_{n-k} \frac{2nF_{n+1}-(n+1)F_n}{5}.$$

2. 证明 [96]:

$$\sum_{n=1}^\infty \frac{1}{F_n} = 3 + \sum_{n=1}^\infty \frac{(-1)^{n-1}}{F_n F_{n+1} F_{n+2}}$$

和

$$\sum_{n=1}^\infty \frac{(-1)^{n-1}}{F_n} = 1 - \sum_{n=1}^\infty \frac{1}{F_n F_{n+1} F_{n+2}}.$$

对此问题的进一步考虑请看文献 [97].

3. (Swamy[98]) 证明下面 Fibonacci 恒等式:

$$F_{(2q+1)n} = F_n \sum_{k=0}^q (-1)^{n(q+k)} \frac{2q+1}{q+k+1} 5^k \binom{q+k+1}{2k+1} F_n^{2k}, \quad n,q \geqslant 0,$$

$$F_{(2q+1)n} = F_n \sum_{k=0}^{q} (-1)^{(n+1)(q+k)} \binom{q+k}{2k} L_n^{2k}, \quad n, q \geqslant 0,$$

$$F_{2qn} = F_n \sum_{k=1}^{q} (-1)^{(n+1)(q+k)} \binom{q+k-1}{2k-1} L_n^{2k-1}, \quad n \geqslant 0, q \geqslant 1,$$

$$F_{2qn} = F_n L_n \sum_{k=0}^{q-1} (-1)^{n(q+k+1)} \binom{q+k}{2k+1} 5^k F_n^{2k}, \quad n, q \geqslant 0.$$

4. (Swamy[98]) 证明下面 Lucas 恒等式:

$$L_{2qn} = \sum_{k=0}^{q} (-1)^{n(q+k)} \frac{2q}{q+k} \binom{q+k}{2k} 5^k F_n^{2k}, \quad n, q \geqslant 0,$$

$$L_{2qn} = \sum_{k=0}^{q} (-1)^{(n+1)(q+k)} \frac{2q}{q+k} \binom{q+k}{2k} L_n^{2k}, \quad n, q \geqslant 0,$$

$$L_{(2q+1)n} = L_n \sum_{k=0}^{q} (-1)^{(n+1)(q+k)} \frac{2q+1}{q+k+1} \binom{q+k+1}{2k+1} L_n^{2k}, \quad n, q \geqslant 0,$$

$$L_{(2q+1)n} = L_n \sum_{k=0}^{q} (-1)^{n(q+k)} \binom{q+k}{2k} 5^k F_n^{2k}, \quad n, q \geqslant 0.$$

5. 定义 $U_n(x, y)$ 与 $V_n(x, y)$ 如下 [99]:

$$U_n(x,y) = x U_{n-1}(x,y) + y U_{n-2}(x,y), \quad n \geqslant 2, \quad U_0(x,y) = 0, \quad U_1(x,y) = 1,$$

$$V_n(x,y) = x V_{n-1}(x,y) + y V_{n-2}(x,y), \quad n \geqslant 2, \quad V_0(x,y) = 2, \quad V_1(x,y) = x.$$

简记 $U_n(x, y)$ 与 $V_n(x, y)$ 分别为 U_n 与 V_n, 定义它们对 x 和对 y 的偏微分为

$$U_n^{(k,j)} = \frac{\partial^{k+j}}{\partial x^k \partial y^j} U_n, \quad V_n^{(k,j)} = \frac{\partial^{k+j}}{\partial x^k \partial y^j} V_n, \quad k \geqslant 0, j \geqslant 0.$$

则

$$\sum_{i=0}^{n} U_i^{(k,j)} U_{n-i} = \frac{1}{k+j+1} U_n^{(k+1,j)},$$

$$\sum_{i=0}^{n} U_i^{(k,j)} V_{n-i} = \frac{n+k+1}{k+j+1} U_n^{(k,j)},$$

$$\sum_{i=0}^{n} V_i^{(k,j)} U_{n-i} = \left[\delta(0, k+j) + \frac{n(k+j)+j}{(k+j+1)(k+j)} \right] U_n^{(k,j)},$$

$$\sum_{i=0}^{n} V_i^{(k,j)} V_{n-i} = [1 + \delta(0, k+j)] V_n^{(k,j)} + \frac{(n-1)(k+j)+j}{(k+j+1)(k+j)} U_{n-1}^{(k,j)}$$

$$+ \frac{(n+1)(k+j)+j}{(k+j+1)(k+j)} U_{n+1}^{(k,j)}.$$

6. (André-Jeannin[100]) 令 k 和 m 为非负整数, 则

$$U_k \sum_{n=1}^{m} \frac{q^n}{W_n W_{n+k}} = U_m \sum_{n=1}^{k} \frac{q^n}{W_n W_{n+m}}.$$

7. (Jennings[101]) 令 $k = 1, 2, 3, \cdots$, 则

$$\frac{1}{5^k} \sum_{n=1}^{\infty} \frac{1}{F_{4n-2}^{2k+1}} = \frac{1}{(2k)!} \sum_{n=1}^{\infty} \frac{(n-k)(n-k+1)\cdots(n+k-1)}{F_{4n-2}},$$

$$\sum_{n=1}^{\infty} \frac{1}{L_{2n-1}^{2k+1}} = \frac{1}{(2k)!} \sum_{n=1}^{\infty} \frac{(n-k)(n-k+1)\cdots(n+k-1)}{L_{2n-1}},$$

$$\frac{1}{5^{k-1/2}} \sum_{n=1}^{\infty} \frac{1}{F_{2n-1}^{2k}} = \frac{(-1)^k}{(2k-1)!} \sum_{n=1}^{\infty} \frac{(-1)^n (n-k+1)(n-k+2)\cdots(n+k-1)}{F_{2n}},$$

$$\sum_{n=1}^{\infty} \frac{1}{L_{2n-1}^{2k}} = \frac{1}{(2k-1)!\sqrt{5}} \sum_{n=1}^{\infty} \frac{(n-k+1)(n-k+2)\cdots(n+k-1)}{F_{2n}}.$$

8. (Jennings[101]) 令 $k = 0, 1, 2, 3, \cdots$, 则

$$\frac{1}{5^{k+1/2}} \sum_{n=1}^{\infty} \frac{n}{F_{2n}^{2k+1}} = \frac{1}{(2k)!} \sum_{n=1}^{\infty} \frac{\langle n-k \rangle_{2k}}{L_{2n-1}^2},$$

$$\frac{1}{5^{k-1/2}} \sum_{n=1}^{\infty} \frac{(-1)^{n+1} n}{F_{2n}^{2k+1}} = \frac{1}{(2k)!} \sum_{n=1}^{\infty} \frac{\langle n-k \rangle_{2k}}{F_{2n-1}^2},$$

$$\frac{1}{5^{k-1}} \sum_{n=1}^{\infty} \frac{n}{F_{2n}^{2k}} = \frac{1}{(2k-1)!} \sum_{n=1}^{\infty} \frac{\langle n-k \rangle_{2k}}{F_{2n}^2}.$$

第 6 章 组合序列及其性质

前面我们讲了错排数 D_n、元素相邻禁止排列数 Q_n、元素相邻禁止环排列数 $\mathbb{Q}_n$ 以及 Fibonacci 数 F_n, Catalan 数 C_n 等, 本章我们研究其他几类重要的组合序列及其性质.

6.1 两类 Stirling 数

定义 6.1.1 集合的一个划分就是将集合划分为若干非空子集的和, 并且各子集之间的交集为空集. 每个非空子集称为划分的块. 将 n 个元素的集合划分成 k 个块的划分的方法数称为第二类斯特林 (Stirling) 数, 记作 $S(n, k)$.

易知, 对于 $1 \leqslant k \leqslant n$, 有 $S(n, k) > 0$, 并且若 $1 \leqslant n < k$, $S(n, k) = 0$. 此外约定: $S(0, 0) = 1$, 对于 $n, k \geqslant 1$, $S(n, 0) = S(0, k) = 0$.

定理 6.1.1 $S(n, k)$ 有下列递归关系:

$$S(n, k) = S(n-1, k-1) + kS(n-1, k), \quad 1 \leqslant k \leqslant n, \tag{6.1.1}$$

其生成函数为

$$\sum_{n \geqslant k} S(n, k) x^n = \frac{x^k}{(1-x)(1-2x) \cdots (1-kx)}, \quad k \geqslant 1. \tag{6.1.2}$$

证明 由定义将 n 元集 S 划分为 k 块的划分数为 $S(n, k)$. 在 S 中选定一个元素 y, 将所有划分分成两组: 元素 y 单独作为一组以及 y 不单独作为一组. 在元素 y 单独作为一组中, 需要将剩余的 $n-1$ 个元素划分为 $k-1$ 块, 故此类划分数为 $S(n-1, k-1)$; 在 y 不单独作为一组的划分中, 由于 y 与其他元素一起构成块, 将其余的 $n-1$ 个元素先划分为 k 块, 再将 y 分到这 k 个块中, 此类划分数为 $kS(n-1, k)$. 根据加法原理得递归关系 (6.1.1).

令 $\phi_k(x) = \sum_{n \geqslant k} S(n, k) x^n$, 在 (6.1.1) 两边乘以 x^n 并对 n 求和, 则

$$\phi_k(x) = x\phi_{k-1}(x) + kx\phi_k(x), \quad k \geqslant 1,$$

因此

$$\phi_k(x) = \frac{x}{1-kx}\phi_{k-1}(x), \quad k \geqslant 1.$$

迭代上式, 并且注意到 $\phi_0(x) = 1$, 可得证 (6.1.2).　　　　　　　　　　　□

显然, 由定理 6.1.1 所列的递归关系与初值, 可以按照 n 与 k 的递增顺序给出全部的数值 $S(n, k)$. 表 6.1 是 $S(n, k)$ 的 $0 \leqslant k \leqslant n \leqslant 7$ 范围内的数值表.

表 6.1　第二类 Stirling 数 $S(n, k)$

	0	1	2	3	4	5	6	7
0	1							
1	0	1						
2	0	1	1					
3	0	1	3	1				
4	0	1	7	6	1			
5	0	1	15	25	10	1		
6	0	1	31	90	65	15	1	
7	0	1	63	301	350	140	21	1

定理 6.1.2

$$S(n, k) = \frac{1}{k!} \sum_{j=0}^{k} (-1)^j \binom{k}{j} (k-j)^n. \tag{6.1.3}$$

证明　实际上, 将 n 个元素的集合划分成 k 个块的划分数相当于是 n 元集到 k 元集上满射的个数, 由例 3.1.4 可得结果.　　　　　　　　　　　□

定理 6.1.3　第二类 Stirling 数的生成函数为

(1) $\displaystyle\sum_{n \geqslant k} S(n, k) \frac{x^n}{n!} = \frac{1}{k!} (\mathrm{e}^x - 1)^k$;

(2) $\displaystyle\sum_{0 \leqslant k \leqslant n < \infty} S(n, k) \frac{x^n}{n!} y^k = \mathrm{e}^{y(\mathrm{e}^x - 1)}$.

证明　(1) 利用定理 6.1.2 可得

$$\sum_{n \geqslant k} S(n, k) \frac{x^n}{n!} = \sum_{n \geqslant 0} S(n, k) \frac{x^n}{n!} = \frac{1}{k!} \sum_{n \geqslant 0} \left(\sum_{j=0}^{k} (-1)^j \binom{k}{j} (k-j)^n \right) \frac{x^n}{n!}$$

$$= \frac{1}{k!} \sum_{j=0}^{k} (-1)^j \binom{k}{j} \sum_{n \geqslant 0} (k-j)^n \frac{x^n}{n!}$$

$$= \frac{1}{k!} \sum_{j=0}^{k} (-1)^j \binom{k}{j} \mathrm{e}^{x(k-j)}$$

$$= \frac{1}{k!} (\mathrm{e}^x - 1)^k.$$

(2) 由 (1) 有

$$\sum_{n \geqslant k \geqslant 0} S(n,k) \frac{x^n}{n!} y^k = \sum_{k \geqslant 0} y^k \sum_{n \geqslant k} S(n,k) \frac{x^n}{n!} = \sum_{k \geqslant 0} y^k \frac{1}{k!} (\mathrm{e}^x - 1)^k = \mathrm{e}^{y(\mathrm{e}^x-1)}. \qquad \square$$

定理 6.1.4 设 $(x)_n = x(x-1)(x-2)\cdots(x-n+1) \ (n>0)$, $(x)_0 = 1$. 则

$$x^n = \sum_{k=0}^{n} S(n,k)(x)_k. \qquad (6.1.4)$$

证明 由于

$$\sum_{n \geqslant 0} x^n \frac{t^n}{n!} = \mathrm{e}^{xt} = (1 + \mathrm{e}^t - 1)^x = \sum_{k \geqslant 0} (x)_k \frac{(\mathrm{e}^t - 1)^k}{k!} = \sum_{k \geqslant 0} (x)_k \sum_{n \geqslant k} S(n,k) \frac{t^n}{n!},$$

比较上式中项 $t^n/n!$ 的系数, 可得证. $\qquad \square$

式 (6.1.4) 常常作为第二类 Stirling 数的定义. 可以看出第二类 Stirling 数是用下阶乘序列 $(x)_n$ 表示幂序列 x^n 时的系数. 反过来, 用幂序列 x^n 表示下阶乘序列 $(x)_n$ 时的系数, 就是第一类 Stirling 数, 即

定义 6.1.2 式子

$$(x)_n = \sum_{k=0}^{n} s(n,k) x^k \qquad (6.1.5)$$

中的系数 $s(n,k)$ 被称为第一类 Stirling 数. 并且约定 $(x)_0 = x^0 = s(0,0) = 1$.

显然, $s(n,0) = 0 \ (n>0)$, $s(n,n) = 1 \ (n \geqslant 0)$, $s(n,1) = (-1)^{n-1}(n-1)!$.

定理 6.1.5 第一类 Stirling 数具有下列递归关系:

$$s(n,k) = s(n-1,k-1) - (n-1)s(n-1,k), \quad 1 \leqslant k \leqslant n. \qquad (6.1.6)$$

证明 从关系式 $(x)_n = (x)_{n-1}(x-n+1)$, 可得证. $\qquad \square$

显然, 由定理 6.1.5 所列的递归关系与初值, 可以按照 n 与 k 的递增顺序给出全部的数值 $s(n,k)$. 表 6.2 是 $0 \leqslant k \leqslant n \leqslant 7$ 范围内第一类 Stirling 数的数值表.

表 6.2 **第一类 Stirling 数 $s(n,k)$**

	0	1	2	3	4	5	6	7
0	1							
1	0	1						
2	0	−1	1					
3	0	2	−3	1				
4	0	−6	11	−6	1			
5	0	24	−50	35	−10	1		
6	0	−120	274	−225	85	−15	1	
7	0	720	−1764	1624	−735	175	−21	1

定理 6.1.6　第一类 Stirling 数的生成函数为

(1) $\sum\limits_{n \geqslant k} s(n,k)\dfrac{x^n}{n!} = \dfrac{1}{k!}\ln^k(1+x)$;

(2) $\sum\limits_{0 \leqslant k \leqslant n < \infty} s(n,k)\dfrac{x^n}{n!}y^k = (1+x)^y$.

证明　(1) 令 $Y_k(x) = \sum\limits_{n \geqslant k} s(n,k)\dfrac{x^n}{n!}$. 在递归关系 (6.1.6) 两边同时乘 $\dfrac{x^n}{n!}$ 后, 对 n 求和并变形

$$\sum_{n \geqslant 0} s(n+1,k)\frac{x^n}{n!} = \sum_{n \geqslant 0} s(n,k-1)\frac{x^n}{n!} - \sum_{n \geqslant 0} ns(n,k)\frac{x^n}{n!},$$

故

$$\sum_{n \geqslant 1} s(n,k)\frac{x^{n-1}}{(n-1)!} + \sum_{n \geqslant 1} s(n,k)\frac{x^n}{(n-1)!} = \sum_{n \geqslant 0} s(n,k-1)\frac{x^n}{n!},$$

即

$$(1+x)\sum_{n \geqslant 1} s(n,k)\frac{x^{n-1}}{(n-1)!} = Y_{k-1}(x).$$

最后的和式即是 $Y_k(x)$ 的导数 $Y_k'(x)$. 将所得的 (涉及导数的) 递归关系

$$Y_k'(x) = \frac{Y_k(x)}{1+x}$$

用逐步迭代的方法求解:

$$Y_0(x) = 1 \rightarrow Y_1'(x) = \frac{1}{1+x} \rightarrow Y_1(x) = \ln(1+x)$$

$$\rightarrow Y_2'(x) = \frac{\ln(1+x)}{1+x} \rightarrow Y_2(x) = \frac{1}{2!}\ln^2(1+x)\cdots.$$

故 $Y_k(x) = \dfrac{1}{k!}\ln^k(1+x)$.

(2)

$$\sum_{n \geqslant 0}\left(\sum_{k=0}^{n} s(n,k)y^k\right)\frac{x^n}{n!} = \sum_{n \geqslant 0}\frac{[y]_n}{n!}x^n = \sum_{n \geqslant 0}\binom{y}{n}x^n = (1+x)^y. \qquad \square$$

定理 6.1.7　(1) 正交关系:

$$\sum_{k \geqslant 0} s(n,k)S(k,m) = \sum_{k \geqslant 0} S(n,k)s(k,m) = \delta_{m,n}; \tag{6.1.7}$$

(2) 对于数列 $\{a_n\}_n$ 与 $\{b_n\}_n$, 则有反演关系

$$a_n = \sum_{k=0}^{n} s(n,k)b_k \Leftrightarrow b_n = \sum_{k=0}^{n} S(n,k)a_k. \tag{6.1.8}$$

证明 从 $x^n = \sum_k S(n,k)(x)_k = \sum_k \sum_m S(n,k)s(k,m)x^m$ 和 $(x)_n = \sum_{m,k} s(n,k) \cdot S(k,m)(x)_m$ 可得正交关系. 由正交关系, 可得反演公式. □

定理 6.1.8 两类 Stirling 数的显式表示为

$$s(n,k) = (-1)^{n+k} \sum_{1 \leqslant i_1 < \cdots < i_{n-k} \leqslant n-1} i_1 i_2 \cdots i_{n-k}, \quad 0 < k < n; \tag{6.1.9}$$

$$S(n,k) = \sum_{c_1+c_2+\cdots+c_k=n-k} 1^{c_1} 2^{c_2} \cdots k^{c_k}, \quad 0 < k \leqslant n. \tag{6.1.10}$$

证明 由第一类 Stirling 数的定义中 (6.1.5) 可得

$$x(x+1)(x+2)\cdots(x+n-1) = \sum_{k=0}^{n} (-1)^{n+k} s(n,k)x^k. \tag{6.1.11}$$

从此式可得定理 6.1.8 的第一式. 展开式 (6.1.2) 的右边, 比较系数可得此定理的第二式. □

定理 6.1.9

$$\binom{i+j}{i} s(n,i+j) = \sum_{k=0}^{n} \binom{n}{k} s(k,i)s(n-k,j);$$

$$\binom{i+j}{i} S(n,i+j) = \sum_{k=0}^{n} \binom{n}{k} S(k,i)S(n-k,j).$$

证明 利用两类 Stirling 数的指数型生成函数分别可得两式. □

定理 6.1.10 算子 $x\dfrac{\mathrm{d}}{\mathrm{d}x}$ 与 $\dfrac{\mathrm{d}}{\mathrm{d}x}$ 之间的转换关系 [102]:

$$\left(x\frac{\mathrm{d}}{\mathrm{d}x}\right)^n = \sum_{k=0}^{n} S(n,k)x^k \left(\frac{\mathrm{d}}{\mathrm{d}x}\right)^k, \tag{6.1.12}$$

$$x^n \left(\frac{\mathrm{d}}{\mathrm{d}x}\right)^n = \sum_{k=0}^{n} s(n,k)\left(x\frac{\mathrm{d}}{\mathrm{d}x}\right)^k = \left(x\frac{\mathrm{d}}{\mathrm{d}x}\right)_n. \tag{6.1.13}$$

证明   先用数学归纳法证明

$$x^n\left(\frac{\mathrm{d}}{\mathrm{d}x}\right)^n = \left(x\frac{\mathrm{d}}{\mathrm{d}x}\right)_n, \quad n \geqslant 0. \tag{6.1.14}$$

当 $n = 0$ 时, 由定义, 有

$$\left(x\frac{\mathrm{d}}{\mathrm{d}x}\right)_0 = 1 = x^0 \left(\frac{\mathrm{d}}{\mathrm{d}x}\right)^0.$$

假设 (6.1.14) 对 n 成立, 则

$$\begin{aligned}
\left(x\frac{\mathrm{d}}{\mathrm{d}x}\right)_{n+1} &= \left(x\frac{\mathrm{d}}{\mathrm{d}x} - n\right)\left(x\frac{\mathrm{d}}{\mathrm{d}x}\right)_n \\
&= \left(x\frac{\mathrm{d}}{\mathrm{d}x} - n\right) x^n \left(\frac{\mathrm{d}}{\mathrm{d}x}\right)^n \\
&= x\frac{\mathrm{d}}{\mathrm{d}x}\left(x^n\left(\frac{\mathrm{d}}{\mathrm{d}x}\right)^n\right) - nx^n\left(\frac{\mathrm{d}}{\mathrm{d}x}\right)^n \\
&= x\left[nx^{n-1}\left(\frac{\mathrm{d}}{\mathrm{d}x}\right)^n + x^n\left(\frac{\mathrm{d}}{\mathrm{d}x}\right)^{n+1}\right] - nx^n\left(\frac{\mathrm{d}}{\mathrm{d}x}\right)^n \\
&= x^{n+1}\left(\frac{\mathrm{d}}{\mathrm{d}x}\right)^{n+1},
\end{aligned}$$

即 (6.1.14) 对 $n+1$ 成立. 故 (6.1.13) 成立. 由 (6.1.8) 知 (6.1.12) 成立.   □

注 6.1.1   定理 6.1.10 给出了算子 $(x\mathrm{d}/\mathrm{d}x)^n$ 与 $(\mathrm{d}/\mathrm{d}x)^n$ 的一种很有用的转换关系, 用于复合函数的求导非常有效. 例如注意到 $(\mathrm{d}f/\mathrm{d}x) = \mathrm{e}^x(\mathrm{d}f/\mathrm{d}\mathrm{e}^x)$, 则 $(\mathrm{d}/\mathrm{d}x) = (y\mathrm{d}/\mathrm{d}y)$, 这里 $y = \mathrm{e}^x$, 因此 $(\mathrm{d}/\mathrm{d}x)^n F(\mathrm{e}^x) = (y\mathrm{d}/\mathrm{d}y)^n F(y) = \sum_{k=1}^n S(n,k)y^k(\mathrm{d}/\mathrm{d}y)^k F(y)$. 又如

$$(\mathrm{d}/\mathrm{d}x)^n F(\log x) = x^{-n}\sum_k s(n,k)(x\mathrm{d}/\mathrm{d}x)^k F(\log x) = x^{-n}\sum_k s(n,k)F^{(k)}(\log x),$$

由此得到

$$(\mathrm{d}/\mathrm{d}x)^n F(\log x) = x^{-n}\sum_{k=1}^n s(n,k)F^{(k)}(\log x),$$

$$(\mathrm{d}/\mathrm{d}x)^n F(\mathrm{e}^x) = \sum_{k=1}^n S(n,k)\mathrm{e}^{kx}F^{(k)}(\mathrm{e}^x).$$

根据前面的性质, 两类 Stirling 数还有下述性质, 这里不再给出证明.

定理 6.1.11 两类 Stirling 数的递归关系为

(1) 垂直递归关系:

$$ks(n,k) = \sum_{j=k-1}^{n-1} (-1)^{n-j-1} \binom{n}{j} (n-j-1)! s(j,k-1), \qquad (6.1.15)$$

$$s(n+1,k+1) = \sum_{j=k}^{n} (-1)^{n-j} (n)_{n-j} s(j,k), \qquad (6.1.16)$$

$$S(n,k) = \sum_{j=k-1}^{n-1} \binom{n-1}{j} S(j,k-1), \qquad (6.1.17)$$

$$S(n,k) = \sum_{j=k}^{n} S(j-1,k-1) k^{n-j}. \qquad (6.1.18)$$

(2) 水平递归关系:

$$(n-k)s(n,k) = \sum_{j=k+1}^{n} (-1)^{j-k} \binom{j}{k-1} s(n,j), \qquad (6.1.19)$$

$$s(n,k) = \sum_{j=k}^{n} s(n+1,j+1) n^{j-k}, \qquad (6.1.20)$$

$$S(n,k) = \sum_{j=0}^{n-k} (-1)^j [k+1]_j S(n+1,k+j+1), \qquad (6.1.21)$$

$$k! S(n,k) = k^n - \sum_{j=1}^{k-1} [k]_j S(n,j), \qquad (6.1.22)$$

$$s(n,k) = (-1)^{n+k} |s(n,k)|. \qquad (6.1.23)$$

注 6.1.2 关于将 Stirling 数变量 n 扩展到实数上, 可以参看文献 [103], 此时 Stirling 数已经不具组合意义.

定义 6.1.3 n 元集的所有划分的个数称为 Bell 数, 记作 $B(n)$.

显然有

$$B(n) = \sum_{k=1}^{n} S(n,k) \quad (n \geqslant 1). \qquad (6.1.24)$$

定理 6.1.12　Bell 数 $B(n)$ 具有下述性质:

(1) 生成函数: $\displaystyle\sum_{n\geqslant 0} B(n)\frac{t^n}{n!} = \exp(e^t - 1)$;

(2) 递归关系: $B(n+1) = \displaystyle\sum_{k=0}^{n}\binom{n}{k}B(k)$, $n\geqslant 0$;

(3) $B(n) = \dfrac{1}{e}\displaystyle\sum_{k=0}^{\infty}\frac{k^n}{k!}$.

证明　由 (6.1.24) 和第二类 Stirling 数的指数型生成函数可得 (1). 对 (1) 两边微分, 则得

$$\frac{d}{dt}\sum_{n\geqslant 0} B(n)\frac{t^n}{n!} = e^t\sum_{n\geqslant 0} B(n)\frac{t^n}{n!},$$

即

$$\sum_{n\geqslant 0} B(n+1)\frac{t^n}{n!} = e^t\sum_{n\geqslant 0} B(n)\frac{t^n}{n!} = \sum_{n\geqslant 0}\left(\sum_{k=0}^{n}\binom{n}{k}B(k)\right)\frac{t^n}{n!}.$$

比较上式两边 $t^n/n!$ 的系数, 可得 (2). 由 (1) 知

$$\sum_{n\geqslant 0} B(n)\frac{t^n}{n!} = \exp(e^t - 1) = \frac{1}{e}\exp(e^t) = \frac{1}{e}\sum_{k\geqslant 0}\frac{e^{kt}}{k!} = \frac{1}{e}\sum_{k\geqslant 0}\frac{1}{k!}\sum_{n\geqslant 0}\frac{k^n t^n}{n!}.$$

比较上式 $t^n/n!$ 的系数可得 (3). 　　□

定义 6.1.4　$-x$ 的下阶乘用 x 的下阶乘线性表示式子

$$(-x)_n = \sum_{k=0}^{n} L_{n,k}(x)_k \tag{6.1.25}$$

中的系数 $L_{n,k}$ 被称为拉赫 (Lah) 数.

注 6.1.3　伊沃 · 拉赫 (Ivo Lah) 于 1954 年发现 Lah 数.

定理 6.1.13　递归关系: $L_{n,k} = -L_{n,k-1} - (n+k)L_{n,k}$, $1\leqslant k\leqslant n$.

初值: $L_{n,0} = 0$, $n>0$, $L_{n,n} = (-1)^n$, $n\geqslant 0$.

证明　由

$$\sum_{k\geqslant 0} L_{n+1,k}(x)_k = (-x)_{n+1} = (-x)_n(-x-n)$$

$$= -\sum_{k\geqslant 0} L_{n,k}(x)_k(x-k+n+k)$$

$$= -\sum_{k \geqslant 0} L_{n,k}(x)_{k+1} - \sum_{k \geqslant 0}(n+k)L_{n,k}(x)_k$$

可得结果. □

列出 Lah 数的数值表如表 6.3 所示 $(0 \leqslant k \leqslant n \leqslant 6)$.

表 6.3   Lah 数 $L_{n,k}$

	0	1	2	3	4	5	6
0	1						
1	0	−1					
2	0	2	1				
3	0	−6	−6	−1			
4	0	24	36	12	1		
5	0	−120	−240	−120	−20	−1	
6	0	720	1800	1200	300	30	1

定理 6.1.14   (1) 生成函数: $\displaystyle\sum_{n \geqslant 0} L_{n,k}\frac{x^n}{n!} = \frac{1}{k!}\left(\frac{-x}{1+x}\right)^k$;

(2) 通项公式: $L_{n,k} = (-1)^n \dfrac{n!}{k!}\dbinom{n-1}{k-1}$, $n \geqslant k \geqslant 1$.

证明   由于

$$(1+t)^{-x} = \sum_{n \geqslant 0}(-x)_n\frac{t^n}{n!} = \sum_{n \geqslant 0}\frac{t^n}{n!}\sum_{k=0}^{n}L_{n,k}(x)_k = \sum_{k \geqslant 0}(x)_k\sum_{n \geqslant 0}L_{n,k}\frac{t^n}{n!}$$

和

$$(1+t)^{-x} = \left(1 - \frac{t}{1+t}\right)^x = \sum_{n \geqslant 0}(x)_n\frac{1}{n!}\left(\frac{-t}{1+t}\right)^n,$$

比较上面两式中 $(x)_k$ 的系数, 得 (1). 又

$$\sum_{n \geqslant 0}L_{n,k}\frac{t^n}{n!} = \frac{1}{k!}\left(\frac{-t}{1+t}\right)^k = \frac{(-1)^k}{k!}t^k\sum_{j \geqslant 0}\binom{k+j-1}{j}(-1)^j t^j$$

$$= \sum_{j \geqslant 0}\frac{(-1)^{k+j}}{k!}\binom{k+j-1}{k-1}t^{k+j}.$$

比较上式中 t^n 的系数可得 (2). □

定理 6.1.15   (1) $L_{n,k} = \displaystyle\sum_{j \geqslant 0}(-1)^j s(n,j)S(j,k)$;

(2) (正交关系) $\sum\limits_{k\geqslant 0} L_{n,k} L_{k,m} = \delta_{n,m}$;

(3) 对于数列 $\{a_n\}_n$ 与 $\{b_n\}_n$, 则有反演关系

$$a_n = \sum_{k=0}^{n} L_{n,k} b_k \Leftrightarrow b_n = \sum_{k=0}^{n} L_{n,k} a_k. \tag{6.1.26}$$

证明　因为

$$(-x)_n = \sum_{j\geqslant 0} s(n,j)(-x)^j = \sum_{j\geqslant 0} (-1)^j s(n,j) \sum_{k\geqslant 0} S(j,k)(x)_k$$

$$= \sum_{k\geqslant 0} \left(\sum_{j\geqslant 0} (-1)^j s(n,j) S(j,k) \right) (x)_k,$$

将此式与 (6.1.25) 比较 $(x)_k$ 的系数得 (1). 将 (6.1.25) 中 x 换为 $-x$, 再将 (6.1.25) 代入, 由函数列 $(x)_k$ 的线性无关性, 得到 (2). 由 (2) 自然得到 (3).　　□

注 6.1.4　关于两类 Stirling 数的综述研究与拓广可参看文献 [104] 及该文献所列文献.

6.2　Bernoulli-Euler 多项式与 Bernoulli-Euler 数

伯努利-欧拉 (Bernoulli-Euler) 数与 Bernoulli-Euler 多项式是在分析学中应用非常广泛的对象, 在许多方面都具有重要的应用.

定义 6.2.1　Bernoulli 多项式 $B_n(x)$ 定义为

$$\frac{z\mathrm{e}^{xz}}{\mathrm{e}^z - 1} = \sum_{n=0}^{\infty} B_n(x) \frac{z^n}{n!} \quad (|z| < 2\pi). \tag{6.2.1}$$

Bernoulli 数 $B_n := B_n(0)$, 且生成函数为

$$\frac{z}{\mathrm{e}^z - 1} = \sum_{n=0}^{\infty} B_n \frac{z^n}{n!} \quad (|z| < 2\pi). \tag{6.2.2}$$

由上述定义, 易得

定理 6.2.1

$$B_n = \sum_{k=0}^{n} \binom{n}{k} B_k \quad (n > 1), \tag{6.2.3}$$

$$B_{2n+1} = 0 \quad (n > 0), \tag{6.2.4}$$

$$B_n(x) = \sum_{k=0}^{n} \binom{n}{k} B_k x^{n-k}, \tag{6.2.5}$$

$$B_n(x+1) - B_n(x) = nx^{n-1} \quad (n \in \mathbb{N}_0), \tag{6.2.6}$$

$$B_n = B_n(1) \quad (n > 1). \tag{6.2.7}$$

证明 由 $\dfrac{z}{\mathrm{e}^z - 1}\mathrm{e}^z = \dfrac{z}{\mathrm{e}^z - 1} + x$ 可得定理第一式. 由 $\displaystyle\sum_{n \geqslant 0}(-1)^n B_n \dfrac{z^n}{n!} =$

$\dfrac{-z}{\mathrm{e}^{-z} - 1} = z + \dfrac{z}{\mathrm{e}^z - 1} = z + \displaystyle\sum_{n \geqslant 0} B_n \dfrac{z^n}{n!}$, 得 $B_n = (-1)^n B_n$ $(n > 1)$, 从而 $B_{2n+1} = 0$,

即得到第二式. 由 $\dfrac{z\mathrm{e}^{xz}}{\mathrm{e}(z-1)} = \dfrac{z}{\mathrm{e}^z - 1} \cdot \mathrm{e}^{xz}$, 可得第三式. 由 $\dfrac{z\mathrm{e}^{z(x+1)}}{\mathrm{e}^z - 1} - \dfrac{z\mathrm{e}^{xz}}{\mathrm{e}^z - 1} =$

$z\mathrm{e}^{xz}$, 可得第四式. 在第四式中, 取 $x = 0$, 则得第五式. $\hfill\square$

定理 6.2.2

$$B_n(1-x) = (-1)^n B_n(x) \quad (n \in \mathbb{N}_0), \tag{6.2.8}$$

$$B_n'(x) = nB_{n-1}(x) \quad (n \in \mathbb{N}), \tag{6.2.9}$$

$$(-1)^n B_n(-x) = B_n(x) + nx^{n-1} \quad (n \in \mathbb{N}_0), \tag{6.2.10}$$

$$B_n(x+y) = \sum_{k=0}^{n} \binom{n}{k} B_k(x) y^{n-k}. \tag{6.2.11}$$

证明 由

$$\sum_{n \geqslant 0} B_n(1-x)\frac{z^n}{n!} = \frac{z}{\mathrm{e}^z - 1}\mathrm{e}^{z(1-x)} = \frac{-z}{\mathrm{e}^{-z} - 1}\mathrm{e}^{x(-z)} = \sum_{n \geqslant 0}(-1)^n B_n(x)\frac{z^n}{n!},$$

可得第一式. 由

$$\sum_{n \geqslant 0} \frac{\mathrm{d}}{\mathrm{d}x} B_n(x)\frac{z^n}{n!} = \frac{\mathrm{d}}{\mathrm{d}x}\sum_{n \geqslant 0} B_n(x)\frac{z^n}{n!} = \frac{\mathrm{d}}{\mathrm{d}x}\frac{z}{\mathrm{e}^z - 1}\mathrm{e}^{xz} = \frac{z^2\mathrm{e}^{zx}}{\mathrm{e}^z - 1} = \sum_{n \geqslant 0} B_n(x)\frac{z^{n+1}}{n!},$$

可得第二式. 由

$$\sum_{n \geqslant 0}(-1)^n B_n(-x)\frac{z^n}{n!}\frac{-z}{\mathrm{e}^{-z} - 1}\mathrm{e}^{xz} = \frac{z\mathrm{e}^{zx}}{\mathrm{e}^z - 1} + z\mathrm{e}^{zx},$$

可得第三式. 由

$$\frac{z}{e^z - 1} e^{z(x+y)} = \frac{z}{e^z - 1} e^{zx} \cdot e^{zy},$$

可得第四式.　　　　　　　　　　　　　　　　　　　　　　　　　　　　　□

定理 6.2.3

$$B_n(mx) = m^{n-1} \sum_{k=0}^{m-1} B_n \left(x + \frac{k}{m} \right) \quad (n \in \mathbb{N}_0, m \in \mathbb{N}), \tag{6.2.12}$$

$$x^n = \sum_{k=0}^{n} \frac{1}{n-k+1} \binom{n}{k} B_k(x). \tag{6.2.13}$$

证明　由

$$\sum_{n \geqslant 0} B_n(mx) \frac{z^n}{n!} = \frac{z e^{mzx}}{e^z - 1} = \frac{1}{m} \sum_{k=0}^{m-1} \frac{mz e^{(x+\frac{k}{m})mz}}{e^{mz} - 1} = \frac{1}{m} \sum_{k=0}^{m-1} \sum_{n \geqslant 0} B_n \left(x + \frac{k}{m} \right) \frac{m^n z^n}{n!}$$

(利用 $e^{mz} - 1 = (e^z - 1) \sum_{k=0}^{m-1} e^{kz}$), 可得第一式. 由

$$e^{zx} = \frac{e^z - 1}{z} \cdot \frac{z}{e^z - 1} e^{zx} = \sum_{k \geqslant 0} \frac{z^k}{k!} \sum_{n \geqslant 0} B_n(x) \frac{z^n}{n!}$$

$$= \sum_{n \geqslant 0} \left(\sum_{k=0}^{n} \frac{1}{n-k+1} \binom{n}{k} B_k(x) \right) \frac{z^n}{n!},$$

可得第二式.　　　　　　　　　　　　　　　　　　　　　　　　　　　　□

它们还具有下述性质, 不再给出证明.

$$\int_x^y B_n(t) \mathrm{d}t = \frac{B_{n+1}(y) - B_{n+1}(x)}{n+1}, \tag{6.2.14}$$

$$\int_x^{x+1} B_n(t) \mathrm{d}t = x^n, \tag{6.2.15}$$

$$\int_0^1 B_n(t) B_m(t) \mathrm{d}t = (-1)^{n-1} \frac{m! n!}{(m+n)!} B_{m+n} \quad (m, n \in \mathbb{N}), \tag{6.2.16}$$

$$\sum_{k=1}^{m} k^n = \frac{B_{n+1}(m+1) - B_{n+1}}{n+1}, \tag{6.2.17}$$

$$B_{2n}(x) + nx^{2n-1} = \sum_{k=0}^{n} \binom{2n}{2k} B_{2k} x^{2n-2k}, \tag{6.2.18}$$

$$\sum_{k=0}^{n} \frac{2^{2k} B_{2k}}{(2k)!(2n-2k+1)!} = \frac{1}{(2n)!}, \tag{6.2.19}$$

$$B_{2n}\left(\frac{1}{2}\right) = (2^{1-2n}-1)B_{2n}, \tag{6.2.20}$$

$$B_{2n+1}\left(\frac{1}{2}\right) = 0 \quad (n \in \mathbb{N}). \tag{6.2.21}$$

定义 6.2.2 Euler 多项式 $E_n(x)$ 与 Euler 数 E_n 分别定义为

$$\frac{2}{e^z+1}e^{xz} = \sum_{n=0}^{\infty} E_n(x)\frac{z^n}{n!} \quad (|z| < 2\pi) \tag{6.2.22}$$

和

$$\frac{2}{e^{2z}+1}e^z = \operatorname{sech} z = \sum_{n=0}^{\infty} E_n \frac{z^n}{n!} \quad \left(|z| < \frac{\pi}{2}\right). \tag{6.2.23}$$

由定义, 类似 Bernoulli 数或多项式性质的推导, 可以得到下列性质.

$$E_n(x+1) + E_n(x) = 2x^n \quad (n \in \mathbb{N}_0), \tag{6.2.24}$$

$$E_n'(x) = nE_{n-1}(x), \tag{6.2.25}$$

$$E_n(1-x) = (-1)^n E_n(x), \tag{6.2.26}$$

$$(-1)^{n+1} E_n(-x) = E_n(x) - 2x^n, \tag{6.2.27}$$

$$E_n(x+y) = \sum_{k=0}^{n} \binom{n}{k} E_k(x) y^{n-k}, \tag{6.2.28}$$

$$E_n(x) = \sum_{k=0}^{n} \binom{n}{k} \frac{E_k}{2^k} \left(x - \frac{1}{2}\right)^{n-k}, \tag{6.2.29}$$

$$E_n = 2^n E_n\left(\frac{1}{2}\right), \tag{6.2.30}$$

$$\sum_{k=0}^{n} \binom{2n}{2k} E_{2k} = 0, \tag{6.2.31}$$

$$E_n(mx) = m^n \sum_{k=0}^{m-1} (-1)^k E_n\left(x + \frac{k}{m}\right), \tag{6.2.32}$$

$$E_n(mx) = -\frac{2}{n+2} m^n \sum_{k=0}^{m-1} (-1)^k B_{n+1}\left(x + \frac{k}{m}\right), \tag{6.2.33}$$

$$\int_x^y E_n(t)\mathrm{d}t = \frac{E_{n+1}(y) - E_{n+1}(x)}{n+1}, \tag{6.2.34}$$

$$\int_0^1 E_n(t)E_m(t)\mathrm{d}t = (-1)^n 4(2^{m+n+2} - 1)\frac{m!n!}{(m+n+2)!} B_{m+n+2}, \tag{6.2.35}$$

$$\sum_{k=1}^m (-1)^{m-k} k^n = \frac{1}{2}\left[E_n(m+1) + (-1)^m E_n(0)\right], \tag{6.2.36}$$

$$E_{2n+1} = 0. \tag{6.2.37}$$

Bernoulli 多项式 $B_n(x)$ 与 Euler 多项式 $E_n(x)$ 之间存在下列关系:

$$E_n(x) = \frac{2^{n+1}}{n+1}\left\{B_{n+1}\left(\frac{x+1}{2}\right) - B_{n+1}\left(\frac{x}{2}\right)\right\}, \tag{6.2.38}$$

$$E_n(1-x) = (-1)^n \frac{2}{n+1}\left[2^{n+1}B_{n+1}\left(\frac{x+1}{2}\right) - B_{n+1}(x)\right], \tag{6.2.39}$$

$$E_{n-2}(x) = 2\binom{n}{2}^{-1} \sum_{k=0}^{n-2} \binom{n}{k}(2^{n-k} - 1)B_{n-k}B_k(x), \tag{6.2.40}$$

$$B_n(x) = 2^{-n} \sum_{k=0}^n \binom{n}{k} B_{n-k} E_k(2x). \tag{6.2.41}$$

Akiyama 与 Tanigawa [105] 给出两类 Stirling 数与 Bernoulli 数之间的下列关系:

$$\sum_{j=k}^n \frac{1}{j} S(n,j) s(j,k) = \frac{1}{n}\binom{n}{k} B_{n-k} + \delta_{n-k-1,0}, \tag{6.2.42}$$

$$\sum_{j=0}^n \binom{n}{j} B_{n-j} S(j,k) = \frac{n}{k} S(n-1, k-1), \tag{6.2.43}$$

$$\sum_{j=k-1}^n \frac{S(n,j)s(j+1,k)}{j+1} = \frac{B_{n+1-k}}{n+1}\binom{n+1}{k}, \tag{6.2.44}$$

$$B_n = \sum_{j=0}^{n} \frac{(-1)^j j!}{j+1} S(n,j) = \sum_{j=0}^{n} \frac{1}{j+1} \sum_{i=0}^{j} (-1)^i \binom{j}{i} i^n, \tag{6.2.45}$$

$$\sum_{j=0}^{n} s(n,j) B_j = \frac{(-1)^n n!}{n+1}. \tag{6.2.46}$$

下面我们再引进若干著名的组合序列 [13, pp.49-51].

(1) 第一类 Chebyshev 多项式 $T_n(x)$:

$$\frac{1-tx}{1-2tx+t^2} = \sum_{n \geqslant 0} T_n(x) t^n.$$

(2) 第二类 Chebyshev 多项式 $U_n(x)$:

$$\frac{1}{1-2tx+t^2} = \sum_{n \geqslant 0} U_n(x) t^n.$$

(3) 勒让德 (Legendre) 多项式 $P_n(x)$:

$$\frac{1}{\sqrt{1-2tx+t^2}} = \sum_{n \geqslant 0} P_n(x) t^n.$$

(4) 盖根鲍尔 (Gegenbauer) 多项式 $C_n^{(\alpha)}(x)$:

$$(1-2tx+t^2)^{-\alpha} = \sum_{n \geqslant 0} C_n^{(\alpha)}(x) t^n,$$

这里 $\alpha \in C$, $C_n^{(1/2)} = P_n$, $C_n^{(1)} = U_n$, 也被称为 Ultraspherical 多项式.

(5) 埃尔米特 (Hermite) 多项式 $H_n(x)$:

$$\exp(-t^2 + 2tx) = \sum_{n \geqslant 0} H_n(x) \frac{t^n}{n!}.$$

(6) 拉盖尔 (Laguerre) 多项式 $L_n^{(\alpha)}(x)$:

$$(1-t)^{-t-\alpha} \exp \frac{tx}{t-1} = \sum_{n \geqslant 0} L_n^{(\alpha)}(x) t^n.$$

(7) Euler 氏数 $A(n,k)$:

$$\frac{1-u}{e^{t(u-1)} - u} = 1 + \sum_{n=0}^{\infty} \sum_{k=0}^{n} A(n,k) \frac{t^n}{n!} u^{k-1}.$$

(8) 杰诺其 (Genocchi) 数 G_n:

$$\frac{2t}{e^t + 1} = t\left(1 - \operatorname{th}\frac{t}{2}\right) = \sum_{n \geqslant 1} G_n \frac{t^n}{n!},$$

这里 $G_3 = G_5 = G_7 = \cdots = 0$ 以及 $G_{2m} = 2(1 - 2^{2m})B_{2m} = 2mE_{2m-1}$.

下面引入高阶 Bernoulli-Euler 多项式与高阶 Bernoulli-Euler 数.

定义 6.2.3　n 阶 k 次 Bernoulli 多项式 $B_k^{(n)}(x)$ 定义为

$$\left(\frac{z}{e^z - 1}\right)^n e^{xz} = \sum_{k=0}^{\infty} B_k^{(n)}(x)\frac{z^k}{k!} \quad (|z| < 2\pi). \tag{6.2.47}$$

n 阶 Bernoulli 数 $B_k^{(n)} = B_k^{(n)}(0)$, 且生成函数为

$$\frac{z^n}{(e^z - 1)^n} = \sum_{k=0}^{\infty} B_k^{(n)}\frac{z^k}{k!} \quad (|z| < 2\pi). \tag{6.2.48}$$

易知

$$\frac{d}{dx}B_k^{(n)}(x) = kB_{k-1}^{(n)}(x),$$
$$B_k^{(n)}(x+1) = B_k^{(n)}(x) + kB_{k-1}^{(n-1)}(x),$$
$$B_k^{(n)}(1) = B_k^{(n)} + kB_{k-1}^{(n-1)},$$
$$B_k^{(n)}(n-x) = (-1)^k B_k^{(n)}(x), \tag{6.2.49}$$
$$\int_0^1 B_k^{(n)}(x)dx = B_k^{(n-1)},$$
$$B_k^{(n+1)}(x) = \left(1 - \frac{k}{n}\right)B_k^{(n)}(x) + \left(\frac{x}{n} - 1\right)B_{k-1}^{(n)}(x).$$

定义 6.2.4　n 阶 k 次 Euler 多项式 $E_k^{(n)}(x)$ 定义为

$$\left(\frac{2}{e^z + 1}\right)^n e^{xz} = \sum_{k=0}^{\infty} E_{k^{(x)}}^{(n)}\frac{z^2}{k!} \quad (|z| < \pi).$$

n 阶 Euler 数 $E_k^{(n)}$ 定义为 $E_k^{(n)} = 2^n E_k^{(n)}\left(\frac{n}{2}\right)$, 且生成函数为

$$\left(\frac{2e^z}{e^{2z} + 1}\right)^n = \sum_{k=0}^{\infty} E_k^{(n)}\frac{z^k}{k!} \quad (|z| < \pi).$$

易得

$$\frac{\mathrm{d}}{\mathrm{d}x}E_k^{(n)}(x) = kE_{k-1}^{(n)}(x),$$

$$E_k^{(n)}(x+1) = 2E_k^{(n-1)}(x) - E_k^{(n)}(x),$$

$$E_k^{(n)}(n-x) = (-1)^k E_k^{(n)}(x),$$

$$E_k^{(n)}(x) = xE_{k-1}^{(n)}(x) - \frac{n}{2}E_{k-1}^{(n+1)}(x+1),$$

$$E_0^{(n)} = 1,$$

$$E_{2k-1}^{(n)} = 0 \quad (k > 1),$$

$$E_k^{(n)}\left(\frac{n}{2}\right) = -\frac{4}{(n-1)(n-2)}E_{k+2}^{(n-2)}\left(\frac{n-2}{2}\right) + \frac{n-2}{n-1}E_k^{(n-2)}\left(\frac{n-2}{2}\right) \quad (n > 2),$$

$$E_k^{(2)}(1) = \frac{4}{k+2}\left(2^{k+2}-1\right)B_{k+2},$$

$$\int_\beta^\alpha E_k^{(n)}(t)\mathrm{d}t = \frac{1}{k+1}\left\{E_{k+1}^{(n)}(\alpha) - E_{k+1}^{(n)}(\beta)\right\}.$$

注 6.2.1 设 α 为实数或复数, 广义 Bernoulli 多项式 $B_n^{(\alpha)}(x)$ 与广义 Euler 多项式 $E_n^{(\alpha)}(x)$ 分别定义为 (见文献 [106—108]):

$$\left(\frac{t}{\mathrm{e}^t-1}\right)^\alpha \mathrm{e}^{xt} = \sum_{n=0}^\infty B_n^{(\alpha)}(x)\frac{t^n}{n!}, \tag{6.2.50}$$

$$\left(\frac{2}{\mathrm{e}^t+1}\right)^\alpha \mathrm{e}^{xt} = \sum_{n=0}^\infty E_n^{(\alpha)}(x)\frac{t^n}{n!}. \tag{6.2.51}$$

易知

$$B_n^{(\alpha+\beta)}(x+y) = \sum_{k=0}^n \binom{n}{k} B_k^{(\alpha)}(x) B_{n-k}^{(\beta)}(y). \tag{6.2.52}$$

$$B_n^{(\alpha)}(x+y) = \sum_{k=0}^n \binom{n}{k} B_k^{(\alpha)}(y) x^{n-k}. \tag{6.2.53}$$

6.3 Bernoulli 数多重积的封闭表示

定义 6.3.1 [109] 高阶偶 Bernoulli 数 $B_{2n}^{(k)}$ 定义为

$$\left(\frac{t}{e^t - 1} + \frac{t}{2} - 1\right)^k = \sum_{n \geqslant 0} B_{2n}^{(k)} \frac{t^{2n}}{(2n)!}. \tag{6.3.1}$$

显然, $B_{2n}^{(1)}$ 为普通偶 Bernoulli 数. 易知

引理 6.3.1

$$\sum_{\substack{n_1 + n_2 + \cdots + n_m = n \\ n_1 \geqslant 1, n_2 \geqslant 1, \cdots, n_m \geqslant 1}} \frac{B_{2n_1} B_{2n_2} \cdots B_{2n_m}}{(2n_1)!(2n_2)! \cdots (2n_m)!} = \frac{1}{(2n)!} B_{2n}^{(m)}. \tag{6.3.2}$$

定理 6.3.1 [109]

$$B_{2n}^{(k)} = -\frac{2n + k - 1}{k - 1} B_{2n}^{(k-1)} + \frac{1}{2} n(2n - 1) B_{2n-2}^{(k-2)}, \tag{6.3.3}$$

$$B_{2n}^{(2)} = -(2n + 1) B_{2n}. \tag{6.3.4}$$

证明   由于

$$\left(\frac{t}{e^t - 1} + \frac{t}{2} - 1\right)^k = -\frac{1}{k - 1} t \frac{d}{dt} \left(\frac{t}{e^t - 1} + \frac{t}{2} - 1\right)^{k-1} - \left(\frac{t}{e^t - 1} + \frac{t}{2} - 1\right)^{k-1}$$

$$+ \frac{1}{4} t^2 \left(\frac{t}{e^t - 1} + \frac{t}{2} - 1\right)^{k-2},$$

比较两边系数可得第一式, 在上式中取 $k = 2$, 比较两边系数, 可得第二式.   □

定理 6.3.2 [110]

$$\sum_{\substack{a+b+c=n \\ a,b,c \geqslant 1}} \frac{B_{2a} B_{2b} B_{2c}}{(2a)!(2b)!(2c)!} = (n+1)(2n+1) \frac{B_{2n}}{(2n)!} + \frac{1}{4} \frac{B_{2n-2}}{(2n-2)!};$$

$$\sum_{\substack{a+b+c+d=n \\ a,b,c,d \geqslant 1}} \frac{B_{2a} B_{2b} B_{2c} B_{2d}}{(2a)!(2b)!(2c)!(2d)!} = -\frac{1}{3}(n+1)(2n+1)(2n+3) \frac{B_{2n}}{(2n)!} - \frac{2}{3} n \frac{B_{2n-2}}{(2n-2)!};$$

$$\sum_{\substack{a+b+c+d+e=n \\ a,b,c,d,e \geqslant 1}} \frac{B_{2a} B_{2b} B_{2c} B_{2d} B_{2e}}{(2a)!(2b)!(2c)!(2d)!(2e)!}$$

$$= \frac{1}{6}(n+1)(n+2)(2n+1)(2n+3) \frac{B_{2n}}{(2n)!} + \frac{5}{12} n(2n+1) \frac{B_{2n-2}}{(2n-2)!} + \frac{1}{16} \frac{B_{2n-4}}{(2n-4)!}.$$

注 6.3.1 利用 Euler 公式 [111]: $\zeta(2s) = (-1)^{s-1}\dfrac{(2\pi)^{2s}B_{2s}}{2(2s)!}$, $s \geqslant 1$, 可将上述结论转换为关于 Riemann Zeta 函数的多重积恒等式, 这里 Riemann Zeta 函数 $\zeta(s)$ 定义为 $\zeta(s) = \sum\limits_{n=1}^{\infty}\dfrac{1}{n^s}$. 讨论 Bernoulli, Euler 数以及其他组合序列的多重积的结果, 见文献 [112—116].

6.4 复合函数的 Gould 求导公式

分析学中, 常常需要计算函数的高阶导数. 令 $x = x(t)$, $f(x) = f(x(t))$ 为 t 的复合函数, 用 $\mathcal{D}_t$ 表示 $\mathrm{d}/\mathrm{d}t$, $\mathcal{D}_x$ 表示 $\mathrm{d}/\mathrm{d}x$, 则复合函数求导法则为

$$\mathcal{D}_t f = \mathcal{D}_x f \cdot \mathcal{D}_t x. \tag{6.4.1}$$

对其高阶求导方法之一为下述公式:

定理 6.4.1 (Gould 高阶求导公式 [117])

$$\mathcal{D}_t^n f(x) = \sum_{k=0}^{n}\frac{(-1)^k}{k!}\mathcal{D}_x^k f(x) \sum_{j=0}^{k}(-1)^j \binom{k}{j} x^{k-j}\mathcal{D}_t^n x^j. \tag{6.4.2}$$

证明 设 $f(x)$ 可展成 Taylor 级数, 且可对之逐项微分, 则有

$$f(x(t)) = \sum_{k\geqslant 0} \mathcal{D}_x^k f(x(s))\frac{(x(t)-x(s))^k}{k!}$$

$$= \sum_{k\geqslant 0}\frac{(-1)^k}{k!}\mathcal{D}_x^k f(x(s)) \sum_{j=0}^{k}(-1)^j \binom{k}{j} x^{k-j}(s)x^j(t).$$

上式两边应用算子 $\mathcal{D}_t^n$, 则得

$$\mathcal{D}_t^n f(x(t)) = \sum_{k=0}^{n}\frac{(-1)^k}{k!}\mathcal{D}_x^k f(x(s)) \sum_{j=0}^{k}(-1)^j \binom{k}{j} x^{k-j}(s)\mathcal{D}_t^n x^j(t)$$

$$+ \sum_{k>n} \mathcal{D}_x^k f(x(s))\mathcal{D}_t^n \frac{(x(t)-x(s))^k}{k!},$$

显然上面第二个和式当 $t = s$ 时为零, 因此上式中令 $s = t$ 即可得证. $\square$

推论 6.4.1

$$\mathcal{D}_t^n\left(\frac{1}{x}\right) = \sum_{j=0}^{n}(-1)^j \binom{n+1}{j+1}\frac{1}{x^{j+1}}\mathcal{D}_t^n x^j. \tag{6.4.3}$$

例 6.4.1 由式 (6.2.2) 和 (6.4.3) 得

$$B_n = \mathcal{D}_t^n \left(\frac{t}{\mathrm{e}^t - 1} \right)_{t=0} = \sum_{j=0}^n (-1)^j \binom{n+1}{j+1} \left(\mathcal{D}_t^n \left(\frac{\mathrm{e}^t - 1}{t} \right)^j \right)_{t=0},$$

又

$$(\mathrm{e}^t - 1)^j = \sum_{k=0}^j (-1)^{j-k} \binom{j}{k} \mathrm{e}^{kt}$$

$$= \sum_n \frac{t^{n+1}}{(n+1)!} \sum_{k=0}^j (-1)^{j-k} \binom{j}{k} k^{n+j}, \tag{6.4.4}$$

故

$$\mathcal{D}_t^n \left(\frac{\mathrm{e}^t - 1}{t} \right)^j_{t=0} = \frac{n!}{(n+j)!} \sum_{k=0}^j (-1)^{j-k} \binom{j}{k} k^{n+j}.$$

代入得到 Bernoulli 数 B_n 的一个表达式

$$B_n = \sum_{j=0}^n (-1)^j \binom{n+1}{j+1} \frac{n!}{(n+j)!} \sum_{k=0}^j (-1)^{j-k} \binom{j}{k} k^{n+j}. \tag{6.4.5}$$

如果令 $x(t) = \mathrm{e}^t - 1$, 则

$$\frac{t}{\mathrm{e}^t - 1} = \frac{\log(1 + (\mathrm{e}^t - 1))}{\mathrm{e}^t - 1} = \frac{\log(1 + x)}{x} = \sum_n (-1)^n \frac{x^n}{n+1},$$

故对 $f(x) = \dfrac{\log(1+x)}{x}$ 有 $\left((-1)^k \mathcal{D}_x^k \dfrac{f}{k!} \right)_{x=0} = \dfrac{1}{k+1}$, 由此应用 (6.4.2) 得

$$\mathcal{D}_t^n \left(\frac{t}{\mathrm{e}^t - 1} \right)_{t=0} = \sum_{k=0}^n \frac{(-1)^k}{k+1} \left(\mathcal{D}_t^n (\mathrm{e}^t - 1)^k \right)_{t=0}.$$

由 (6.4.4) 可得 B_n 的另一表达式:

$$B_n = \sum_{k=0}^n \frac{(-1)^k}{k+1} \sum_{j=0}^k (-1)^{k-j} \binom{k}{j} j^n.$$

6.5 恒等式与部分分式分解

定理 6.5.1 [118] 设 $f(x)$ 为次数为 $2n$ 的任意多项式, a_0, a_1, a_2, $\cdots$, a_n 为一个实序列, 以及 $a_i \neq a_j$, 若 $i \neq j$, $i,j = 1, 2, \cdots, n$ 和 $f(a_i) \neq 0$ $(i = 0, 1, \cdots, n)$. 则

$$\sum_{k=0}^{n} \frac{(a_0 - a_k)f(-a_k)}{(x + a_k)\prod\limits_{\substack{j=0 \\ j \neq k}}^{n}(a_j - a_k)^2}\left\{\frac{1}{x + a_k} + \frac{1}{a_0 - a_k} + \frac{f'(-a_k)}{f(-a_k)} - \sum_{\substack{j=0 \\ j \neq k}}^{n}\frac{2}{a_j - a_k}\right\}$$

$$= \frac{f(x)}{(x + a_0)(x + a_1)^2 \cdots (x + a_n)^2}. \tag{6.5.1}$$

证明 利用部分分式分解, 设

$$g(x) := \frac{f(x)}{(x + a_0)(x + a_1)^2(x + a_2)^2 \cdots (x + a_n)^2}$$

$$= \frac{A}{x + a_0} + \sum_{k=1}^{n}\left\{\frac{B_k}{(x + a_k)^2} + \frac{C_k}{x + a_k}\right\}.$$

为了确定系数 A 和 $\{B_k, C_k\}$, 我们考虑取极限的方法, 首先, 计算 A 和 $\{B_k\}$ 如下:

$$A = \lim_{x \to -a_0}(x + a_0)g(x) = \lim_{x \to -a_0}\frac{f(x)}{\prod\limits_{j=1}^{n}(x + a_j)^2} = \frac{f(-a_0)}{\prod\limits_{j=1}^{n}(a_j - a_0)^2};$$

$$B_k = \lim_{x \to -a_k}(x + a_k)^2 g(x) = \lim_{x \to -a_k}\frac{(x + a_k)^2(x + a_0)f(x)}{\prod\limits_{j=0}^{n}(x + a_j)^2} = \frac{(a_0 - a_k)f(-a_k)}{\prod\limits_{\substack{j=0 \\ j \neq k}}^{n}(a_j - a_k)^2}.$$

按照洛必达 (L'Hôspital) 法则, 可得

$$C_k = \lim_{x \to -a_k}(x + a_k)\left\{g(x) - \frac{B_k}{(x + a_k)^2}\right\}$$

$$= \lim_{x \to -a_k}\frac{(x + a_k)^2 g(x) - B_k}{x + a_k}$$

$$= \lim_{x \to -a_k} \frac{\mathrm{d}}{\mathrm{d}x} \left\{ (x+a_k)^2 g(x) - B_k \right\}$$

$$= \lim_{x \to -a_k} \frac{\mathrm{d}}{\mathrm{d}x} \frac{(x+a_k)^2 (x+a_0) f(x)}{\prod_{j=0}^{n} (x+a_j)^2}$$

$$= \lim_{x \to -a_k} \frac{\mathrm{d}}{\mathrm{d}x} \frac{(x+a_0) f(x)}{\prod_{\substack{j=0 \\ j \neq k}}^{n} (x+a_j)^2}$$

$$= \frac{f(-a_k)}{\prod_{\substack{j=0 \\ j \neq k}}^{n} (a_j - a_k)^2} \left[1 + \frac{(a_0 - a_k) f'(-a_k)}{f(-a_k)} - \sum_{\substack{j=0 \\ j \neq k}}^{n} \frac{2(a_0 - a_k)}{a_j - a_k} \right].$$

因此, 可得

$$\frac{f(x)}{(x+a_0)(x+a_1)^2(x+a_2)^2 \cdots (x+a_n)^2}$$

$$= \frac{f(-a_0)}{(a_1 - a_0)^2 (a_2 - a_0)^2 \cdots (a_n - a_0)^2} \cdot \frac{1}{x+a_0} + \sum_{k=1}^{n} \frac{f(-a_k)}{\prod_{\substack{j=0 \\ j \neq k}}^{n} (a_j - a_k)^2}$$

$$\times \left\{ \frac{a_0 - a_k}{(x+a_k)^2} + \frac{1 + (a_0 - a_k) \frac{f'(-a_k)}{f(-a_k)} - (a_0 - a_k) \sum_{\substack{j=0 \\ j \neq k}}^{n} \frac{2}{a_j - a_k}}{x+a_k} \right\},$$

即

$$\sum_{k=0}^{n} \frac{(a_0 - a_k) f(-a_k)}{(x+a_k) \prod_{\substack{j=0 \\ j \neq k}}^{n} (a_j - a_k)^2} \left\{ \frac{1}{x+a_k} + \frac{1}{(a_0 - a_k)} + \frac{f'(-a_k)}{f(-a_k)} - \sum_{\substack{j=0 \\ j \neq k}}^{n} \frac{2}{a_j - a_k} \right\}$$

$$= \frac{f(x)}{(x+a_0)(x+a_1)^2 \cdots (x+a_n)^2}. \qquad \Box$$

在式 (6.5.1) 两边对 x 微分, 则有

定理 6.5.2 [118]

$$\sum_{k=0}^{n} \frac{(a_0 - a_k)f(-a_k)}{(x + a_k)^2 \prod\limits_{\substack{j=0 \\ j \neq k}}^{n} (a_j - a_k)^2} \left\{ \frac{2}{x + a_k} + \frac{1}{a_0 - a_k} + \frac{f'(-a_k)}{f(-a_k)} - \sum_{\substack{j=0 \\ j \neq k}}^{n} \frac{2}{a_j - a_k} \right\}$$

$$= \frac{-1}{(x + a_0)^2 \cdots (x + a_n)^2} \left\{ (x + a_0)f'(x) + f(x) - (x + a_0)f(x) \sum_{i=0}^{n} \frac{2}{x + a_i} \right\}.$$
$$(6.5.2)$$

在式 (6.5.2) 两边继续对 x 微分, 则有

定理 6.5.3 [118]

$$\sum_{k=0}^{n} \frac{(a_0 - a_k)f(-a_k)}{(x + a_k)^3 \prod\limits_{\substack{j=0 \\ j \neq k}}^{n} (a_j - a_k)^2} \left\{ \frac{3}{x + a_k} + \frac{1}{a_0 - a_k} + \frac{f'(-a_k)}{f(-a_k)} - \sum_{\substack{j=0 \\ j \neq k}}^{n} \frac{2}{a_j - a_k} \right\}$$

$$= \frac{1}{2(x + a_0)^2 \cdots (x + a_n)^2} \left\{ (x + a_0)f''(x) + 2f'(x) - 2\left((x + a_0)f'(x) \right. \right.$$

$$\left. + f(x) \right) \sum_{i=0}^{n} \frac{2}{x + a_i} + (x + a_0)f(x) \left(\left(\sum_{i=0}^{n} \frac{2}{x + a_i} \right)^2 + \sum_{i=0}^{n} \frac{2}{(x + a_i)^2} \right) \right\}.$$
$$(6.5.3)$$

设 H_n 为调和数, 定义为 [119]

$$H_0 = 0, \quad H_n = \sum_{k=1}^{n} \frac{1}{k}.$$

作为定理 6.5.1—定理 6.5.3 的直接应用, 按照 a_k, $f(x)$ 的不同选择, 可以得到一批涉及调和数的恒等式.

取 $a_k = k$ 和应用 $\sum\limits_{\substack{j=0 \\ j \neq k}}^{n} \frac{1}{j - k} = H_{n-k} - H_k$, 我们得到

推论 6.5.1

$$\sum_{k=0}^{n} \frac{f(-a_k)}{x + k} \binom{n}{k}^2 \left\{ \frac{-k}{x + k} + 1 - k\frac{f'(-k)}{f(-k)} + 2kH_{n-k} - 2kH_k \right\}$$

$$= \frac{n!^2}{x(x+1)^2 \cdots (x+n)^2} f(x),$$

$$\sum_{k=0}^{n} \frac{f(-a_k)}{(x+k)^2} \binom{n}{k}^2 \left\{ \frac{-2k}{x+k} + 1 - k\frac{f'(-k)}{f(-k)} + 2kH_{n-k} - 2kH_k \right\}$$

$$= \frac{-n!^2}{x^2(x+1)^2 \cdots (x+n)^2} \left\{ xf'(x) + f(x) - xf(x) \sum_{i=0}^{n} \frac{2}{x+i} \right\}$$

和

$$\sum_{k=0}^{n} \frac{f(-a_k)}{(x+k)^3} \binom{n}{k}^2 \left\{ \frac{-3k}{x+k} + 1 - k\frac{f'(-k)}{f(-k)} + 2kH_{n-k} - 2kH_k \right\}$$

$$= \frac{n!^2}{2x^2(x+1)^2 \cdots (x+n)^2} \left\{ xf''(x) + 2f'(x) - 2\left(xf'(x) + f(x)\right) \right.$$

$$\times \sum_{i=0}^{n} \frac{2}{x+i} + xf(x) \left(\left(\sum_{i=0}^{n} \frac{2}{x+i} \right)^2 + \sum_{i=0}^{n} \frac{2}{(x+i)^2} \right) \right\}.$$

例 6.5.1　在推论 6.5.1 中, 取 $f(x) = 1$, 则得

$$\sum_{k=0}^{n} \frac{1}{x+k} \binom{n}{k}^2 \left\{ \frac{x}{x+k} + 2kH_{n-k} - 2kH_k \right\} = \frac{n!^2}{x(x+1)^2 \cdots (x+n)^2}, \quad (6.5.4)$$

$$\sum_{k=0}^{n} \frac{1}{(x+k)^2} \binom{n}{k}^2 \left\{ \frac{x-k}{x+k} + 2kH_{n-k} - 2kH_k \right\}$$

$$= \frac{-n!^2}{x^2(x+1)^2 \cdots (x+n)^2} \left\{ 1 - x\sum_{i=0}^{n} \frac{2}{x+i} \right\} \qquad (6.5.5)$$

和

$$\sum_{k=0}^{n} \frac{1}{(x+k)^3} \binom{n}{k}^2 \left\{ \frac{x-2k}{x+k} + 2kH_{n-k} - 2kH_k \right\}$$

$$= \frac{n!^2}{2x^2(x+1)^2 \cdots (x+n)^2} \left\{ -2\sum_{i=0}^{n} \frac{2}{x+i} + x\left(\sum_{i=0}^{n} \frac{2}{x+i} \right)^2 + x\sum_{i=0}^{n} \frac{2}{(x+i)^2} \right\}.$$

$$(6.5.6)$$

在 (6.5.4) 和 (6.5.5) 中, 取 $x = 1$, 则得

$$\sum_{k=0}^{n} \frac{1}{k+1} \binom{n}{k}^2 \left\{ \frac{1}{k+1} + 2kH_{n-k} - 2kH_k \right\} = \frac{1}{(n+1)^2} \tag{6.5.7}$$

和

$$\sum_{k=0}^{n} \frac{1}{(k+1)^2} \binom{n}{k}^2 \left\{ \frac{1-k}{k+1} + 2kH_{n-k} - 2kH_k \right\} = \frac{1}{(n+1)^2} \left\{ 2H_n - 1 \right\}. \tag{6.5.8}$$

例 6.5.2 取 $f(x) = (1-x)_n^2 = (1-x)^2(2-x)^2 \cdots (n-x)^2$, 则

$$f(-k) = (k+1)^2(k+2)^2 \cdots (k+n)^2 = \left(\frac{(n+k)!}{k!} \right)^2,$$

$$f'(x) = -2(1-x)^2(2-x)^2 \cdots (n-x)^2 \sum_{j=1}^{n} \frac{1}{j-x},$$

$$f''(x) = (1-x)^2(2-x)^2 \cdots (n-x)^2 \left\{ \left(\sum_{j=1}^{n} \frac{2}{j-x} \right)^2 - \sum_{j=1}^{n} \frac{2}{(j-x)^2} \right\}.$$

因此定理 6.5.1 得到下列恒等式 [120]:

$$\frac{x(1-x)_n^2}{(x)_{n+1}^2} = \frac{1}{x} + \sum_{k=0}^{n} \binom{n}{k}^2 \binom{n+k}{k}^2$$

$$\times \left\{ \frac{-k}{(x+k)^2} + \frac{1 + 2kH_{n+k} + 2kH_{n-k} - 4kH_k}{x+k} \right\}, \tag{6.5.9}$$

这里 $(x)_0 = 1$ 和 $(x)_n = \prod_{k=0}^{n-1} (x+k)$. 定理 6.5.2 和定理 6.5.3 分别导出下列恒等式:

$$\sum_{k=0}^{n} \frac{1}{(x+k)^2} \binom{n}{k}^2 \binom{n+k}{k}^2 \left\{ -\frac{2k}{x+k} + 1 + 2kH_{n+k} + 2kH_{n-k} - 4kH_k \right\}$$

$$= \frac{-(1-x)^2(2-x)^2 \cdots (n-x)^2}{x^2(x+1)^2 \cdots (x+k)^2} \left\{ -2x \sum_{j=1}^{n} \frac{1}{j-x} + 1 - x \sum_{i=0}^{n} \frac{2}{x+i} \right\} \tag{6.5.10}$$

和

$$\sum_{k=0}^{n} \frac{1}{(x+k)^3} \binom{n}{k}^2 \binom{n+k}{k}^2 \left\{ -\frac{3k}{x+k} + 1 + 2kH_{n+k} + 2kH_{n-k} - 4kH_k \right\}$$

$$= \frac{(1-x)^2(2-x)^2\cdots(n-x)^2}{2x^2(x+1)^2\cdots(x+k)^2}\left\{x\left(\sum_{j=1}^{n}\frac{2}{j-x}\right)^2 - x\sum_{j=1}^{n}\frac{2}{(j-x)^2} - 2\sum_{j=1}^{n}\frac{2}{j-x}\right.$$

$$+2x\left(\sum_{j=1}^{n}\frac{2}{j-x}\right)\left(\sum_{i=0}^{n}\frac{2}{x+i}\right) - 2\sum_{i=0}^{n}\frac{2}{x+i}$$

$$\left.+x\left(\sum_{i=0}^{n}\frac{2}{x+i}\right)^2 - x\left(\sum_{i=0}^{n}\frac{2}{x+i}\right)\right\}. \tag{6.5.11}$$

设 $[k] = \dfrac{1-q^k}{1-q}$, 在定理 6.5.1—定理 6.5.3 中, 取 $a_k = \dfrac{1-q^k}{1-q}$, 则有

推论 6.5.2

$$\sum_{k=0}^{n}\frac{f(-[k])}{q^{2nk-k^2-k}(x+[k])}\begin{bmatrix}n\\k\end{bmatrix}^2\left\{-\frac{[k]}{x+[k]} + 1 - [k]\frac{f'(-[k])}{f(-[k])} + [k]\sum_{\substack{j=0\\j\neq k}}^{n}\frac{2}{[j]-[k]}\right\}$$

$$= \frac{[1]^2[2]^2\cdots[n]^2}{x^2(x+[1])^2\cdots(x+[n])^2}f(x), \tag{6.5.12}$$

$$\sum_{k=0}^{n}\frac{f(-[k])}{q^{2nk-k^2-k}(x+[k])^2}\begin{bmatrix}n\\k\end{bmatrix}^2\left\{-\frac{2[k]}{x+[k]} + 1 - [k]\frac{f'(-[k])}{f(-[k])} + [k]\sum_{\substack{j=0\\j\neq k}}^{n}\frac{2}{[j]-[k]}\right\}$$

$$= \frac{-[1]^2[2]^2\cdots[n]^2}{x^2(x+[1])^2\cdots(x+[n])^2}\left\{xf'(x) + f(x) - xf(x)\sum_{i=0}^{n}\frac{2}{x+[i]}\right\} \tag{6.5.13}$$

和

$$\sum_{k=0}^{n}\frac{f(-[k])}{q^{2nk-k^2-k}(x+[k])^3}\begin{bmatrix}n\\k\end{bmatrix}^2\left\{-\frac{3[k]}{x+[k]} + 1 - [k]\frac{f'(-[k])}{f(-[k])} + [k]\sum_{\substack{j=0\\j\neq k}}^{n}\frac{2}{[j]-[k]}\right\}$$

$$= \frac{[1]^2[2]^2\cdots[n]^2}{2x^2(x+[1])^2\cdots(x+[n])^2}\left\{xf''(x) + 2f'(x) - 2(xf'(x) + f(x))\right.$$

$$\left.\times\sum_{i=0}^{n}\frac{2}{x+[i]} + xf(x)\left(\left(\sum_{i=0}^{n}\frac{2}{x+[i]}\right)^2 + \sum_{i=0}^{n}\frac{2}{(x+[i])^2}\right)\right\}. \tag{6.5.14}$$

若在 (6.5.12) 中, 取 $f(x) = ([1] - qx)^2([2] - q^2x)^2 \cdots ([n] - q^nx)^2$, 则得到 (6.5.9) 的 q-模拟:

$$\frac{1}{x} + \sum_{k=1}^{n} \begin{bmatrix} n \\ k \end{bmatrix}^2 \begin{bmatrix} n+k \\ k \end{bmatrix}^2 q^{k(k+1-2n)}$$

$$\cdot \left(\frac{-[k]}{(x+[k])^2} + \frac{1 + 2[k]\sum_{j=1}^{n} \dfrac{q^j}{[k+j]} + 2[k]\sum_{\substack{j=0 \\ j\neq k}}^{n} \dfrac{1-q}{q^k - q^j}}{x+[k]} \right) \cdot$$

$$= \frac{([1] - qx)^2([2] - q^2x)^2 \cdots ([n] - q^nx)^2}{x(x+[1])^2(x+[2])^2 \cdots (x+[n])^2}. \tag{6.5.15}$$

当 $x = 0$ 时, 得到

$$\sum_{k=1}^{n} \begin{bmatrix} n \\ k \end{bmatrix}^2 \begin{bmatrix} n+k \\ k \end{bmatrix}^2 \frac{1-q^k}{q^{k(2n-k)}}$$

$$\cdot \left(\frac{q^k}{1-q^k} + 2\sum_{j=1}^{n+k} \frac{q^j}{1-q^j} + 2\sum_{j=1}^{n-k} \frac{1}{1-q^j} - 4\sum_{j=1}^{k} \frac{q^j}{1-q^j} \right)$$

$$= q^{2\binom{n+1}{2}} - 1. \tag{6.5.16}$$

在定理 6.5.1 中, 取 $x \to x^2$, $a_k = -(y+k)^2$ 和 $f(x) = 1$, 我们得到下列恒等式:

$$\sum_{k=0}^{n} \frac{(x^2 - (y+k)^2)}{x^2 - y^2} \frac{\dbinom{x+y+n}{n-k}^2 \dbinom{x-y-k-1}{n-k}^2 \dbinom{x+y+k-1}{k}^2 \dbinom{x-y}{k}^2}{\dbinom{2y+2k-1}{k}^2 \dbinom{2y+n+k}{n-k}^2}$$

$$\times \left\{ \frac{k(2y+k)}{x^2 - (y+k)^2} + 1 - k(2y+k)\sum_{\substack{j=0 \\ j\neq k}}^{n} \frac{2}{(k-j)(2y+k+j)} \right\}$$

$$= 1. \tag{6.5.17}$$

注 6.5.1 在式 (6.5.16) 中取 $q \to 1$, 则得

$$\sum_{k=1}^{n} \binom{n}{k}^2 \binom{n+k}{k}^2 \{1 + 2kH_{n+k} + 2kH_{n-k} - 4kH_k\} = 0. \tag{6.5.18}$$

此恒等式在文献 [121] 通过 WZ 方法被建立. Ahlgren 与 Ono [122] 显示 Beukers 猜想蕴含着这个漂亮的二项式恒等式. 关于 Beukers 猜想的更多信息见文献 [123] 或 [122, 定理 7].

*6.6　包含 Bernoulli 数与 Fibonacci 数的恒等式

令 $\Delta = p^2 - 4q > 0$, 对二阶线性齐次递归序列 $W_n(a, b; p, q)$, 令 $W_0 = k$, $W_1 = \dfrac{1}{2}pk + \left(x - \dfrac{1}{2}k\right)\Delta^{\frac{1}{2}}$, 简记此时的序列 W_n 为 $S_n(x; p, q)$, 则根据定理 5.2.1 和式 (5.2.11), 可得

$$S_n(x; p, q) = \left(x - \frac{1}{2}k\right)\Delta^{\frac{1}{2}}U_n(p, q) + \frac{1}{2}kV_n(p, q), \tag{6.6.1}$$

$$S_n(x; p, q) = xx_1^n + (k - x)x_2^n, \tag{6.6.2}$$

这里 $x_1, x_2(x_1 > x_2)$ 分别为 $x^2 - px + q = 0$ 的两个根. 简记 $U_n(p, q), V_n(p, q),$ $S_n(x; p, q)$ 分别为 $U_n, V_n, S_n(x)$.

由 (6.6.1) 得

$$S_n(x) + S_n(k - x) = \frac{1}{2^{m-1}}\sum_{r=0}^{[m/2]}\binom{m}{2r}\Delta^r U_n^{2r}V_n^{m-2r}k^{m-2r}(2x - k)^{2r}, \tag{6.6.3}$$

由 (6.6.2) 得

$$S_n^m(x) + S_n^m(k - x) = \sum_{r=0}^{m}\binom{m}{2r}q^{nr}(x_1^{n(m-2r)} + x_2^{n(m-2r)})x^r(k - x)^{m-r}.$$

则我们有

$$S_n^{2m}(x) + S_n^{2m}(k - x) = \sum_{r=0}^{2m}\binom{2m}{r}q^{nr}(x_1^{2n(m-r)} + x_2^{2n(m-r)})x^r(k - x)^{2m-r}$$

$$= \sum_{r=0}^{m}\binom{2m}{r}q^{nr}(x_1^{2n(m-r)} + x_2^{2n(m-r)})x^n(k - x)^{2m-r}$$

$$+ \sum_{r=m+1}^{2m}\binom{2m}{r}q^{nr}(x_1^{2n(m-r)} + x_2^{2n(m-r)})x^r(k - x)^{2m-r}$$

$$= \sum_{r=0}^{m} \binom{2m}{r} q^{nr} (x_1^{2n(m-r)} + x_2^{2n(m-r)}) x^r (k-x)^{2m-r}$$

$$+ \sum_{s=0}^{m-1} \binom{2m}{s} q^{n(2m-s)} (x_1^{2n(s-m)} + x_2^{2n(s-m)}) x^{2m-s} (k-x)^s$$

$$= \sum_{r=0}^{m} \binom{2m}{r} q^{nr} (x_1^{2n(m-r)} + x_2^{2n(m-r)}) x^r (k-x)^{2m-r}$$

$$+ \sum_{s=0}^{m-1} \binom{2m}{r} q^{ns} (x_2^{2n(m-s)} + x_1^{2n(m-s)}) x^{2m-s} (k-x)^s \qquad (6.6.4)$$

类似地, 有

$$S_n^{2m+1}(x) + S_n^{2m+1}(k-x)$$

$$= \sum_{r=0}^{m} \binom{2m+1}{r} q^{nr} V_{n(2m-2r+1)} (x^r (k-x)^{2m-r+1} + x^{2m-r+1} (k-x)^r). \quad (6.6.5)$$

我们也给出差分公式:

$$S_n^m(x) - S_n^m(k-x)$$

$$= \frac{\Delta^{\frac{1}{2}}}{2^{m-1}} \sum_{r=0}^{[(m-1)/2]} \binom{m}{2r+1} \Delta^r U_n^{2r+1} V_n^{m-2r-1} k^{m-2r-1} (2x-k)^{2r+1}, \qquad (6.6.6)$$

$$S_n^m(x) + S_n^m(k-x)$$

$$= \Delta^{\frac{1}{2}} \sum_{r=0}^{[(m-1)/2]} \binom{m}{r} q^{nr} U_{n(m-2r)} [x^{m-r}(k-x)^r - x^r(k-x)^{m-r}]. \qquad (6.6.7)$$

在 (6.2.47) 中, 代 t 为 $\Delta^{\frac{1}{2}} U_n t$, 则有

$$\sum_{r=0}^{\infty} \frac{(\Delta^{\frac{1}{2}} U_n t)^r}{r!} B_r^{(k)}(x) = \frac{(\Delta^{\frac{1}{2}} U_n t)^k}{(\exp(t(x_1^n - x_2^n)))^k} \exp(tx(x_1^n - x_2^n))$$

$$= \frac{(\Delta^{\frac{1}{2}} U_n t)^k}{(\exp(tx_1^n) - \exp(x_2^n))^k} \exp(t(xx_1^n + (k-x)x_2^n))$$

$$= \frac{(\Delta^{\frac{1}{2}} U_n t)^k}{(\exp(tx_1^n) - \exp(x_2^n))^k} \exp(tS_n(x)).$$

因此

$$(\exp(tx_1^n) - \exp(tx_2^n))^k \sum_{r=0}^{\infty} \frac{(\Delta^{\frac{1}{2}} U_n t)^r}{r!} B_r^{(k)}(x) = (\Delta^{\frac{1}{2}} U_n t)^k \exp(tS_n(x)),$$

应用 (6.2.47), 则

$$\left(\sum_{r=0}^{\infty} \frac{t^r}{r!} U_{nr}\right)^k \sum_{r=0}^{\infty} \frac{(\Delta^{\frac{1}{2}} U_n t)^r}{r!} B_r^{(k)}(x) = U_n^k t^k \exp(tS_n(x)),$$

故

$$\left[\sum_{r=0}^{\infty} \left(\sum_{r_1+r_2+\cdots+r_k=r} \frac{U_{nr_1}}{r_1!} \cdots \frac{U_{nr_k}}{r_k!}\right) t^r\right] \sum_{r=0}^{\infty} \frac{(\Delta^{\frac{1}{2}} U_n t)^r}{r!} B_r^{(k)}(x)$$

$$= U_r^{(k)} t^k \exp(tS_n(x)).$$

展开上式的乘积, 并比较等式两边 t 的系数, 则

$$\sum_{r=0}^{m-1} \binom{m}{r} \Delta^{\frac{r}{2}} U_n^r B_r^{(k)}(x)(m-r)! \sum_{r_1+r_2+\cdots+r_k=m-r} \frac{U_{nr_1}}{r_1!} \cdots \frac{U_{nr_k}}{r_k!}$$

$$= (m)_k U_n^k S_n^{m-k}(x) \quad (m \geqslant k). \tag{6.6.8}$$

在上式代 x 为 $k-x$, 并应用 (6.2.49), 可得

$$\sum_{r=0}^{m-1} (-1)^r \binom{m}{r} \Delta^{\frac{r}{2}} U_n^r B_r^{(k)}(x)(m-r)! \sum_{r_1+r_2+\cdots+r_k=m-r} \frac{U_{nr_1}}{r_1!} \cdots \frac{U_{nr_k}}{r_k!}$$

$$= (m)_k U_n^k S_n^{m-k}(k-x) \quad (m \geqslant k). \tag{6.6.9}$$

(6.6.8)+(6.6.9)以及应用 (6.6.3), (6.6.4) 和 (6.6.5) 则得

$$\sum_{r=0}^{[(m-1)/2]} \binom{m}{2r} \Delta^r U_n^{2r} B_{2r}^k(x)(m-2r)! \sum_{r_1+r_2+\cdots+r_k=m-2r} \frac{U_{nr_1}}{r_1!} \cdots \frac{U_{nr_k}}{r_k!}$$

$$= \frac{1}{2^{m-k}} (m)_k U_n^k \sum_{r=0}^{[(m-k)/2]} \binom{m-k}{2r} \Delta^r U_n^{2r} k^{m-2r-k} U_n^{m-2r-k} (2x-k)^{2r} \tag{6.6.10}$$

$$= \frac{1+(-1)^{m-k}}{2} (m)_k U_n^k \binom{m-k}{[(m-k)/2]} q^{[(m-k)/2]} (x(k-x))^{[(m-k)/2]}$$

$$+ \frac{1}{2}(m)_k U_n^k \sum_{r=0}^{[(m-k-1)/2]} \binom{m-k}{r} q^{nr} V_{n(m-k-2r)} [x(k-x)^{m-k-r}$$

$$+ x^{m-k-r}(k-x)^r]. \tag{6.6.11}$$

(6.6.8)–(6.6.9) 以及应用 (6.6.6) 和 (6.6.7) 给出

$$\sum_{r=0}^{[(m-2)/2]} \binom{m}{2r+1} \Delta^r U_n^{2r+1} B_{2r+1}^{(k)}(x)(m-2r-1)!$$

$$\times \sum_{r_1+r_2+\cdots+r_k=m-2r-1} \frac{U_{nr_1}}{r_1!} \cdots \frac{U_{nr_k}}{r_k!}$$

$$= \frac{1}{2^{m-k}}(m)_k U_n^k \sum_{r=0}^{[(m-k-1)/2]} \binom{m-k}{r} q^{nr} U_{n(m-2r-k)}$$

$$\times [x^{m-r-k}(k-x)^r - x^r(k-x)^{m-r-k}]. \tag{6.6.12}$$

若在 (6.6.10) 中, 取 $x = \dfrac{k}{2}$, 得到

$$\sum_{r=0}^{[(m-1)/2]} \binom{m}{2r} \Delta^r U_n^{2r} B_{2r}^{(k)}\left(\frac{k}{2}\right)(m-2r)! \sum_{r_1+r_2+\cdots+r_k=m-2r} \frac{U_{nr_1}}{r_1!} \cdots \frac{U_{nr_k}}{r_k!}$$

$$= \frac{1}{2^{m-k}}(m)_k U_n^k k^{m-k} V_n^{m-k}. \tag{6.6.13}$$

若在等式 (6.6.13) 中, 取 $k = 1$, 应用 [124]

$$B_{2n}\left(\frac{1}{2}\right) = \left(\frac{1}{2^{2n-1}} - 1\right) B_{2n},$$

则得

$$\sum_{r=0}^{[(m-1)/2]} \binom{m}{2r} \Delta^r U^{2r} \left(\frac{1}{2^{2r-1}} - 1\right) B_{2r} U_{n(m-2r)} = \frac{m}{2^{m-1}} U_n V_n^{m-1}. \tag{6.6.14}$$

若在等式 (6.6.11) 中, 取 $x = 0$, 则得

$$\sum_{r=0}^{[(m-1)/2]} \binom{m}{2r} \Delta^r U_n^{2r} B_{2r}^{(k)}(m-2r)! \sum_{r_1+r_2+\cdots+r_k=m-2r} \frac{U_{nr_1}}{r_1!} \cdots \frac{U_{nr_k}}{r_k!}$$

$$= \frac{1}{2}(m)_k U_n^k V_{(m-k)}. \tag{6.6.15}$$

由等式 (6.6.15), 应用 [125]

$$B_k^{(n+1)} = \left(1 - \frac{k}{n}\right) B_k^{(n)} - k B_{k-1}^{(n)}$$

以及取 $k = 1, 2, 3$, 分别得到

$$\sum_{r=0}^{[(m-1)/2]} \binom{m}{2r} \Delta^r U_n^{2r} B_{2r} U_{n(m-2r)} = \frac{1}{2} m U_n V_{n(m-1)},$$

$$\sum_{r=0}^{[(m-1)/2]} \binom{m}{2r} \Delta^r U_n^{2r} (B_{2r} - 2r B_{2r} - 2r B_{2r-1}) \sum_{i=0}^{m-2r} \binom{m-2r}{i} U_{ni} U_{n(m-2r-1)}$$
$$= \frac{1}{2} m(m-1) U_n^2 V_{n(m-2)},$$

$$\sum_{r=0}^{[(m-1)/2]} \binom{m}{2r} \Delta^r U_n^{2r} ((2r-1)(r-1)B_{2r} + r(4r-5)B_{2r-1} + 2r(2r-1)B_{2r-2})$$
$$\times \sum_{i+j+k=m-2r} \binom{m-2r}{i,j,k} U_{ni} U_{nj} U_{nk}$$
$$= \frac{1}{2} m(m-1)(m-2) U_n^3 V_{n(m-3)},$$

这里 $\binom{m-2r}{i,j,k}$ 为定理 2.4.2 中的多项式系数.

令 $p = 1, q = -1$, 则 $U_n = F_n$, $V_n = L_n$, 由式 (6.6.13), 可以得到 Kelisky 公式 [126]:

$$\sum_{r=0}^{[m/2]} 5^r \binom{m}{2r} B_{2r} F_n^{2r} F_{n(m-2r)} = \frac{m}{2} F_n L_{n(m-1)}. \tag{6.6.16}$$

注 6.6.1　对于高阶 Euler 多项式等的讨论可见文献 [127—129].

*6.7　几类广义的 Bernoulli-Euler 数与多项式的进一步推广

本节只列出定义和结果, 相关证明类似于前面各节.

定义 6.7.1 [130] 阿波斯托尔 (Apostol)-Bernoulli 多项式 $\mathcal{B}_n(x;\lambda)$ 定义为

$$\frac{z\mathrm{e}^{xz}}{\lambda\mathrm{e}^z-1}=\sum_{n=0}^{\infty}\mathcal{B}_n(x;\lambda)\frac{z^n}{n!}\quad(\text{若 }\lambda=1,|z|<2\pi;\text{若 }\lambda\neq1,|z|<|\log\lambda|).\quad(6.7.1)$$

特别地, Bernoulli 多项式 $B_n(x)=\mathcal{B}_n(x;1)$, $\mathcal{B}_n(\lambda):=\mathcal{B}_n(0;\lambda)$ 被称为 Apostol-Bernoulli 数.

性质 6.7.1

$$\mathcal{B}_n(x;\lambda)=\sum_{k=0}^{n}\binom{n}{k}\mathcal{B}_k(\lambda)x^{n-k},\qquad(6.7.2)$$

$$\lambda\mathcal{B}_n(x+1;\lambda)-\mathcal{B}_n(x;\lambda)=nx^{n-1},\qquad(6.7.3)$$

$$\lambda\mathcal{B}_1(1;\lambda)=1+\mathcal{B}_1(\lambda),\quad\lambda\mathcal{B}_n(1;\lambda)=\mathcal{B}_n(\lambda),\qquad(6.7.4)$$

$$\mathcal{B}_n(x+y;\lambda)=\sum_{k=0}^{n}\binom{n}{k}\mathcal{B}_k(x;\lambda)y^{n-k},\qquad(6.7.5)$$

$$\mathcal{B}_n(\lambda)=\frac{n\lambda}{(\lambda-1)^n}\sum_{k=1}^{n-1}(-1)^k k!\lambda^{k-1}(\lambda-1)^{n-1-k}S(n-1,k),\qquad(6.7.6)$$

$$\frac{\partial^p}{\partial x^p}\mathcal{B}_n(x;\lambda)=\frac{n!}{(n-p)!}\mathcal{B}_{n-p}(x;\lambda),\qquad(6.7.7)$$

$$\int_a^b\mathcal{B}_n(t;\lambda)\mathrm{d}t=\frac{\mathcal{B}_{n+1}(b;\lambda)-\mathcal{B}_{n+1}(a;\lambda)}{n+1}.\qquad(6.7.8)$$

定义 6.7.2 Apostol-Euler 多项式 $\mathcal{E}_n(x;\lambda)$ 定义为

$$\frac{2}{\lambda\mathrm{e}^z+1}\mathrm{e}^{xz}=\sum_{n=0}^{\infty}\mathcal{E}_n(x;\lambda)\frac{z^n}{n!}\quad(|z|<|\log(-\lambda)|;1^{\alpha:=1}).\qquad(6.7.9)$$

注 6.7.1 令 α 为任意实数或复数, α 阶 Apostol-Bernoulli 多项式 $\mathcal{B}_n^{(\alpha)}(x;\lambda)$ 定义为

$$\left(\frac{z}{\lambda\mathrm{e}^z-1}\right)^{\alpha}\mathrm{e}^{xz}=\sum_{n=0}^{\infty}\mathcal{B}_n^{(\alpha)}(x;\lambda)\frac{z^n}{n!}$$

$$(\text{若 }\lambda=1,|z|<2\pi;\text{若 }\lambda\neq1,|z|<|\log\lambda|,1^{\alpha}=1).\quad(6.7.10)$$

$\mathcal{B}_n^{(\alpha)}(\lambda):=\mathcal{B}_n^{(\alpha)}(0;\lambda)$ 被称为 α 阶 Apostol-Bernoulli 数.

α 阶 Apostol-Euler 多项式 $\mathcal{E}_n^{(\alpha)}(x;\lambda)$ 定义为

$$\left(\frac{2}{\lambda \mathrm{e}^z + 1}\right)^\alpha \mathrm{e}^{xz} = \sum_{n=0}^\infty \mathcal{E}_n^{(\alpha)}(x;\lambda)\frac{z^n}{n!} \quad (|z| < |\log(-\lambda)|; 1^{\alpha:=1}). \tag{6.7.11}$$

$\mathcal{E}_n^{(\alpha)}(\lambda) := \mathcal{E}_n^{(\alpha)}(0;\lambda)$ 被称为 α 阶 Apostol-Euler 数. 这两类 Bernoulli-Euler 多项式的推广的性质, 可见文献 [131—135].

注 6.7.2　这里给出几个另类的推广的多项式, 供扩展视野 [136]. 广义 Apostol 型多项式定义为

$$\left(\frac{2^\mu z^\nu}{\lambda \mathrm{e}^z + 1}\right)^\alpha \mathrm{e}^{xz} = \sum_{n=0}^\infty \mathcal{F}_n^{(\alpha)}(x;\lambda;\mu;\nu)\frac{z^n}{n!} \quad (|z| < |\log(-\lambda)|; 1^\alpha := 1),$$

广义 Apostol-Bernoulli 型多项式定义为

$$\left(\frac{z}{\lambda b^z - a^z}\right)^\alpha c^{xz} = \sum_{n=0}^\infty \mathcal{B}_n^{(\alpha)}(x;\lambda;a;b;c)\frac{z^n}{n!}$$
$$\left(|z| < \left|\frac{\log\lambda}{\log(b/a)}\right|; a \in \mathbb{C}\,\{0\}; b,c \in \mathbb{R}^+; a \neq b; 1^\alpha := 1\right),$$

广义 Apostol-Euler 型多项式定义为

$$\left(\frac{2}{\lambda b^z + a^z}\right)^\alpha c^{xz} = \sum_{n=0}^\infty \mathcal{E}_n^{(\alpha)}(x;\lambda;a;b;c)\frac{z^n}{n!}$$
$$\left(|z| < \left|\frac{\log\lambda}{\log(b/a)}\right|; a \in \mathbb{C}\,\{0\}; b,c \in \mathbb{R}^+; a \neq b; 1^\alpha := 1\right),$$

统一的广义 Apostol-Bernoulli 型多项式定义为

$$\left(\frac{2^\mu z^\nu}{\lambda b^z + a^z}\right)^\alpha c^{xz} = \sum_{n=0}^\infty \mathcal{F}_n^{(\alpha)}(x;\lambda;\mu;\nu)\frac{z^n}{n!}$$
$$\left(|z| < \left|\frac{\log\lambda}{\log(b/a)}\right|; a \in \mathbb{C}\,\{0\}; b,c \in \mathbb{R}^+; a \neq b; 1^\alpha := 1\right).$$

定义 6.7.3 (Carlitz [137])　退化 Bernoulli 多项式 $\beta_n(x|\lambda)$ 定义为

$$\frac{t}{(1+\lambda t)^{\frac{1}{\lambda}} - 1}(1+\lambda t)^{\frac{x}{\lambda}} = \sum_{n=0}^\infty \beta_n(x|\lambda)\frac{t^n}{n!},$$

退化 Euler 多项式 $\mathcal{E}_n(x|\lambda)$ 定义为

$$\frac{2}{(1+\lambda t)^{\frac{1}{\lambda}}+1}(1+\lambda t)^{\frac{x}{\lambda}} = \sum_{n=0}^{\infty} \mathcal{E}_n(x|\lambda)\frac{t^n}{n!}.$$

其应用也可见文献 [138—140] 等.

6.8 Bernoulli 矩阵及其代数性质

在本节, 所有在 $M_{n+1}(\mathbb{R})$ 上矩阵都是实数域上的 $(n+1) \times (n+1)$ 矩阵.

定义 6.8.1 [141] 设 α 与 β 为任意实数, 广义 $(n+1) \times (n+1)$ Bernoulli 矩阵 $\mathcal{B}^{(\alpha)}(x) = \left[B_{i,j}^{(\alpha)}(x) \right]$ $(i, j = 0, 1, 2, \cdots, n)$ 定义为

$$B_{i,j}^{(\alpha)}(x) = \begin{cases} \dbinom{i}{j} B_{i-j}^{(\alpha)}(x), & i \geqslant j, \\ 0, & \text{其他}, \end{cases} \tag{6.8.1}$$

$\mathcal{B}^{(1)}(x) = \mathcal{B}(x)$ 以及 $\mathcal{B}(0) = \mathcal{B}$ 分别被称为 Bernoulli 多项式矩阵和 Bernoulli 矩阵.

首先, 我们有

定理 6.8.1 [141]

$$\mathcal{B}^{(\alpha+\beta)}(x+y) = \mathcal{B}^{(\alpha)}(x)\mathcal{B}^{(\beta)}(y) = \mathcal{B}^{(\alpha)}(y)\mathcal{B}^{(\beta)}(x). \tag{6.8.2}$$

证明 从 (6.2.52), 有

$$\sum_{k=j}^{i} \binom{i}{k} B_{i-k}^{(\alpha)}(x) \binom{k}{j} B_{k-j}^{(\beta)}(y) = \sum_{k=j}^{i} \binom{i}{j} \binom{i-j}{k-j} B_{i-k}^{(\alpha)}(x) B_{k-j}^{(\beta)}(y)$$

$$= \binom{i}{j} \sum_{k=0}^{i-j} \binom{i-j}{k} B_{i-j-k}^{(\alpha)}(x) B_{k}^{(\beta)}(y) = \binom{i}{j} B_{i-j}^{(\alpha+\beta)}(x+y),$$

可得 (6.8.2). □

推论 6.8.1

$$\mathcal{B}^{(\alpha_1+\alpha_2+\cdots+\alpha_k)}(x_1+x_2+\cdots+x_k) = \mathcal{B}^{(\alpha_1)}(x_1)\mathcal{B}^{(\alpha_2)}(x_2)\cdots\mathcal{B}^{(\alpha_k)}(x_k). \tag{6.8.3}$$

证明 对 k 应用归纳法即得. □

若取 $x_1 = x_2 = \cdots = x_k = x$, $\alpha_1 = \alpha_2 = \cdots = \alpha_k = \alpha$ 或进一步取 $x = 0$ 或 $\alpha = 1$, 则得到 Bernoulli 矩阵幂的表示形式.

推论 6.8.2

$$\left(\mathcal{B}^{(\alpha)}(x)\right)^k = \mathcal{B}^{(k\alpha)}(kx). \tag{6.8.4}$$

特别地,

$$(\mathcal{B}(x))^k = \mathcal{B}^{(k)}(kx),$$

$$\left(\mathcal{B}^{(\alpha)}\right)^k = \mathcal{B}^{(k\alpha)},$$

$$\mathcal{B}^k = \mathcal{B}^{(k)}.$$

设 $\mathcal{D} = [d_{i,j}]\ (0 \leqslant i,j \leqslant n)$ 为 $(n+1) \times (n+1)$ 矩阵, 定义为

$$d_{i,j} = \begin{cases} \dfrac{1}{i-j+1}\dbinom{i}{j}, & i \geqslant j, \\ 0, & \text{其他}. \end{cases} \tag{6.8.5}$$

定理 6.8.2 [141]

$$\mathcal{B}^{-1} = \mathcal{D}.$$

进一步,

$$\left(\mathcal{B}^{(k)}\right)^{-1} = \mathcal{D}^k.$$

证明　由于

$$\sum_{k=0}^{n} \frac{1}{k+1}\binom{n}{k} B_{n-k} = \delta_{n,0},$$

这里 $\delta_{n,0}$ 为 Kronecker 符号, 则

$$\sum_{k=j}^{i} \binom{i}{k} B_{i-k} \cdot \frac{1}{k-j+1}\binom{k}{j} = \binom{i}{j} \sum_{k=j}^{i} \frac{1}{k-j+1}\binom{i-j}{k-j} B_{i-k}$$

$$= \binom{i}{j} \sum_{k=0}^{i-j} \frac{1}{k+1}\binom{i-j}{k} B_{i-j-k} = \binom{i}{j} \delta_{i-j,0},$$

故 $\mathcal{B}\mathcal{D} = I$, 即 $\mathcal{B}^{-1} = \mathcal{D}$. 由此式和推论 6.8.2, 得

$$\left(\mathcal{B}^{(k)}\right)^{-1} = \left(\mathcal{B}^k\right)^{-1} = \left(\mathcal{B}^{-1}\right)^k = \mathcal{D}^k. \qquad \square$$

$(n+1) \times (n+1)$ 的广义 Pascal 矩阵 $P[x] = [p_{i,j}]$ $(i, j = 0, 1, 2, \cdots, n)$ 定义为 [142,143]

$$p_{i,j} = \begin{cases} \binom{i}{j} x^{i-j}, & i \geqslant j, \\ 0, & \text{其他}. \end{cases} \tag{6.8.6}$$

定理 6.8.3 [141]

$$\mathcal{B}(x+y) = P[x]\mathcal{B}(y) = P[y]\mathcal{B}(x). \tag{6.8.7}$$

特别地,

$$\mathcal{B}(x) = P[x]\mathcal{B}. \tag{6.8.8}$$

证明 应用 (6.2.11), 则

$$\sum_{k=j}^{i} \binom{i}{k} x^{i-k} \binom{k}{j} B_{k-j}(y)$$

$$= \binom{i}{j} \sum_{k=j}^{i} \binom{i-j}{k-j} B_{k-j}(y) x^{i-k} = \binom{i}{j} \sum_{k=0}^{i-j} \binom{i-j}{k} B_k(y) x^{i-j-k}$$

$$= \binom{i}{j} B_{i-j}(x+y),$$

故 $\mathcal{B}(x+y) = P[x]\mathcal{B}(y)$. 类似地, 有 $\mathcal{B}(x+y) = P[y]\mathcal{B}(x)$. $\quad\square$

例 6.8.1

$$\mathcal{B}(x) = \begin{pmatrix} 1 & 0 & 0 & 0 & \cdots \\ x - \dfrac{1}{2} & 1 & 0 & 0 & \cdots \\ x^2 - x + \dfrac{1}{6} & 2x - 1 & 1 & 0 & \cdots \\ x^3 - \dfrac{3}{2}x^2 + \dfrac{1}{2}x & 3x^2 - 3x + \dfrac{1}{2} & 3x - \dfrac{3}{2} & 1 & \cdots \\ \vdots & \vdots & \vdots & \vdots & \end{pmatrix}_{(n+1)\times(n+1)}$$

$$= \begin{pmatrix} 1 & 0 & 0 & 0 & \cdots \\ x & 1 & 0 & 0 & \cdots \\ x^2 & 2x & 1 & 0 & \cdots \\ x^3 & 3x^2 & 3x & 1 & \cdots \\ \vdots & \vdots & \vdots & \vdots & \end{pmatrix}_{(n+1)\times(n+1)}$$

$$\times \begin{pmatrix} 1 & 0 & 0 & 0 & \dots \\ -\dfrac{1}{2} & 1 & 0 & 0 & \dots \\ \dfrac{1}{6} & -1 & 1 & 0 & \dots \\ 0 & \dfrac{1}{2} & -\dfrac{3}{2} & 1 & \dots \\ \vdots & \vdots & \vdots & \vdots & \end{pmatrix}_{(n+1)\times(n+1)}$$

$$= P[x]\mathcal{B}.$$

定理 6.8.4 [141]

$$\mathcal{B}^{-1}(x) = \mathcal{B}^{-1}P[-x] = \mathcal{D}P[-x]. \tag{6.8.9}$$

证明　应用 $\mathcal{B}^{-1} = \mathcal{D}$ 和 $P[x]^{-1} = P[-x]$ [144]. 　　　□

例 6.8.2

$$\mathcal{B}^{-1}(x) = \begin{pmatrix} 1 & 0 & 0 & 0 & \dots \\ x-\dfrac{1}{2} & 1 & 0 & 0 & \dots \\ x^2-x+\dfrac{1}{6} & 2x-1 & 1 & 0 & \dots \\ x^3-\dfrac{3}{2}x^2+\dfrac{1}{2}x & 3x^2-3x+\dfrac{1}{2} & 3x-\dfrac{3}{2} & 1 & \dots \\ \vdots & \vdots & \vdots & \vdots & \end{pmatrix}_{(n+1)\times(n+1)}^{-1}$$

$$= \begin{pmatrix} 1 & 0 & 0 & 0 & \dots \\ \dfrac{1}{2} & 1 & 0 & 0 & \dots \\ \dfrac{1}{3} & 1 & 1 & 0 & \dots \\ \dfrac{1}{4} & 1 & \dfrac{3}{2} & 1 & \dots \\ \vdots & \vdots & \vdots & \vdots & \end{pmatrix}_{(n+1)\times(n+1)}$$

$$\times \begin{pmatrix} 1 & 0 & 0 & 0 & \dots \\ -x & 1 & 0 & 0 & \dots \\ x^2 & -2x & 1 & 0 & \dots \\ -x^3 & 3x^2 & -3x & 1 & \dots \\ \vdots & \vdots & \vdots & \vdots & \end{pmatrix}_{(n+1)\times(n+1)}$$

$$= \mathcal{D}P[-x].$$

设 $S_k[x] = (S_k(x; i, j))$ $(0 \leqslant i, j \leqslant k)$ 为 $(k+1) \times (k+1)$ 矩阵, 定义为

$$S_k(x; i, j) = \begin{cases} x^{i-j}, & j \leqslant i, \\ 0, & j > i. \end{cases}$$

则定义 $(n+1) \times (n+1)$ 矩阵 $G_k[x]$ $(k = 1, 2, \cdots, n-1, n)$ 为

$$G_k[x] = \begin{bmatrix} I_{n-k+1} & 0 \\ 0 & S_k[x] \end{bmatrix} \quad (k = 1, 2, \cdots, n-1),$$

$$G_n[x] = S_n[x],$$

这里 I_{n+1} 阶为 $n+1$ 得单位矩阵. 在文献 [142] 中, 我们得到

$$P[x] = G_n[x]G_{n-1}[x] \cdots G_1[x].$$

由定理 6.8.3 和定理 6.8.4 有下面推论.

推论 6.8.3

$$\mathcal{B}(x) = G_n[x]G_{n-1}[x] \cdots G_1[x]\mathcal{B}$$

和

$$\mathcal{B}(x)^{-1} = \mathcal{D}G_n[-x]G_{n-1}[-x] \cdots G_1[-x].$$

令 F_n 为 Fibonacci 数, $(n+1) \times (n+1)$ Fibonacci 矩阵 $\mathcal{F} = [f_{i,j}]$ $(i, j = 0, 1, 2, \cdots, n)$ 定义为

$$f_{i,j} = \begin{cases} F_{i-j+1}, & i-j+1 \geqslant 0, \\ 0, & i-j+1 < 0. \end{cases} \tag{6.8.10}$$

文献 [145, 146] 中, Lee 等给出了 Fibonacci 矩阵的肖莱斯基 (Cholesky) 分解和对称 Fibonacci 矩阵 $\mathcal{F}\mathcal{F}^{\mathrm{T}}$ 的特征值, 也给出了 $\mathcal{F}$ 的逆.

引理 6.8.1 [145, 146] 设 $\mathcal{F}^{-1} = [f'_{i,j}]$ $(i, j = 0, 1, 2, \cdots, n)$, 则

$$f'_{i,j} = \begin{cases} 1, & i = j, \\ -1, & i = j+1, j+2, \\ 0, & 其他. \end{cases} \tag{6.8.11}$$

证明 利用 Fibonacci 数的递归关系 (5.1.4) 以及逆矩阵的定义可直接得到.

$\square$

定义 $(n+1) \times (n+1)$ 矩阵 $\mathcal{M}(x) = [m_{i,j}(x)]$ $(i, j = 0, 1, 2, \cdots, n)$ 为

$$m_{i,j}(x) = \binom{i}{j} B_{i-j}(x) - \binom{i-1}{j} B_{i-j-1}(x) - \binom{i-2}{j} B_{i-j-2}(x). \quad (6.8.12)$$

特别地, 为方便记 $\mathcal{M}(0)$ 为 $\mathcal{M}$.

从 $\mathcal{M}(x)$ 的定义, 看到 $m_{0,0}(x) = B_0(x) = 1$; 当 $j \geqslant 1$, $m_{0,j}(x) = 0$; $m_{1,0}(x) = B_1(x) - B_0(x) = x - \dfrac{3}{2}$, $m_{1,1}(x) = B_0(x) = 1$; 当 $j \geqslant 2$, $m_{1,j}(x) = 0$; $i \geqslant 2$, $m_{i,0}(x) = B_i(x) - B_{i-1}(x) - B_{i-2}(x)$. 从 $\mathcal{B}(x)$, $\mathcal{F}$ 和 $\mathcal{M}(x)$ 的定义, 得到下面结果.

定理 6.8.5 [141]

$$\mathcal{B}(x) = \mathcal{F}\mathcal{M}(x). \quad (6.8.13)$$

证明　只需证明 $\mathcal{F}^{-1}\mathcal{B}(x) = \mathcal{M}(x)$. 回顾 $\mathcal{F}^{-1} = [f'_{i,j}]$, 这里 $f'_{i,j}$ 由 (6.8.11) 式给出. 由于 $f'_{0,j} = 0$ $(j \geqslant 1)$, 有 $f'_{0,0}B_{0,0}(x) = B_0(x) = 1$ 和 $m_{0,0}(x) = B_0(x) = \sum\limits_{k=0}^{n} f'_{0,k}B_{k,0}(x)$.

由于 $B_{0,j}(x) = 0$ 和 $f'_{0,j} = 0$ $(j \geqslant 1)$, $\sum\limits_{k=0}^{n} f'_{0,k}B_{k,j}(x) = f'_{0,0}B_{0,j}(x) = 0 = m_{0,j}(x)$ $(j \geqslant 1)$.

由于 $f'_{1,0} = -1$, $f'_{1,1} = 1$ 和 $f'_{1,j} = 0$ $(j \geqslant 2)$, 有 $\sum\limits_{k=0}^{n} f'_{1,k}B_{k,0}(x) = f'_{1,0}B_{0,0}(x) + f'_{1,1}B_{1,0}(x) = -B_0(x) + B_1(x) = m_{1,0}(x)$. 从 (6.8.11), 对 $i = 2, 3, \cdots, n$, 有 $\sum\limits_{k=0}^{n} f'_{i,k}B_{k,0}(x) = B_i(x) - B_{i-1}(x) - B_{i-2}(x) = m_{i,0}(x)$.

考虑 $i \geqslant 2$ 和 $j \geqslant 1$. 通过 (6.8.11) 和 $B_{i,j}(x)$ 的定义, 有

$$\begin{aligned}
\sum_{k=0}^{n} f'_{i,k}B_{k,j}(x) &= f'_{i,i}B_{i,j}(x) + f'_{i,i-1}B_{i-1,j}(x) + f'_{i,i-2}B_{i-2,j}(x) \\
&= \binom{i}{j} B_{i-j}(x) - \binom{i-1}{j} B_{i-j-1}(x) - \binom{i-2}{j} B_{i-j-2}(x) \\
&= m_{i,j}(x).
\end{aligned}$$

因此, 得到 $\mathcal{F}^{-1}\mathcal{B}(x) = \mathcal{M}(x)$.　　　　　　　　　　　　　　　　　　　□

由上面结果, 得到下面恒等式.

定理 6.8.6 对 $0 \leqslant r \leqslant n$, 有

$$\binom{n}{r} B_{n-r}(x)$$

$$= F_{n-r+1} + \left[(1+r)x - \frac{1}{2}r - \frac{3}{2} \right] F_{n-r} + \sum_{k=r+2}^{n} \binom{k}{r}$$

$$\times \left[B_{k-r}(x) - \frac{k-r}{k} \left\{ B_{k-r-1}(x) + \frac{k-r-1}{k-1} B_{k-r-2}(x) \right\} \right] F_{n-k+1}. \quad (6.8.14)$$

证明 从 (6.8.12), 易知

$$m_{r,r}(x) = B_0(x) = 1,$$

$$m_{r+1,r}(x) = \binom{r+1}{r} B_1(x) - \binom{r}{r} B_0(x) = (1+r)x - \frac{1}{2}r - \frac{3}{2},$$

以及对 $k \geqslant r+2$,

$$m_{k,r}(x) = \binom{k}{r} \left[B_{k-r}(x) - \frac{k-r}{k} \left\{ B_{k-r-1}(x) + \frac{k-r-1}{k-1} B_{k-r-2}(x) \right\} \right].$$

则从定理 6.8.5, 有

$$\binom{n}{r} B_{n-r}(x)$$

$$= B_{n,r}(x)$$

$$= \sum_{k=r}^{n} F_{n-k+1} m_{k,r}(x)$$

$$= F_{n-r+1} m_{r,r}(x) + F_{n-r} m_{r+1,r}(x) + \sum_{k=r+2}^{n} F_{n-k+1} m_{k,r}(x)$$

$$= F_{n-r+1} + \left[(1+r)x - \frac{1}{2}r - \frac{3}{2} \right] F_{n-r} + \sum_{k=r+2}^{n} \binom{k}{r}$$

$$\times \left[B_{k-r}(x) - \frac{k-r}{k} \left\{ B_{k-r-1}(x) + \frac{k-r-1}{k-1} B_{k-r-2}(x) \right\} \right] F_{n-k+1}. \quad \square$$

推论 6.8.4 对于 $0 \leqslant r \leqslant n$, 我们有

$$(-1)^n \binom{n}{r} B_{n-r}(x)$$

$$= (-1)^r F_{n-r+1} - (-1)^r \left[(1+r)x - \frac{1}{2}r + \frac{1}{2} \right] F_{n-r} + \sum_{k=r+2}^{n} (-1)^k \binom{k}{r}$$

$$\times \left[B_{k-r}(x) + \frac{k-r}{k} \left\{ B_{k-r-1}(x) - \frac{k-r-1}{k-1} B_{k-r-2}(x) \right\} \right] F_{n-k+1}. \quad (6.8.15)$$

证明　在 (6.8.14) 里, 代 x 为 $1-x$ 和应用 (6.2.8)

$$B_n(x) = (-1)^n B_n(1-x), \quad (6.8.16)$$

导致相等, (6.8.15) 得证.　　　　　　　　　　　　　　　　　　　　　　　　　□

从 (6.8.9), 得到下面 $\mathcal{M}(x)$ 的逆矩阵

$$\mathcal{M}^{-1}(x) = \mathcal{D}P[-x]\mathcal{F}. \quad (6.8.17)$$

特别地,

$$\mathcal{M}^{-1} = \mathcal{D}\mathcal{F}. \quad (6.8.18)$$

设 $\mathcal{M}^{-1} = (m'_{i,j})$. 则上面等式蕴含

$$m'_{i,j} = \sum_{k=j}^{i} \frac{1}{i-k+1} \binom{i}{k} F_{k-j+1}. \quad (6.8.19)$$

应用 $\sum_{k=1}^{n} k\binom{n}{k} F_k = n F_{2n-1}$ 和 $\sum_{k=1}^{n} \binom{n}{k} F_k = F_{2n}$ 到 (6.8.19), 得到

$$m'_{i,0} = \sum_{k=0}^{i} \frac{1}{i-k+1} \binom{i}{k} F_{k+1} = \frac{1}{(i+1)(i+2)} \sum_{k=0}^{i} \binom{i+2}{k+1} (k+1) F_{k+1}$$

$$= \frac{1}{(i+1)(i+2)} \sum_{k=1}^{i+1} \binom{i+2}{k} k F_k$$

$$= \frac{1}{(i+1)(i+2)} \left\{ \sum_{k=0}^{i+2} \binom{i+2}{k} k F_k - (i+2) F_{i+2} \right\}$$

$$= \frac{1}{(i+1)(i+2)} \left\{ (i+2) F_{2i+3} - (i+2) F_{i+2} \right\}$$

$$= \frac{1}{i+1} \left(F_{2i+3} - F_{i+2} \right) \quad (6.8.20)$$

和

$$m'_{i,1} = \sum_{k=1}^{i} \frac{1}{i-k+1} \binom{i}{k} F_k = \frac{1}{i+1} \sum_{k=1}^{i} \binom{i+1}{k} F_k$$

$$= \frac{1}{i+1} \left\{ \sum_{k=1}^{i+1} \binom{i+1}{k} F_k - F_{i+1} \right\}$$

$$= \frac{1}{i+1} \left(F_{2(i+1)} - F_{i+1} \right). \tag{6.8.21}$$

由 (6.8.20) 和 (6.8.21), 得到包含 Fibonacci 数与 Bernoulli 数的恒等式.

定理 6.8.7 [141]

$$F_{n+1} = \sum_{k=0}^{n} \frac{1}{k+1} \binom{n}{k} B_{n-k} \left(F_{2k+3} - F_{k+2} \right) \quad (n \geqslant 1), \tag{6.8.22}$$

$$F_n = \sum_{k=0}^{n} \frac{1}{k+1} \binom{n}{k} B_{n-k} \left(F_{2(k+1)} - F_{k+1} \right) \quad (n \geqslant 0). \tag{6.8.23}$$

证明 从 $\mathcal{F} = \mathcal{B}\mathcal{M}^{-1}$, 有

$$F_{n-r+1} = \sum_{k=r}^{n} \binom{n}{k} B_{n-k} m'_{k,r}.$$

分别取 $r = 0$ 和 $r = 1$, 则

$$F_{n+1} = \sum_{k=0}^{n} \binom{n}{k} B_{n-k} m'_{k,0} \tag{6.8.24}$$

和

$$F_n = \sum_{k=1}^{n} \binom{n}{k} B_{n-k} m'_{k,1}. \tag{6.8.25}$$

因此, 代 (6.8.20) 和 (6.8.21) 到 (6.8.24) 和 (6.8.25), 分别得到 (6.8.22) 和 (6.8.23).
$\square$

模拟上面过程, 定义 $(n+1) \times (n+1)$ 矩阵 $\mathcal{N}(x) = [n_{i,j}(x)]$ $(i,j = 0,1,2,\cdots,n)$ 为

$$n_{i,j}(x) = \binom{i}{j} B_{i-j}(x) - \binom{i}{j+1} B_{i-j-1}(x) - \binom{i}{j+2} B_{i-j-2}(x) \tag{6.8.26}$$

和类似于定理 6.8.5 和定理 6.8.6 以及推论 6.8.4 的推导可得下述结果.

定理 6.8.8

$$\mathcal{B}(x) = \mathcal{N}(x)\mathcal{F}. \tag{6.8.27}$$

定理 6.8.9 [141]

$$\binom{n}{r} B_{n-r}(x) = F_{n-r+1} + \left[n\left(x - \frac{1}{2} \right) - 1 \right] F_{n-r}$$

$$+ \sum_{k=r}^{n-2} \binom{n}{k} \left[B_{n-k}(x) - \frac{n-k}{k+1} \left\{ B_{n-k-1}(x) \right. \right.$$

$$\left. \left. + \frac{n-k-1}{k+2} B_{n-k-2}(x) \right\} \right] F_{k-r+1}. \tag{6.8.28}$$

推论 6.8.5

$$(-1)^r \binom{n}{r} B_{n-r}(x) = (-1)^n F_{n-r+1} + (-1)^n \left[n\left(\frac{1}{2} - x \right) - 1 \right] F_{n-r}$$

$$+ \sum_{k=r}^{n-2} (-1)^k \binom{n}{k} \left[B_{n-k}(x) \right.$$

$$\left. + \frac{n-k}{k+1} \left\{ B_{n-k-1}(x) - \frac{n-k-1}{k+2} B_{n-k-2}(x) \right\} \right] F_{k-r+1}.$$

$$\tag{6.8.29}$$

设 $s(n,k)$ 和 $S(n,k)$ 分别为第一类与第二类 Stirling 数. 则有

定理 6.8.10 [141]

$$\mathcal{B} = \mathcal{S}\widetilde{s}, \tag{6.8.30}$$

这里 $(n+1) \times (n+1)$ 矩阵 $\mathcal{S} = [S_{i,j}]$ 和 $\widetilde{s} = [s_{i,j}]$ $(i, j = 1, 2, \cdots, n+1)$ 分别定义为

$$S_{i,j} = S(i, j-1), \quad s_{i,j} = \frac{j+1}{i} s(i, j+1).$$

证明　由

$$\binom{n}{k} B_{n-k} = \sum_{l=1}^{n+1} \frac{k+1}{l} S(n, l-1) s(l, k+1)$$

(见 [147]), 定理直接得到.　　　　　　　　　　　　　　　　　　　　　□

$(n+1) \times (n+1)$ 矩阵 $\widetilde{B(y)} = [\widetilde{b_{ij}(y)}]$ $(i, j = 0, 1, 2, \cdots, n)$ 定义为

$$\widetilde{b_{ij}(y)} = B_i(j + y).$$

称 $\widetilde{B(y)}$ 为移位 Bernoulli 矩阵.

定理 6.8.11

$$\widetilde{B(y)} = \mathcal{B}\mathcal{V}(y), \tag{6.8.31}$$

这里 $\mathcal{V}(y)$ 为 Vandermonde 矩阵, 定义为

$$\mathcal{V}(y) = \begin{pmatrix} 1 & 1 & 1 & \cdots & 1 \\ y & 1+y & 2+y & \cdots & n+y \\ y^2 & (1+y)^2 & (2+y)^2 & \cdots & (n+y)^2 \\ \vdots & \vdots & \vdots & & \vdots \\ y^n & (1+y)^n & (2+y)^n & \cdots & (n+y)^n \end{pmatrix}.$$

证明 由于

$$B_i(j + y) = \sum_{k=0}^{i} \binom{i}{k} B_{i-k} \cdot (j+y)^k,$$

则产生 $\widetilde{B(y)} = \mathcal{B}\mathcal{V}(y)$. $\qquad\square$

令 $\widetilde{S}_{n+1} = [(j+1)! S(i+1, j+1)]_{i,j=0,1,2,\cdots,n}$. 在 [147], Vandermonde 矩阵 $\mathcal{V}(y)$ 的分解被给出为

$$\mathcal{V}(y) = \left([1] \oplus \widetilde{S}_n \right) \Delta_{n+1}(y) P^{\mathrm{T}},$$

这里 $\Delta_{n+1}(y)$ 为 $(n+1) \times (n+1)$ 下三角矩阵, 当 $i \geqslant j$ 时, (i, j)-值为 $\binom{y}{i-j}$; 其他情形, 其 (i, j)-值为 0. 故有

定理 6.8.12

$$\widetilde{B(y)} = \mathcal{B}\left([1] \oplus \widetilde{S}_n \right) \Delta_{n+1}(y) P^{\mathrm{T}}. \tag{6.8.32}$$

注 6.8.1 本节讨论的问题同样可以用到其他许多组合序列上 [148-152].

*6.9 广义 Aigner-Catalan-like 数及其应用

令 $f(n)$ 为非零的实序列, 且 $f(0) = 1$. 我们引入无限下三角矩阵 $A(f) = (a_{n,k})$, 指标为 $\{0, 1, 2, \cdots\}$ 以及满足下列条件:

(i) 对 $n < k$, $a_{n,k} = 0$, 对所有的 n, $a_{n,n} = 1$;

(ii) 对所有的 m, n, 定义

$$a_{m+n,0} = r_m \circ r_n = \sum_{k=0}^{\min\{m,n\}} f(k) a_{m,k} a_{n,k},$$

这里 $r_m = (a_{m,0}, a_{m,1}, \cdots)$, 也就是, $A(f)$ 的第 m 行. 我们称矩阵 $A(f)$ 为广义艾歌那 (Aigner)-Catalan-like 矩阵. $A(f)$ 的第一列的数 $a_{n,0}$ 被称为广义 Aigner-Catalan-like 数. 简称 GAC-like 数, 记作 $C_n(f)$.

显然, 若 $f(k) \equiv 1$, $C_n(f)$ 就变为一般的 Aigner-Catalan-like 数 [153-155].

设 $\{a_n\}(n = 0, 1, 2, \cdots)$ 为任意一个复数列, 一个关于 $\{a_n\}$ 的汉克尔 (Hankel) 矩阵定义为

$$\begin{pmatrix} a_0 & a_1 & a_2 & \cdots & a_n \\ a_1 & a_2 & a_3 & \cdots & a_{n+1} \\ a_2 & a_3 & a_4 & \cdots & a_{n+2} \\ \vdots & \vdots & \vdots & & \vdots \\ a_n & a_{n+1} & a_{n+2} & \cdots & a_{2n} \end{pmatrix}. \tag{6.9.1}$$

本节主要考虑下述关于 $C_n(f)$ 的 Hankel 矩阵, 即

$$\widetilde{C}_n^{(f)}(t) = \begin{pmatrix} C_t(f) & C_{t+1}(f) & \cdots & C_{t+n}(f) \\ C_{t+1}(f) & C_{t+2}(f) & \cdots & C_{t+n+1}(f) \\ \vdots & \vdots & & \vdots \\ C_{t+n}(f) & C_{t+n+1}(f) & \cdots & C_{t+2n}(f) \end{pmatrix}_{(n+1)\times(n+1)}.$$

首先, 我们给出下面一个基本结论.

定理 6.9.1 [156] 设 $A(f) = (a_{n,k})$ 为广义 Aigner-Catalan-like 矩阵. 则

$$a_{n,k} = a_{n-1,k-1} + \sigma_k a_{n-1,k} + \frac{f(k+1)}{f(k)} a_{n-1,k+1} \quad (n \geqslant 1), \tag{6.9.2}$$

这里 σ_k 定义为

$$\sigma_0 = a_{1,0},$$

$$\sigma_k = a_{k+1,k} - a_{k,k-1} \quad (k \geqslant 1).$$

证明 从 $a_{n,k}$ 的定义, 易知

$$a_{n,k} = a_{n-1,k-1} + \sigma_k a_{n-1,k} + \frac{f(k+1)}{f(k)} a_{n-1,k+1} = \begin{cases} 0, & n < k, \\ 1, & n = k. \end{cases}$$

因此对 $n \leqslant k$, 定理成立. 对 $n > k$, 我们对 n 应用数学归纳证明. 当 $n = 1,\ 2$ 时, 定理直接证明. 假定对任何正整数 $\leqslant n$ 成立, 注意到

$$r_{n+1} \circ r_k = r_n \circ r_{k+1},$$

我们有

$$\sum_{i=0}^{k} f(i) a_{n+1,i} a_{k,i} = \sum_{i=0}^{k+1} f(i) a_{n,i} a_{k+1,i}.$$

这个导致

$$f(0) a_{n+1,0} a_{k,0} + \sum_{i=1}^{k} f(i) a_{n+1,i} a_{k,i} = f(0) a_{n,0} a_{k+1,0} + \sum_{i=1}^{k+1} f(i) a_{n,i} a_{k+1,i}.$$

应用归纳假设和 $f(0) = 1$, 我们得到

$$a_{n+1,0} a_{k,0} + \sum_{i=1}^{k} f(i) a_{n+1,i} a_{k,i}$$

$$= a_{n,0} a_{k+1,0} + \sum_{i=1}^{k+1} f(i) a_{n,i} \left\{ a_{k,i-1} + \sigma_i a_{k,i} + \frac{f(i+1)}{f(i)} a_{k,i+1} \right\}.$$

由于 $a_{n+1,0} = a_{1,0} a_{n,0} + f(1) a_{n,1} a_{1,1} = a_{1,0} a_{n,0} + f(1) a_{n,1}$ 和 $a_{n,k} = 0 \ (k > n)$, 得到

$$a_{k,0} \left(a_{1,0} a_{n,0} + f(1) a_{n,1} \right) + \sum_{i=1}^{k} f(i) a_{n+1,i} a_{k,i}$$

$$= a_{n,0} \left(a_{1,0} a_{k,0} + f(1) a_{k,1} \right) + \sum_{i=0}^{k} f(i+1) a_{n,i+1} a_{k,i}$$

$$+ \sum_{i=1}^{k} f(i)\sigma_i a_{n,i} a_{k,i} + \sum_{i=2}^{k} f(i) a_{n,i-1} a_{k,i},$$

即

$$\sum_{i=1}^{k} \left\{ a_{n+1,i} - a_{n,i-1} - \sigma_i a_{n,i} - \frac{f(i+1)}{f(i)} a_{n,i+1} \right\} f(i) a_{k,i} = 0. \qquad (6.9.3)$$

由于 $a_{n,n} = 1$, $f(i) \neq 0$ 以及通过对 k 应用归纳, 从 (6.9.3), 我们得到

$$a_{n+1,k} - a_{n,k-1} - \sigma_k a_{n,k} - \frac{f(k+1)}{f(k)} a_{n,k+1} = 0,$$

即

$$a_{n+1,k} = a_{n,k-1} + \sigma_k a_{n,k} + \frac{f(k+1)}{f(k)} a_{n,k+1}.$$

也就是, 定理对 $n+1$ 也成立. □

定理 6.9.2 [156] 设 $B(f) = (b_{n,k})$ 为 $A(f) = (a_{n,k})$ 的逆矩阵. 则

$$b_{n,n} = 1,$$

$$b_{n,k} = 0, \quad n < k,$$

$$b_{n+1,k} = b_{n,k-1} - \sigma_n b_{n,k} - \frac{f(n)}{f(n-1)} b_{n-1,k}. \qquad (6.9.4)$$

证明 由于 $a_{n,k} = \begin{cases} 0, & n < k, \\ 1, & n = k, \end{cases}$ 从 $A(f)B(f) = I$ 易知 $b_{n,k} = \begin{cases} 0, & n < k, \\ 1, & n = k. \end{cases}$

设 $\delta_{i,j} = 0$ (若 $i \neq j$) 或 1 (若 $i = j$). 则

$$\begin{aligned}
b_{n,k-1} &= \sum_{i=0}^{n} b_{n,i} \delta_{i+1,k} = \sum_{i=0}^{n} b_{n,i} \sum_{j=0}^{i+1} a_{i+1,j} b_{j,k} \\
&= \sum_{i=0}^{n} b_{n,i} \sum_{j=0}^{i+1} \left\{ a_{i,j-1} + \sigma_j a_{i,j} + \frac{f(j+1)}{f(j)} a_{i,j+1} \right\} b_{j,k} \\
&= \sum_{j=0}^{n} \left\{ b_{j+1,k} + \sigma_j b_{j,k} + \frac{f(j)}{f(j-1)} b_{j-1,k} \right\} \sum_{i=j}^{n} b_{n,i} a_{i,j} \\
&= \sum_{j=0}^{n} \left\{ b_{j+1,k} + \sigma_j b_{j,k} + \frac{f(j)}{f(j-1)} b_{j-1,k} \right\} \delta_{n,j}
\end{aligned}$$

$$= b_{n+1,k} + \sigma_n b_{n,k} + \frac{f(n)}{f(n-1)} b_{n-1,k}. \qquad \square$$

相应地, 逆矩阵 $B(f)$ 的第一列数 $b_{n,0}$ 被称为广义 Aigner-Catalan-like 逆数, 简称 GAC-like 逆数, 记作 $D_n(f)$. 从 (6.9.4), 直接得到下列结果.

定理 6.9.3 [156] GAC-like 逆数 $D_n(f)$ 满足下列递归关系:

$$D_1(f) = -\sigma_0, \qquad (6.9.5)$$

$$D_2(f) = \sigma_0 \sigma_1 - f(1), \qquad (6.9.6)$$

$$D_{n+1}(f) = -\sigma_n D_n(f) - \frac{f(n)}{f(n-1)} D_{n-1}(f). \qquad (6.9.7)$$

证明 从 $A(f)B(f) = I$, 有 $a_{1,0}b_{0,0} + a_{1,1}b_{1,0} = 0$, 即 $D_1(f) = b_{1,0} = -a_{1,0} = -\sigma_0$. 通过在 (6.9.4) 里, 取 $k = 0, n = 1$ 和 $k = 0$, 分别得到 (6.9.6) 和 (6.9.7). $\square$

易知

推论 6.9.1

$$D_{n+1}(f) = \det \begin{pmatrix} -\sigma_0 & 1 & 0 & \cdots & 0 & 0 \\ \dfrac{f(1)}{f(0)} & -\sigma_1 & 1 & \cdots & 0 & 0 \\ 0 & \dfrac{f(2)}{f(1)} & -\sigma_2 & \cdots & 0 & 0 \\ \vdots & \vdots & \vdots & & \vdots & \vdots \\ 0 & 0 & 0 & \cdots & -\sigma_{n-1} & 1 \\ 0 & 0 & 0 & \cdots & \dfrac{f(n)}{f(n-1)} & -\sigma_n \end{pmatrix}. \qquad (6.9.8)$$

设 $(n+1) \times (n+1)$ 矩阵 W_n, $M_n(t)$, J_n 定义为

$$W_n = \begin{pmatrix} a_{0,0} & 0 & 0 & \cdots & 0 \\ a_{1,0} & a_{1,1} & 0 & \cdots & 0 \\ a_{2,0} & a_{2,1} & a_{2,2} & \cdots & 0 \\ \vdots & \vdots & \vdots & & \vdots \\ a_{n,0} & a_{n,1} & a_{n,2} & \cdots & a_{n,n} \end{pmatrix},$$

$$M_n(t) = \begin{pmatrix} a_{t,0} & a_{t,1} & \cdots & a_{t,t} & 0 & \cdots & 0 & 0 \\ a_{t+1,0} & a_{t+1,1} & \cdots & a_{t+1,t} & a_{t+1,t+1} & \cdots & 0 & 0 \\ \vdots & \vdots & & \vdots & \vdots & & \vdots & \vdots \\ a_{n,0} & a_{n,1} & \cdots & a_{n,t} & a_{n,t+1} & \cdots & a_{n,n-1} & a_{n,n} \\ a_{n+1,0} & a_{n+1,1} & \cdots & a_{n+1,t} & a_{n+1,t+1} & \cdots & a_{n+1,n-1} & a_{n+1,n} \\ \vdots & \vdots & & \vdots & \vdots & & \vdots & \vdots \\ a_{t+n,0} & a_{t+n,1} & \cdots & a_{t+n,t} & a_{t+n,t+1} & \cdots & a_{t+n,n-1} & a_{t+n,n} \end{pmatrix}$$

和

$$J_n = \begin{pmatrix} \sigma_0 & 1 & 0 & \cdots & 0 & 0 \\ \dfrac{f(1)}{f(0)} & \sigma_1 & 1 & \cdots & 0 & 0 \\ 0 & \dfrac{f(2)}{f(1)} & \sigma_2 & \cdots & 0 & 0 \\ \vdots & \vdots & \vdots & & \vdots & \vdots \\ 0 & 0 & 0 & \cdots & \sigma_{n-1} & 1 \\ 0 & 0 & 0 & \cdots & \dfrac{f(n)}{f(n-1)} & \sigma_n \end{pmatrix}.$$

容易得到

引理 6.9.1

$$M_n(0) = W_n, \tag{6.9.9}$$

$$\det J_n = (-1)^{n+1} D_{n+1}(f). \tag{6.9.10}$$

证明 (6.9.9) 显然. (6.9.10) 可以通过在 J_n 里, 所有奇数列 $\times(-1)$ 和所有偶数行 $\times(-1)$ 来得到.   □

由于 $C_{m+n}(f) = a_{m+n,0} = \displaystyle\sum_{k=0}^{\min\{m,n\}} f(k) a_{m,k} a_{n,k}$, 则

$$\widetilde{C}_n^{(f)}(t) = M_n(t) \, \mathrm{diag}\{f(0), \ f(1), \ f(2), \ \cdots, \ f(n)\} W_n^{\mathrm{T}}. \tag{6.9.11}$$

假设 $v_{n+1}(t) = (0, \cdots, 0, a_{n+1,n+1}, a_{n+2,n+1}, \cdots, a_{t+n-1,n+1}, a_{t+n,n+1})(t \geqslant 1)$ 为一个 $n+1$ 维行向量, 这里 $a_{n+1,n+1}$ 出现在第 $(n+2-t)$ 个地方, 以及设

$$R_n(t) = \Big(0_{(n+1)\times n}, \, (v_{n+1}(t))^{\mathrm{T}} \Big)_{(n+1)\times(n+1)}.$$

从 (6.9.2), 有

$$M_n(t+1) = M_n(t)J_n + \frac{f(n+1)}{f(n)}R_n(t). \tag{6.9.12}$$

应用 (6.9.12) 以及归纳得到

$$M_n(t) = W_nJ_n^t + \frac{f(n+1)}{f(n)}\sum_{k=1}^{t-1}R_n(k)J_n^{t-1-k}. \tag{6.9.13}$$

联合 (6.9.11) 和 (6.9.13) 得

定理 6.9.4 [156]

$$\widetilde{C}_n^{(f)}(t) = \left(W_nJ_n^t + \frac{f(n+1)}{f(n)}\sum_{k=1}^{t-1}R_n(k)J_n^{t-1-k}\right)$$

$$\cdot \mathrm{diag}\{f(0),\ f(1),\ f(2),\ \cdots,\ f(n)\}W_n^{\mathrm{T}}. \tag{6.9.14}$$

推论 6.9.2

$$\widetilde{C}_n^{(f)}(0) = W_n\,\mathrm{diag}\{f(0),\ f(1),\ f(2),\ \cdots,\ f(n)\}W_n^{\mathrm{T}},$$

$$\widetilde{C}_n^{(f)}(1) = W_nJ_n\mathrm{diag}\{f(0),\ f(1),\ f(2),\ \cdots,\ f(n)\}W_n^{\mathrm{T}},$$

$$\widetilde{C}_n^{(f)}(2) = \left(W_nJ_n^2 + \frac{f(n+1)}{f(n)}R_n(1)\right)\mathrm{diag}\{f(0),\ f(1),\ f(2),\ \cdots,\ f(n)\}W_n^{\mathrm{T}}.$$

证明 分别在定理 6.9.4 中, 取 $t = 0, 1$ 和 2, 可得. □

从推论 6.9.2 得到下列重要结果.

定理 6.9.5

$$\det \widetilde{C}_n^{(f)}(0) = f(0)f(1)f(2)\cdots f(n),$$

$$\det \widetilde{C}_n^{(f)}(1) = (-1)^{n+1}D_{n+1}(f)f(0)f(1)f(2)\cdots f(n),$$

$$\det \widetilde{C}_n^{(f)}(2) = f(0)f(1)f(2)\cdots f(n)f(n+1)\left(\frac{C_2(f)}{f(1)} + \sum_{k=0}^{n-1}\frac{D_{n-k+1}^2(f)}{f(n-k+1)}\right).$$

证明 前两个公式的证明可直接得到. 现在证明第三个公式. 在 (6.9.13) 中, 取 $t = 2$, 我们有

$$W_nJ_n^2 = M_n(2) - \frac{f(n+1)}{f(n)}R_n(1).$$

进一步, 由 $\det W_n = 1$, 得

$$\det J_n^2 = \det\left(M_n(2) - \frac{f(n+1)}{f(n)}R_n(1)\right).$$

设 $T_n = \det M_n(2)$, 由于 $\det J_n = (-1)^{n+1}D_{n+1}(f)$ 和 $R_n(1) = (0_{(n+1)\times 1}, v^{\mathrm{T}})$, 这里 $v = (0, \cdots, 0, 1)$, 易得

$$T_n - \frac{f(n+1)}{f(n)}T_{n-1} = D_{n+1}^2(f).$$

从而, 连续应用递归关系 "$T_n \longrightarrow T_{n-1}$" 以及注意到 $T_0 = \det M_0(2) = \det(a_{2,0}) = C_2(f)$, 我们有

$$T_n = D_{n+1}^2(f) + \frac{f(n+1)}{f(n)}T_{n-1}$$

$$= \cdots$$

$$= f(n+1)\left(\frac{C_2(f)}{f(1)} + \sum_{k=0}^{n-1}\frac{D_{n-k+1}^2(f)}{f(n-k+1)}\right).$$

从 (6.9.11), 有

$$\det \widetilde{C}_n^{(f)}(2) = \det M_n(2)f(0)f(1)f(2)\cdots f(n)$$

$$= f(0)f(1)f(2)\cdots f(n)f(n+1)\left(\frac{C_2(f)}{f(1)} + \sum_{k=0}^{n-1}\frac{D_{n-k+1}^2(f)}{f(n-k+1)}\right). \quad \square$$

推论 6.9.3

$$\left(\widetilde{C}_n^{(f)}(0)\right)^{-1} = V_n^{\mathrm{T}}\,\mathrm{diag}\left\{\frac{1}{f(0)}, \frac{1}{f(1)}, \cdots, \frac{1}{f(n)}\right\}V_n,$$

$$\left(\widetilde{C}_n^{(f)}(1)\right)^{-1} = V_n^{\mathrm{T}}\,\mathrm{diag}\left\{\frac{1}{f(0)}, \frac{1}{f(1)}, \cdots, \frac{1}{f(n)}\right\}J_n^{-1}V_n,$$

这里 V_n 是行和列指标为 $0, 1, \cdots, n$ 的 $B(f)$ 的子矩阵以及 J_n^{-1} 的显式表示被给出在文献 [157] 里.

下面我们给出一些应用例子. 首先, 通过矩阵 J_n 的定义, 我们有 (表示 $\det J_n = J_n'$)

$$J_n' = (-1)^{n+1}D_{n+1}(f), \quad J_n' = \sigma_n J_{n-1}' - \frac{f(n)}{f(n-1)}J_{n-2}'. \tag{6.9.15}$$

应用 (6.9.15) 和求解递归关系, 计算 $D_{n+1}(f)$.

例 6.9.1 (Aigner [153]) Catalan 数 c_n: $f(k) = 1$, $\sigma_0 = 1$, $\sigma_k = 2$ $(k \geqslant 1)$. 由 (6.9.15) 得

$$J'_n = 2J'_{n-1} - J'_{n-2} \Longrightarrow J'_n - J'_{n-1} = J'_{n-1} - J'_{n-2} = \cdots = J'_1 - J'_0 = (2-1) - 1 = 0.$$

由此产生

$$J'_n = J'_{n-1} = \cdots = J'_1 = J'_0 = 1.$$

因此

$$D_{n+1}(f) = (-1)^{n+1} \quad (n \geqslant 0).$$

应用定理 6.9.5, 可得

$$\det (c_{i+j})_{i,j=0,1,2,\cdots,n} = 1,$$

$$\det (c_{i+j+1})_{i,j=0,1,2,\cdots,n} = 1,$$

$$\det (c_{i+j+2})_{i,j=0,1,2,\cdots,n} = n + 2.$$

例 6.9.2 Catalan 多项式 $P_n(x) = \sum\limits_{k=0}^{n} \dfrac{2k+1}{n+k+1} \binom{2n}{n+k} x^k$: $f(0) = 1$, $f(k) = 1 + x$ $(k \geqslant 1)$, $\sigma_0 = 1 + x$, $\sigma_k = 2$ $(k \geqslant 1)$. 由 (6.9.15), 可得

$$J'_n = 2J'_{n-1} - J'_{n-2} \Longrightarrow J'_n - J'_{n-1} = \cdots = J'_1 - J'_0 = 2(1+x) - (1+x) - (1+x) = 0.$$

由此产生

$$J'_n = J'_{n-1} = \cdots = J'_1 = J'_0 = 1 + x.$$

因此

$$D_{n+1}(f) = (-1)^{n+1}(1 + x) \quad (n \geqslant 0).$$

应用定理 6.9.5, 可得

$$\det (P_{i+j}(x))_{i,j=0,1,2,\cdots,n} = (1 + x)^{n+1},$$

$$\det (P_{i+j+1}(x))_{i,j=0,1,2,\cdots,n} = (1 + x)^{n+2},$$

$$\det (P_{i+j+2}(x))_{i,j=0,1,2,\cdots,n} = [(n+1)(1+x) + 1] \, (1 + x)^{n+2}.$$

例 6.9.3 Bell 多项式 $B(n, x) = \sum\limits_{k=1}^{n} S(n, k) x^k$, 这里 $S(n, k)$ 第二类 Stirling 数: $f(k) = k! x^k$ $(k \geqslant 0)$, $\sigma_k = k + x$ $(k \geqslant 0)$, 由 (6.9.15), 可得

$$J'_n = (n + x)J'_{n-1} - nx J'_{n-2} \Longrightarrow$$

$$J_n' - xJ_{n-1}' = n(J_{n-1}' - xJ_{n-2}') = \cdots$$
$$= n!(J_1' - xJ_0') = n!(x(1+x) - x - x^2) = 0.$$

由此产生

$$J_n' = xJ_{n-1}' = \cdots = x^n J_0' = x^{n+1}.$$

因此

$$D_{n+1}(f) = (-1)^{n+1} x^{n+1} \quad (n \geqslant 0).$$

应用定理 6.9.5, 可得

$$\det\left(B(i+j,x)\right)_{i,j=0,1,2,\cdots,n} = \left(\prod_{k=0}^{n} k!\right) x^{\frac{n(n+1)}{2}},$$

$$\det\left(B(i+j+1,x)\right)_{i,j=0,1,2,\cdots,n} = \left(\prod_{k=0}^{n} k!\right) x^{\frac{(n+1)(n+2)}{2}},$$

$$\det\left(B(i+j+2,x)\right)_{i,j=0,1,2,\cdots,n}$$
$$= \left(\prod_{k=0}^{n} k!\right) x^{\frac{(n+1)(n+2)}{2}} \left((n+1)!(1+x) + \sum_{k=0}^{n-1} x^{n+1-k}(n+1)_k\right),$$

这里 $(n)_k = n(n-1)\cdots(n-k+1)$.

注 6.9.1 此例中第一个行列式被 Radoux 陈述在 [158] 中. 如果取 $x = 1$, 此例变为文献 [159] 的结果. 事实上, 应用同样的方法, 我们可以得到定义在文献 [160] 中的一些指数多项式的相应结果.

例 6.9.4 Hermite 多项式 $H_n(x)$: $f(k) = (-2)^k k! \ (k \geqslant 0)$, $\sigma_k = 2x \ (k \geqslant 0)$. 由 (6.9.15) 和定理 6.9.5, 可得

$$\det\left(H_{i+j}(x)\right)_{i,j=0,1,2,\cdots,n} = \left(\prod_{k=0}^{n} k!\right)(-2)^{\frac{n(n+1)}{2}},$$

$$\det\left(H_{i+j+1}(x)\right)_{i,j=0,1,2,\cdots,n} = e_n \left(\prod_{k=0}^{n} k!\right)(-2)^{\frac{n(n+1)}{2}},$$

$$\det\left(H_{i+j+2}(x)\right)_{i,j=0,1,2,\cdots,n}$$

$$= \left(\prod_{k=0}^{n} k!\right) (-2)^{\frac{(n+1)(n+2)}{2}} \left((n+1)(1-2x^2) + \sum_{k=0}^{n-1} \frac{e_{n-k}^2}{(-2)^{n-k+1}} (n+1)_k\right),$$

这里 $e_0 = x - 1$, $e_1 = 2x^2 - 4x + 1$, $e_n = 2xe_{n-1} + 2ne_{n-2}$.

例 6.9.5 错排多项式 $D_n(x) = \sum_{i=0}^{n} (-1)^i \frac{n!}{i!} x^{n-i}$: $f(k) = k!^2 x^{2k}$ $(k \geqslant 0)$, $\sigma_k = (2k+1)x - 1$ $(k \geqslant 0)$, 由 (6.9.15) 和定理 6.9.5, 可得

$$\det \left(D_{i+j}(x)\right)_{i,j=0,1,2,\cdots,n} = \left(\prod_{k=0}^{n} k!\right)^2 x^{n(n+1)},$$

$$\det \left(D_{i+j+1}(x)\right)_{i,j=0,1,2,\cdots,n} = e_n \left(\prod_{k=0}^{n} k!\right)^2 x^{n(n+1)},$$

$$\det \left(D_{i+j+2}(x)\right)_{i,j=0,1,2,\cdots,n}$$
$$= \left(\prod_{k=0}^{n} k!\right)^2 x^{(n+1)(n+2)} \left(((n+1)!)^2 \frac{2x^2 - 2x + 1}{x^2} + \sum_{k=0}^{n-1} \frac{((n+1)_k)^2 e_{n-k}^2}{x^{2(n-k+1)}}\right),$$

这里 $e_0 = x - 1$, $e_1 = 2x^2 - 4x + 1$ 和 $e_n = ((2n+1)x - 1)e_{n-1} - n^2 x^2 e_{n-2}$.

注 6.9.2 此例中第一个行列式被陈述在文献 [160] 中. 其他两个 Hankel 行列式被建立在文献 [154, 155] 中.

例 6.9.6 多项式 $Q_n(x) = \sum_{k=0}^{n} \binom{n}{k}^2 x^k$: $f(0) = 1$, $f(k) = 2x^k$ $(k \geqslant 1)$, $\sigma_k = 1 + x$ $(k \geqslant 0)$, 由 (6.9.15), 可得

$$J_n' = (1+x)J_{n-1}' - xJ_{n-2}' \Longrightarrow J_n' - J_{n-1}'$$
$$= x(J_{n-1}' - J_{n-2}') = \cdots = x^{n-1}(J_1' - J_0')$$
$$= x^{n-1}((1+x)^2 - 2x - (1+x)) = x^n(x-1).$$

由此产生

$$J_n' = J_{n-1}' + x^n(x-1) = \cdots = J_0' + (x-1)(x + \cdots + x^n)$$
$$= 1 + x + x(x^n - 1) = x^{n+1} + 1.$$

因此

$$D_{n+1}(f) = (-1)^{n+1}(x^{n+1} + 1).$$

应用定理 6.9.5, 可得

$$\det\left(Q_{i+j}(x)\right)_{i,j=0,1,2,\cdots,n} = 2^n x^{\frac{n(n+1)}{2}},$$

$$\det\left(Q_{i+j+1}(x)\right)_{i,j=0,1,2,\cdots,n} = 2^n x^{\frac{n(n+1)}{2}}(1+x^{n+1}),$$

$$\det\left(Q_{i+j+2}(x)\right)_{i,j=0,1,2,\cdots,n} = 2^n x^{\frac{n(n+1)}{2}}\left[\frac{1-x^{2n+3}}{1-x} + (2n+3)x^{n+1}\right].$$

注 6.9.3   此例中第一个 Hankel 行列式被 Radoux 得到 [161]. 取 $x=1$ 和应用 $\sum\limits_{k=0}^{n}\binom{n}{k}^2 = \binom{2n}{n}$, 得到

$$\det\left(\binom{2i+2j}{i+j}\right)_{i,j=0,1,2,\cdots,n} = 2^n,$$

$$\det\left(\binom{2i+2j+2}{i+j+1}\right)_{i,j=0,1,2,\cdots,n} = 2^{n+1},$$

$$\det\left(\binom{2i+2j+4}{i+j+2}\right)_{i,j=0,1,2,\cdots,n} = 2^{n+1}(2n+3).$$

对于 Hankel 行列式还可参看文献 [162].

6.10 问 题 探 究

1. (Comtet [163]) 设 $a = (a_0, a_1, \cdots)$ 是一个实数的元素互异的无限序列, 广义的 Stirling 数定义如下: (i) 第一类 Stirling 数 $s_a(n,k)$ 定义为

$$(x|a)_n = (x-a_0)(x-a_1)\cdots(x-a_{n-1}) = \sum_{k=0}^{n} s_a(n,k)x^k,$$

$$(x|a)_0 = 1;$$

(ii) 第二类 Stirling 数 $S_a(n,k)$ 定义为

$$x^n = \sum_{k=0}^{n} S_a(n,k)(x-a_0)(x-a_1)\cdots(x-a_{k-1}) = \sum_{k=0}^{n} S_a(n,k)(x|a)_k.$$

证明下列性质:

(1) $s_a(n,k) = s_a(n-1,k-1) - a_{n-1}s_a(n-1,k);$

(2) $S_a(n,k) = S_a(n-1,k-1) + a_k S_a(n-1,k)$;

(3) $s_a(n,k) = \sum\limits_{l=k}^{n} s_a(n+1,l+1) a_n^{l-k}$;

(4) $S_a(n,k) = \sum\limits_{l=k}^{n} S_a(l-1,k-1) a_k^{n-1}$;

(5) $s_a(n,k) = \sum\limits_{l=k}^{n} (-1)^{n-l} s_a(l-1,k-1) \prod\limits_{j=l}^{n-1} a_j$;

(6) $\sum\limits_{k=0}^{n} s_a(n,k) S_a(k,m) = \sum\limits_{k=0}^{n} S_a(n,k) s_a(k,m) = \delta_{n,m}$.

进一步定义更加广泛的 Stirling 数: 设 $a = (a_0, a_1, \cdots)$ 与 $b = (b_0, b_1, \cdots)$ 是两个数字相异的实数无限序列, 广义的 a,b-Stirling 数 $A_{a,b}(n,k)$ 定义如下:

$$(x-a_0)(x-a_1)\cdots(x-a_{n-1}) = \sum_{k=0}^{n} A_{a,b}(n,k)(x-b_0)(x-b_1)\cdots(x-b_{k-1}),$$

研究其相应性质 [164]. 它是 Lah 数与两类 Stirling 数以及许多类型组合数的共同推广.

2. (Srivastava [165]) 设 α 为任意 (实或复) 参数, 广义 Bernoulli 多项式和数分别定义为

$$\left(\frac{z}{e^z-1}\right)^{\alpha} e^{xz} = \sum_{n=0}^{\infty} B_n^{(\alpha)}(x)\frac{z^n}{n!} \quad (|z| < 2\pi, 1^{\alpha} = 1),$$

$$\left(\frac{z}{e^z-1}\right)^{\alpha} = \sum_{n=0}^{\infty} B_n^{(\alpha)} \frac{z^n}{n!} \quad (|z| < 2\pi, 1^{\alpha} = 1).$$

证明下列性质:

$$B_n^{(\alpha)}(x) = (-1)^n B_n^{(\alpha)}(\alpha - x), \tag{6.10.1}$$

$$B_n^{(\alpha)}(\alpha) = (-1)^n B_n^{(\alpha)}(0) = (-1)^n B_n^{(\alpha)}, \tag{6.10.2}$$

$$B_n^{(\alpha+\beta)}(x+y) = \sum_{k=0}^{n} \binom{n}{k} B_k^{(\alpha)}(x) B_{n-k}^{(\beta)}(y), \tag{6.10.3}$$

$$B_n^{(\alpha)}(x) = \sum_{k=0}^{n} \binom{n}{k} B_k^{(\alpha)} x^{n-k}, \tag{6.10.4}$$

$$B_n^{(\alpha+\lambda\gamma)}(x+\gamma y) = \sum_{k=0}^{n} \frac{\gamma+n}{\gamma+k} \binom{n}{k} B_k^{(\alpha-\lambda k)}(x-ky)$$

$$\cdot B_{n-k}^{(\lambda k + \lambda \gamma)}(ky + \gamma y) \quad (\mathfrak{R}(\gamma) > 0), \tag{6.10.5}$$

$$B_n^{(\alpha+\beta+n+1)}(x + \gamma y + n) = \sum_{k=0}^{n} \binom{n}{k} B_k^{(\alpha+k+1)}(x+k) B_{n-k}^{(\beta+n-k+1)}(y+n-k). \tag{6.10.6}$$

3. Khanna [166] 引入广义 Bernoulli 和 Euler 数为

$$\frac{x}{(1-x)^{-h} - 1} = \sum_{n=0}^{\infty} A_n^{(h)} \frac{x^n}{n!}, \quad |x| < 1,$$

$$\frac{2(1-x)^{-h}}{(1-x)^{-2h} - 1} = \sum_{n=0}^{\infty} R_n^{(h)} \frac{x^n}{n!}, \quad |x| < 1,$$

这里 $h > 0$. 证明:

$$\lim_{n \to \infty} \frac{A_n^{(h)}}{h^{n-1}} = B_n, \quad \text{Bernoulli 数},$$

$$\lim_{n \to \infty} \frac{R_n^{(h)}}{h^n} = E_n, \quad \text{Euler 数}.$$

进一步证明 [167]:

$$\sum_{i=0}^{n} \binom{n}{i} A_i^{(2h)} R_{n-i}^{(h)} = 2 \sum_{i=0}^{n} (h+n-i-1)_{n-i} \binom{n}{i} A_i^{(4h)}.$$

从此式推出 Vassilev 的结果 [168]:

$$\sum_{k=0}^{2m} \binom{2m}{k} 2^k B_k E_{2m-k} = (2 - 2^{2m}) B_{2m}.$$

4. 设 $F(n,k)$ 为定义在整数 $n, k \geqslant 0$ 的双变量函数, 若

$$\sum_{k=j}^{n} F(n,k) \binom{k}{j} = \phi(n,j) \quad (j \geqslant 0),$$

则对每一个给定 $m \geqslant 0$, 有

$$\sum_{k=0}^{n} F(n,k) k^m = \sum_{j=0}^{m} \phi(n,j) j! S(m,j),$$

这里 $S(m, j)$ 为第二类 Stirling 数. 并举例若干在组合序列上的应用 [169].

5. (Butzer [170], 两类中心阶乘数) 令

$$\langle x \rangle_{[n]} = x \left(x + \frac{n}{2} - 1 \right) \left(x + \frac{n}{2} - 2 \right) \cdots \left(x + \frac{n}{2} + 1 \right),$$

第一、第二类中心阶乘数分别定义为

$$\langle x \rangle_{[n]} = \sum_{k=0}^{n} t(n, k) x^k$$

和

$$x^n = \sum_{k=0}^{n} T(n, k) \langle x \rangle_{[k]}$$

且 $t(n, 0) = T(n, 0) = \delta_{n,0}$, 给出它们的表达式, 讨论其性质和应用.

6. 令 B_n 为 Bernoulli 数, $S(n, k)$ 为第二类 Stirling 数, 则证明:

$$\sum_{n_1+n_2+\cdots+n_m=n} \frac{B_{n_1} B_{n_2} \cdots B_{n_m}}{n_1! n_2! \cdots n_m!}$$

$$= \sum_{j=0}^{n} (-1)^j \binom{n+1}{j+1} \frac{1}{(n+mj)!} \sum_{k=0}^{mj} (-1)^{mj-k} \binom{mj}{k} k^{mj+k}.$$

进而得到

$$\sum_{n_1+n_2+\cdots+n_m=n} \frac{B_{n_1} B_{n_2} \cdots B_{n_m}}{n_1! n_2! \cdots n_m!} = \frac{1}{n!} \sum_{j=0}^{n} (-1)^j \frac{\binom{n+1}{j+1}}{\binom{n+mj}{mj}} S(n+mj, mj).$$

特别地

$$B_n = \sum_{j=0}^{n} (-1)^j \frac{\binom{n+1}{j+1}}{\binom{n+j}{j}} S(n+j, j).$$

7. 令 $B(n)$ 为 Bell 数, $S(n, k)$ 为第二类 Stirling 数, 则

$$\sum_{n_1+n_2+\cdots+n_m=n} \frac{B(n_1) B(n_2) \cdots B(n_m)}{n_1! n_2! \cdots n_m!} = \frac{1}{n!} \sum_{k=0}^{n} m^k S(n, k).$$

特别地

$$B(n) = \sum_{k=0}^{n} S(n,k),$$

$$\sum_{a+b=n} \frac{B(a)B(b)}{a!b!} = \frac{1}{n!} \sum_{k=0}^{n} 2^k S(n,k).$$

第 7 章　组合反演公式及其应用

设 $\{f_n\}$ 和 $\{g_n\}$ 为任意两个复序列, 若下列两式:

$$\begin{cases} f_n = \displaystyle\sum_{k=0}^{n} A_{n,k} g_k, \\ g_n = \displaystyle\sum_{k=0}^{n} B_{n,k} f_k \end{cases} \tag{7.0.1}$$

之中有一个成立, 另一个也一定成立, 则称这两个式子为组合序列反演公式或称组合序列互反关系. 例如前面提到的二项式反演公式、Stirling 反演公式、Lah 反演公式等.

组合反演公式是研究组合计数和组合恒等式的重要工具. 本章介绍它们在组合恒等式方面的重要应用.

7.1　组合序列反演公式与矩阵逆

组合序列反演公式 (7.0.1) 等价于系数矩阵的正交关系:

$$\sum_{k=j}^{n} A_{n,k} B_{k,j} = \delta_{n,j} = \sum_{k=j}^{n} B_{n,k} A_{k,j}. \tag{7.1.1}$$

这里 $\delta_{n,j} = \begin{cases} 1, & n = m, \\ 0, & \text{其他} \end{cases}$ 为 Kronecker 符号. 也就是满足

$$AB = I = BA,$$

这里 $A = (A_{i,j})$, $B = (B_{i,j})$ $(0 \leqslant i, j \leqslant n)$.

易知, 二项式反演公式 (定理 4.5.1) 等价于正交关系:

$$\sum_{k=j}^{n} (-1)^k \binom{n}{k} \binom{k}{j} = \delta_{n,j}. \tag{7.1.2}$$

应用正交关系 (7.1.1) 和 $\delta_{n,k} = \delta_{k,n}$, 可以得到二项式反演公式 (定理 4.5.1) 的旋转形式:

$$f(n) = \sum_{k=n}^{\infty} \binom{k}{n} g(k), \quad g(n) = \sum_{k=n}^{\infty} (-1)^{k+n} \binom{k}{n} f(k). \tag{7.1.3}$$

下面给出几个组合序列反演公式.

定理 7.1.1 (Stanton 和 Sprott [171])

$$f(n) = \sum_{k=0}^{n} \binom{p-k}{p-n} g(k), \quad g(n) = \sum_{k=0}^{n} (-1)^{k+n} \binom{p-k}{p-n} f(k). \tag{7.1.4}$$

证明　在 (7.1.3) 中上标取作 p, A_n 被代替为 a_{p-n}, B_n 被代替为 b_{p-n}, 则

$$A_n = a_{p-n} = \sum_{k=p-n}^{p} \binom{k}{p-n} b_k = \sum_{k=0}^{n} \binom{p-k}{p-n} B_k,$$

$$B_n = b_{p-n} = \sum_{k=p-n}^{p} (-1)^{k+p-n} \binom{k}{p-n} a_k = \sum_{k=0}^{n} (-1)^{k+n} \binom{p-k}{p-n} A_k. \qquad \square$$

注 7.1.1　类似地, 利用 (7.1.2) 和恒等式 $\delta_{n,k} = \delta_{n+p,k+p} = \delta_{k+p,n+p}$, 可得

$$f(n) = \sum_{k=0}^{n} \binom{n+p}{k+p} g(k), \quad g(n) = \sum_{k=0}^{n} (-1)^{k+n} \binom{n+p}{k+p} f(k); \tag{7.1.5}$$

$$f(n) = \sum_{k=n}^{\infty} \binom{k+p}{n+p} g(k), \quad g(n) = \sum_{k=n}^{\infty} (-1)^{k+n} \binom{k+p}{n+p} f(k). \tag{7.1.6}$$

第一个式子被 Carlitz 用来研究 Laguerre 多项式 $L_n^p(x)$ [172], 由

$$L_n^p(x) = \sum_{k=0}^{n} \binom{n+p}{k+p} \frac{(-x)^k}{k!},$$

得到

$$x^n = \sum_{k=0}^{n} (-1)^k \binom{n+p}{k+p} n! L_k^p(x).$$

(7.1.5) 可以被重写为下述形式:

$$\frac{n! f(n)}{(n+p)!} = \sum_{k=0}^{n} \binom{n}{k} \frac{k! g(k)}{(k+p)!}, \quad \frac{n! g(n)}{(n+p)!} = \sum_{k=0}^{n} (-1)^{n-k} \binom{n}{k} \frac{k! f(k)}{(k+p)!}.$$

定理 7.1.2

$$f(n) = \sum_{k=0}^{n} \binom{2k}{k} g(n-k), \quad g(n) = \sum_{k=0}^{n} \frac{1}{1-2k} \binom{2k}{k} f(n-k). \tag{7.1.7}$$

证明 此反演满足的正交关系为

$$\sum_{k=m}^{n} \binom{2n-2k}{n-k} \frac{1}{1-2k+2m} \binom{2k-2m}{k-m} = \delta_{n,m},$$

它等价于 (4.1.6). $\qquad\qquad\qquad\qquad\qquad\qquad\qquad\qquad\qquad\qquad\qquad\Box$

定理 7.1.3 (Chebyshev 反演公式)

$$f(n) = \sum_{k=0}^{\left[\frac{n}{2}\right]} \binom{n}{k} g(n-2k), \tag{7.1.8}$$

$$g(n) = \sum_{k=0}^{\left[\frac{n}{2}\right]} (-1)^k \frac{n}{n-k} \binom{n-k}{k} f(n-2k). \tag{7.1.9}$$

证明 此反演公式的正交关系为

$$\delta_{n,m} = \sum_{j=0}^{m} (-1)^{j+m} \binom{n}{j} \frac{n-2j}{n-m-j} \binom{n-m-j}{m-j}$$

$$= \sum_{j=0}^{m} (-1)^j \binom{n-2j}{m-j} \frac{n}{n-j} \binom{n-j}{j}.$$

利用 $\dfrac{n}{n-k} \dbinom{n-k}{k} = \dbinom{n-k}{k} + \dbinom{n-k-1}{k-1}$, 可以得到

$$\delta_{m,0} = \sum_{j=0}^{m} (-1)^{j+m} \binom{n}{j} \left[\binom{n-m-j}{m-j} + \binom{n-m-j-1}{m-j-1} \right]$$

$$= \sum_{j=0}^{m} (-1)^j \binom{n-2j}{m-j} \left[\binom{n-j}{j} + \binom{n-j-1}{j-1} \right].$$

通过 Chu-Vandermonde 卷积, 则有

$$\sum_{j=0}^{m} (-1)^{j+m} \binom{n}{j} \binom{n-m-j}{m-j}$$

$$= \sum_{j=0}^{m} \binom{n}{j}\binom{2m-n-1}{m-j} = \binom{2m-1}{m}, \quad m = 0,\, 1,\, 2,\, \cdots,$$

$$\sum_{j=0}^{m} (-1)^{j+m} \binom{n}{j}\binom{n-m-j-1}{m-j-1}$$

$$= -\sum_{j=0}^{m} \binom{n}{j}\binom{2m-n-1}{m-j-1} = -\binom{2m-1}{m-1}, \quad m = 1,\, 2,\, \cdots,$$

即第一个形式被证明. 第二个形式的前一半被计算为

$$\sum_{j=0}^{m} (-1)^{j} \binom{n-2j}{m-j}\binom{n-j}{j} = \sum_{j=0}^{m} (-1)^{j} \binom{n-j}{m}\binom{m}{j}$$

$$= \sum_{j=0}^{m} (-1)^{j} \binom{m}{j} E^{-j} \binom{n}{m} = (I - E^{-1})^m \binom{n}{m} = \Delta^m \binom{n-m}{m} = 1,$$

这里 E 为移位算子, 定义为 $E\binom{n}{m} = \binom{n+1}{m}$ 和 $\Delta = E - I$. $\qquad\square$

定理 7.1.4 (Abel 反演公式)

$$f(n) = \sum_{k=0}^{n} \binom{n}{k} x(x+n-k)^{n-k-1} g(k), \tag{7.1.10}$$

$$g(n) = \sum_{k=0}^{n} (-1)^{n-k} \binom{n}{k} x(x-n+k)^{n-k-1} f(k). \tag{7.1.11}$$

证明 Abel 反演公式对应的正交关系为

$$\delta_{n,m} = \sum_{k=0}^{n} (-1)^{k+m} \binom{n}{k}\binom{k}{m} x^2 (x+n-k)^{n-k-1}(x-k+m)^{k-m-1}$$

$$= \binom{n}{m} \sum_{k=0}^{n-m} \binom{n-m}{k} (-1)^{k} x^2 (x-k)^{k-1}(x+n-m-k)^{n-m-k-1}.$$

它化简后, 等价于

$$-x^2 \sum_{k=0}^{n} \binom{n}{k} (-x+k)^{k-1}(x+n-k)^{n-k-1} = \delta_{n,0},$$

此式为 (2.8.7) 在 $x \to -x,\, y \to x$ 下的特殊情形. $\qquad\square$

定理 7.1.5 (Bernoulli 数反演公式) 设 B_n 为 Bernoulli 数, 则

$$f(n) = \sum_{k=0}^{n} \frac{1}{k+1}\binom{n}{k}g(n-k), \quad g(n) = \sum_{k=0}^{n}\binom{n}{k}B_kf(n-k). \qquad (7.1.12)$$

其旋转形式为

$$f(n) = \sum_{k=0}^{n} \frac{1}{k+1}\binom{n+k}{k}g(n+k), \quad g(n) = \sum_{k=0}^{n}\binom{n+k}{k}B_kf(n+k). \quad (7.1.13)$$

证明 此反演公式对应的正交关系为

$$\delta_{n,m} = \sum_{k=m}^{n} \frac{1}{n-k+1}\binom{n}{k}\binom{k}{m}B_{n-k}$$

$$= \binom{n}{m}\sum_{k=0}^{n-m}\frac{1}{n-m-k+1}\binom{n-m}{k}B_{n-m-k},$$

也即

$$\sum_{k=0}^{n}\binom{n}{k}\frac{1}{k+1}B_k = \delta_{n,0},$$

故

$$(n+1)\delta_{n,0} = \delta_{n,0} = \sum_{k=0}^{n}\binom{n+1}{k}B_k.$$

它等价于 (6.2.3). □

定理 7.1.6 (Euler 数反演公式) 设 E_n 为 Euler 数, 则

$$f(n) = \sum_{k=0}^{}\binom{n}{2k}g(n-2k), \quad g(n) = \sum_{k=0}^{}\binom{n}{2k}E_{2k}f(n-2k). \qquad (7.1.14)$$

其旋转形式为

$$f(n) = \sum_{k=0}^{}\binom{n+2k}{2k}g(n+2k), \quad g(n) = \sum_{k=0}^{}\binom{n+2k}{2k}E_{2k}f(n+2k). \quad (7.1.15)$$

证明 此反演公式对应的正交关系为

$$\delta_{n,m} = \sum_{k=m}^{n}\binom{2n}{2k}\binom{2k}{2m}E_{2n-2k} = \binom{2n}{2m}\sum_{k=m}^{n}\binom{2n-2m}{2k-2m}E_{2n-2k},$$

即

$$\delta_{n,0} = \sum_{k=0}^{n} \binom{2n}{2k} E_{2n-2k}.$$

它就是 (6.2.31).   □

7.2   Gould-Hsu 反演公式

1973 年, 美国组合学家 Gould 和我国数学家徐利治教授给出了被称为 Gould-Hsu 反演公式的重要结果.

定理 7.2.1 (Gould-Hsu 反演公式 [173])   设 $\{a_n\}$ 和 $\{b_n\}$ 为两个复序列, 定义多项式 $\psi(x;n)$ 为

$$\psi(x;0) = 1, \tag{7.2.1}$$

$$\psi(x;n) = (a_0 + xb_0)(a_1 + xb_1)\cdots(a_{n-1} + xb_{n-1}) = \prod_{k=0}^{n-1}(a_k + xb_k), \tag{7.2.2}$$

则有下述反演公式成立:

$$f(n) = \sum_{k=0}^{n}(-1)^k \binom{n}{k}\psi(k;n)g(k), \tag{7.2.3}$$

$$g(n) = \sum_{k=0}^{n}(-1)^k \binom{n}{k}\frac{a_{k+1} + kb_{k+1}}{\psi(n;k+1)}f(k). \tag{7.2.4}$$

证明   由组合序列反演公式的定义, 只需证明 (7.2.4) 满足 (7.2.3) 即可. 因为变换 (7.2.3) 对应一个无限下三角矩阵, 它的对角线元素 $(-1)^n \binom{n}{n}\psi(n,n)$, $n = 0, 1, \cdots$ 均不等于零, 故 (7.2.3) 的逆唯一存在. 从而, 如果证明 (7.2.4) 满足 (7.2.3), 则 (7.2.4) 一定是 (7.2.3) 的逆, 故 (7.2.3) 将满足 (7.2.4), 从而完成定理的证明. 现在, 将 (7.2.4) 代入 (7.2.3) 给出

$$\sum_{j=0}^{n} f(j)(a_{j+1} + jb_{j+1})\binom{n}{j}\sum_{k=0}^{n-j}(-1)^k \binom{n-j}{k}\frac{\psi(k+j,n)}{\psi(k+j,j+1)}. \tag{7.2.5}$$

如果能够证明

$$\sum_{k=0}^{n-j}(-1)^k\binom{n-j}{k}\frac{\psi(k+j,n)}{\psi(k+j,j+1)}=\begin{cases}0, & n>j\geqslant 0,\\ (a_{n+1}+nb_{n+1})^{-1}, & n=j,\end{cases}\tag{7.2.6}$$

我们将得到 (7.2.5) 等于 $f(n)$. 对于 $n=j$, (7.2.6) 显然成立. 由于

$$\frac{\psi(k+j,n)}{\psi(k+j,j+1)}=\prod_{i=j+2}^{n}\left(a_i+(k+j)b_i\right)$$

是一个关于 k 的次数为 $n-j-1$ 的多项式. 而 (7.2.6) 本质上是对次数低于 $n-j$ 次的多项式的 $n-j$ 次差分. 从而当 $n>j\geqslant 0$ 时, 它为零. 定理证明被完成. $\square$

注 7.2.1 Carlitz 给出了 Gould-Hsu 反演公式的 q-模拟 [174].

推论 7.2.1 (Gould 型反演公式, [175, 定理 2 与定理 8], [176, (2.1)-(2.2)])

$$\begin{cases}f(n)=\displaystyle\sum_{k=0}^{n}(-1)^k\binom{n}{k}\binom{a+bk}{n}g(k),\\ \binom{a+bn}{n}g(n)=\displaystyle\sum_{k=0}^{n}(-1)^k\frac{a+bk-k}{a+bn-k}\binom{a+bn-k}{n-k}f(k);\end{cases}\tag{7.2.7}$$

$$\begin{cases}f(n)=\displaystyle\sum_{k=0}^{n}(-1)^k\binom{n}{k}\frac{(a+bk)^n}{n!}g(k),\\ \dfrac{(a+bn)^n}{n!}g(n)=\displaystyle\sum_{k=0}^{n}(-1)^k\frac{a+bk}{a+bn}\cdot\frac{(a+bn)^{n-k}}{(n-k)!}f(k);\end{cases}\tag{7.2.8}$$

$$\begin{cases}f(n)=\displaystyle\sum_{k=0}^{n}(-1)^k\binom{n}{k}\binom{a+n+bk}{n}g(k),\\ \binom{a+n+bn}{n}g(n)=\displaystyle\sum_{k=0}^{n}(-1)^k\frac{a+k+bk+1}{a+n+bn+1}\binom{a+n+bn+1}{n-k}f(k);\end{cases}\tag{7.2.9}$$

证明 在定理 7.2.1 中, 取 $a_i=a-i+1$ 以及 $b_i=b$, 可得. $\square$

正如 Riordan [23, pp. 44-45] 所指出的, 矩阵的转置及其转置的逆也是互逆的, 这导致相关反演公式的快速推导, 从这个观点出发, 可得下面定理 7.2.1 的旋转形式.

定理 7.2.2　$\psi(x,n)$ 定义在定理 7.2.1 中, 则有下述反演公式:

$$
\begin{cases}
f(n) = \displaystyle\sum_{k=n}^{\infty}(-1)^k\binom{k}{n}\psi(n,k)g(k), \\[4mm]
g(n) = \displaystyle\sum_{k=n}^{\infty}(-1)^k\binom{k}{n}\dfrac{a_{n+1}+nb_{n+1}}{\psi(k,n+1)}f(k).
\end{cases}
\tag{7.2.10}
$$

相应地, 推论 7.2.1 具有下面旋转形式:

推论 7.2.2

$$
\begin{cases}
f(n) = \displaystyle\sum_{k=n}^{\infty}(-1)^k\binom{k}{n}\binom{a+bn}{k}g(k), \\[4mm]
g(n) = \displaystyle\sum_{k=n}^{\infty}(-1)^k\binom{k}{n}\binom{a+bk}{n}^{-1}\dfrac{a+bn-n}{a+bk-n}f(k);
\end{cases}
\tag{7.2.11}
$$

$$
\begin{cases}
f(n) = \displaystyle\sum_{k=n}^{\infty}(-1)^k\binom{k}{n}\dfrac{(a+bn)^k}{k!}g(k), \\[4mm]
g(n) = \displaystyle\sum_{k=n}^{\infty}(-1)^k\binom{k}{n}\dfrac{n!}{(a+bk)^n}\dfrac{a+bn}{a+bk}f(k);
\end{cases}
\tag{7.2.12}
$$

$$
\begin{cases}
f(n) = \displaystyle\sum_{k=n}^{\infty}(-1)^k\binom{k}{n}\binom{a+k+bn}{k}g(k), \\[4mm]
g(n) = \displaystyle\sum_{k=n}^{\infty}(-1)^k\binom{k}{n}\binom{a+n+bk}{n}^{-1}\dfrac{a+n+1+bn}{a+n+1+bk}f(k).
\end{cases}
\tag{7.2.13}
$$

注 7.2.2　Riordan 在文献 [23, 第 2 和 3 章] 对特殊互反关系进行了更详尽的分类, 他区分了四类此类关系 (Abel, Legendre, Chebyshev, Gould) 和其他类型, 以及每种类型的旋转形式. 具体反演公式可看 7.1 节.

例 7.2.1　设 $u = x\mathrm{e}^{-bx}$, 则有幂级数展开式

$$
\frac{(-u)^n}{n!} = \frac{(-x)^n}{n!}\mathrm{e}^{ax}\mathrm{e}^{-(a+bn)x} = \frac{(-x)^n}{n!}\mathrm{e}^{ax}\sum_{k\geqslant 0}\frac{(-1)^k(a+bn)^k x^k}{k!}
$$

$$
= \sum_{k\geqslant n}(-1)^k\binom{k}{n}(a+bn)^{k-n}\frac{x^k}{k!}\mathrm{e}^{ax}.
$$

故

$$\frac{(-u)^n}{n!}(a+bn)^n = \sum_{k\geqslant n}(-1)^k\binom{k}{n}(a+bn)^k\frac{x^k}{k!}e^{ax}.$$

将此式嵌入到 (7.2.12) 的第一式知, $f(n) = \dfrac{(-u)^n}{n!}(a+bn)^n$ 和 $g(n) = x^n e^{ax}$, 代入 (7.2.12) 的第二式, 得到反函数展开式:

$$\frac{x^n}{n!}e^{ax} = \sum_{k\geqslant n}\binom{k}{n}(a+bn)(a+bk)^{k-n-1}\frac{u^k}{k!}.$$

再利用 $e^{(a+c)x} = e^{ax}e^{cx}$, 得到 Abel 恒等式:

$$\frac{a+c}{a+c+bn}\frac{(a+c+bn)^n}{n!} = \sum_{k=0}^{n}\frac{a}{a+bk}\frac{(a+bk)^k}{k!}\frac{c}{c+b(n-k)}\frac{(c+b(n-k))^{n-k}}{(n-k)!}.$$

例 7.2.2 [177] 证明: 罗特 (Rothe) 恒等式

$$\sum_{k=0}^{n}\frac{x}{x+kz}\binom{x+kz}{k}\frac{y}{y+(n-k)z}\binom{y+(n-k)z}{n-k} = \frac{x+y}{x+y+nz}\binom{x+y+nz}{n}. \tag{7.2.14}$$

证明 由于 x, y, z 均为自由变量, 对任意固定 n, 不妨将 y 改写为 $y - nz$ (实质为变元代换), 则 Rothe 恒等式变形为

$$\sum_{k=0}^{n}\frac{x}{x+kz}\binom{x+kz}{k}\frac{y-nz}{y-kz}\binom{y-kz}{n-k} = \frac{x+y-nz}{x+y}\binom{x+y}{n}. \tag{7.2.15}$$

下面将 (7.2.15) 嵌入 (7.2.3) 式, 改写 (7.2.15) 式为

$$\sum_{k=0}^{n}\binom{n}{k}\frac{(x+kz)_k}{x+kz}\cdot\frac{(y-kz)_{n-k}}{y-kz} = \frac{x+y-nz}{x(y-nz)(x+y)} - (x+y)_n.$$

显然还可改写为

$$\sum_{k=0}^{n}\binom{n}{k}(-1)^k\psi(k,n)\cdot g_k = \frac{x+y-nz}{x(y-nz)(x+y)} - (x+y)_n \equiv f_n, \tag{7.2.16}$$

其中

$$\psi(k,n) = \langle y-kz\rangle_{k+1}\frac{1}{y-kz}(y-kz)_{n-k} = (y-kz+k)_n$$

$$= [y + (1-z)k][y - 1 + (1-z)k] \cdots [y - n + 1 + (1-z)k]$$

(在定理 7.2.1 中，取 $a_i = y - i + 1, \quad b_i = 1 - z$),

$$g_k = (-1)^k \frac{1}{x + kz}(x + kz)_k / \langle y - kz \rangle_{k+1}.$$

根据 (7.2.4) 式对 (7.2.16) 进行反演，并用 $\langle y - nz \rangle_{n+1}$ 乘两边，则可得

$$\sum_{k=0}^{n} \binom{n}{k}(-1)^k \frac{x + y - kz}{x \cdot (x+y)}(x+y)_k \cdot (y - nz + n - k - 1)_{n-k} = \frac{(-1)^n}{x + nz}(x + nz)_n,$$

即

$$\sum_{k=0}^{n} \binom{n}{k} \frac{x + y - kz}{x \cdot (x+y)} \binom{x+y}{k} \binom{-y+nz}{n-k} = \frac{1}{x+nz} \binom{x+nz}{n}. \tag{7.2.17}$$

注意到

$$\frac{x + y - kz}{x(x+y)} \binom{x+y}{k} = \frac{1}{x} \binom{x+y}{k} - \frac{z}{x} \binom{x+y-1}{k-1},$$

(7.2.17) 可利用 Vandermonde 卷积公式而得证. 表明 (7.2.16) 也即 (7.2.15) 的反演式成立，因此 (7.2.15) 式成立. 故 Rothe 恒等式成立.　　　　　　　　□

注 7.2.3　Rothe 恒等式是德国古典组合分析学家 Heinrich August Rothe 在他的博士学位论文中给出的 Vandermonde 卷积型公式的非平凡拓广. 已有多种证明，但大多较为复杂，这里用嵌入法技巧利用 Gould-Hsu 反演来证明它，虽说要作些代数计算，但方法本质是简易的，思路是极其自然的.

注 7.2.4　在 Gould 所著《组合恒等式》(*Combinatorial Identities*) 一书中，还有很多知名组合恒等式，如 Jensen 公式和 Hagen-Rothe 卷积恒等式等，也都可以利用嵌入法反演技巧去验证. 读者如想发现一些新的组合恒等式，那么主要的关键应该是取适当选取多项式序列 $\psi(k, n)$ $(n = 0, 1, 2, \cdots)$ 和 f_k 或 g_k，它们可以依赖于一些变元素 x, y, z, 等等，例如系数序列 $\{a_i\}$ 与 $\{b_i\}$ 中的各元素以及 f_k 与 g_k 都可以是 x, y 等变元的函数，所谓 "适当选取" 就是要使得 (7.2.3) 或 (7.2.3) 中的求和式至少有一个能获得封闭形式，这样一来也就可以通过反演去找到一个难度较大的新公式. 利用 Gould-Hsu 反演关系发掘新的或证明组合恒等式是组合恒等式研究的一个重要工具.

定理 7.2.3 设 $f(n)$ 与 $g(n)$ 满足定理 7.2.1 的互反关系, 则有下列变换公式成立:

$$\sum_{n=0}^{\infty}(-1)^n f(n)u^n = \sum_{k=0}^{\infty}u^k g(k)\sum_{n=0}^{\infty}(-1)^n\binom{n+k}{k}\psi(k,n+k)u^n. \qquad (7.2.18)$$

证明 应用 (7.2.3), 则

$$\sum_{k=0}^{\infty}u^k g(k)\sum_{n=0}^{\infty}(-1)^n\binom{n+k}{k}\psi(k,n+k)u^n$$

$$= \sum_{k=0}^{\infty}\psi(k,k)u^k g(k)\sum_{n=0}^{\infty}(-1)^n\binom{n+k}{k}\prod_{i=k+1}^{n+k}(a_i+kb_i)u^n$$

$$= \sum_{n=0}^{\infty}(-1)^n u^n\sum_{k=0}^{n}(-1)^k\binom{n}{k}g(k)\psi(k,k)\prod_{i=k+1}^{n}(a_i+kb_i)$$

$$= \sum_{n=0}^{\infty}(-1)^n u^n\sum_{k=0}^{n}(-1)^k\binom{n}{k}g(k)\psi(k,n)$$

$$= \sum_{n=0}^{\infty}(-1)^n u^n f(n). \qquad \square$$

通过操纵无穷级数和有限级数可以得到组合恒等式. 例如, 取多项式 $\psi(x,n)$ 的第 n 次差分, 易得

$$\sum_{k=0}^{n}(-1)^{n-k}\binom{n}{k}\psi(k,n) = n!b_1 b_2\cdots b_n. \qquad (7.2.19)$$

因此

$$\psi(n,n) = n!b_1 b_2\cdots b_n - \sum_{k=0}^{n-1}(-1)^{n-k}\binom{n}{k}\psi(k,n), \quad n\geqslant 1.$$

设

$$B(z) = \sum_{n=1}^{\infty}(b_1 b_2\cdots b_n)z^n. \qquad (7.2.20)$$

则我们得到

$$\sum_{n=0}^{\infty}\psi(n,n)\frac{z^n}{n!} = 1 + \sum_{n=1}^{\infty}\psi(n,n)\frac{z^n}{n!}$$

$$= 1 + \sum_{n=1}^{\infty}(b_1 b_2 \cdots b_n)z^n - \sum_{n=1}^{\infty}\frac{z^n}{n!}\sum_{k=0}^{n-1}(-1)^{n-k}\binom{n}{k}\psi(k,n)$$

$$= 1 + B(z) - \sum_{n=0}^{\infty}\frac{z^{n+1}}{(n+1)!}\sum_{k=0}^{n}(-1)^{n+1-k}\binom{n+1}{k}\psi(k,n+1)$$

$$= 1 + B(z) - \sum_{k=0}^{\infty}z^k\sum_{n=1}^{\infty}(-1)^n\binom{n+k}{k}\frac{1}{(n+k)!}\psi(k,n+k)z^n$$

$$= 1 + B(z) - \sum_{k=0}^{\infty}z^k\sum_{n=0}^{\infty}(-1)^n\binom{n+k}{k}\frac{1}{(n+k)!}\psi(k,n+k)z^n$$

$$+ \sum_{k=0}^{\infty}\psi(k,k)\frac{z^k}{k!}.$$

故得到下列结果.

定理 7.2.4　多项式 ψ 定义在定理 7.2.1, 则有下面形式幂级数变换:

$$\sum_{k=0}^{\infty}z^k\sum_{n=0}^{\infty}(-1)^n\binom{n+k}{k}\frac{1}{(n+k)!}\psi(k,n+k)z^n = 1 + B(z), \qquad (7.2.21)$$

这里 $B(z)$ 定义在 (7.2.20).

7.3　Pfaff-Saalschutz 求和公式与 Gould-Hsu 反演

令 $\langle a \rangle_n = a(a+1)(a+2)\cdots(a+n-1)$, 定义超几何函数为

$$_rF_s\left(\begin{array}{ccc} a_1, & \cdots, & a_r \\ b_1, & \cdots, & b_s \end{array}; x\right) = \sum_{n=0}^{\infty}\frac{\langle a_1 \rangle_n \cdots \langle a_r \rangle_n}{\langle b_1 \rangle_n \cdots \langle b_s \rangle_n}\frac{x^n}{n!}. \qquad (7.3.1)$$

有关此超几何函数的详细结果可阅文献 [178]. 本节主要讨论一个在 Gould-Hsu 反演公式上的一个应用.

定义 7.3.1　令 $\mathrm{Re}x > 0$, $\mathrm{Re}y > 0$, 则贝塔 (Beta) 函数 $B(x,y)$ 与伽马 (Gamma) 函数 $\Gamma(x)$ 分别定义为

$$B(x,y) = \int_0^1 t^{x-1}(1-t)^{y-1}\mathrm{d}t,$$

$$\Gamma(x) = \int_0^{\infty} t^{x-1}\mathrm{e}^{-t}\mathrm{d}t.$$

它们具有性质.

性质 7.3.1 令 n 为非负整数, 则有

$$B(x,y) = \frac{\Gamma(x)\Gamma(y)}{\Gamma(x+y)}, \tag{7.3.2}$$

$$\Gamma(n+x) = \langle x \rangle_n \Gamma(x). \tag{7.3.3}$$

定理 7.3.1 [179](Euler 积分表示) 若 $\mathrm{Re}c > \mathrm{Re}b > 0$, 则

$${}_2F_1\left(\begin{matrix} a, & b \\ & c \end{matrix}; x\right) = \frac{\Gamma(c)}{\Gamma(b)\Gamma(c-b)}\int_0^1 t^{b-1}(1-t)^{c-b-1}(1-xt)^{-a}\mathrm{d}t. \tag{7.3.4}$$

证明 由于

$$\frac{\Gamma(c)}{\Gamma(b)\Gamma(c-b)}\int_0^1 t^{b-1}(1-t)^{c-b-1}(1-xt)^{-a}\mathrm{d}t$$

$$= \frac{\Gamma(c)}{\Gamma(b)\Gamma(c-b)}\int_0^1 t^{b-1}(1-t)^{c-b-1}\sum_{n=0}^{\infty}\frac{\langle a \rangle_n}{n!}x^n t^n \mathrm{d}t$$

$$= \frac{\Gamma(c)}{\Gamma(b)\Gamma(c-b)}\sum_{n=0}^{\infty}\frac{\langle a \rangle_n}{n!}x^n\int_0^1 t^{n+b-1}(1-t)^{c-b-1}\mathrm{d}t$$

$$= \frac{\Gamma(c)}{\Gamma(b)\Gamma(c-b)}\sum_{n=0}^{\infty}\frac{\langle a \rangle_n}{n!}x^n B(n+b, c-b)$$

$$= \frac{\Gamma(c)}{\Gamma(b)\Gamma(c-b)}\sum_{n=0}^{\infty}\frac{\langle a \rangle_n}{n!}x^n \frac{\Gamma(n+b)\Gamma(c-b)}{\Gamma(n+c)}$$

$$= \frac{\Gamma(c)}{\Gamma(b)}\sum_{n=0}^{\infty}\frac{\langle a \rangle_n}{n!}x^n \frac{\Gamma(n+b)}{\Gamma(n+c)}$$

$$= \sum_{n=0}^{\infty}\frac{\langle a \rangle_n \langle b \rangle_n}{n!\langle c \rangle_n}x^n$$

$$= {}_2F_1\left(\begin{matrix} a, & b \\ & c \end{matrix}; x\right),$$

定理得证. □

定理 7.3.2 [179]

$${}_2F_1\left(\begin{matrix} a, & b \\ & c \end{matrix}; x\right) = (1-x)^{-a}\,{}_2F_1\left(\begin{matrix} a, & c-b \\ & c \end{matrix}; \frac{x}{x-1}\right), \qquad \text{(Pfaff)} \tag{7.3.5}$$

$$_2F_1\left(\begin{array}{cc} a, & b \\ & c \end{array}; x\right) = (1-x)^{c-a-b}\,_2F_1\left(\begin{array}{cc} c-a, & c-b \\ & c \end{array}; x\right). \qquad \text{(Euler)}$$

$$(7.3.6)$$

证明　在 Euler 积分表示中, 代换 $t \to 1-s$, 则

$$_2F_1\left(\begin{array}{cc} a, & b \\ & c \end{array}; x\right) = \frac{\Gamma(c)}{\Gamma(b)\Gamma(c-b)} \int_0^1 (1-x+xs)^{-a}(1-s)^{b-1}s^{c-b-1}\mathrm{d}s$$

$$= \frac{(1-x)^{-a}\Gamma(c)}{\Gamma(b)\Gamma(c-b)} \int_0^1 \left(1-\frac{xs}{x-1}\right)^{-a} s^{c-b-1}(1-s)^{b-1}\mathrm{d}s$$

$$= \frac{(1-x)^{-a}\Gamma(c)}{\Gamma(b)\Gamma(c-b)} \int_0^1 \sum_{n=0}^{\infty} \frac{\langle a\rangle_n}{n!} \left(\frac{xs}{x-1}\right)^n s^{c-b-1}(1-s)^{b-1}\mathrm{d}s$$

$$= \frac{(1-x)^{-a}\Gamma(c)}{\Gamma(b)\Gamma(c-b)} \sum_{n=0}^{\infty} \frac{\langle a\rangle_n}{n!} \int_0^1 \left(\frac{x}{x-1}\right)^n s^{n+c-b-1}(1-s)^{b-1}\mathrm{d}s$$

$$= \frac{(1-x)^{-a}\Gamma(c)}{\Gamma(b)\Gamma(c-b)} \sum_{n=0}^{\infty} \frac{\langle a\rangle_n}{n!} \int_0^1 \left(\frac{x}{x-1}\right)^n s^{n+c-b-1}(1-s)^{b-1}\mathrm{d}s$$

$$= \frac{(1-x)^{-a}\Gamma(c)}{\Gamma(b)\Gamma(c-b)} \sum_{n=0}^{\infty} \frac{\langle a\rangle_n}{n!} \left(\frac{x}{x-1}\right)^n B(n+c-b,b)$$

$$= \frac{(1-x)^{-a}\Gamma(c)}{\Gamma(b)\Gamma(c-b)} \sum_{n=0}^{\infty} \frac{\langle a\rangle_n}{n!} \left(\frac{x}{x-1}\right)^n \frac{\Gamma(n+c-b)\Gamma(b)}{\Gamma(n+c)}$$

$$= \frac{(1-x)^{-a}\Gamma(c)}{\Gamma(c-b)} \sum_{n=0}^{\infty} \frac{\langle a\rangle_n}{n!} \left(\frac{x}{x-1}\right)^n \frac{\Gamma(n+c-b)}{\Gamma(n+c)}$$

$$= (1-x)^{-a} \sum_{n=0}^{\infty} \frac{\langle a\rangle_n \langle c-b\rangle_n}{n!\langle c\rangle_n} \left(\frac{x}{x-1}\right)^n$$

$$= (1-x)^{-a}\,_2F_1\left(\begin{array}{cc} a, & c-b \\ & c \end{array}; \frac{x}{x-1}\right).$$

第一式得证. 由于第二式左边关于 a 和 b 对称, 则利用第一式有

$$_2F_1\left(\begin{array}{cc} a, & b \\ & c \end{array}; x\right) = (1-x)^{-a}\,_2F_1\left(\begin{array}{cc} a, & c-b \\ & c \end{array}; \frac{x}{x-1}\right)$$

$$= (1-x)^{-a}\left(1-\frac{x}{x-1}\right)^{-c+b}\,_2F_1\left(\begin{array}{cc} c-a, & c-b \\ & c \end{array}; x\right)$$

$$= (1-x)^{c-a-b} {}_2F_1 \left(\begin{array}{cc} c-a, & c-b \\ & c \end{array} ; x \right).$$

第二式得证. □

定理 7.3.3 (普法夫–萨尔斯托兹 (Pfaff-Saalschutz) 求和公式, [178, (2.3.1.3)])

$$_3F_2 \left(\begin{array}{ccc} -n, & a, & b \\ & c, & 1+a+b-c-n \end{array} ; 1 \right) = \frac{\langle c-a \rangle_n \langle c-b \rangle_n}{\langle c \rangle_n \langle c-a-b \rangle_n}. \tag{7.3.7}$$

证明 重写 Euler 变换 (7.3.6) 为

$$(1-x)^{a+b-c} {}_2F_1 \left(\begin{array}{cc} a, & b \\ & c \end{array} ; x \right) = {}_2F_1 \left(\begin{array}{cc} c-a, & c-b \\ & c \end{array} ; x \right).$$

比较两边 x^n 的系数得到

$$\sum_{k=0}^{n} \frac{\langle a \rangle_k \langle b \rangle_k \langle c-a-b \rangle_{n-k}}{k! \langle c \rangle_k (n-k)!} = \frac{\langle c-a \rangle_n \langle c-b \rangle_n}{n! \langle c \rangle_n}.$$

从上式可得定理. □

Pfaff-Saalschutz 求和公式是超几何级数理论中的一个重要求和公式, 改写 Pfaff-Saalschutz 求和公式为

$$\sum_{k=0}^{n} (-1)^k \binom{n}{k} \frac{\langle c-a-b-k \rangle_n}{\langle c-a-b-k \rangle_k} (-1)^k \frac{\langle a \rangle_k \langle b \rangle_k}{\langle c \rangle_k} = \frac{\langle c-a \rangle_n \langle c-b \rangle_n}{\langle c \rangle_n}. \tag{7.3.8}$$

将 (7.3.8) 嵌入到 Gould-Hsu 反演公式中的 (7.2.3), 取 $a_i = c-a-b+i$, $b_i = -1$, 则

$$\psi(x;n) = (c-a-b-x)(c-a-b+1-x)\cdots(c-a-b+n-1-x) = (c-a-b-x)_n,$$

$$f(n) = \frac{\langle c-a \rangle_n \langle c-b \rangle_n}{\langle c \rangle_n},$$

$$g(k) = (-1)^k \frac{\langle a \rangle_k \langle b \rangle_k}{\langle c \rangle_k \langle c-a-b-k \rangle_k},$$

$$\psi(n;k+1) = (c-a-b-n)(c-a-b+1-n)\cdots(c-a-b+k-n) = \langle c-a-b-n \rangle_{k+1}.$$

由 Gould-Hsu 反演公式得下述恒等式:

$$\sum_{k=0}^{n}(-1)^k\binom{n}{k}\frac{c-a-b+1}{\langle c-a-b-n\rangle_{k+1}}\frac{\langle c-a\rangle_k\langle c-b\rangle_k}{\langle c\rangle_k}=(-1)^n\frac{\langle a\rangle_n\langle b\rangle_n}{\langle c\rangle_n\langle c-a-b-n\rangle_n}.$$

$$(7.3.9)$$

改写 (7.3.9) 为

$${}_3F_2\left[\begin{array}{ccc}-n, & c-a, & c-b \\ & c, & c-a-b-n\end{array};1\right]=\frac{\langle a\rangle_n\langle b\rangle_n}{\langle c\rangle_n\langle a+b-c\rangle_n}.$$

若在 (7.3.7) 里, 取 $a\to n+a, b\to 1+a-b-c, c\to 1+a-b$, 则重写 (7.3.7) 式为

$${}_3F_2\left[\begin{array}{ccc}-n, & n+a, & 1+a-b-c \\ & 1+a-b, & 1+a-c\end{array};1\right]=\frac{\langle 1-b-n\rangle_n\langle c\rangle_n}{\langle c-a-n\rangle_n\langle 1+a-b\rangle_n}.$$

故

$$\sum_{k=0}^{n}(-1)^k\binom{n}{k}\langle a+k\rangle_n\frac{\langle a\rangle_k\langle 1+a-b-c\rangle_k}{\langle 1+a-b\rangle_k\langle 1+a-c\rangle_k}=\frac{\langle a\rangle_n\langle 1-b-n\rangle_n\langle c\rangle_n}{\langle c-a-n\rangle_n\langle 1+a-b\rangle_n}.$$

将上式与 Gould-Hus 反演关系中 (7.2.1) 比较, 则取 $a_i=a+i, b_i=1$, 有

$$\psi(x;n)=\langle a+x\rangle_n,$$

$$\psi(k;n)=\langle a+k\rangle_n,$$

$$\psi(n;k+1)=\langle a+n\rangle_{k+1},$$

且

$$f(n)=\frac{\langle a\rangle_n\langle 1-b-n\rangle_n\langle c\rangle_n}{\langle c-a-n\rangle_n\langle 1+a-b\rangle_n},$$

$$g(k)=\frac{\langle a\rangle_k\langle 1+a-b-c\rangle_k}{\langle 1+a-b\rangle_k\langle 1+a-c\rangle_k}.$$

通过 Gould-Hsu 反演关系中 (7.2.2) 反演, 则得

$$\sum_{k=0}^{n}(-1)^k\binom{n}{k}\frac{(a+2k+1)\langle a\rangle_k}{\langle a+n\rangle_{k+1}\langle c-a-k\rangle_k}\frac{\langle 1-b-k\rangle_k\langle c\rangle_k}{\langle 1+a-b\rangle_k}$$

$$= \frac{\langle a \rangle_n \langle 1 + a - b - c \rangle_n}{\langle 1 + a - b \rangle_n \langle 1 + a - c \rangle_n}.$$

故

$$
{}_5F_4 \left[\begin{matrix} -n, & \frac{1}{2}(a+3), & a, & b, & c \\ & \frac{1}{2}(a+1), & a+n+1, & 1+a-c, & 1+a-b \end{matrix} ; 1 \right]
$$

$$= \frac{a \langle a+1 \rangle_n \langle 1 + a - b - c \rangle_n}{(a+1)\langle 1 + a - b \rangle_n \langle 1 + a - c \rangle_n}.$$

7.4 Krattenthaler 一般反演公式

首先, 给出下面两个基本引理, 由于基本性, 这里不再给出证明.

引理 7.4.1 (拉格朗日 (Lagrange) 插值定理) 任给 n 次多项式 $F(x)$ 和一个复数序列 $b_1, b_2, \cdots, b_m \in \mathbb{C}, m > n$, 必有

$$F(x) = \sum_{i=1}^{m} F(b_i) \frac{\displaystyle\prod_{\substack{j=1 \\ j \neq i}}^{m} (x - b_j)}{\displaystyle\prod_{\substack{j=1 \\ j \neq i}}^{m} (b_i - b_j)}.$$

引理 7.4.2 任给 x 的 n 次首一多项式 $F(x)$ 和一个复数序列 $b_1, b_2, \cdots, b_m \in \mathbb{C}, m > n$, 那么

$$\sum_{i=1}^{m} \frac{F(b_i)}{\displaystyle\prod_{\substack{j=1 \\ j \neq i}}^{m} (b_i - b_j)} = \begin{cases} 1, & \text{当 } m = n+1, \\ 0, & \text{其他}. \end{cases}$$

Krattenthaler 在探讨统一处理 Lagrange 反演关系时, 提出了算子方法 [180]. 作为主要结论, Krattenthaler 得到了下面反演公式.

定理 7.4.1 (Krattenthaler 反演公式 [181]) 假设 $\{a_i\}_{i=0}^{+\infty}$ 和 $\{b_i\}_{i=0}^{+\infty}$ 是两个复数序列, 满足 $\forall i \neq j, b_i \neq b_j, F = (f_{n,k}), G = (g_{n,k})$ 是两个无穷下三角矩阵. 若

$$f_{n,k} := \frac{\displaystyle\prod_{i=k}^{n-1} (a_i + b_k)}{\displaystyle\prod_{i=k+1}^{n} (b_i - b_k)}, \tag{7.4.1}$$

$$g_{n,k} := \frac{a_k + b_k}{a_n + b_n} \frac{\prod\limits_{i=k+1}^{n} (a_i + b_n)}{\prod\limits_{i=k}^{n-1}(b_i - b_n)}. \tag{7.4.2}$$

此处定义在空集上的乘积规定为 1, 则 F 和 G 是一对互反关系.

证明　只需证明

$$\sum_{i=k}^{n} F(n,i)G(i,k) = \delta_{n,k}.$$

首先, 化简所给等式的左端, 可得

$$\sum_{i=k}^{n} \frac{\prod\limits_{j=i}^{n-1}(a_j + b_i)}{\prod\limits_{j=i+1}^{n}(b_j - b_i)} \times \frac{a_k + b_k}{a_i + b_i} \frac{\prod\limits_{j=k+1}^{i}(a_j + b_i)}{\prod\limits_{j=k}^{i-1}(b_j - b_i)} = (a_k + b_k)\sum_{i=k}^{n} \frac{\prod\limits_{j=k+1}^{n-1}(a_j + b_i)}{\prod\limits_{\substack{j=k \\ j\neq i}}^{n}(b_j - b_i)}. \tag{7.4.3}$$

引入函数

$$g(x;n,k) = \prod_{j=k+1}^{n-1} (a_j + x).$$

显然, $g(x;n,k)$ 是一个 $n-k-1$ 次的多项式且满足

$$\prod_{j=k+1}^{n-1} (a_j + b_i) = g(x;n,k)|_{x=b_i} = g(b_i;n,k).$$

则根据引理 7.4.1 和引理 7.4.2, 必得

$$g(x;n,k) = \sum_{i=k}^{n} g(b_i;n,k)\frac{\prod\limits_{\substack{j=k \\ j\neq i}}^{n}(b_j - x)}{\prod\limits_{\substack{j=k \\ j\neq i}}^{n}(b_j - b_i)}.$$

比较 (7.4.3) 式的两端 x^{n-k} 的系数, 故有

$$(-1)^{n-k} \sum_{i=k}^{n} \frac{\displaystyle\prod_{j=k+1}^{n} (a_j + b_i)}{\displaystyle\prod_{\substack{j=k \\ j \neq i}}^{n} (b_j - b_i)} = (-1)^{n-k} \sum_{i=k}^{n} \frac{g(b_i; n, k)}{\displaystyle\prod_{\substack{j=k \\ j \neq i}}^{n} (b_j - b_i)} = 0, \quad n \neq k.$$

当 $n = k$ 时, 直接利用定义验证原命题成立. 综合上述, 定理 7.4.1 成立. □

下面证明在 Lagrange 插值公式的意义下, 定理 7.4.1 是唯一的.

定理 7.4.2 (Krattenthaler 反演公式的唯一性 [182]) 设 $\{b_i\}_{i=0}^{+\infty}$ 的任意的复数序列, 满足 $\forall i \neq j, b_i \neq b_j$, 并且

$$f_{n,k} = \frac{f(n, k)}{\displaystyle\prod_{i=k+1}^{n} (b_i - b_k)}, \quad g_{n,k} = \frac{g(n, k)}{\displaystyle\prod_{i=k}^{n-1} (b_i - b_n)},$$

则 F, G 是一对互反关系当且仅当存在一个复数序列 $\{a_i\}_{i=0}^{+\infty}$, 使得

$$f(n, k) = \prod_{i=k}^{n-1} (a_i + b_k), \quad g(n, k) = \frac{a_k + b_k}{a_n + b_n} \prod_{i=k+1}^{n} (a_i + b_n).$$

证明 只证明必要性. 假设 $(f_{n,k})$ 和 $(g_{n,k})$ 是一对互反关系, 那么必有

$$\sum_{i=k}^{n} \frac{f(n, i) g(i, k)}{\displaystyle\prod_{\substack{j=k \\ j \neq i}}^{n} (b_j - b_i)} = \delta_{n,k}.$$

因此, 作为已知条件, 由因式分解定理可知: 复数域上的任意多项式必是若干个一次因式 $c_j + d_j x$ 之积. 据此, 可作假设

$$f(n, i) g(i, k) = \prod_{j=1}^{n-k-1} (c_j + d_j b_i)$$

以及

$$f(n, i) g(i, k+1) = \prod_{j=1}^{n-k-2} (e_j + f_j b_i),$$

那么

$$\frac{g(i,k)}{g(i,k+1)} = \frac{f(n,i)g(i,k)}{f(n,i)g(i,k+1)} = \frac{\prod\limits_{j=1}^{n-k-1}(c_j+d_jb_i)}{\prod\limits_{j=1}^{n-k-2}(e_j+f_jb_i)}, \tag{7.4.4}$$

其中 n, k, b_i 是任意的. 显然 (7.4.4) 式的左端与 n 无关, 那么它的右端必与 n 无关, 即有

$$\prod_{j=1}^{n-k-1}(c_j+d_jb_i) = \prod_{j=1}^{n-k-2}(e_j+f_jb_i) \Leftrightarrow c_j=e_j, \quad d_j=f_j, j\geqslant 1,$$

$$\frac{g(i,k)}{g(i,k+1)} = e_{n-k-1}+f_{n-k-1}b_i,$$

其中 e_{n-k-1} 和 f_{n-k-1} 均与 n 无关. 因此必存在一个复数序列 $\{a_i\}_{i=0}^{+\infty}$, 使得

$$e_k = a_{n-k}f_k, \quad f_k = \frac{a_{n-k-1}+b_{n-k-1}}{a_{n-k}+b_{n-k}},$$

这等价于

$$g(i,k) = \frac{a_k+b_k}{a_i+b_i}\prod_{j=k+1}^{i}(a_j+b_i).$$

进一步, 从题设

$$f(n,i) = \frac{\prod\limits_{j=1}^{n-k-1}(c_j+d_jb_i)}{g(i,k)}$$

中推得 $f(n,i)$ 的值. □

注 7.4.1　正如 Krattenthaler [180] 所观察: 在定理 7.4.1 中令 $b_k=k$ 或 $q^k, q^{-k}+aq^k$, 则分别可得 Gould-Hsu 反演 [173]、Carlitz 反演 [174] 和 Bressoud 反演公式 [183]. 这说明定理 7.4.1 是一个普遍性的结论. 有关这些反演关系在组合数学的应用, 参见文献 [184,185].

7.5 分拆多项式与 Faa di Bruno 公式

分拆多项式由 Bell(1927) 引入.

定义 7.5.1 以 $x_1, x_2, \cdots, x_n$ 为变量的多项式 $B_n = B_n(x_1, x_2, \cdots, x_n)$ 定义为

$$B_n(x_1, x_2, \cdots, x_n) = \sum \frac{n!}{k_1! k_2! \cdots k_n! (1!)^{k_1}(2!)^{k_2} \cdots (n!)^{k_n}} x_1^{k_1} x_2^{k_2} \cdots x_n^{k_n},$$

(7.5.1)

这里是对 n 的所有分拆求和, 也就是满足 $k_1 + 2k_2 + \cdots + nk_n = n$ 的所有非负整数解 $(k_1, k_2, \cdots, k_n)$ 求和, B_n 被称为指数型 Bell 分拆多项式.

定义 7.5.2 不完全 Bell 分拆多项式是关于变量 $x_1, x_2, \cdots, x_n$ 的次数为 k 的多项式

$$B_{n,k}(x_1, x_2, \cdots, x_n) = \sum \frac{n!}{k_1! k_2! \cdots k_n! (1!)^{k_1}(2!)^{k_2} \cdots (n!)^{k_n}} x_1^{k_1} x_2^{k_2} \cdots x_n^{k_n},$$

(7.5.2)

这里是将 n 分成 k 个分部的所有分拆求和, 也就是满足 $k_1 + 2k_2 + \cdots + nk_n = n$, $k_1 + k_2 + \cdots + k_n = k$ 的所有非负整数解 $(k_1, k_2, \cdots, k_n)$ 求和.

由此两个定义易知

$$B_n(ax_1, a^2 x_2, \cdots, a^n x_n) = a^n B_n(x_1, x_2, \cdots, x_n),$$

$$B_{n,k}(abx_1, a^2 bx_2, \cdots, a^n bx_n) = a^n b^k B_{n,k}(x_1, x_2, \cdots, x_n),$$

$$B_n(x_1, x_2, \cdots, x_n) = \sum_{k=0}^{n} B_{n,k}(x_1, x_2, \cdots, x_n),$$

以及下面的定理.

定理 7.5.1 设 $g(t) = \sum\limits_{m=0}^{\infty} x_m \dfrac{t^m}{m!}$. 则不完全 Bell 分拆多项式 $B_{n,k}(x_1, x_2, \cdots, x_n)$, $0 \leqslant k \leqslant n$, $n = 0, 1, 2, \cdots$ 且 $B_{0,0} = 1$ 的双变量生成函数为

$$B(t, u) = \sum_{n=0}^{\infty} \sum_{k=0}^{n} B_{n,k}(x_1, x_2, \cdots, x_n) u^k \frac{t^n}{n!}$$

$$= \exp\{u(g(t) - x_0)\} = \exp\left\{ u \sum_{m=1}^{\infty} x_m \frac{t^m}{m!} \right\}.$$

(7.5.3)

固定 k 的不完全 Bell 分拆多项式 $B_{n,k}(x_1, x_2, \cdots, x_n)$ 的垂直生成函数为

$$B_k(t) = \sum_{n \geqslant k} B_{n,k}(x_1, x_2, \cdots, x_n) \frac{t^n}{n!} = \frac{(g(t) - x_0)^k}{k!}$$

$$= \frac{1}{k!} \left(\sum_{m \geqslant 1} x_m \frac{t^m}{m!} \right)^k, \quad k = 0, 1, 2, \cdots. \tag{7.5.4}$$

推论 7.5.1　指数型 Bell 分拆多项式 $B_n(x_1, x_2, \cdots, x_n)$, $B_0 \equiv 1$ 的生成函数为

$$B(t) = \sum_{n \geqslant 0} B_n(x_1, x_2, \cdots) \frac{t^n}{n!} = \exp(g(t) - x_0) = \exp\left(\sum_{m \geqslant 1} x_m \frac{t^m}{m!} \right). \tag{7.5.5}$$

定理 7.5.2　(1) 指数型 Bell 分拆多项式 $B_n(x_1, x_2, \cdots, x_n)$ 满足下列递归关系:

$$B_{n+1}(x_1, x_2, \cdots, x_{n+1}) = \sum_{m=0}^{n} \binom{n}{m} x_{m+1} B_{n-m}(x_1, x_2, \cdots, x_{n-m}). \tag{7.5.6}$$

(2) 不完全 Bell 分拆多项式 $B_{n,k}(x_1, x_2, \cdots, x_n)$ 满足下列递归关系:

$$B_{n+1,k+1}(x_1, x_2, \cdots, x_{n+1}) = \sum_{m=0}^{n-k} \binom{n}{m} x_{m+1} B_{n-m,k}(x_1, x_2, \cdots, x_{n-m}) \tag{7.5.7}$$

以及

$$B_{n+1,k+1}(x_1, x_2, \cdots, x_{n+1}) = \frac{1}{k+1} \sum_{m=0}^{n-k} \binom{n+1}{m+1} x_{m+1} B_{n-m,k}(x_1, x_2, \cdots, x_{n-m}). \tag{7.5.8}$$

证明　(1) 在 (7.5.5) 式中对 t 微分, 导致 $\dfrac{\mathrm{d}}{\mathrm{d}t} B(t) = B(t) \dfrac{\mathrm{d}}{\mathrm{d}t} g(t)$. 故

$$\sum_{n \geqslant 0} B_{n+1}(x_1, x_2, \cdots, x_{n+1}) \frac{t^n}{n!}$$

$$= \left(\sum_{m \geqslant 0} x_{m+1} \frac{t^m}{m!} \right) \left(\sum_{n \geqslant 0} B_n(x_1, x_2, \cdots, x_n) \frac{t^n}{n!} \right)$$

$$= \sum_{n \geqslant 0} \left(\sum_{m=0}^{n} \binom{n}{m} x_{m+1} B_{n-m}(x_1, x_2, \cdots, x_{n-m}) \right) \frac{t^n}{n!}.$$

比较两边 $\dfrac{t^n}{n!}$ 的系数可得.

(2) 对 (7.5.4) 进行类似的过程, 可得 (7.5.7). 将 (7.5.4) 写成

$$(k+1)B_{k+1}(t) = (g(t) - x_0)B_k(t),$$

展开此式比较系数可得 (7.5.8). □

定义 7.5.3 (一般分拆多项式) 以 $x_1, x_2, \cdots, x_n$ 为变量, 以 $c_1, c_2, \cdots, c_n$ 为参数的多项式 $P_n \equiv P_n(x_1, x_2, \cdots, x_n; c_1, c_2, \cdots, c_n)$ 定义为

$$P_n = P_n(x_1, x_2, \cdots, x_n; c_1, c_2, \cdots, c_n)$$

$$= \sum \frac{n!}{k_1! k_2! \cdots k_n! (1!)^{k_1} (2!)^{k_2} \cdots (n!)^{k_n}} c_k x_1^{k_1} x_2^{k_2} \cdots x_n^{k_n}, \qquad (7.5.9)$$

这里 $k = k_1 + k_2 + \cdots + k_n$ 以及求和是对 n 的所有分拆, 也就是对满足 $k_1 + 2k_2 + \cdots + nk_n = n$ 的所有非负整数解 $(k_1, k_2, \cdots, k_n)$ 求和. 称 P_n 为参数 $c_1, c_2, \cdots, c_n$ 的一般分拆多项式.

应用符号演算, 分拆多项式 $P_n(x_1, x_2, \cdots, x_n; c_1, c_2, \cdots, c_n)$ 能被表示为指数型 Bell 分拆多项式

$$P_n(x_1, x_2, \cdots, x_n; c_1, c_2, \cdots, c_n) = B_n(cx_1, cx_2, \cdots, cx_n), \quad c^k \equiv c_k. \quad (7.5.10)$$

由于

$$\sum \frac{n!}{k_1! k_2! \cdots k_n! (1!)^{k_1} (2!)^{k_2} \cdots (n!)^{k_n}} c_k x_1^{k_1} x_2^{k_2} \cdots x_n^{k_n}$$

$$= \sum \frac{n!}{k_1! k_2! \cdots k_n! (1!)^{k_1} (2!)^{k_2} \cdots (n!)^{k_n}} (cx_1)^{k_1} (cx_2)^{k_2} \cdots (cx_n)^{k_n},$$

这里 $c^k \equiv c_k$. 因此, 分拆多项式 $B_n(cx_1, cx_2, \cdots, cx_n)$, $c^k \equiv c_k$, $k = 1, 2, \cdots, n$ 能被表示为不完全 Bell 分拆多项式 $B_{n,k}(x_1, x_2, \cdots, x_n)$ 系数为 c_k 的线性组合. 特别地, 从定义 7.5.2 和定义 7.5.3 以及设 $B_0 = c_0$, 直接得到

$$B_n(cx_1, cx_2, \cdots, cx_n) = \sum_{k=0}^{n} c_k B_{n,k}(x_1, x_2, \cdots, x_n).$$

通过符号表示 (7.5.10), 从指数型 Bell 分拆多项式的生成函数与递归关系可以推出一般分拆多项式的生成函数与递归关系. 特别地, 从 (7.5.10) 与 (7.5.6), 可以得出下列结果.

定理 7.5.3　(1) 一般分拆多项式 $B_n(cx_1, cx_2, \cdots, cx_n)$, $c^k \equiv c_k$, $n = 0, 1,$ $2, \cdots$ 且 $B_0 \equiv c_0$ 的生成函数为

$$P(t) = \sum_{n=0}^{\infty} B_n(cx_1, cx_2, \cdots, cx_n) \frac{t^n}{n!} = \sum_{k=0}^{\infty} c_k \frac{(g(t) - x_0)^k}{k!},$$

这里 $g(t) = \sum\limits_{m=0}^{\infty} x_m \dfrac{t^m}{m!}$, 或者用符号演算

$$\exp(tB) = \exp(c(e^{tx} - x_0)), \quad B^n \equiv B_n, \quad c^k \equiv c_k, \quad x^m \equiv x_m.$$

(2) 一般分拆多项式 $B_n(cx_1, cx_2, \cdots, cx_n)$, $c^k \equiv c_k$, $n = 0, 1, 2, \cdots$ 且 $B_0 \equiv c_0$ 满足下列递归关系:

$$B_{n+1}(cx_1, cx_2, \cdots, cx_{n+1})$$
$$= \sum_{m=0}^{n} \binom{n}{m} x_{m+1} B_{n-m}(cx_1, cx_2, \cdots, cx_{n-m}), \quad c^k \equiv c_k. \tag{7.5.11}$$

注 7.5.1　实际上, Bell 分拆多项式也有普通型与指数型之别, 本书中提到 Bell 分拆多项式仅指指数型 Bell 分拆多项式, 对于普通型多项式及其相应表示与应用, 请参看文献 [13, 186].

定理 7.5.4 (法迪·布鲁诺 (Faa di Bruno) 公式)　令 f 和 g 为两个形式指数级数:

$$f := \sum_{k \geqslant 0} f_k \frac{u^k}{k!}, \quad g := \sum_{m \geqslant 0} g_m \frac{t^m}{m!}, \quad g_0 = 0. \tag{7.5.12}$$

设 h 为 f 和 g 的复合的形式指数函数:

$$h := \sum_{n \geqslant 0} h_n \frac{t^n}{n!} = f(g), \tag{7.5.13}$$

则 h 的系数 h_n 为

$$h_0 = f_0, \quad h_n = \sum_{k=1}^{n} f_k B_{n,k}(g_1, g_2, \cdots, g_n). \tag{7.5.14}$$

证明　应用 (7.5.4), 则

$$h = \sum_{k \geqslant 0} f_k \frac{g^k}{k!} = \sum_{k \geqslant 0} f_k \frac{1}{k!} \left(\sum_{m \geqslant 1} g_m \frac{t^m}{m!} \right)^k = \sum_{k \geqslant 0} f_k \sum_{n \geqslant k} B_{n,k}(g_1, g_2, \cdots, g_n) \frac{t^n}{n!}$$

$$= \sum_{n \geqslant 0} \left\{ \sum_{k=0}^{n} f_k B_{n,k}(g_1, g_2, \cdots, g_n) \right\} \frac{t^n}{n!},$$

比较上式两端 $t^n/n!$ 的系数得证命题. $\qquad\square$

由此公式知前几个值如下:

$$h_1 = f_1 g_1,$$
$$h_2 = f_1 g_2 + f_2 g_1^2,$$
$$h_3 = f_1 g_3 + 3 f_2 g_1 g_2 + f_3 g_1^3,$$
$$h_4 = f_1 g_4 + f_2 (4 g_1 g_3 + 3 g_2^2) + 6 f_3 g_1^2 g_2 + f_4 g_1^4.$$

由于对数分拆多项式为指数型 Bell 分拆多项式的逆. 则

定理 7.5.5 (对数分拆多项式) 令 $g(t) = \sum\limits_{m=0}^{\infty} x_m \dfrac{t^m}{m!}$. 对数分拆多项式 $L_n(x_1, x_2, \cdots, x_n)$ 定义为

$$L(t) = \sum_{n \geqslant 1} L_n(x_1, x_2, \cdots, x_n) \frac{t^n}{n!} = \log\left(1 + (g(t) - x_0)\right)$$

$$= \log\left(1 + x_1 t + x_2 \frac{t^2}{2!} + \cdots\right), \tag{7.5.15}$$

$$L_0(x_1, x_2, \cdots, x_n) = 0.$$

则

$$L_n(x_1, x_2, \cdots, x_n) = \sum \frac{n!(-1)^{k-1}(k-1)!}{k_1! k_2! \cdots k_n! (1!)^{k_1} (2!)^{k_2} \cdots (n!)^{k_n}} x_1^{k_1} x_2^{k_2} \cdots x_n^{k_n} \tag{7.5.16}$$

$$= \sum_{k=1}^{n} (-1)^{k-1} (k-1)! B_{n,k}(x_1, x_2, \cdots, x_n). \tag{7.5.17}$$

(7.5.16) 中求和是对满足 $k_1 + 2k_2 + \cdots + nk_n = n$, $k_1 + k_2 + \cdots + k_n = k$ 的所有非负整数解 $(k_1, k_2, \cdots, k_n)$ 求和.

证明 利用 $\ln(1+x) = \sum\limits_{n \geqslant 1} (-1)^{n-1}(n-1) \dfrac{x^n}{n!}$ 以及定理 7.5.4, 可得证. $\qquad\square$

定理 7.5.6 对数分拆多项式 $L_n \equiv L_n(x_1, x_2, \cdots, x_n)$, $n = 1, 2, \cdots$ 与 $L_1 = x_1$ 满足递归关系:

$$L_{n+1} = x_{n+1} - \sum_{m=1}^{n} \binom{n}{m} x_m L_{n-m+1}, \quad n = 1, 2, \cdots.$$

证明 在 (7.5.15) 两边对 t 微分, 则

$$\frac{\mathrm{d}}{\mathrm{d}t} L(t) = \frac{1}{1 + g(t) - x_0} \frac{\mathrm{d}}{\mathrm{d}t} (g(t) - x_0).$$

上式两边同乘以 $1 + (g(t) - x_0)$, 得

$$\frac{\mathrm{d}}{\mathrm{d}t} L(t) = \frac{\mathrm{d}}{\mathrm{d}t} g(t) - (g(t) - x_0) \frac{\mathrm{d}}{\mathrm{d}t} L(t).$$

以 t 的幂展开, 则有

$$\sum_{n=0}^{\infty} L_{n+1} \frac{t^n}{n!} = \sum_{n=0}^{\infty} x_{n+1} \frac{x^n}{n!} - \left(\sum_{m=1}^{\infty} x_m \frac{t^m}{m!} \right) \left(\sum_{n=0}^{\infty} L_{n+1} \frac{x^n}{n!} \right),$$

因此

$$\sum_{n=0}^{\infty} L_{n+1} \frac{t^n}{n!} = \sum_{n=0}^{\infty} x_{n+1} \frac{x^n}{n!} - \sum_{n=1}^{\infty} \left(\sum_{m=1}^{n} \binom{n}{m} x_m L_{n-m+1} \right) \frac{t^n}{n!},$$

比较两边 $t^n/n!$ 的系数可得命题. □

定理 7.5.7 (位势分拆多项式) 令 $g(t) = \sum\limits_{m=0}^{\infty} x_m \dfrac{t^m}{m!}$. 位势分拆多项式 $P_n^{(m)} :\equiv P_n^{(m)}(x_1, x_2, \cdots, x_n)$ 定义为

$$P^{(m)}(t) = 1 + \sum_{n \geqslant 1} P_n^{(m)}(x_1, x_2, \cdots, x_n) \frac{t^n}{n!} = (1 + (g(t) - x_0))^m$$

$$= \left(1 + x_1 t + x_2 \frac{t^2}{2!} + \cdots \right)^m, \tag{7.5.18}$$

$$P_0^{(m)}(x_1, x_2, \cdots, x_n) = 1.$$

则

$$P_n^{(m)}(x_1, x_2, \cdots, x_n) = \sum_{k=1}^{n} (m)_k B_{n,k}(x_1, x_2, \cdots, x_n) \tag{7.5.19}$$

$$= \sum \frac{n!(m)_k}{k_1!k_2!\cdots k_n!(1!)^{k_1}(2!)^{k_2}\cdots(n!)^{k_n}} x_1^{k_1} x_2^{k_2} \cdots x_n^{k_n},$$

$$(7.5.20)$$

这里 $k = k_1 + k_2 + \cdots + k_n$ 以及求和是对 n 的所有分拆, 也就是对满足 $k_1 + 2k_2 + \cdots + nk_n = n$ 的所有非负整数解 $(k_1, k_2, \cdots, k_n)$ 求和.

证明 利用 $(1+u)^m = \sum\limits_{k=0}^{m} (m)_k \dfrac{u^k}{k!}$ 以及定理 7.5.4, 可得证. $\square$

注 7.5.2 位势分拆多项式 $P_n^{(m)}(x_1, x_2, \cdots, x_n)$ 是一般分拆多项式 $B_n(mx_1, mx_2, \cdots, mx_n)$ 的特殊情形. 特别地,

$$P_n^{(m)}(x_1, x_2, \cdots, x_n) = B_n(mx_1, mx_2, \cdots, mx_n), \quad m^k :\equiv m_k,$$

且 $m_k = (m)_k$, $k = 0, 1, 2, \cdots, n$, 即

$$P_n^{(m)}(x_1, x_2, \cdots, x_n) = \sum_{k=0}^{n} (m)_k B_{n,k}(x_1, x_2, \cdots, x_n).$$

定理 7.5.8 位势分拆多项式 $P_n^{(m)}(x_1, x_2, \cdots, x_n)$ 具有下述递归关系:

$$P_{n+1}^{(m)}(x_1, x_2, \cdots, x_n) = m \sum_{k=0}^{n} \binom{n}{k} x_{k+1} P_{n-k}^{(m-1)}(x_1, x_2, \cdots, x_n). \quad (7.5.21)$$

证明 在 (7.5.11) 中, 参数 $c_k = m_k := (m)_k$, $k = 1, 2, \cdots$, 以及由于

$$cB_n(cx_1, cx_2, \cdots, cx_n) = \sum_{k=0}^{n} (m)_{k+1} B_{n,k}(x_1, x_2, \cdots, x_n)$$

$$= m \sum_{k=0}^{n} (m-1)_k B_{n,k}(x_1, x_2, \cdots, x_n)$$

$$= m P_n^{(m-1)}(x_1, x_2, \cdots, x_n).$$

由此命题得证. $\square$

定理 7.5.9 位势分拆多项式 $P_n^{(m)}(x_1, x_2, \cdots, x_n)$ 也具有下述递归关系:

$$P_{n+1}^{(m)}(x_1, x_2, \cdots, x_n) = \sum_{k=0}^{n} \left\{ m\binom{n}{k} - \binom{n}{k+1} \right\} x_{k+1} P_{n-k}^{(m)}(x_1, x_2, \cdots, x_n).$$

$$(7.5.22)$$

证明　在 (7.5.18) 两边对 t 微分, 则

$$\frac{\mathrm{d}}{\mathrm{d}t}P^{(m)}(t) = m(1 + g(t) - x_0)^{m-1}\frac{\mathrm{d}}{\mathrm{d}t}g(t),$$

即

$$\frac{\mathrm{d}}{\mathrm{d}t}P^{(m)}(t) = \frac{m}{1 + g(t) - x_0}P^{(m)}(t)\frac{\mathrm{d}}{\mathrm{d}t}g(t).$$

在上式两边同时乘以 $1 + (g(t) - x_0)$, 整理得

$$\frac{\mathrm{d}}{\mathrm{d}t}P^{(m)}(t) = mP^{(m)}(t)\frac{\mathrm{d}}{\mathrm{d}t}g(t) - (g(t) - x_0)\frac{\mathrm{d}}{\mathrm{d}t}P^{(m)}(t).$$

以 t 的幂展开, 则

$$\sum_{n=0}^{\infty} P_{n+1}^{(m)}(x_1, x_2, \cdots, x_n)\frac{t^n}{n!}$$

$$= m\left(\sum_{r=0}^{\infty} x_{r+1}\frac{t^r}{r!}\right)\left(\sum_{n=0}^{\infty} P_n^{(m)}(x_1, x_2, \cdots, x_n)\frac{t^n}{n!}\right)$$

$$- \left(\sum_{r=0}^{\infty} x_{r+1}\frac{t^{r+1}}{(r+1)!}\right)\left(\sum_{n=1}^{\infty} P_n^{(m)}(x_1, x_2, \cdots, x_n)\frac{t^{n-1}}{(n-1)!}\right)$$

$$= \sum_{n=0}^{\infty}\left(m\sum_{r=0}^{n}\binom{n}{r}x_{r+1}P_{n-r}^{(m)}(x_1, x_2, \cdots, x_n)\right)\frac{t^n}{n!}$$

$$- \sum_{n=1}^{\infty}\left(m\sum_{r=0}^{n-1}\binom{n}{r+1}x_{r+1}P_{n-r}^{(m)}(x_1, x_2, \cdots, x_n)\right)\frac{t^n}{n!}.$$

比较两边 $t^n/n!$ 的系数, 得到命题.　　　　　　　　　　　　　　　　　　□

定理 7.5.10　对任何实数 s, 有

$$P_n^{(s)}(x_1, x_2, \cdots, x_n) = \sum_{r=0}^{n}\binom{s}{r}\binom{n-s}{n-r}P_n^{(r)}(x_1, x_2, \cdots, x_n). \tag{7.5.23}$$

证明　由于

$$P^{(s)}(t) = (1 + (g(t) - x_0))^s = \sum_{k=0}^{\infty}\binom{s}{k}(g(t) - x_0)^k,$$

注意到

$$h_k(t) = (g(t) - x_0)^k = t^k \left(\sum_{j=1}^{\infty} x_j \frac{t^{j-1}}{j!} \right)^k$$

含有因子 t^k, 则

$$\sum_{k=0}^{\infty} \binom{s}{k} (g(t) - x_0)^k = \sum_{k=0}^{\infty} \binom{s}{k} (1 + g(t) - x_0 - 1)^k$$

$$= \sum_{k=0}^{\infty} \binom{s}{k} \sum_{r=0}^{k} (-1)^{k-r} \binom{k}{r} (1 + g(t) - x_0)^r$$

$$= \sum_{k=0}^{\infty} \binom{s}{k} \sum_{r=0}^{k} (-1)^{k-r} \binom{k}{r} P^{(r)}(t)$$

$$= \sum_{k=0}^{\infty} \sum_{r=0}^{k} (-1)^{k-r} \binom{s}{k} \binom{k}{r} \sum_{n=0}^{\infty} P_n^{(r)}(x_1, x_2, \cdots, x_n) \frac{t^n}{n!}$$

$$= \sum_{n=0}^{\infty} \left\{ \sum_{k=0}^{n} \sum_{r=0}^{k} (-1)^{k-r} \binom{s}{k} \binom{k}{r} P_n^{(r)}(x_1, x_2, \cdots, x_n) \right\} \frac{t^n}{n!}.$$

故

$$P_n^{(s)}(x_1, x_2, \cdots, x_n) = \sum_{k=0}^{n} \sum_{r=0}^{k} (-1)^{k-r} \binom{s}{k} \binom{k}{r} P_n^{(r)}(x_1, x_2, \cdots, x_n)$$

$$= \sum_{r=0}^{n} \left\{ \sum_{k=r}^{n} (-1)^{k-r} \binom{s}{k} \binom{k}{r} \right\} P_n^{(r)}(x_1, x_2, \cdots, x_n),$$

因此

$$\sum_{k=r}^{n} (-1)^{k-r} \binom{s}{k} \binom{k}{r} = \binom{s}{r} \sum_{k=r}^{n} (-1)^{k-r} \binom{s-r}{k-r}$$

$$= (-1)^{n-r} \binom{s}{r} \binom{s-r-1}{n-r} = \binom{s}{r} \binom{n-s}{n-r}.$$

命题得证. $\qquad \square$

注 7.5.3 对任何实数 s 和每一个函数具有 $h(t_0) = 1$ 的 $h(t)$, 在 t_0 点的导数存在

$$\left[\frac{\mathrm{d}^n}{\mathrm{d}t^n} (h(t))^s \right]_{t=t_0} = \sum_{r=0}^{n} \binom{s}{r} \binom{n-s}{n-r} \left[\frac{\mathrm{d}^n}{\mathrm{d}t^n} (h(t))^r \right]_{t=t_0}. \tag{7.5.24}$$

实际上, 在 (7.5.18) 中, 取 $h(t) = 1 + g(t - t_0) - g(0)$ 和 $g(t) = \sum_{r=0}^{\infty} x_r \frac{t^r}{r!}$ 产生

$$\left[\frac{\mathrm{d}^n}{\mathrm{d}t^n}(h(t))^s \right]_{t=t_0} = \left[\frac{\mathrm{d}^n(1 + (g(t) - x_0))^s}{\mathrm{d}t^n} \right]_{t=0} = P_n^{(s)}(x_1, x_2, \cdots, x_n),$$

故从 (7.5.23) 得到 (7.5.24).

*7.6　涉及不完全 Bell 分拆多项式的一类恒等式

设 $f(x)$ 为任意阶导数都存在的函数, 用 $f^{(k)}(x)$ 表示 $f(x)$ 的 k 阶导数, $f^k(x)$ 表示 $f(x)$ 的 k 次幂. 显然 $f^{(0)}(x) = f(x)$ 和 $f^0(x) = 1$.

设

$$\Omega_f(x, t) = \sum_{n=0}^{\infty} f^{(n)}(x) \frac{t^n}{n!}. \tag{7.6.1}$$

则有

定理 7.6.1

$$a\Omega_f(x, t) + b\Omega_g(x, t) = \Omega_{af+bg}(x, t), \tag{7.6.2}$$

$$\Omega_f(x, t)\Omega_g(x, t) = \Omega_{fg}(x, t). \tag{7.6.3}$$

证明　第一式显然, 现证第二式. 由于

$$\Omega_f(x, t)\Omega_g(x, t) = \left(\sum_{n \geqslant 0} f^{(n)}(x) \frac{t^n}{n!} \right) \left(\sum_{n \geqslant 0} g^{(n)}(x) \frac{t^n}{n!} \right)$$

$$= \sum_{n \geqslant 0} \left(\sum_{i=0}^{n} \binom{n}{i} f^{(i)}(x) g^{(n-i)}(x) \right) \frac{t^n}{n!}$$

$$= \sum_{n \geqslant 0} (f(x)g(x))^{(n)} \frac{t^n}{n!}$$

$$= \Omega_{fg}(x, t),$$

定理得证.　□

推论 7.6.1

$$\Omega_f^k(x, t) = \Omega_{f^k}(x, t). \tag{7.6.4}$$

证明 对 k 进行归纳可证. □

定理 7.6.2 [187] 设 $f(x)$ 为任何阶导数都存在的函数, 则对所有的整数 n, $k \geqslant 0$, 有

$$\binom{n}{k}\left(f^k(x)\right)^{(n-k)} = B_{n,k}(f(x), 2f^{(1)}(x), 3f^{(2)}(x), \cdots). \tag{7.6.5}$$

证明 从不完全 Bell 分拆多项式的定义, 有

$$\frac{1}{k!}\left(t\Omega_f(x,t)\right)^k = \frac{1}{k!}\left(t\sum_{n=0}^{\infty} f^{(n)}(x)\frac{t^n}{n!}\right)^k = \frac{1}{k!}\left(\sum_{n=1}^{\infty} nf^{(n-1)}(x)\frac{t^n}{n!}\right)^k$$

$$= \sum_{n\geqslant k} B_{n,k}(f(x),\ 2f^{(1)}(x),\ 3f^{(2)}(x),\ \cdots)\frac{t^n}{n!}. \tag{7.6.6}$$

由推论 7.6.1, 得

$$\frac{1}{k!}\left(t\Omega_f(x,t)\right)^k = \frac{1}{k!}t^k\left(\Omega_f(x,t)\right)^k = \frac{1}{k!}t^k\Omega_{f^k}(x,t) = \frac{1}{k!}t^k\sum_{n\geqslant 0}\left(f^k(x)\right)^{(n)}\frac{t^n}{n!}$$

$$= \sum_{n\geqslant k}\binom{n}{k}\left(f^k(x)\right)^{(n-k)}\frac{t^n}{n!}, \tag{7.6.7}$$

比较 (7.6.6) 和 (7.6.7) 中 $\frac{t^n}{n!}$ 的系数, 可得定理. □

类似于定理 7.6.2 的证明, 可得下列结果.

定理 7.6.3 [187] 设 $f(x)$ 为任何阶导数都存在的函数, 则对所有的整数 n, $k \geqslant 0$, 有

$$\frac{1}{k!}\sum_{j=0}^{k}(-1)^{k-j}\binom{k}{j}f^{k-j}(x)(f^j(x))^{(n)} = B_{n,k}(f^{(1)}(x), f^{(2)}(x), f^{(3)}(x), \cdots). \tag{7.6.8}$$

证明 由于

$$\frac{1}{k!}\left(\Omega_f(x,t) - f(x)\right)^k = \frac{1}{k!}\left(\sum_{n\geqslant 1} f^{(n)}(x)\frac{t^n}{n!}\right)^k$$

$$= \sum_{n\geqslant k} B_{n,k}(f^{(1)}(x), f^{(2)}(x), f^{(3)}(x), \cdots)\frac{t^n}{n!}$$

和

$$\frac{1}{k!}\left(\Omega_f(x,t)-f(x)\right)^k = \frac{1}{k!}\sum_{j=0}^{k}\binom{k}{j}(-1)^{k-j}f^{k-j}(x)\Omega_f^j(x,t)$$

$$= \frac{1}{k!}\sum_{j=0}^{k}\binom{k}{j}(-1)^{k-j}f^{k-j}(x)\Omega_{f^j}(x,t)$$

$$= \frac{1}{k!}\sum_{j=0}^{k}\binom{k}{j}(-1)^{k-j}f^{k-j}(x)\sum_{n\geqslant 0}\left(f^j(x)\right)^{(n)}\frac{t^n}{n!}$$

$$= \sum_{n\geqslant 0}\left(\frac{1}{k!}\sum_{j=0}^{k}(-1)^{k-j}\binom{k}{j}f^{k-j}(x)(f^j(x))^{(n)}\right)\frac{t^n}{n!},$$

比较两边 $\dfrac{t^n}{n!}$ 的系数, 得证.　　　　　　　　　　　　　　　　　　□

定理 7.6.4 [187]　设 $f(x)$ 为任何阶导数都存在的函数, 则对所有的整数 n, $k\geqslant 0$, 有

$$\frac{1}{k!}\sum_{j=0}^{k}\sum_{i=0}^{n}(-1)^{k-j}\binom{k}{j}\binom{n}{i}\binom{k-j}{i}i!f^{k-j-i}(x)\left(f^{(1)}(x)\right)^i\left(f^j(x)\right)^{(n-i)}$$

$$= (n)_k B_{n-k,k}\left(\frac{1}{2}f^{(2)}(x),\frac{1}{3}f^{(3)}(x),\frac{1}{4}f^{(4)}(x),\cdots\right).\tag{7.6.9}$$

证明　由于

$$\frac{1}{k!}\left(\Omega_f(x,t)-f(x)-f^{(1)}(x)t\right)^k$$

$$= \frac{1}{k!}\left(\sum_{n\geqslant 2}f^{(n)}(x)\frac{t^n}{n!}\right)^k$$

$$= \frac{t^k}{k!}\left(\sum_{n\geqslant 1}f^{(n+1)}(x)\frac{t^n}{(n+1)!}\right)^k$$

$$= t^k\sum_{n\geqslant k}B_{n,k}\left(\frac{1}{2}f^{(2)}(x),\frac{1}{3}f^{(3)}(x),\frac{1}{4}f^{(4)}(x),\cdots\right)\frac{t^n}{n!}$$

$$= \sum_{n\geqslant 2k}(n)_k B_{n-k,k}\left(\frac{1}{2}f^{(2)}(x),\frac{1}{3}f^{(3)}(x),\frac{1}{4}f^{(4)}(x),\cdots\right)\frac{t^n}{n!}$$

和

$$\frac{1}{k!}\left(\Omega_f(x,t) - f(x) - f^{(1)}(x)t\right)^k$$

$$= \frac{1}{k!}\sum_{j=0}^{k}\binom{k}{j}(-1)^{k-j}\left(f(x) + f^{(1)}(x)t\right)^{k-j}\Omega_f^j(x,t)$$

$$= \frac{1}{k!}\sum_{j=0}^{k}\binom{k}{j}(-1)^{k-j}\left(f(x) + f^{(1)}(x)t\right)^{k-j}\Omega_{f^j}(x,t)$$

$$= \frac{1}{k!}\sum_{j=0}^{k}\binom{k}{j}(-1)^{k-j}\sum_{n\geqslant0}\left(f^j(x)\right)^{(n)}\frac{t^n}{n!}\sum_{i=0}^{k-j}\binom{k-j}{i}f^{k-j-i}(x)\left(f^{(1)}(x)\right)^i t^i$$

$$= \frac{1}{k!}\sum_{j=0}^{k}(-1)^{k-j}\binom{k}{j}\sum_{n\geqslant0}\sum_{i=0}^{n}\binom{n}{i}\binom{k-j}{i}i!f^{k-j-i}(x)\left(f^{(1)}(x)\right)^i\left(f^j(x)\right)^{(n-i)}\frac{t^n}{n!},$$

比较两边 $\dfrac{t^n}{n!}$ 的系数, 得证. □

例 7.6.1 若取 $f(x) = \mathrm{e}^x - 1$ 和 $x \to 0$, 从定理 7.6.2—定理 7.6.4, 可得下列恒等式:

$$\binom{n}{k}k!S(n-k,k) = B_{n,k}(0, 2, 3, 4, \cdots),$$

$$S(n,k) = B_{n,k}(1, 1, 1, \cdots),$$

$$\sum_{i=0}^{k}(-1)^i\binom{n}{i}S(n-i,k-i) = (n)_k B_{n-k,k}\left(\frac{1}{2}, \frac{1}{3}, \frac{1}{4}, \cdots\right).$$

例 7.6.2 若取 $f(x) = \ln(1+x)$ 和 $x \to 0$, 从定理 7.6.2—定理 7.6.4, 可得下列恒等式:

$$\binom{n}{k}k!s(n-k,k) = B_{n,k}(0, 2, -3\cdot1!, 4\cdot2!, -5\cdot3!, 6\cdot4!, \cdots),$$

$$s(n,k) = B_{n,k}(0!, -1!, 2!, -3!, 4!, \cdots),$$

$$\sum_{i=0}^{k}(-1)^i\binom{n}{i}s(n-i,k-i) = (n)_k B_{n-k,k}\left(-\frac{1!}{2}, \frac{2!}{3}, -\frac{3!}{4}, -\frac{4!}{5}, \cdots\right).$$

例 7.6.3   若取 $f(x) = \dfrac{1}{1 - x^2} = \sum_{n \geqslant 0} (2n)! \dfrac{x^{2n}}{(2n)!}$ 和 $x \to 0$, 注意到

$$\left(f^k(x)\right)^{(n)}\Big|_{x \to 0} = \left(\dfrac{1}{(1 - x^2)^k}\right)^{(n)}\Big|_{x \to 0} = \begin{cases} (2n)! \dbinom{k + n - 1}{n}, & n \text{ 为偶数}, \\ 0, & n \text{ 为奇数}, \end{cases}$$

从定理 7.6.2, 可以得到: 若 $n - k$ 为偶数,

$$B_{n,k}(2! - 1!,\ 0,\ 3! - 2!,\ 0,\ 5! - 4!,\ \cdots) = \binom{n}{k}\binom{n - 1}{k - 1}(2n - 2k)!$$

和若 $n - k$ 为奇数,

$$B_{n,k}(2! - 1!,\ 0,\ 3! - 2!,\ 0,\ 5! - 4!,\ \cdots) = 0.$$

注意到

$$\sum_{j=0}^{k} (-1)^{k-j} \binom{k}{j} \binom{j + n - 1}{n} = (-1)^{k-1} \sum_{j=0}^{k} \binom{k}{k - j} \binom{-n - 1}{j - 1}$$

$$= (-1)^{k-1} \binom{-(n + 1 - k)}{k - 1} = \binom{n - 1}{k - 1},$$

从定理 7.6.3 和定理 7.6.4, 可得下列恒等式:

$$B_{2n,k}(0,\ 2!,\ 0,\ 4!,\ 0,\ 6!,\ \cdots) = \dfrac{(2n)!}{k!} \binom{n - 1}{k - 1},$$

$$B_{2n-1,k}(0,\ 2!,\ 0,\ 4!,\ 0,\ 6!,\ \cdots) = 0,$$

$$B_{2n-k,k}(1!,\ 0,\ 3!,\ 0,\ 5!,\ 0,\ \cdots) = \binom{n - 1}{k - 1},$$

$$B_{2n-k-1,k}(1!,\ 0,\ 3!,\ 0,\ 5!,\ 0,\ \cdots) = 0.$$

例 7.6.4   若取 $f(x) = \dfrac{1}{(1 - x)^m}$ $(m \geqslant 1)$ 和 $x \to 0$, 从定理 7.6.2—定理 7.6.4, 可得下列恒等式:

$$B_{n,k}\left(1,\ 2!\binom{m}{1},\ 3!\binom{m + 1}{2},\ 4!\binom{m + 2}{3},\ 5!\binom{m + 3}{4},\ \cdots\right)$$

$$= \binom{n}{k}\binom{mk + n - k - 1}{n - k}(n - k)!,$$

$$B_{n,k}\left(1!\binom{m}{1},\ 2!\binom{m+1}{2},\ 3!\binom{m+2}{3},\ 4!\binom{m+3}{4},\ \cdots\right)$$

$$=\frac{n!}{k!}\sum_{j=0}^{k}(-1)^{k-j}\binom{k}{j}\binom{mj+n-1}{n},$$

$$B_{n-k,k}\left(1!\binom{m+1}{2},\ 2!\binom{m+2}{3},\ 3!\binom{m+3}{4},\ 4!\binom{m+4}{5},\ \cdots\right)$$

$$=\sum_{j=0}^{k}\sum_{i=0}^{n}(-1)^{k-j}\binom{k}{j}\binom{k-j}{i}\binom{mj+n-i-1}{n-i}m^{i}.$$

特别地,

$$B_{n,k}\left(1!,\ 2!,\ 3!,\ 4!,\ \cdots\right)=\frac{n!}{k!}\binom{n-1}{k-1}=L(n,k),$$

这里 $L(n,k)$ 为 Lah 数.

例 7.6.5 若取 $f(x)=\dfrac{x}{e^{x}-1}=1-\dfrac{1}{2}x+\sum_{n\geqslant 1}B_{2n}\dfrac{x^{2n}}{(2n)!}$, 这 B_{n} 为 Bernoulli 数, 且令 $x\to 0$, 由定理 7.6.2—定理 7.6.4, 可得下列恒等式:

$$\binom{n}{k}B_{n-k}^{(k)}=B_{n,k}(1,\ -1,\ 3B_{2},\ 0,\ 5B_{4},\ 0,\ 7B_{6},\ 0,\cdots),$$

$$\frac{1}{k!}B_{n}^{(k)}=B_{n,k}\left(-\frac{1}{2},\ B_{2},\ 0,\ B_{4},\ 0,\ B_{6},\ 0,\ \cdots\right),$$

$$\sum_{i=0}^{k}\binom{n}{i}\frac{B_{n-i}^{(k-i)}}{2^{i}(k-i)!}=(n)_{k}B_{n-k,k}\left(\frac{1}{2}B_{2},\ 0,\ \frac{1}{4}B_{4},\ 0,\ \frac{1}{6}B_{6},\ 0,\ \cdots\right),$$

这里 $B_{n}^{(k)}$ 为 k 阶 Bernoulli 数定义为

$$\sum_{n\geqslant 0}B_{n}^{(k)}\frac{x^{n}}{n!}=\left(\frac{x}{e^{x}-1}\right)^{k}.$$

定义 7.6.1 $\varphi_{n}(x)$ 被称为二项式序列, 则满足下列条件:

(1) $\varphi_{0}(1)=1$, $\varphi_{1}(x)=x$, 且对任何正整数 n, $\varphi_{n}(x)$ 为 $\varphi_{n}(0)=0$ 的次数为 n 的多项式;

(2) 对所有非负整数 n, $\varphi_{n}(x+y)=\sum_{k=0}^{n}\binom{n}{k}\varphi_{k}(x)\varphi_{n-k}(y)$.

定理 7.6.5 [50] 设 $\varphi_n(x)$ 为一个二项式序列, 令 $g(x,z) = \sum\limits_{n=0}^{\infty} \varphi_n(x)\dfrac{z^n}{n!}$, 则

$$g^l(x,z) = g(lx,z).$$

例 7.6.6 若取 $f^{(k)}(x) = \dfrac{\mathrm{d}^k}{\mathrm{d}z^k}g(x,z)|_{z\to 0} = \varphi_k(x)$, 则 $\varphi_k(x)$ 为一个二项

式序列. 故有 $(f^l(x))^{(k)} = \dfrac{\mathrm{d}^k}{\mathrm{d}z^k}g^l(x,z)|_{z\to 0} = \dfrac{\mathrm{d}^k}{\mathrm{d}z^k}g(lx,z)|_{z\to 0} = \varphi_k(lx)$. 由定理

7.6.2—定理 7.6.4, 可得下列恒等式 [188]:

$$B_{n,k}(\varphi_0(x), 2\varphi_1(x), 3\varphi_2(x), \cdots) = \binom{n}{k}\varphi_{n-k}(kx),$$

$$\frac{1}{k!}\sum_{j=0}^{k}(-1)^{k-j}\binom{k}{j}\varphi_n(jx) = B_{n,k}(\varphi_1(x), \varphi_2(x), \varphi_3(x), \cdots),$$

$$\frac{1}{k!}\sum_{j=0}^{k}\sum_{i=0}^{n}(-1)^{k-j}\binom{k}{j}\binom{n}{j}\binom{k-j}{i}i!\varphi_{n-i}(jx)$$

$$= (n)_k B_{n-k,k}\left(\frac{1}{2}\varphi_2(x), \frac{1}{3}\varphi_3(x), \frac{1}{4}\varphi_4(x), \cdots\right).$$

特别地, 有 [189]

$$B_{n,k}(\varphi_0(1), 2\varphi_1(1), 3\varphi_2(1), \cdots) = \binom{n}{k}\varphi_{n-k}(k).$$

由二项式序列: x^n, $(x)_n = x(x-1)\cdots(x-n+1)$, $\langle x\rangle_{n|\lambda} = x(x+\lambda)(x+2\lambda)\cdots(x+$ $(n-1)\lambda)$, $x(x-na)^{n-1}$, $\sum\limits_{k=0}^{n} s(n,k)$, $\sum\limits_{k=0}^{n} S(n,k)$, 这里 $s(n,k)$ 和 $S(n,k)$ 分别为第一类、第二类 Stirling 数, 则可得对应的恒等式.

7.7 Lagrange 反演公式

引理 7.7.1 设 $f(u)$ 和 $g(t)$ 为 n 阶导数

$$g_n = \left[\frac{\mathrm{d}^n g(t)}{\mathrm{d}t^n}\right]_{t=0}, \quad f_n = \left[\frac{\mathrm{d}^n f(u)}{\mathrm{d}u^n}\right]_{u=g(0)}, \quad n = 1, 2, \cdots$$

都存在的两个实变量函数, 再令 $h(t) = f(g(t))$ 以及

$$h_n = \left[\frac{\mathrm{d}^n h(t)}{\mathrm{d}t^n}\right]_{t=0}, \quad n = 1, 2, \cdots.$$

则对 $r = 1, 2, \cdots, n$ 和 $n = 1, 2, \cdots$,

$$B_{n,r}(h_1, h_2, \cdots, h_n) = \sum_{k=r}^{n} B_{k,r}(f_1, f_2, \cdots, f_k) B_{n,k}(g_1, g_2, \cdots, g_n). \quad (7.7.1)$$

证明 由 (7.5.4),

$$\sum_{n=r}^{\infty} B_{n,r}(h_1, h_2, \cdots, h_n)\frac{t^n}{n!} = \frac{[h(t) - h(0)]^r}{r!}, \quad r = 1, 2, \cdots,$$

得

$$\sum_{k=r}^{\infty} B_{k,r}(f_1, f_2, \cdots, f_k)\frac{(u - u_0)^k}{k!} = \frac{[f(u) - f(u_0)]^r}{r!}, \quad r = 1, 2, \cdots, \quad (7.7.2)$$

这里

$$f_n = \left[\frac{\mathrm{d}^n f(u)}{\mathrm{d}u^n}\right]_{u=u_0}, \quad n = 1, 2, \cdots.$$

相应地, 令 $u = g(t)$, $u_0 = g(0)$ 以及由于

$$\sum_{n=k}^{\infty} B_{n,k}(g_1, g_2, \cdots, g_n)\frac{t^n}{n!} = \frac{[g(t) - g(0)]^k}{k!}, \quad k = 1, 2, \cdots,$$

将 $u = g(t)$ 代入 (7.7.2), 则

$$\frac{[f(g(t)) - f(g(0))]^r}{r!} = \sum_{k=r}^{\infty} B_{k,r}(f_1, f_2, \cdots, f_k)\frac{[g(t) - g(0)]^k}{k!}$$

$$= \sum_{k=r}^{\infty} B_{k,r}(f_1, f_2, \cdots, f_k) \sum_{n=k}^{\infty} B_{n,k}(g_1, g_2, \cdots, g_n)\frac{t^n}{n!}$$

$$= \sum_{n=r}^{\infty} \left\{\sum_{k=r}^{n} B_{k,r}(f_1, f_2, \cdots, f_k) B_{n,k}(g_1, g_2, \cdots, g_n)\right\}\frac{t^n}{n!}.$$

因此

$$
\sum_{n=r}^{\infty} B_{n,r}(h_1, h_2, \cdots, h_n)\frac{t^n}{n!}
$$

$$
= \sum_{n=r}^{\infty}\left\{\sum_{k=r}^{n} B_{k,r}(f_1, f_2, \cdots, f_k)B_{n,k}(g_1, g_2, \cdots, g_n)\right\}\frac{t^n}{n!}.
$$

以及, 恒等上述式子两边的 $t^n/n!$ 系数, (7.7.1) 被得到.　　　　　　　　□

注 7.7.1　在 (7.7.1) 里, 取 $r = 1$, 由 $B_{n,1}(h_1, h_2, \cdots, h_n) = h_n, B_{k,1}(f_1, f_2, \cdots, f_k) = f_k$, 导出 Faa di Bruno 公式 (7.5.14).

定理 7.7.1 (Lagrange 反演公式)　设 $\phi(t)$ 为没有常数项的幂级数

$$
\phi(t) = \sum_{n=1}^{\infty} \phi_n \frac{t^n}{n!}, \quad \phi_1 \neq 0, \tag{7.7.3}
$$

以及 $\phi^{-1}(u)$ 为它的逆幂级数

$$
\phi^{-1}(u) = \sum_{n=1}^{\infty} \psi_n \frac{u^n}{n!}, \tag{7.7.4}
$$

则对 $k = 1, 2, \cdots, n$ 和 $n = 1, 2, \cdots$, 有

$$
\left[\frac{\mathrm{d}^n}{\mathrm{d}u^n}(\phi^{-1}(u))^k\right]_{u=0} = \frac{k}{n}(n)_k\left[\frac{\mathrm{d}^{n-k}}{\mathrm{d}t^{n-k}}\left(\frac{\phi(t)}{t}\right)^{-n}\right]_{t=0}. \tag{7.7.5}
$$

证明　令 $f(u) = \phi(u), g(t) = \phi^{-1}(t)$, 且 $h(t) = f(g(t)) = t$, 以及由于

$$
B_{n,r}(h_1, h_2, \cdots, h_n) = \frac{1}{r!}\left[\frac{\mathrm{d}^n}{\mathrm{d}t^n}(h(t)-h(0))^r\right]_{t=0} = \frac{1}{r!}\left[\frac{\mathrm{d}^n}{\mathrm{d}t^n}(t-0)^r\right]_{t=0} = \delta_{n,r},
$$

$$
B_{k,r}(\phi_1, \phi_2, \cdots, \phi_k) = \frac{1}{r!}\left[\frac{\mathrm{d}^k}{\mathrm{d}t^k}(\phi(t)-\phi(0))^r\right]_{t=0} = \frac{1}{r!}\left[\frac{\mathrm{d}^k}{\mathrm{d}t^k}(\phi(t))^r\right]_{t=0},
$$

$$
B_{n,k}(\psi_1, \psi_2, \cdots, \psi_n) = \frac{1}{k!}\left[\frac{\mathrm{d}^n}{\mathrm{d}t^n}(\phi^{-1}(t)-\phi^{-1}(0))^k\right]_{t=0}
$$

$$
= \frac{1}{k!}\left[\frac{\mathrm{d}^n}{\mathrm{d}t^n}(\phi^{-1}(t))^k\right]_{t=0}, \quad \psi_r = \left[\frac{\mathrm{d}^r\phi^{-1}(t)}{\mathrm{d}t^r}\right]_{t=0},
$$

应用引理 7.7.1, 注意到 $h(t) = f(g(t)) = t$, 对 $r = 1, 2, \cdots, n$, $n = 1, 2, \cdots$, 得到

$$\sum_{k=r}^{n} \frac{1}{k!} \left[\frac{\mathrm{d}^n}{\mathrm{d}t^n} (\phi^{-1}(t))^k \right]_{t=0} \cdot \frac{1}{r!} \left[\frac{\mathrm{d}^k}{\mathrm{d}t^k} (\phi(t))^r \right]_{t=0} = \delta_{n,r}.$$

则对 (7.7.5) 成立, 只需证明

$$c_{n,r} \equiv \sum_{k=r}^{n} \frac{k}{n} \binom{n}{k} \left[\frac{\mathrm{d}^{n-k}}{\mathrm{d}t^{n-k}} \left(\frac{\phi(t)}{t} \right)^{-n} \right]_{t=0} \cdot \frac{1}{r!} \left[\frac{\mathrm{d}^k}{\mathrm{d}t^k} (\phi(t))^r \right]_{t=0} = \delta_{n,r}. \qquad (7.7.6)$$

应用关系

$$k \left[\frac{\mathrm{d}^k}{\mathrm{d}t^k} (\phi(t))^r \right]_{t=0} = \left[\frac{\mathrm{d}^k}{\mathrm{d}t^k} \left\{ t \frac{\mathrm{d}}{\mathrm{d}t} (\phi(t))^r \right\} \right]_{t=0} = r \left[\frac{\mathrm{d}^k}{\mathrm{d}t^k} \left\{ t (\phi(t))^{r-1} \frac{\mathrm{d}\phi(t)}{\mathrm{d}t} \right\} \right]_{t=0},$$

$c_{n,r}$ 可以被写为

$$c_{n,r} = \frac{1}{n(r-1)!} \sum_{k=r}^{n} \binom{n}{k} \left[\frac{\mathrm{d}^{n-k}}{\mathrm{d}t^{n-k}} \left(\frac{\phi(t)}{t} \right)^{-n} \right]_{t=0} \times \left[\frac{\mathrm{d}^k}{\mathrm{d}t^k} \left\{ t (\phi(t))^{r-1} \frac{\mathrm{d}\phi(t)}{\mathrm{d}t} \right\} \right]_{t=0}.$$

因此, 按照两个函数的乘积的 n 阶导数公式,

$$c_{n,r} = \frac{1}{n(r-1)!} \left[\frac{\mathrm{d}^n}{\mathrm{d}t^n} \left\{ \left(\frac{\phi(t)}{t} \right)^{-n} t (\phi(t))^{r-1} \frac{\mathrm{d}\phi(t)}{\mathrm{d}t} \right\} \right]_{t=0}$$

$$= \frac{1}{n(r-1)!} \left[\frac{\mathrm{d}^n}{\mathrm{d}t^n} \left\{ t^{n+1} (\phi(t))^{-n+r-1} \frac{\mathrm{d}\phi(t)}{\mathrm{d}t} \right\} \right]_{t=0}.$$

特别地, 对 $r = n$,

$$c_{n,n} = \frac{1}{n!} \left[\frac{\mathrm{d}^n}{\mathrm{d}t^n} \left\{ t^{n+1} (\phi(t))^{-1} \frac{\mathrm{d}\phi(t)}{\mathrm{d}t} \right\} \right]_{t=0}$$

$$= \frac{1}{n!} \left[\frac{\mathrm{d}^n}{\mathrm{d}t^n} \left\{ t^{n+1} \frac{\mathrm{d}}{\mathrm{d}t} \log \phi(t) \right\} \right]_{t=0}$$

$$= \frac{1}{n!} \left[\frac{\mathrm{d}^n}{\mathrm{d}t^n} \left\{ t^{n+1} \frac{\mathrm{d}}{\mathrm{d}t} \left(\log \sum_{i=1}^{\infty} \phi_i \frac{t^i}{i!} \right) \right\} \right]_{t=0}$$

$$= \frac{1}{n!} \left[\frac{\mathrm{d}^n}{\mathrm{d}t^n} \left\{ t^{n+1} \frac{\mathrm{d}}{\mathrm{d}t} \log \left[\phi_1 t \left(1 + \sum_{i=1}^{\infty} \frac{\phi_{i+1}}{(i+1)\phi_1} \frac{t^i}{i!} \right) \right] \right\} \right]_{t=0}$$

$$= \frac{1}{n!}\left[\frac{\mathrm{d}^n}{\mathrm{d}t^n}\left\{t^{n+1}\frac{\mathrm{d}}{\mathrm{d}t}\log(\phi_1 t) + t^{n+1}\frac{\mathrm{d}}{\mathrm{d}t}\log\left(1 + \sum_{i=1}^{\infty}\frac{\phi_{i+1}}{(i+1)\phi_1}\frac{t^i}{i!}\right)\right\}\right]_{t=0}$$

所以, 令 $x_0 = \phi_1$, $x_i = \dfrac{\phi_{i+1}}{(i+1)\phi_1}$, $i = 1,2,\cdots$ 和应用 (7.5.15), 有

$$c_{n,n} = \frac{1}{n!}\left[\frac{\mathrm{d}^n}{\mathrm{d}t^n}\left\{t^{n+1}\frac{\mathrm{d}\log(x_0 t)}{\mathrm{d}t} + t^{n+1}\frac{\mathrm{d}}{\mathrm{d}t}\log\left(1 + \sum_{i=1}^{\infty}x_i\frac{t^i}{i!}\right)\right\}\right]_{t=0}$$

$$= \frac{1}{n!}\left[\frac{\mathrm{d}^n}{\mathrm{d}t^n}\left\{t^n + t^{n+1}\frac{\mathrm{d}}{\mathrm{d}t}\sum_{j=1}^{\infty}L_j(x_1,x_2,\cdots,x_j)\frac{t^j}{j!}\right\}\right]_{t=0}$$

$$= \frac{1}{n!}\left[\frac{\mathrm{d}^n}{\mathrm{d}t^n}\left\{t^n + \sum_{j=1}^{\infty}L_j(x_1,x_2,\cdots,x_j)\frac{t^{n+j}}{(j-1)!}\right\}\right]_{t=0} = 1,$$

并且, 对 $r < n$,

$$c_{n,r} = -\frac{1}{n(n-r)(r-1)!}\left[\frac{\mathrm{d}^n}{\mathrm{d}t^n}\left\{t^{n+1}\frac{\mathrm{d}}{\mathrm{d}t}(\phi(t))^{-n+r}\right\}\right]_{t=0}$$

$$= -\frac{1}{n(n-r)(r-1)!}\left[\frac{\mathrm{d}^n}{\mathrm{d}t^n}\left\{t^{n+1}\frac{\mathrm{d}}{\mathrm{d}t}\left(\sum_{i=1}^{\infty}\phi_i\frac{t^i}{i!}\right)^{-n+r}\right\}\right]_{t=0}$$

$$= -\frac{\phi_1^{-n+r}}{n(n-r)(r-1)!}$$

$$\cdot\left[\frac{\mathrm{d}^n}{\mathrm{d}t^n}\left\{t^{n+1}\frac{\mathrm{d}}{\mathrm{d}t}\left[t^{-n+r}\left(1 + \sum_{i=1}^{\infty}\frac{\phi_{i+1}}{(i+1)\phi_1}\frac{t^i}{i!}\right)^{-n+r}\right]\right\}\right]_{t=0},$$

以及, 令 $x_i = \dfrac{\phi_{i+1}}{(i+1)\phi_1}$, $i = 1,2,\cdots$ 并应用 (7.5.18), 下式成立:

$$c_{n,r} = -\frac{\phi_1^{-n+r}}{n(n-r)(r-1)!}\left[\frac{\mathrm{d}^n}{\mathrm{d}t^n}\left\{t^{n+1}\frac{\mathrm{d}}{\mathrm{d}t}\left[t^{-n+r}\left(1 + \sum_{i=1}^{\infty}x_i\frac{t^i}{i!}\right)^{-n+r}\right]\right\}\right]_{t=0}$$

$$= -\frac{\phi_1^{-n+r}}{n(n-r)(r-1)!}$$

$$\cdot\left[\frac{\mathrm{d}^n}{\mathrm{d}t^n}\left\{t^{n+1}\frac{\mathrm{d}}{\mathrm{d}t}\sum_{j=0}^{\infty}P_j^{(-n+r)}(x_1,x_2,\cdots,x_j)\frac{t^{j-n+r}}{j!}\right\}\right]_{t=0}$$

$$= -\frac{\phi_1^{-n+r}}{n(n-r)(r-1)!}$$

$$\cdot \left[\frac{\mathrm{d}^n}{\mathrm{d}t^n}\left\{t^{n+1}\sum_{j=0}^{\infty}(j-n+r)P_j^{(-n+r)}(x_1,x_2,\cdots,x_j)\frac{t^{j-n+r-1}}{j!}\right\}\right]_{t=0}$$

$$= -\frac{\phi_1^{-n+r}}{n(n-r)(r-1)!}\left[\frac{\mathrm{d}^n}{\mathrm{d}t^n}\sum_{j=0}^{\infty}(j-n+r)P_j^{(-n+r)}(x_1,x_2,\cdots,x_j)\frac{t^{j+r}}{j!}\right]_{t=0}$$

$$= 0.$$

故 $c_{n,r} = \delta_{n,r}$, (7.7.5) 被证明. $\qquad\qquad\qquad\square$

推论 7.7.1 设 $\phi(t)$ 为没有常数项的幂级数:

$$\phi(t) = \sum_{n=1}^{\infty}\phi_n\frac{t^n}{n!}, \quad \phi_1 \neq 0, \tag{7.7.7}$$

以及 $\phi^{-1}(u)$ 为它的复合逆幂级数:

$$\phi^{-1}(u) = \sum_{n=1}^{\infty}\psi_n\frac{u^n}{n!}, \tag{7.7.8}$$

则 $\phi^{-1}(u)$ 的 k 次幂的 n 阶系数 $\psi_{n,k}, n = k, k+1, \cdots,$

$$\sum_{n=k}^{\infty}\psi_{n,k}\frac{u^n}{n!} = [\phi^{-1}(u)]^k, \quad k = 1, 2, \cdots$$

被给出为

$$\psi_{n,k} = \frac{k(n-1)_{k-1}}{\phi_1^n}P_{n-k}^{(-n)}\left(\frac{\phi_2}{2\phi_1},\frac{\phi_3}{3\phi_1},\cdots,\frac{\phi_{n-k+1}}{(n-k+1)\phi_1}\right). \tag{7.7.9}$$

特别地, 对 $k = 1$,

$$\psi_n = \frac{1}{\phi_1^n}P_{n-1}^{(-n)}\left(\frac{\phi_2}{2\phi_1},\frac{\phi_3}{3\phi_1},\cdots,\frac{\phi_n}{n\phi_1}\right).$$

证明 按照 (7.7.7),

$$\left(\frac{\phi(t)}{t}\right)^{-n} = \left(\sum_{n=1}^{\infty}\phi_n\frac{t^{n-1}}{n!}\right)^{-n} = \frac{1}{\phi_1^n}\left(1+\sum_{r=1}^{\infty}\frac{\phi_{r+1}}{(r+1)\phi_1}\cdot\frac{t^r}{r!}\right)^{-n},$$

所以, 应用 (7.5.18),

$$\left(\frac{\phi(t)}{t}\right)^{-n} = \frac{1}{\phi_1^n}\sum_{j=0}^{\infty} P_j^{(-n)}\left(\frac{\phi_2}{2\phi_1},\cdots,\frac{\phi_{j+1}}{(j+1)\phi_1}\right)\frac{t^j}{j!}.$$

因此

$$\left[\frac{\mathrm{d}^{n-k}}{\mathrm{d}t^{n-k}}\left(\frac{\phi(t)}{t}\right)^{-n}\right]_{u=0} = \frac{1}{\phi_1^n}P_{n-k}^{(-n)}\left(\frac{\phi_2}{2\phi_1},\frac{\phi_3}{3\phi_1},\cdots,\frac{\phi_{n-k+1}}{(n-k+1)\phi_1}\right)$$

和通过 (7.7.5), 得到

$$\psi_{n,k} = \left[\frac{\mathrm{d}^n}{\mathrm{d}u^n}(\phi^{-1}(u))^k\right]_{u=0}$$
$$= \frac{k(n-1)_{k-1}}{\phi_1^n}P_{n-k}^{(-n)}\left(\frac{\phi_2}{2\phi_1},\frac{\phi_3}{3\phi_1},\cdots,\frac{\phi_{n-k+1}}{(n-k+1)\phi_1}\right),$$

它就是要求的表示式 (7.7.9). □

推论 7.7.2　若

$$\phi(t) = t\left(1 + \sum_{r=1}^{\infty} x_r\frac{t^{sr}}{r!}\right),$$

且 s 为正整数, 则

$$\phi^{-1}(u) = u\left(1 + \sum_{n=1}^{\infty} y_n\frac{u^{sn}}{n!}\right),$$

这里

$$y_n = \frac{1}{sn+1}P_n^{(-sn-1)}(x_1,x_2,\cdots,x_n)$$
$$= \sum_{k=1}^{n}(-1)^k(sn+k)_{k-1}B_{n,k}(x_1,x_2,\cdots,x_n). \tag{7.7.10}$$

证明　Lagrange 反演公式 (7.7.5), 在 $k=1$ 的特别情形下, 以及将 n 代替为 $sn+1$, 导出

$$y_n = \frac{n!}{(sn+1)!}\left[\frac{\mathrm{d}^{sn+1}}{\mathrm{d}u^{sn+1}}\phi^{-1}(u)\right]_{u=0}$$

$$= \frac{n!}{(sn+1)!} \left[\frac{\mathrm{d}^{sn}}{\mathrm{d}t^{sn}} \left(\frac{\phi(t)}{t} \right)^{-sn-1} \right]_{t=0}$$

$$= \frac{n!}{(sn+1)!} \left[\frac{\mathrm{d}^{sn}}{\mathrm{d}t^{sn}} \left(1 + \sum_{r=1}^{\infty} x_r \frac{t^{sr}}{r!} \right)^{-sn-1} \right]_{t=0}.$$

则应用 (7.5.18), 下式成立:

$$y_n = \frac{n!}{(sn+1)!} \left[\frac{\mathrm{d}^{sn}}{\mathrm{d}t^{sn}} \sum_{j=0}^{\infty} P_j^{(-sn-1)}(x_1, x_2, \cdots, x_n) \frac{t^{sj}}{j!} \right]_{t=0},$$

产生 (7.7.10) 的第一部分. 进一步, 从 (7.5.19) 以及由于

$$\frac{(-sn-1)_k}{sn+1} = \frac{(-sn-1)(-sn-2)\cdots(-sn-k)}{sn+1}$$

$$= (-1)^k (sn+k)_{k-1},$$

(7.7.10) 的第二部分被得到. □

下面给出 Lagrange 反演公式的另两个形式.

定理 7.7.2 令 $f(t) = \sum\limits_{k=0}^{\infty} f_k t^k / k!$ 和 $u = \phi(t) = \sum\limits_{k=0}^{\infty} u_k t^k / k!$, 且 $u_0 \neq 0$. 则

$$f(t) = f(0) + \sum_{n=1}^{\infty} \left[\frac{\mathrm{d}^{n-1}}{\mathrm{d}t^{n-1}} \left(g^n(t) \frac{\mathrm{d}f(t)}{\mathrm{d}t} \right) \right]_{t=0} \cdot \frac{u^n}{n!} \tag{7.7.11}$$

和

$$\frac{f(t)}{1 - u\dfrac{\mathrm{d}g(t)}{\mathrm{d}t}} = \sum_{n=0}^{\infty} \left[\frac{\mathrm{d}^n}{\mathrm{d}t^n} (g^n(t) f(t)) \right]_{t=0} \cdot \frac{u^n}{n!}, \tag{7.7.12}$$

这里 $u = \dfrac{t}{g(t)}$.

证明 应用复合逆级数 $t = \phi^{-1}(u)$, 将 $f(t)$ 以 u 的幂展开, 则

$$f(t) = f(0) + \sum_{k=1}^{\infty} \left[\frac{d^k f(t)}{dt^k} \right]_{t=0} \frac{t^k}{k!}$$

$$= f(0) + \sum_{k=1}^{\infty} \frac{1}{k!} \left[\frac{d^k f(t)}{dt^k} \right]_{t=0} \cdot (\phi^{-1}(u))^k$$

$$= f(0) + \sum_{k=1}^{\infty} \frac{1}{k!} \left[\frac{d^k f(t)}{dt^k} \right]_{t=0} \sum_{n=k}^{\infty} \left[\frac{d^n}{du^n} (\phi^{-1}(u))^k \right]_{u=0} \cdot \frac{u^n}{n!}.$$

应用 Lagrange 反演公式 (7.7.5), 有

$$f(t) = f(0) + \sum_{k=1}^{\infty} \frac{1}{k!} \left[\frac{d^k f(t)}{dt^k} \right]_{t=0} \sum_{n=k}^{\infty} \frac{k}{n} (n)_k \left[\frac{\mathrm{d}^{n-k}}{\mathrm{d}t^{n-k}} \left(\frac{\phi(t)}{t} \right)^{-n} \right]_{t=0} \cdot \frac{u^n}{n!}.$$

再由 $u = \phi(t) = t/g(t)$, 得到

$$f(t) = f(0) + \sum_{k=1}^{\infty} \sum_{n=k}^{\infty} \binom{n-1}{k-1} \left[\frac{d^k f(t)}{dt^k} \right]_{t=0} \cdot \left[\frac{\mathrm{d}^{n-k} g^n(t)}{\mathrm{d}t^{n-k}} \right]_{t=0} \cdot \frac{u^n}{n!}$$

$$= f(0) + \sum_{n=1}^{\infty} \left\{ \sum_{k=1}^{n} \binom{n-1}{k-1} \left[\frac{\mathrm{d}^{n-k} g^n(t)}{\mathrm{d}t^{n-k}} \right]_{t=0} \cdot \left[\frac{\mathrm{d}^{k-1}}{\mathrm{d}t^{k-1}} \frac{\mathrm{d}}{\mathrm{d}t} f(t) \right]_{t=0} \right\} \cdot \frac{u^n}{n!}$$

$$= f(0) + \sum_{n=1}^{\infty} \left\{ \sum_{k=0}^{n} \binom{n-1}{k} \left[\frac{\mathrm{d}^{n-1-k} g^n(t)}{\mathrm{d}t^{n-1-k}} \right]_{t=0} \cdot \left[\frac{\mathrm{d}^{k}}{\mathrm{d}t^{k}} \frac{\mathrm{d}}{\mathrm{d}t} f(t) \right]_{t=0} \right\} \cdot \frac{u^n}{n!}.$$

按照两个函数的乘积的 $n-1$ 阶导数公式, 得

$$f(t) = f(0) + \sum_{n=1}^{\infty} \left[\frac{\mathrm{d}^{n-1}}{\mathrm{d}t^{n-1}} \left(g^n(t) \frac{\mathrm{d}f(t)}{\mathrm{d}t} \right) \right]_{t=0} \cdot \frac{u^n}{n!}.$$

即得式 (7.7.11).

对式 (7.7.11) 关于 u 微分, 得

$$\frac{\mathrm{d}f(t)}{\mathrm{d}u} = \sum_{n=1}^{\infty} \left[\frac{\mathrm{d}^{n-1}}{\mathrm{d}t^{n-1}} \left(g^n(t) \frac{\mathrm{d}f(t)}{\mathrm{d}t} \right) \right]_{t=0} \cdot \frac{u^{n-1}}{(n-1)!},$$

即

$$\frac{\mathrm{d}f(t)}{\mathrm{d}u} = \sum_{n=0}^{\infty} \left[\frac{\mathrm{d}^n}{\mathrm{d}t^n} \left(g^{n+1}(t) \frac{\mathrm{d}f(t)}{\mathrm{d}t} \right) \right]_{t=0} \cdot \frac{u^n}{(n)!}. \tag{7.7.13}$$

进一步,

$$\frac{\mathrm{d}f(t)}{\mathrm{d}u} = \frac{\mathrm{d}f(t)}{\mathrm{d}t} \bigg/ \frac{\mathrm{d}u}{\mathrm{d}t},$$

以及对 $ug(t) = t$ 进行关于 t 的微分, 则有

$$g(t)\frac{\mathrm{d}u}{\mathrm{d}t} + u\frac{\mathrm{d}g(t)}{\mathrm{d}t} = 1.$$

故

$$\frac{\mathrm{d}u}{\mathrm{d}t} = \frac{1 - u\dfrac{\mathrm{d}g(t)}{\mathrm{d}t}}{g(t)}.$$

因此

$$\frac{\mathrm{d}f(t)}{\mathrm{d}u} = g(t)\frac{\mathrm{d}f(t)}{\mathrm{d}t}\left(1 - u\frac{\mathrm{d}g(t)}{\mathrm{d}t}\right)^{-1}.$$

将此式与 (7.7.13) 比较, 有

$$g(t)\frac{\mathrm{d}f(t)}{\mathrm{d}t}\left(1 - u\frac{\mathrm{d}g(t)}{\mathrm{d}t}\right)^{-1} = \sum_{n=0}^{\infty}\left[\frac{\mathrm{d}^n}{\mathrm{d}t^n}\left(g^{n+1}(t)\frac{\mathrm{d}f(t)}{\mathrm{d}t}\right)\right]_{t=0}\cdot\frac{u^n}{n!}.$$

令 $g(t)\mathrm{d}f(t)/\mathrm{d}t$ 为 $f(t)$, 即得 (7.7.12).   □

下面我们给出普通型生成函数的相应情形, 这里不给出证明.

对于任一形式幂级数 $f(t) = \sum\limits_{n \geqslant 1} a_n t^n$ $(a_1 \neq 0)$, 设

$$[t^n]f(t) = a_n = f(t) \text{ 中 } t^n \text{ 的系数}.$$

则其复合逆级数设为

$$\overline{f}(t) = \sum_{n \geqslant 1} a_n^{\langle -1 \rangle} t^n,$$

这里 $f(\overline{f}(t)) = \overline{f}(f(t)) = t$. 则有

定理 7.7.3 (普通型生成函数的 Lagrange 反演公式) 对所有整数 k, 且 $(1 \leqslant k \leqslant n)$ 有

$$[t^n](\overline{f}(t))^k = \frac{k}{n}[t^{n-k}]\left(\frac{f(t)}{t}\right)^{-n}. \tag{7.7.14}$$

推论 7.7.3 设 $u = f(t)$, 对任意形式幂级数 Φ 有

$$\Phi(u) = \Phi(0) + \sum_{n \geqslant 1}\frac{t^n}{n}[t^{n-1}]\Phi'(t)\left(\frac{f(t)}{t}\right)^{-n}. \tag{7.7.15}$$

上式等价于

$$n[t^n]\Phi(\overline{f}(t)) = [t^{n-1}]\Phi'(t)\left(\frac{f(t)}{t}\right)^{-n}, \tag{7.7.16}$$

这里 $\Phi'(t) = \dfrac{\mathrm{d}}{\mathrm{d}t}\Phi(t)$.

定理 7.7.4 设 $z = a + xf(z)$ 确定 z 为一个具有常数项 a 的关于 x 的级数, 则有

$$\Phi(z) = \Phi(a) + \sum_{n\geqslant 1}\frac{x^n}{n!}\frac{\mathrm{d}^{n-1}}{\mathrm{d}z^{n-1}}\left[\Phi'(z)(f(z))^n\right]_{z=a}.$$

定理 7.7.5 设 $z = a + xf(z)$ 确定 z 为一个具有常数项 a 的关于 x 的级数, 则有

$$\frac{g(z)}{1 - xf'(z)} = \sum_{n=0}^{\infty}\frac{x^n}{n!}\frac{\mathrm{d}^n}{\mathrm{d}z^n}\left[g(z)(f(z))^n\right]_{z=a}.$$

定理 7.7.6 设 $u = \overline{f}(t)$, 对所有形式幂级数 Ψ, 有

$$\frac{t\Psi(u)}{uf'(u)} = \sum_{n\geqslant 0}t^n[t^n]\Psi(t)\left(\frac{f(t)}{t}\right)^{-n}, \tag{7.7.17}$$

即

$$[t^n]\frac{t\Psi(u)}{uf'(u)} = [t^n]\Psi(t)\left(\frac{f(t)}{t}\right)^{-n}. \tag{7.7.18}$$

定理 7.7.7 设 $f(t) = a_1 t + a_2 t^2 + \cdots$, 其中 $a_1 \neq 0$, 利用 $f(t)$ 的正整数指数幂的系数可以得到下列公式:

$$[t^n](\overline{f}(t))^k = k\binom{2n-k}{n}\sum_{j=1}^{n-k}\frac{(-1)^j}{n+j}\binom{n-k}{j}a_1^{-n-j}[t^{n-k+j}](f(t))^j. \tag{7.7.19}$$

7.8 Lagrange 反演公式的应用

例 7.8.1 设 $\phi(t) = te^{-t}$, 现在我们计算复合逆 $\phi(t)$ 的系数. 利用 (7.7.5) 在 $k = 1$ 时对应的公式, 则有

$$\left[\frac{\mathrm{d}^n}{\mathrm{d}u^n}\phi^{-1}(u)\right]_{u=0} = \left[\frac{\mathrm{d}^{n-1}}{\mathrm{d}t^{n-1}}\left(\frac{\phi(t)}{t}\right)^{-n}\right]_{t=0} = \left[\frac{\mathrm{d}^{n-1}}{\mathrm{d}t^{n-1}}e^{nt}\right]_{t=0} = n^{n-1}.$$

因此 $\phi(t) = te^{-t}$ 的逆级数为幂级数

$$\phi^{-1}(u) = \sum_{n \geqslant 1} n^{n-1} \frac{u^n}{n!}.$$

例 7.8.2 设 $\psi(t) = t(1+t)^{-r}$, 现在我们计算复合逆 $\psi(t)$ 的系数. 利用 (7.7.5) 在 $k = 1$ 时对应的公式, 则有

$$\left[\frac{\mathrm{d}^n}{\mathrm{d}u^n} \psi^{-1}(u) \right]_{u=0} = \left[\frac{\mathrm{d}^{n-1}}{\mathrm{d}t^{n-1}} \left(\frac{\psi(t)}{t} \right)^{-n} \right]_{t=0} = \left[\frac{\mathrm{d}^{n-1}}{\mathrm{d}t^{n-1}} (1+t)^{rn} \right]_{t=0} = (rn)_{n-1}.$$

因此 $\psi(t) = t(1+t)^{-r}$ 的逆级数为幂级数

$$\psi^{-1}(u) = \sum_{n \geqslant 1} \frac{1}{n} \binom{rn}{n-1} u^n.$$

例 7.8.3 令 $x = ze^{-\beta z}$, 证明

$$e^{\alpha z} = 1 + \sum_{n \geqslant 1} \alpha(\alpha + n\beta)^{n-1} \frac{x^n}{n!}, \tag{7.8.1}$$

$$\frac{e^{\alpha z}}{1 - \beta z} = \sum_{n \geqslant 0} (\alpha + \beta n)^n \frac{x^n}{n!}. \tag{7.8.2}$$

证明 在定理 7.7.4 和定理 7.7.5 取 $\Phi(z) = e^{\alpha z}$, $f(z) = e^{\beta z}$, $a = 0$, $\Phi(0) = 0$, 分别得到上述两式. $\qquad\square$

例 7.8.4 ([190, pp.56-57]) 在式 (7.8.1) 中, 取 $\alpha = a$ 和 $\alpha = b$, 将两式相乘得

$$e^{(a+b)z} = \sum_{n=0}^{\infty} \frac{(a+b)(a+b+n\beta)^{n-1} x^n}{n!}$$

$$= \sum_{i=0}^{\infty} \frac{a(a+i\beta)^{i-1} x^i}{i!} \sum_{j=0}^{\infty} \frac{b(b+j\beta)^{j-1} x^j}{j!}$$

$$= \sum_{n \geqslant 0} \left(\sum_{i=0}^{n} \binom{n}{i} a(a+i\beta)^{i-1} b(b+(n-i)\beta)^{n-i-1} \right) \frac{x^n}{n!}.$$

比较两边 $\frac{x^n}{n!}$ 的系数给出

$$(a+b)(a+b+n\beta)^{n-1} = \sum_{i=0}^{n} \binom{n}{i} a(a+i\beta)^{i-1} b(b+(n-i)\beta)^{n-i-1}.$$

类似地, 由式 (7.8.2) 可得

$$(a+b+n\beta)^n = \sum_{i=0}^{n} \binom{n}{i} a(a+i\beta)^{i-1} b(b+(n-i)\beta)^{n-i}, \qquad (7.8.3)$$

这是 Abel 在 1839 年给出二项式定理著名的拓广形式之一. 在 (7.8.3) 中, 令 $x = b + n\beta$, $a = \alpha$, $\beta = -\beta$, 则得

$$(x+\alpha)^n = \sum_{i=0}^{n} \binom{n}{i} \alpha(\alpha-i\beta)^{i-1} (x+i\beta)^{n-i}. \qquad (7.8.4)$$

此式实际上是 Cauchy 给出的一个公式的特殊情形:

$$(x+\alpha+n)^n - (x+\alpha)^n = \sum_{i=0}^{n-1} \binom{n}{i} \alpha(\alpha+n-i)^{n-i-1} (x+i)^i.$$

例 7.8.5　解方程 $y = x + x^p y^{q+1}$, 其中 p 和 q 是非负整数.

解　将方程改写为 $x = y(1 - x^p y^q) = f(y)$, 故由普通型生成函数的 Lagrange 反演公式 (定理 7.3.3) 知, $y = \sum_{n \geqslant 1} b_n x^n$, 其中 $b_n = b_n(x) = \dfrac{1}{n}[t^{n-1}](1 - x^p y^q)^{-n}$. 则

$$y = x \sum_{k \geqslant 0} \frac{1}{kq+1} \binom{kq+k}{k} x^{k(p+q)}, \quad |x| < 1.$$

定理 7.8.1 (施勒米尔奇 (Schlömilch) 公式)　设 $s(n,k)$ 与 $S(n,k)$ 为两类 Stirling 数, 则

$$s(n,k) = \sum_{v=0}^{n-k} (-1)^v \binom{2n-k}{n-k-v} \binom{n-1+v}{n-k+v} S(n-k+v, v),$$

$$S(n,k) = \sum_{v=0}^{n-k} (-1)^v \binom{2n-k}{n-k-v} \binom{n-1+v}{n-k+v} s(n-k+v, v).$$

证明　幂级数 $t = \phi^{-1}(u) = \log(1+u)$ 是幂级数 $u = \phi(t) = \mathrm{e}^t - 1$, 且 $\phi(0) = 0$ 的逆, 则应用 Lagrange 反演公式

$$\frac{1}{k!} \left[\frac{\mathrm{d}^n}{\mathrm{d}u^n} (\phi^{-1}(u))^k \right]_{u=0} = \binom{n-1}{k-1} \left[\frac{\mathrm{d}^{n-k}}{\mathrm{d}t^{n-k}} \left(\frac{\phi(t)}{t} \right)^{-n} \right]_{t=0},$$

我们得到

$$s(n,k) = \frac{1}{k!}\left[\frac{\mathrm{d}^n}{\mathrm{d}u^n}(\log(1+u))^k\right]_{u=0} = \binom{n-1}{k-1}\left[\frac{\mathrm{d}^{n-k}}{\mathrm{d}t^{n-k}}\left(\frac{\mathrm{e}^t-1}{t}\right)^{-n}\right]_{t=0}.$$

由于 (7.5.24), 对任意实数 s 和一个 $h(0)=1$, 在 0 点的导数存在的函数 $h(t)$, 则有

$$\left[\frac{\mathrm{d}^n}{\mathrm{d}t^n}(h(t))^s\right]_{t=0} = \sum_{r=0}^{n}\binom{s}{r}\binom{n-s}{n-r}\left[\frac{\mathrm{d}^n}{\mathrm{d}t^n}(h(t))^r\right]_{t=0},$$

故

$$s(n,k) = \binom{n-1}{k-1}\sum_{r=0}^{n-k}\binom{-n}{r}\binom{2n-k}{n-k-r}\left[\frac{\mathrm{d}^{n-k}}{\mathrm{d}t^{n-k}}\left(\frac{\mathrm{e}^t-1}{t}\right)^r\right]_{t=0}.$$

进一步, 由定理 6.1.3, 得

$$\frac{(\mathrm{e}^t-1)^r}{t^r} = \sum_{n=r}^{\infty}r!S(n,r)\frac{t^{n-r}}{n!} = \sum_{j=0}^{\infty}r!S(j+r,r)\frac{t^j}{(j+r)!},$$

同时

$$\left[\frac{\mathrm{d}^{n-k}}{\mathrm{d}t^{n-k}}\left(\frac{\mathrm{e}^t-1}{t}\right)^r\right]_{t=0} = \frac{S(n-k+r,r)}{\binom{n-k+r}{r}},$$

应用

$$\binom{n-1}{k-1}\binom{-n}{r} = (-1)^r\binom{n+r-1}{k-1}\binom{n-k+r}{r},$$

可得到定理的第一式. 同理可证第二式.   □

例 7.8.6 [190]   在定理 7.7.4 中, 取 $\Phi(z) = (z+1)^n$ 和 $f=(z+1)^\beta$, 得到

$$\sum_{j=0}^{\infty}\frac{n}{n+j\beta}\binom{n+j\beta}{j}y^j = (z+1)^n, \tag{7.8.5}$$

这里 $y = z(z+1)^{-\beta}$. 类似地, 由定理 7.7.5, 可得

$$\sum_{j=0}^{\infty}\binom{n+j\beta}{j}y^j = \frac{(z+1)^{n+1}}{1-(\beta-1)z} = \frac{(z+1)^n}{1-\beta\left(\dfrac{z}{z+1}\right)}. \tag{7.8.6}$$

取 $\Phi(z) = (z+1)^{n+m}$, $f = (z+1)^{\beta}$, 由 (7.8.5) 和 (7.8.6) 可得

$$\frac{(z+1)^m(z+1)^n}{1-\beta\left(\dfrac{z}{z+1}\right)} = \sum_{k=0}^{\infty}\binom{n+m+k\beta}{k}y^k$$

$$= \sum_{i=0}^{\infty}\frac{n}{n+i\beta}\binom{n+i\beta}{i}y^i\sum_{j=0}^{\infty}\binom{m+j\beta}{j}y^j$$

$$= \sum_{k=0}^{\infty}y^k\left\{\sum_{j=0}^{k}\frac{n}{n+j\beta}\binom{n+j\beta}{j}\binom{m+(k-j)\beta}{k-j}\right\},$$

比较 y^k 系数, 代替 $m = m - k\beta$, 则

$$\binom{n+m}{k} = \sum_{j=0}^{k}\frac{n}{n+j\beta}\binom{n+j\beta}{j}\binom{m-j\beta}{k-j}. \tag{7.8.7}$$

更一般地

$$\frac{a(p+q-nd)+bnq}{(p+q)(p-nd)q}\binom{p+q}{n} = \sum_{j=0}^{n}\frac{a+bj}{(q+jd)(p-jd)}\binom{q+jd}{j}\binom{p-j\beta}{n-j},$$

从 (7.8.7), 利用 $\dfrac{n}{n+j\beta}\dbinom{n+j\beta}{j} = \dbinom{n+j\beta}{j} - \beta\dbinom{n+j\beta-1}{j-1}$ 可得:

$$\sum_{j=0}^{n}\binom{a+j\beta}{j}\binom{b-j\beta}{n-j} = \sum_{j=0}^{n}\binom{a+b-j}{n-j}\beta^j.$$

7.9　Stirling 数偶

Stirling 数偶是两类 Stirling 数的推广, 由我国数学家徐利治教授提出并研究 [191-193]. 设 $\Gamma \equiv (\Gamma, +, \cdot)$ 表示系数为实数或复数的形式幂级数交换环. 在其中定义普通加法和 Cauchy 乘法, 在 Γ 中两个元素 f 和 g 被说成是互反 (互逆) 当且仅当 $f(g(t)) = g(f(t)) = t$ 且 $f(0) = g(0) = 0$.

定义 7.9.1　令 $f, g \in \Gamma$, 以及设

$$\frac{1}{k!}(f(t))^k = \sum_{n\geqslant 0}A_1(n,k)\frac{t^n}{n!}, \tag{7.9.1}$$

$$\frac{1}{k!}(g(t))^k = \sum_{n\geqslant 0}A_2(n,k)\frac{t^n}{n!}. \tag{7.9.2}$$

则 $A_1(n,k)$ 和 $A_2(n,k)$ 被称为广义 Stirling 数偶或简称为 GSN 对当且仅当 f 和 g 互为复合逆函数, 即

$$f(g(t)) = g(f(t)) = t.$$

从上述定义, 易知, 任何 GSN 对具有性质:

$$A_1(n,k) = A_2(n,k) = 0, \quad n < k.$$

约定

$$A_1(0,0) = A_2(0,0) = 1.$$

现在我们陈述下列性质.

定理 7.9.1 定义在 (7.9.1) 和 (7.9.2) 的数偶 $A_1(n,k)$ 与 $A_2(n,k)$ 恰好形成 GSN 对当且仅当它们存在互逆关系:

$$a_n = \sum_{k=0}^{n} A_1(n,k)b_k, \quad b_n = \sum_{k=0}^{n} A_2(n,k)a_k, \tag{7.9.3}$$

这里 $n = 0, 1, 2, \cdots$, 以及 $\{a_n\}$ 和 $\{b_n\}$ 为任意序列.

证明 只需证明 (7.9.3)$\Leftrightarrow f(g(t)) = g(f(t)) = t$ 且 $f(0) = g(0) = 0$. 易知, 对 (7.9.3) 的充分必要条件成立是正交关系:

$$\sum_{n \geqslant 0} A_1(m,n)A_2(n,k) = \sum_{n \geqslant 0} A_2(m,n)A_1(n,k) = \delta_{m,k} \tag{7.9.4}$$

成立. 显然, 由于

$$A_1(m,n) = A_2(m,n) = 0, \quad n > m.$$

故包含在 (7.9.4) 中两个和为有限项.

先证 $\Rightarrow$. 由于 (7.9.4) 有效, 将式 (7.9.1) 代入到 (7.9.2), 通过函数复合法则有

$$\frac{1}{k!}(g(f(t)))^t = \sum_{n \geqslant 0} A_2(n,k) \sum_{m \geqslant 0} A_1(m,n)\frac{t^m}{m!}$$

$$= \sum_{m \geqslant 0} \frac{t^m}{m!} \left(\sum_{n \geqslant 0} A_1(m,n)A_2(n,k) \right) = \sum_{m \geqslant 0} \frac{t^m}{m!}\delta_{mk} = \frac{t^k}{k!}.$$

因此, 有 $g(f(t)) = t$. 类似地, 可得 $f(g(t)) = t$. 得证.

现证 ⟸. 设 $f(g(t)) = g(f(t)) = t$, $f(0) = g(0) = 0$. 将式 (7.9.2) 代入到 (7.9.1), 得

$$\frac{1}{k!}t^k = \frac{1}{k!}(f(g(t)))^t = \sum_{m \geqslant 0} \frac{t^m}{m!} \left(\sum_{n \geqslant 0} A_2(m,n) A_1(n,k) \right).$$

比较上式两边 t 的系数, 则得

$$\sum_{n \geqslant 0} A_2(m,n) A_1(n,k) = \delta_{m,k}.$$

同样的方式, 在 (7.9.4) 的第一个式子能被导出. 回顾 (7.9.4) 与 (7.9.3) 等价性, 证明了 ⟸. 故定理得证.   □

例 7.9.1 若干特殊的 GSN 对列表如表 7.1.

表 7.1

$f(t)$	$g(t)$	$A_1(n,k)$	$A_2(n,k)$
$\log(1+t)$	$e^t - 1$	$S_1(n,k)$	$S_2(n,k)$
$\tan t$	$\arctan t$	$T_1(n,k)$	$T_2(n,k)$
$\sin t$	$\arcsin t$	$\overline{S}_1(n,k)$	$\overline{S}_2(n,k)$
$\sinh t$	$\mathrm{arcsinh}\, t$	$\sigma_1(n,k)$	$\sigma_2(n,k)$
$\tanh t$	$\mathrm{arctanh}\, t$	$\tau_1(n,k)$	$\tau_2(n,k)$
$t/(t-1)$	$t/(t-1)$	$(-1)^{n-k}L(n,k)$	$(-1)^{n-k}L(n,k)$

定理 7.9.2 (Schlömilch 公式)

$$A_i(n,k) = \sum_{v=0}^{n-k} (-1)^v \binom{2n-k}{n-k-v} \binom{n-1+v}{n-k+v} A_j(n-k+v,v),$$

这里指标 $(i,j) = (1,2)$ 或 $(2,1)$.

证明 幂级数 $t = f(u)$ 是幂级数 $u = g(t)$, 且 $g(0) = 0$ 的复合逆, 则应用 Lagrange 反演公式有

$$A_1(n,k) = \frac{1}{k!} \left[\frac{\mathrm{d}^n}{\mathrm{d}u^n} (f(u))^k \right]_{u=0} = \binom{n-1}{k-1} \left[\frac{\mathrm{d}^{n-k}}{\mathrm{d}t^{n-k}} \left(\frac{g(t)}{t} \right)^{-n} \right]_{t=0},$$

由于 (7.5.24), 对任意实数 s 和一个 $h(0) = 1$, 在 0 点的导数存在的函数 $h(t)$, 则有

$$\left[\frac{\mathrm{d}^n}{\mathrm{d}t^n} (h(t))^s \right]_{t=0} = \sum_{r=0}^{n} \binom{s}{r} \binom{n-s}{n-r} \left[\frac{\mathrm{d}^n}{\mathrm{d}t^n} (h(t))^r \right]_{t=0},$$

故

$$A_1(n, k) = \binom{n-1}{k-1} \sum_{r=0}^{n-k} \binom{-n}{r} \binom{2n-k}{n-k-r} \left[\frac{\mathrm{d}^{n-k}}{\mathrm{d}t^{n-k}} \left(\frac{g(t)}{t} \right)^r \right]_{t=0}.$$

进一步, 由 $g(0) = 0$ 与 (7.9.2), 得

$$\frac{(g(t))^r}{t^r} = \sum_{n=r}^{\infty} r! A_2(n, r) \frac{t^{n-r}}{n!} = \sum_{j=0}^{\infty} r! A_2(j+r, r) \frac{t^j}{(j+r)!},$$

同时

$$\left[\frac{\mathrm{d}^{n-k}}{\mathrm{d}t^{n-k}} \left(\frac{g(t)}{t} \right)^r \right]_{t=0} = \frac{A_2(n-k+r, r)}{\binom{n-k+r}{r}},$$

以及应用

$$\binom{n-1}{k-1} \binom{-n}{r} = (-1)^r \binom{n+r-1}{k-1} \binom{n-k+r}{r},$$

得到

$$A_1(n, k) = \sum_{v=0}^{n-k} (-1)^v \binom{2n-k}{n-k-v} \binom{n-1+v}{n-k+v} A_2(n-k+v, v),$$

同理可证

$$A_2(n, k) = \sum_{v=0}^{n-k} (-1)^v \binom{2n-k}{n-k-v} \binom{n-1+v}{n-k+v} A_1(n-k+v, v). \qquad \square$$

注 7.9.1 关于 Stirling 数偶的进一步拓广和应用, 请参考文献 [194, 195].

7.10 问 题 探 究

1. 证明 Hagen-Rothe 卷积公式:

$$\frac{a+c}{a+c+bn} \binom{a+c+bn}{n} = \sum_{k=0}^{n} \frac{a}{a+bk} \binom{a+bk}{k} \frac{c}{c+b(n-k)} \binom{c+b(n-k)}{n-k}.$$

$$(7.10.1)$$

2. 设 D_n 为 n 个元素的错排数, 则有

$$(n-1)^n = \sum_{k=0}^{n-1} \binom{n-1}{k} n^{n-1-k} D_{k+1}$$

和

$$D_n = \sum_{k=0}^{n} (-1)^{n+k} \binom{n}{k} k^{n-k} (k-1)^k.$$

(提示: 考虑多重集 $S = \{\infty \cdot e_1, \infty \cdot e_2, \cdots, \infty \cdot e_{n-1}\}$ 的 n 排列数.)

3. 证明恒等式:

$$\exp\left(\sum_{m \geqslant 1} m^{m-1} \frac{t^m}{m!}\right) = 1 + \sum_{n \geqslant 1} (n+1)^{n-1} \frac{t^n}{n!}.$$

4. 证明恒等式:

$$\binom{rn+r}{n} = \sum \binom{n+1}{k} \frac{k!}{k_1! \cdots k_n!} \binom{r}{1}^{k_1} \cdots \binom{r}{n}^{k_n},$$

这里 $k = k_1 + \cdots + k_n$, 以及求和是对所有非负整数 $k_1, \cdots, k_n$ 满足 $k_1 + 2k_2 + \cdots + nk_n = n$. 进而证明

$$\binom{rn+pr}{n} = \sum \binom{n+p}{k} \frac{k!}{k_1! \cdots k_n!} \binom{r}{1}^{k_1} \cdots \binom{r}{n}^{k_n},$$

见文献 [196].

5. (非中心 Stirling 数) 两类非中心 Stirling 数定义为

$$(t-r)_n = \sum_{k=0}^{n} s(n,k;r) t^k,$$

$$(t+r)^n = \sum_{k=0}^{n} S(n,k;r) (t)_k.$$

讨论其递归关系、生成函数以及其他性质.

6. (多项式的反演) 令 $B_n(x)$, $P_n(x)$, $H_n(x)$ 分别表示 Bernoulli 多项式、Legendre 多项式、Hermite 多项式, 证明

$$x^n = \sum_k \binom{n}{k} \frac{1}{n-k+1} B_k(x),$$

$$x^n = \frac{n!}{2^n} \sum_{0 \leqslant k \leqslant n/2} \frac{2n-4k+1}{k! \left\langle \frac{3}{2} \right\rangle_{n-k}} P_{n-2k}(x),$$

$$x^n = \frac{n!}{2^n} \sum_{0 \leqslant k \leqslant n/2} \frac{1}{k!(n-2k)!} H_{n-2k}(x).$$

7. (图沙尔 (Touchard) 多项式) 以 $x_1, x_2, \cdots, x_n$ 和 $y_1, y_2, \cdots, y_n$ 为变量的 Touchard 多项式

$$T_{n,k} \equiv T_{n,k}(x_1, x_2, \cdots, x_n; y_1, y_2, \cdots, y_n)$$

定义为

$$T_{n,k} = \sum \frac{n!}{k_1! k_2! \cdots k_n! r_1! r_2! \cdots r_n!} \left(\frac{x_1}{1!}\right)^{k_1} \cdots \left(\frac{x_n}{n!}\right)^{k_n} \left(\frac{y_1}{1!}\right)^{r_1} \cdots \left(\frac{y_n}{n!}\right)^{r_n},$$

这里是对

$$\sum_{i=1}^{n} i(k_i + r_i)n, \quad \sum_{i=1}^{n} k_i = k$$

的所有非负整数解 $(k_1, k_2, \cdots, k_n, r_1, r_2, \cdots, r_n)$ 求和. 证明:

(a)

$$T_{n,k}(abx_1, a^2bx_2, \cdots, a^nbx_n; ay_1, a^2y_2, \cdots, a^ny_n)$$

$$= a^n b^k T_{n,k}(x_1, x_2, \cdots, x_n; y_1, y_2, \cdots, y_n).$$

$$\sum_{k=0}^{n} T_{n,k}(x_1, x_2, \cdots, x_n; y_1, y_2, \cdots, y_n)$$

$$= B_n(x_1 + y_1, x_2 + y_2, \cdots, x_n + y_n), \quad n = 0, 1, \cdots.$$

(b) Touchard 多项式 $T_{n,k} \equiv T_{n,k}(x_1, x_2, \cdots, x_n; y_1, y_2, \cdots, y_n)$ 的双变量生成函数为

$$T(t, u) = \sum_{n=0}^{\infty} \sum_{k=0}^{n} T_{n,k}(x_1, x_2, \cdots, x_n; y_1, y_2, \cdots, y_n) u^k \frac{t^n}{n!}$$

$$= \exp\{u[g(t) - x_0] + [h(t) - y_0]\}.$$

(c) Touchard 多项式 $T_{n,k} \equiv T_{n,k}(x_1, x_2, \cdots, x_n; y_1, y_2, \cdots, y_n)$ 的垂直型生成函数为

$$T_k(t) = \sum_{n=k}^{\infty} T_{n,k}(x_1, x_2, \cdots, x_n; y_1, y_2, \cdots, y_n) \frac{t^n}{n!}$$

$$= \frac{[g(t) - x_0]^k}{k!} \exp[h(t) - y_0], \quad k = 0, 1, \cdots,$$

这里 $g(t) = \sum\limits_{j=0}^{\infty} x_j \dfrac{t^j}{j!}$, $h(t) = \sum\limits_{j=0}^{\infty} y_j \dfrac{t^j}{j!}$.

(d) Touchard 多项式 $T_{n,k} \equiv T_{n,k}(x_1, x_2, \cdots, x_n; y_1, y_2, \cdots, y_n)$ 可以用不完全 Bell 分拆多项式表示:

$$T_{n,k}(x_1, x_2, \cdots, x_n; y_1, y_2, \cdots, y_n)$$

$$= \sum_{r=k}^{n} \binom{n}{r} B_{r,k}(x_1, x_2, \cdots, x_r) B_{n-r}(y_1, y_2, \cdots, y_{n-r}).$$

8. (Bell 分拆多项式的黑泽尔顿 (Heselden) 卷积, 1973) 设 a 为任意实数或复数, 满足 $a - k \neq 0$, $k = 0, 1, \cdots, n$, 证明

$$\sum_{k=0}^{n} \frac{a}{a-k} \binom{n}{k} B_k((k-a)z_1, (k-a)z_2, \cdots, (k-a)z_k)$$

$$\cdot B_{n-k}((a-k)z_1, (a-k)z_2, \cdots, (a-k)z_{n-k}) = \delta_{n,0}.$$

应用此关系, 求导下面卷积公式:

$$\sum_{k=0}^{n} \frac{a}{a-k} \binom{n}{k} B_k((k-a)z_1, (k-a)z_2, \cdots, (k-a)z_k)$$

$$\cdot B_{n-k}(y_1 - kz_1, y_2 - kz_2, \cdots, y_{n-k} - kz_{n-k})$$

$$= B_n(y_1 - az_1, y_2 - az_2, \cdots, y_n - az_n).$$

进一步证明:

$$\sum_{k=0}^{n} \frac{a}{a-k} \binom{n}{k} B_k(x_1 + kz_1, x_2 + kz_2, \cdots, x_k + kz_k)$$

$$\cdot B_{n-k}(y_1 - kz_1, y_2 - kz_2, \cdots, y_{n-k} - kz_{n-k})$$

$$= \sum_{k=0}^{n} \frac{a}{a-k} \binom{n}{k} B_k(x_1 + az_1, x_2 + az_2, \cdots, x_k + az_k)$$

$$\cdot B_{n-k}(y_1 - az_1, y_2 - az_2, \cdots, y_{n-k} - az_{n-k}).$$

9. 设 $P_n^{(s)} \equiv P_n^{(s)}(x_1, x_2, \cdots, x_n)$ 为位势分拆多项式, 则有

$$\binom{n+s}{n} P_n^{(s)} = \sum_{r=0}^{n} \binom{n+s}{n+r} \binom{n-s}{n-r} \binom{n+r}{n} P_n^{(r)},$$

这里 s 为任意实数或复数.

10. 令 $\phi(t) = \sum\limits_{n \geqslant 0} a_n t^n$ 为一个形式幂级数且 $a_0 = \phi(0) = 1$. 设对任何 $\alpha \in \mathbb{C}$ 且 $\alpha \neq 0$, $(\phi(t))^\alpha$ 的形式幂级数展开形式为

$$(\phi(t))^\alpha = \sum_{n \geqslant 0} \left\{ \begin{array}{c} \alpha \\ n \end{array} \right\} t^n, \quad \left\{ \begin{array}{c} \alpha \\ 0 \end{array} \right\} = 1, \tag{7.10.2}$$

这里 $\left\{ \begin{array}{c} \alpha \\ n \end{array} \right\}$ 为 Taylor 系数. 则有 [197,198]

$$\left\{ \begin{array}{c} \lambda\alpha \\ n \end{array} \right\} = \sum_{\sigma(n)} \frac{(\lambda)_k}{k_1! k_2! \cdots k_n!} \prod_{i=1}^{n} \left\{ \begin{array}{c} \alpha \\ i \end{array} \right\}^{k_i}, \tag{7.10.3}$$

这里 $\lambda \in \mathbb{C}$ 且 $\lambda \neq 0$ 以及 $\sigma(n)$ 是对 n 的所有分拆求和, 即满足条件 $k_1 + 2k_2 + \cdots + nk_n = n, k = k_1 + k_2 + \cdots + k_n$ 所有非负整数解. 特别地,

$$\binom{xy}{n} = \sum_{\sigma(n)} \frac{(x)_k}{k_1! k_2! \cdots k_n!} \prod_{i=1}^{n} \left\{ \begin{array}{c} y \\ i \end{array} \right\}^{k_i}, \tag{7.10.4}$$

这里 $(x, y) \in \mathbb{C}^2$ [199], 令 α 与 β 均为任意不为零实数, 对 α 阶 Bernoulli 数 $B_n^{(\alpha)}$, 有

$$\frac{1}{n!} B_n^{(\alpha\beta)} = \sum_{\sigma(n)} \frac{(\alpha)_k}{k_1! k_2! \cdots k_n!} \prod_{i=1}^{n} \left(\frac{1}{i!} B_i^{(\beta)} \right)^{k_i}.$$

对 α 阶 Euler 数 $E_n^{(\alpha)}$, 有

$$\frac{1}{n!} E_n^{(\alpha\beta)} = \sum_{\sigma(n)} \frac{(\alpha)_k}{k_1! k_2! \cdots k_n!} \prod_{i=1}^{n} \left(\frac{1}{i!} E_i^{(\beta)} \right)^{k_i}.$$

对经典的格根包尔 (Gegenbauer)-Humbert 多项式 $C_n^{(\lambda)}(z)$ [200,201], 有

$$C_n^{(\alpha\beta)}(z) = \sum_{\sigma(n)} \frac{(\alpha)_k}{k_1! k_2! \cdots k_n!} \prod_{i=1}^{n} (C_i^{(\beta)}(z))^{k_i},$$

这里经典的 Gegenbauer-Humbert 多项式 $C_n^{(\lambda)}(z)$ 定义为

$$(1 - mzt + t^m)^{-\lambda} = \sum_{n \geqslant 0} C_n^{(\lambda)}(z)t^n,$$

这里 $m = 2, 3, \cdots$, 以及 $\lambda \neq 0$. 对勒奇 (Lerch) 多项式 $p_n^{(\lambda)}(z)$ [200], 有

$$p_n^{(\alpha\beta)}(z) = \sum_{\sigma(n)} \frac{(\alpha)_k}{k_1! k_2! \cdots k_n!} \prod_{i=1}^{n} (p_i^{(\beta)}(z))^{k_i},$$

这里 Lerch 多项式 $p_n^{(\lambda)}(z)$ 定义为

$$\{1 - z \log(1 + t)\}^{-\lambda} = \sum_{n \geqslant 0} p_n^{(\lambda)}(z)t^n.$$

对两类 Stirling 数来说, 令 $(\alpha, \beta) \in \mathbb{Z}_+^2$, 有

$$\frac{s(\alpha\beta + n, \alpha\beta)}{(\alpha\beta + n)_n} = \sum_{\sigma(n)} \frac{(\alpha)_k}{k_1! k_2! \cdots k_n!} \prod_{i=1}^{n} \left\{ \frac{s(\beta + i, \beta)}{(\beta + i)_i} \right\}^{k_i}$$

和

$$\frac{S(\alpha\beta + n, \alpha\beta)}{(\alpha\beta + n)_n} = \sum_{\sigma(n)} \frac{(\alpha)_k}{k_1! k_2! \cdots k_n!} \prod_{i=1}^{n} \left\{ \frac{S(\beta + i, \beta)}{(\beta + i)_i} \right\}^{k_i}.$$

第 8 章 Calkin 恒等式及其交错形式

本章主要叙述一类奇异的组合恒等式, 即 Calkin 恒等式及其交错形式.

8.1 Ω 算子方法

Ω 算子被英国组合学大师 MacMahon 引进在他的著名的专著 *Combinatory Analysis* [45] 里, (或见文献 [202] 和 [203]), 定义 $\Omega_\geqslant$ 如下.

定义 8.1.1 Ω 算子 $\Omega_\geqslant$ 定义为

$$\Omega_\geqslant \sum_{s_1=-\infty}^{\infty} \cdots \sum_{s_r=-\infty}^{\infty} A_{s_1,\cdots,s_r} \lambda_1^{s_1} \cdots \lambda_r^{s_r} = \sum_{s_1=0}^{\infty} \cdots \sum_{s_r=0}^{\infty} A_{s_1,\cdots,s_r},$$

其中项 $A_{s_1,\cdots,s_r}$ 的范围是在一些合适的解析或代数内容中作用良好定义.

由于在本章中讨论所有级数为有限幂级数, 故收敛性不用专门讨论.

例 8.1.1 错排数 $D_n = n! \sum\limits_{j=0}^{n} \dfrac{(-1)^j}{j!}$, 应用 Ω 算子可以直接表示为

$$D_n = \Omega_\geqslant n! \lambda^n \sum_{j=0}^{\infty} \frac{(-1)^j \lambda^{-j}}{j!}$$

$$= n! \Omega_\geqslant \lambda^n e^{-\frac{1}{\lambda}}. \tag{8.1.1}$$

引理 8.1.1 对非负整数 n 和 k, 则

$$D_\lambda^n \lambda^{k+n} e^{\frac{1}{\lambda}} = \sum_{j=k-n}^{k} c(k,n,j) \lambda^j e^{\frac{1}{\lambda}}, \tag{8.1.2}$$

这里

$$c(k,n,j) = (-1)^{k+j} \binom{n}{k-j} \frac{(j+n)!}{k!}. \tag{8.1.3}$$

证明 对 $n=0$, 直接得到 $c(k,0,k)=1$. 对 $n=1$,

$$D_\lambda \lambda^{k+1} e^{\frac{1}{\lambda}} = (k+1) \lambda^k e^{\frac{1}{\lambda}} - \lambda^{k-1} e^{\frac{1}{\lambda}}, \tag{8.1.4}$$

则 $c(k,1,k-1)=-1$, $c(k,1,k)=k+1$. 故 $n=0,1$, 引理成立. 现应用归纳法.

$$D_\lambda^{n+1}\lambda^{k+n+1}\mathrm{e}^{\frac{1}{\lambda}} = D_\lambda^n(D_\lambda\lambda^{k+n+1}\mathrm{e}^{\frac{1}{\lambda}})$$

$$= D_\lambda^n\left((k+n+1)\lambda^{k+n}\mathrm{e}^{\frac{1}{\lambda}} - \lambda^{k+n-1}\mathrm{e}^{\frac{1}{\lambda}}\right)$$

$$= (k+n+1)\sum_{j=k-n}^{k} c(k,n,j)\lambda^j\mathrm{e}^{\frac{1}{\lambda}} - \sum_{j=k-1-n}^{k-1} c(k-1,n,j)\lambda^j\mathrm{e}^{\frac{1}{\lambda}}.$$

$$(8.1.5)$$

为了让最后表示等于

$$\sum_{j=k-(n+1)}^{k} c(k,n+1,j)\lambda^j\mathrm{e}^{\frac{1}{\lambda}},$$

必须得到

$$c(k,n+1,j)=\begin{cases} (k+n+1)c(k,n,k), & j=k, \\ (k+n+1)c(k,n,j)-c(k-1,n,j), & k-n\leqslant j<k, \\ -c(k-1,n,k-1-n), & j=k-n-1. \end{cases}$$

$$(8.1.6)$$

简单的代数运算得到 $(-1)^{k+j}\dbinom{n}{k-j}(j+n)!/k!$ 满足这些定义递归和初始条件. 这个显示

$$c(k,n,j)=(-1)^{k+j}\binom{n}{k-j}\frac{(j+n)!}{k!}.$$

得证引理.   □

定理 8.1.1 [202]   对任何 $N\geqslant n-k$,

$$\sum_{j\geqslant 0}\binom{k}{j}\frac{(k+n-j)!}{(k+N-j)!}D_{k+N-j} = (-1)^n\sum_{j=0}^{n}(-1)^j\binom{n}{j}(j+k)!.$$

$$(8.1.7)$$

证明   注意到

$$k!\sum_{j=k-n}^{k} c(k,n,j) = (-1)^k\sum_{j=k-n}^{k}(-1)^j\binom{n}{k-j}(j+n)!$$

$$= (-1)^n\sum_{j=0}^{n}(-1)^j\binom{n}{j}(j+k)!,$$

$$(8.1.8)$$

它是定理的恒等式的右边. 应用 (8.1.1) 和引理 8.1.1, 对 $N \geqslant n - k$, 有

$$\sum_{j \geqslant 0} \binom{k}{j} \frac{(k+n-j)!}{(k+N-j)!} D_{k+N-j}$$

$$= \sum_{j \geqslant 0} \binom{k}{j} \frac{(k+n-j)!}{(k+N-j)!} (k+N-j)! \Omega_{\geqslant} \lambda^{k+N-j} e^{-\frac{1}{\lambda}}$$

$$= k! \Omega_{\geqslant} e^{-\frac{1}{\lambda}} \lambda^N \sum_{j \geqslant 0} \frac{(k+n-j)!}{(k-j)! j!} \lambda^{k-j}$$

$$= k! \Omega_{\geqslant} e^{-\frac{1}{\lambda}} \lambda^N D_{\lambda}^n \sum_{j \geqslant 0} \frac{\lambda^{k+n-j}}{j!}$$

$$= k! \Omega_{\geqslant} e^{-\frac{1}{\lambda}} \lambda^N D_{\lambda}^n \lambda^{k+n} e^{\frac{1}{\lambda}}$$

$$= k! \Omega_{\geqslant} e^{-\frac{1}{\lambda}} \lambda^N \sum_{j=k-n}^{k} c(k,n,j) \lambda^j e^{\frac{1}{\lambda}}$$

$$= k! \Omega_{\geqslant} \sum_{j=k-n}^{k} c(k,n,j) \lambda^{N+j}$$

$$= k! \sum_{j=k-n}^{k} c(k,n,j),$$

由于 $N \geqslant n - k$, 得证. □

注 8.1.1 定理 8.1.1 是 David Callan 恒等式 [204]:

$$\sum_{j=0}^{k} \binom{k}{j} D_{k+n-j} = k! \sum_{j=0}^{\min\{n,k\}} \binom{k}{j} \binom{k+n-j}{k} D_{n-j}$$

的一个推广.

例 8.1.2 调和数可以表示为 [205]:

$$\delta \binom{x+n}{n} = \sum_{j=1}^{n} \frac{1}{j} = H_n,$$

这里 $\delta f(x) = f'(0)$. 也可以用分拆分析表示为

$$H_n = \Omega_{\geqslant} \lambda^n \sum_{j=1}^{\infty} \frac{\lambda^{-j}}{j} = -\Omega_{\geqslant} \lambda^n \log \left(1 - \frac{1}{\lambda} \right). \tag{8.1.9}$$

由于

$$\sum_{k=0}^{n} \binom{k}{m} H_k = \Omega_{\geqslant} \sum_{k \geqslant 0} \lambda^{n-k} \binom{k}{m} \delta \binom{x+k}{k}$$

$$= \delta \Omega_{\geqslant} \lambda^n \sum_{k \geqslant 0} \lambda^{-k} \binom{x+k}{k-m} \binom{x+m}{m}$$

$$= \delta \Omega_{\geqslant} \lambda^n \binom{x+m}{m} \sum_{k \geqslant 0} \lambda^{-k-m} \binom{x+k+m}{k}$$

$$= \delta \Omega_{\geqslant} \lambda^n \binom{x+m}{m} \lambda^{-m} (1 - \lambda^{-1})^{-x-m-1}$$

$$= \Omega_{\geqslant} \lambda^{n-m} (-(1 - \lambda^{-1})^{-m-1} \log(1 - \lambda^{-1}) + (1 - \lambda^{-1})^{-m-1} H_m)$$

$$= \Omega_{\geqslant} \left(-\sum_{j=0}^{\infty} \binom{m+j}{j} \lambda^{n-m-j} \log(1 - \lambda^{-1}) + \sum_{j=0}^{\infty} \lambda^{n-m-j} H_m \right)$$

$$= \sum_{j=0}^{n-m} \binom{m+j}{j} H_{n-m-j} + H_m \sum_{j=0}^{n-m} \binom{m+j}{j}$$

$$= \sum_{k=0}^{n} \binom{k}{m} H_{n-k} + H_m \binom{n+1}{m+1},$$

故

$$\sum_{k=0}^{n} \binom{k}{m} (H_k - H_{n-k}) = \binom{n+1}{m+1} H_m. \qquad (8.1.10)$$

应用 [47, p.14]

$$\sum_{k=0}^{n} \binom{k}{m} H_k = \binom{n+1}{m+1} \left(H_{n+1} - \frac{1}{m+1} \right)$$

和 (8.1.10) 可得

$$\sum_{k=0}^{n} \binom{k}{m} H_{n-k} = \binom{n+1}{m+1} (H_{n+1} - H_{m+1}).$$

8.2   Calkin 恒等式及其交错形式

首先引入下面两个有用的引理.

引理 8.2.1

$$\Omega_{\geqslant}\lambda D_\lambda(\lambda^{a_1-a_2} + \lambda^{a_2-a_1}) = \max\{a_1, a_2\} - \min\{a_1, a_2\}, \tag{8.2.1}$$

$$\Omega_{\geqslant}\lambda D_\lambda(\lambda^{a_1-a_2} + \lambda^{a_2-a_3} + \lambda^{a_3-a_1}) = \max\{a_1, a_2, a_3\} - \min\{a_1, a_2, a_3\}. \tag{8.2.2}$$

定理 8.2.1 (Calkin 恒等式 [206])

$$\sum_{k=0}^{n} \left(\sum_{j=0}^{k} \binom{n}{j}\right)^3 = n2^{3n-1} + 2^{3n} - 3n2^{n-2}\binom{2n}{n}. \tag{8.2.3}$$

证明 令

$$M(n) = \sum_{k_1, k_2, k_3 \geqslant 0} \binom{n}{k_1}\binom{n}{k_2}\binom{n}{k_3} \max\{k_1, k_2, k_3\} \tag{8.2.4}$$

和

$$m(n) = \sum_{k_1, k_2, k_3 \geqslant 0} \binom{n}{k_1}\binom{n}{k_2}\binom{n}{k_3} \min\{k_1, k_2, k_3\}. \tag{8.2.5}$$

注意到

$$\sum_{k=0}^{n} \left(\sum_{j=0}^{k} \binom{n}{j}\right)^3 = \sum_{k=0}^{n} \sum_{n \geqslant k_1, k_2, k_3 \geqslant 0} \binom{n}{k_1}\binom{n}{k_2}\binom{n}{k_3}$$

$$= \sum_{n \geqslant k_1, k_2, k_3 \geqslant 0} \binom{n}{k_1}\binom{n}{k_2}\binom{n}{k_3} \sum_{k=\max\{k_1,k_2,k_3\}}^{n} 1$$

$$= \sum_{n \geqslant k_1, k_2, k_3 \geqslant 0} \binom{n}{k_1}\binom{n}{k_2}\binom{n}{k_3}(n - \max\{k_1, k_2, k_3\} + 1)$$

$$= (n+1)2^{3n} - M(n).$$

又

$$M(n) = \sum_{k_1, k_2, k_3 \geqslant 0} \binom{n}{k_1}\binom{n}{k_2}\binom{n}{k_3} \max\{n-k_1, n-k_2, n-k_3\}$$

$$= \sum_{k_1, k_2, k_3 \geqslant 0} \binom{n}{k_1}\binom{n}{k_2}\binom{n}{k_3}(n - \min\{k_1, k_2, k_3\})$$

$$= n2^{3n} - m(n). \tag{8.2.6}$$

应用引理 8.2.1, 则

$$M(n) - m(n) = \sum_{n \geqslant k_1, k_2, k_3 \geqslant 0} \binom{n}{k_1}\binom{n}{k_2}\binom{n}{k_3}(\max\{k_1, k_2, k_3\} - \min\{k_1, k_2, k_3\})$$

$$= \Omega_{\geqslant} \lambda D_\lambda \sum_{n \geqslant k_1, k_2, k_3 \geqslant 0} \binom{n}{k_1}\binom{n}{k_2}\binom{n}{k_3}(\lambda^{k_1-k_2} + \lambda^{k_2-k_3} + \lambda^{k_3-k_1})$$

$$= 3 \cdot 2^n \Omega_{\geqslant} \lambda D_\lambda (1+\lambda)^n (1+\lambda^{-1})^n$$

$$= -3 \cdot 2^n n \Omega_{\geqslant} (1-\lambda)\lambda^{-n}(1+\lambda)^{2n-1}$$

$$= -3 \cdot 2^n n \left(\sum_{j=n}^{2n-1} \binom{2n-1}{j} - \sum_{j=n-1}^{2n-1} \binom{2n-1}{j} \right)$$

$$= 3 \cdot 2^n n \binom{2n-1}{n-1} = \frac{3}{2} 2^n n \binom{2n}{n}. \tag{8.2.7}$$

联合 (8.2.6) 和 (8.2.7), 可得

$$M(n) = n2^{3n-1} + 3n2^{n-2}\binom{2n}{n}.$$

从而可得结果.   □

同理可得

定理 8.2.2 (Zhang [207,208]) 当 n 为奇数时,

$$\sum_{k=0}^{n}(-1)^k \left(\sum_{j=0}^{k} \binom{n}{j} \right)^3 = -2^{3n-1} - 3(-1)^{\frac{n-1}{2}}2^{n-1}\binom{n-1}{\frac{n-1}{2}}.$$

*8.3 Calkin 恒等式及其交错形式的组合证明

定理 8.3.1

$$\sum_{k=0}^{n} \left(\sum_{j=0}^{k} \binom{n}{j} \right) = 2^n + n2^{n-1}, \tag{8.3.1}$$

$$\sum_{k=0}^{n} \left(\sum_{j=0}^{k} \binom{n}{j} \right)^2 = (n+2)2^{2n-1} - \frac{1}{2}n\binom{2n}{n} \tag{8.3.2}$$

和

$$\sum_{k=0}^{n} \left(\sum_{j=0}^{k} \binom{n}{j} \right)^3 = n2^{3n-1} + 2^{3n} - 3n2^{n-2}\binom{2n}{n}. \qquad (8.3.3)$$

证明 对任意非负整数 m 和 n, 且 $m \leqslant n$, 令 $[m,n] = \{m, m+1, \cdots, n\}$. 设 $\mathcal{B}_n$ 为布尔 (Boolean) 代数, 即, 通过包含关系的 $[1,n]$ 的有序子集格. 对任何 $T \in \mathcal{B}_n$, T^c 表示 T 在 $[1,n]$ 里的补集.

(8.3.1) 的证明 考虑 $[0,n]$ 与 $\mathcal{B}_n$ 的笛卡儿积:

$$[0,n] \times \mathcal{B}_n = \{(m,T) : m \in [0,n], \ T \in \mathcal{B}_n\}.$$

令

$$\mathcal{A}_m = \{(m,T) \in [0,n] \times \mathcal{B}_n : |T| \leqslant m\},$$

$$\overline{\mathcal{A}}_m = \{(m,T) \in [0,n] \times \mathcal{B}_n : |T| \geqslant m\},$$

$$\mathcal{S}_1 = \bigcup_{m=0}^{n} \mathcal{A}_m,$$

$$\overline{\mathcal{S}}_1 = \bigcup_{m=0}^{n} \overline{\mathcal{A}}_m.$$

则

$$[0,n] \times \mathcal{B}_n = \mathcal{S}_1 \cup \overline{\mathcal{S}}_1,$$

$$|\mathcal{S}_1 \cap \overline{\mathcal{S}}_1| = |\{(m,T) \in [0,n] \times \mathcal{B}_n : |T| = m\}|$$

$$= \sum_{m=0}^{n} \binom{n}{m} = 2^n,$$

$$|\mathcal{A}_m| = \sum_{i=0}^{m} \binom{n}{i} = A_m,$$

$$|\mathcal{S}_1| = \sum_{m=0}^{n} |\mathcal{A}_m| = \sum_{m=0}^{n} A_m = S_1,$$

$$|\mathcal{S}_1| + |\overline{\mathcal{S}}_1| = |[0,n] \times \mathcal{B}_n| + |\mathcal{S}_1 \cap \overline{\mathcal{S}}_1|$$

$$= (n+1)2^n + 2^n = (n+2)2^n. \qquad (8.3.4)$$

现在定义映射

$$\varphi_1: \quad \begin{array}{ccc} \mathcal{A}_m & \longrightarrow & \overline{\mathcal{A}}_{n-m} \\ (m, T) & \longrightarrow & (n - m, T^c). \end{array}$$

显然, φ_1 为双射, 导致在 $\mathcal{S}_1$ 和 $\overline{\mathcal{S}}_1$ 之间一一映射, 故 $|\mathcal{S}_1| = |\overline{\mathcal{S}}_1|$.

比较 (8.3.4) 产生

$$S_1 = |\mathcal{S}_1| = (n + 2)2^{n-1}.$$

(8.3.2) 的证明　设

$$\mathcal{A}_m^{(2)} = \{(m, T_1, T_2) \in [0, n] \times \mathcal{B}_n \times \mathcal{B}_n : |T_i| \leqslant m, \ i = 1, 2\},$$

$$\overline{\mathcal{A}}_m^{(2)} = \{(m, T_1, T_2) \in [0, n] \times \mathcal{B}_n \times \mathcal{B}_n : |T_i| \geqslant m, \ i = 1, 2\},$$

$$\mathcal{S}_2 = \bigcup_{m=0}^{n} \mathcal{A}_m^{(2)},$$

$$\overline{\mathcal{S}}_2 = \bigcup_{m=0}^{n} \overline{\mathcal{A}}_m^{(2)}.$$

则

$$[0, n] \times \mathcal{B}_n \times \mathcal{B}_n = \mathcal{S}_2 \cup \overline{\mathcal{S}}_2 \cup (\mathcal{S}_2 \cup \overline{\mathcal{S}}_2)^c, \tag{8.3.5}$$

$$|\mathcal{A}_m^{(2)}| = \left(\sum_{i=0}^{m} \binom{n}{i} \right)^2 = A_m^2,$$

$$|\mathcal{S}_2| = \sum_{m=0}^{n} |\mathcal{A}_m^{(2)}| = \sum_{m=0}^{n} A_m^2 = S_2, \tag{8.3.6}$$

这里 $(\mathcal{S}_2 \cup \overline{\mathcal{S}}_2)^c$ 是 $(\mathcal{S}_2 \cup \overline{\mathcal{S}}_2)$ 在 $[0, n] \times \mathcal{B}_n \times \mathcal{B}_n$ 里的补集.

显然, $(\mathcal{S}_2 \cup \overline{\mathcal{S}}_2)^c$ 是 $(m, T_1, T_2) \in [0, n] \times \mathcal{B}_n \times \mathcal{B}_n$ 且 $|T_1| \leqslant m, |T_2| > m$ 或 $|T_1| > m, |T_2| \leqslant m$ 的集合. 可以看出 [209]

$$|(\mathcal{S}_2 \cup \overline{\mathcal{S}}_2)^c| = 2 \sum_{m=0}^{n-1} \left(\sum_{j=0}^{m} \binom{n}{j} \right) \left(\sum_{i=m+1}^{n} \binom{n}{i} \right)$$

$$= 2 \sum_{m=0}^{n-1} A_m A_{n-m-1} = n \binom{2n}{n}.$$

$$|\mathcal{S}_2 \cap \overline{\mathcal{S}}_2| = \left(\sum_{m=0}^{n} \binom{n}{m} \right)^2 = 2^{2n}.$$

定义一个映射

$$\varphi_2: \quad \mathcal{A}_m^{(2)} \quad \longrightarrow \quad \overline{\mathcal{A}}_{n-m}^{(2)}$$
$$(m, T_1, T_2) \quad \longrightarrow \quad (n-m, T_1^c, T_2^c).$$

易证 φ_2 是双射, 导致在 $\mathcal{S}_2$ 和 $\overline{\mathcal{S}}_2$ 之间存在双射, 得证 $|\mathcal{S}_2| = |\overline{\mathcal{S}}_2|$. 比较 (8.3.5) 与 (8.3.6) 产生

$$S_2 = (n+2)2^{2n-1} - \frac{1}{2}n\binom{2n}{n}.$$

(8.3.3) 的证明 正像 (8.3.2) 的证明中对 S_2 做的那样, 考虑集合

$$\mathcal{A}_m^{(3)} = \{(m, T_1, T_2, T_3) \in [0, n] \times \mathcal{B}_n^3 : |T_i| \leqslant m, \ i = 1, 2, 3\},$$

$$\overline{\mathcal{A}}_m^{(3)} = \{(m, T_1, T_2, T_3) \in [0, n] \times \mathcal{B}_n^3 : |T_i| \geqslant m, \ i = 1, 2, 3\},$$

$$\mathcal{S}_3 = \bigcup_{m=0}^{n} \mathcal{A}_m^{(3)},$$

$$\overline{\mathcal{S}}_3 = \bigcup_{m=0}^{n} \overline{\mathcal{A}}_m^{(3)}.$$

则

$$[0, n] \times \mathcal{B}_n^3 = (\mathcal{S}_3 \cup \overline{\mathcal{S}}_3) \cup (\mathcal{S}_3 \cup \overline{\mathcal{S}}_3)^c, \tag{8.3.7}$$

$$|\mathcal{A}_m^{(3)}| = \left(\sum_{i=0}^{m} \binom{n}{i}\right)^3 = A_m^3,$$

$$|\mathcal{S}_3| = \sum_{m=0}^{n} |\mathcal{A}_m^{(3)}| = \sum_{m=0}^{n} A_m^3 = S_3, \tag{8.3.8}$$

这里 $(\mathcal{S}_3 \cup \overline{\mathcal{S}}_3)^c$ 是 $\mathcal{S}_3 \cup \overline{\mathcal{S}}_3$ 在 $[0, n] \times \mathcal{B}_n^3$ 里的补集.

通过类似于上面使用的推理, 我们得到

$$|(\mathcal{S}_3 \cup \overline{\mathcal{S}}_3)^c| = 3 \sum_{m=0}^{n-1} \left(\sum_{j=0}^{m} \binom{n}{j}\right) \left(\sum_{i=m+1}^{n} \binom{n}{i}\right)^2$$

$$+ 3 \sum_{m=0}^{n-1} \left(\sum_{j=0}^{m} \binom{n}{j}\right)^2 \left(\sum_{i=m+1}^{n} \binom{n}{i}\right)$$

$$= 3 \sum_{m=0}^{n-1} \left(\sum_{j=0}^{m} \binom{n}{j} \sum_{i=m+1}^{n} \binom{n}{i} \right) \left(\sum_{i=m+1}^{n} \binom{n}{i} + \sum_{j=0}^{m} \binom{n}{j} \right)$$

$$= 3 \times 2^n \sum_{m=0}^{n-1} A_m A_{n-m-1}$$

$$= 3 \times 2^{n-1} n \binom{2n}{n}, \tag{8.3.9}$$

$$|\mathcal{S}_3 \cap \overline{\mathcal{S}}_3| = \left(\sum_{m=0}^{n} \binom{n}{m} \right)^3 = 2^{3n}. \tag{8.3.10}$$

定义映射

$$\varphi_3: \qquad \mathcal{A}_m^{(3)} \qquad \longrightarrow \qquad \overline{\mathcal{A}}_{n-m}^{(3)}$$
$$(m, T_1, T_2, T_3) \quad \longrightarrow \quad (n-m, T_1^c, T_2^c, T_3^c).$$

易证 φ_3 是一个双射, 导致在 $\mathcal{S}_3$ 和 $\overline{\mathcal{S}}_3$ 之间存在一一对应, 故 $|\mathcal{S}_3| = |\overline{\mathcal{S}}_3|$.

比较 (8.3.7)—(8.3.10) 产生

$$S_3 = |\mathcal{A}_3| = (n+2)2^{3n-1} - 3 \times 2^{n-2} n \binom{2n}{n}. \qquad \square$$

定理 8.3.2 (Hirschhorn [209]) 令

$$A_k = \sum_{j=0}^{k} \binom{n}{j}$$

和

$$S_p = A_0^p + \cdots + A_n^p, \quad p \geqslant 1.$$

则

$$S_{2p} = \binom{p}{1} 2^n S_{2p-1} - \binom{p}{2} 2^{2n} S_{2p-2} + \cdots + (-1)^{p-1} \binom{p}{p} 2^{pn} S_p + (-1)^p P_p, \tag{8.3.11}$$

$$S_{2p+1} = \binom{p}{1} 2^n S_{2p} - \binom{p}{2} 2^{2n} S_{2p-1} + \cdots + (-1)^{p-1} \binom{p}{p} 2^{pn} S_{p+1} + (-1)^p 2^{n-1} P_p, \tag{8.3.12}$$

这里 $P_p = \sum_{m=0}^{n-1} A_m^p A_{n-1-m}^p$.

证明 首先, 我们考虑集合

$$\mathcal{S} = \bigcup_{m=0}^{n} \{(m, T_1, \cdots, T_p, T_{p+1}, \cdots, T_{2p}) : T_i \in \mathcal{B}_n, i = 1, 2, \cdots, 2p,$$

$$|T_j| \leqslant m, j = 1, 2, \cdots, p\}.$$

易知

$$|\mathcal{S}| = \sum_{m=0}^{n} A_m^p 2^{pn} = 2^{pn} S_p.$$

对 $1 \leqslant i \leqslant p$, 设

$$\mathcal{P}_i = \bigcup_{m=0}^{n} \{(m, T_1, \cdots, T_p, T_{p+1}, \cdots, T_{2p}) \in \mathcal{S} : |T_{p+i}| \leqslant m\}.$$

则

$$|\mathcal{P}_i| = 2^{(p-1)n} S_{p+1}, \quad i = 1, 2, \cdots, p,$$

$$|\mathcal{P}_i \cap \mathcal{P}_j| = 2^{(p-2)n} S_{p+2}, \quad i \neq j;\ i, j = 1, 2, \cdots, p,$$

$$\cdots\cdots$$

$$|\mathcal{P}_1 \cap \cdots \cap \mathcal{P}_p| = S_{2p}.$$

用 $\mathcal{P}_i^c, i = 1, 2, \cdots, p$ 表示在 $\mathcal{S}$ 里 $\mathcal{P}_i$ 的补集. 则

$$\mathcal{P}_1^c \cap \mathcal{P}_2^c \cdots \cap \mathcal{P}_p^c$$

$$= \bigcup_{m=0}^{n} \{(m, T_1, \cdots, T_p, T_{p+1}, \cdots, T_{2p}) \in \mathcal{S} : |T_{p+i}| > m, i = 1, \cdots, p\}.$$

因此

$$|\mathcal{P}_1^c \cap \mathcal{P}_2^c \cdots \cap \mathcal{P}_p^c| = \sum_{m=0}^{n-1} A_m^p A_{n-1-m}^p = P_p.$$

由容斥原理知

$$P_p = 2^{pn} S_p - \binom{p}{1} 2^{(p-1)n} S_{p+1} + \binom{p}{2} 2^{(p-2)n} S_{p+2} - \cdots + (-1)^p S_{2p},$$

所以

$$S_{2p} = \binom{p}{1}2^n S_{2p-1} - \binom{p}{2}2^{2n}S_{2p-2} + \cdots + (-1)^{p-1}\binom{p}{p}2^{pn}S_p + (-1)^p P_p,$$

这就是 (8.3.11).

正像对 S_2 做的那样, 我们考虑集合

$$\mathcal{T} = \bigcup_{m=0}^{n}\{(m, T_1, \cdots, T_p, T_{p+1}, \cdots, T_{2p+1}) : T_i \in \mathcal{B}_n, i = 1, 2, \cdots, 2p+1, |T_{p+j}|$$

$$\leqslant m, j = 1, 2, \cdots, p+1\},$$

得到

$$|\mathcal{T}| = 2^{pn} S_{p+1}.$$

对 $1 \leqslant i \leqslant p$, 令

$$\mathcal{T}_i = \bigcup_{m=0}^{n}\{(m, T_1, \cdots, T_p, T_{p+1}, \cdots, T_{2p+1}) \in \mathcal{T} : |T_i| \leqslant m\}.$$

则

$$|\mathcal{T}_i| = 2^{(p-1)n} S_{p+2}, \quad i = 1, 2, \cdots, p,$$

$$|\mathcal{T}_i \cap \mathcal{T}_j| = 2^{(p-2)n} S_{p+3}, \quad i \neq j;\ i, j = 1, 2, \cdots, p,$$

$$\cdots\cdots$$

$$|\mathcal{T}_1 \cap \cdots \cap \mathcal{T}_p| = S_{2p+1}.$$

用 $\mathcal{T}_i^c, i = 1, 2, \cdots, p$ 表示在 $\mathcal{T}$ 里的 $\mathcal{T}_i$ 的补集. 显然

$$\mathcal{T}_1^c \cap \cdots \cap \mathcal{T}_p^c = \bigcup_{m=0}^{n}\{(m, T_1, \cdots, T_p, T_{p+1}, \cdots, T_{2p+1}) \in \mathcal{T} : |T_i| > m, i = 1, \cdots, p\}.$$

因此

$$|\mathcal{T}_1^c \cap \mathcal{T}_2^c \cap \cdots \cap \mathcal{T}_p^c|$$

$$= \sum_{m=0}^{n-1} A_m^{p+1} A_{n-1-m}^p$$

$$= \frac{1}{2}\left(\sum_{m=0}^{n-1} A_m^{p+1} A_{n-1-m}^p + \sum_{m=n-1}^{0} A_m^{p+1} A_{n-1-m}^p\right)$$

$$= \frac{1}{2}[(A_0^{p+1} A_{n-1}^p + A_{n-1}^{p+1} A_0^p)$$

$$+ (A_1^{p+1} A_{n-2}^p + A_{n-2}^{p+1} A_1^p) + \cdots + (A_{n-1}^{p+1} A_0^p + A_0^{p+1} A_{n-1}^p)]$$

$$= \frac{1}{2}[A_0^p A_{n-1}^p (A_0 + A_{n-1}) + A_1^p A_{n-2}^p (A_1 + A_{n-2}) + \cdots + A_{n-1}^p A_0^p (A_{n-1} + A_0)]$$

$$= 2^{n-1} \sum_{m=0}^{n-1} A_m^p A_{n-1-m}^p$$

$$= 2^{n-1} P_p.$$

由容斥原理知

$$2^{n-1} P_p = 2^{pn} S_{p+1} - \binom{p}{1} 2^{(p-1)n} S_{p+2} + \binom{p}{2} 2^{(p-2)n} S_{p+3} - \cdots + (-1)^p S_{2p+1},$$

故

$$S_{2p+1} = \binom{p}{1} 2^n S_{2p} - \binom{p}{2} 2^{2n} S_{2p-1} + \cdots + (-1)^{p-1} \binom{p}{p} 2^{pn} S_{p+1} + (-1)^p 2^{n-1} P_p,$$

这就是式 (8.3.12). □

注 8.3.1 1994 年, Calkin [206] 给出了奇异的 (8.3.3). 后来, Hirschhorn [209] 补充给出了式 (8.3.1) 和 (8.3.2), 以及定理 8.3.2 中的递归关系. 文献 [210] 里给出了这些结果的组合证明.

定理 8.3.3 (Zhang [207, 208])

$$R_1 = \sum_{k=0}^{n} (-1)^k \sum_{j=0}^{k} \binom{n}{j} = \begin{cases} 1, & n = 0, \\ (-1)^n 2^{n-1}, & n \geqslant 1, \end{cases} \tag{8.3.13}$$

$$R_2 = \sum_{k=0}^{n} (-1)^k \left(\sum_{j=0}^{k} \binom{n}{j}\right)^2 = \begin{cases} 1, & n = 0, \\ 2^{2n-1}, & n \text{ 为偶数}, \\ -2^{2n-1} - (-1)^{\frac{n-1}{2}} \binom{n-1}{\frac{n-1}{2}}, & n \text{ 为奇数}. \end{cases}$$

$$\tag{8.3.14}$$

当 n 为奇数时,

$$R_3 = \sum_{k=0}^{n} (-1)^k \left(\sum_{j=0}^{k} \binom{n}{j} \right)^3 = -2^{3n-1} - 3(-1)^{\frac{n-1}{2}} 2^{n-1} \binom{n-1}{\frac{n-1}{2}}. \quad (8.3.15)$$

证明 采用定理 8.3.1 证明中的符号. 下面逐一给出证明.

(8.3.13) 的证明 令 $\mathcal{R}_1$ 为 $[1,n]$ 的子集组成的集合, 且 $\mathcal{R}_1$ 满足对所有的 $T \in \mathcal{R}_1$, $|T|$ 为偶数, $\mathcal{R}_1^c$ 为 $\mathcal{R}_1$ 在 $\mathcal{B}_n$ 里的补集, 以及 $\mathcal{C}(n,k)$ 为集合 $[1,n]$ 的 k-子集. 显然 $|\mathcal{R}_1| = |\mathcal{R}_1^c| = 2^{n-1}$ 和 $|\mathcal{C}(n,k)| = \binom{n}{k}$. 令 $A_k = \sum_{j=0}^{k} \binom{n}{j}$, 显然 $A_k - A_{k-1}$ 为 $\mathcal{C}(n,k)$ 的基. 若 n 为偶数, 则

$$R_1 = \sum_{m=0}^{n} (-1)^m A_m = (A_n - A_{n-1}) + (A_{n-2} - A_{n-3}) + \cdots + (A_2 - A_1) + A_0$$

是 $\mathcal{R}_1$ 的基. 若 n 为奇数, 则

$$-R_1 = \sum_{m=0}^{n} (-1)^{m+1} A_m = (A_n - A_{n-1}) + (A_{n-2} - A_{n-3}) + \cdots + (A_1 - A_0)$$

是 $\mathcal{R}_1^c$ 的基. 因此, $R_1 = (-1)^n 2^{n-1}$.

(8.3.14) 的证明 考虑笛卡儿积: $\mathcal{B}_n \times \mathcal{B}_n$. 一对 $(U_1, U_2) \in \mathcal{B}_n \times \mathcal{B}_n$, 按照 $\max\{|U_1|, |U_2|\}$ 的奇偶性被称为偶或奇. 令

$$\mathcal{R}_2 = \{(U_1, U_2) \in \mathcal{B}_n \times \mathcal{B}_n : (U_1, U_2)为偶\},$$

$$\mathcal{R}_2^c = \{(U_1, U_2) \in \mathcal{B}_n \times \mathcal{B}_n : (U_1, U_2)为奇\}.$$

易得 $A_k^2 - A_{k-1}^2$ 为 $(U_1, U_2) \in \mathcal{B}_n \times \mathcal{B}_n$ 且具有 $\max\{|U_1|, |U_2|\} = k$ 的对 (U_1, U_2) 的个数. 因此,

$$R_2 = \sum_{m=0}^{n} (-1)^m A_m^2 = \begin{cases} |\mathcal{R}_2|, & n \text{ 为偶数}, \\ -|\mathcal{R}_2^c|, & n \text{ 为奇数}. \end{cases}$$

现在定义映射

$$\psi_2 : \mathcal{B}_n \times \mathcal{B}_n \to \mathcal{B}_n \times \mathcal{B}_n$$

$$(U_1, U_2) \to (T_1, T_2),$$

这里

$$T_i = \begin{cases} U_i \setminus \{n\}, & n \in U_i, \\ U_i \cup \{n\}, & n \notin U_i, \end{cases} \quad i = 1, 2.$$

则 ψ_2 是一个对合, 也就是 ψ_2^2 为恒等映射. 易得, 除 $|U_1| = |U_2| + 1, n \in U_1, n \notin U_2$ 或 $|U_2| = |U_1| + 1, n \in U_2, n \notin U_1$ 外, ψ_2 不改变 $(U_1, U_2) \in \mathcal{B}_n \times \mathcal{B}_n$ 的奇偶性. 令 $\mathcal{S} = \{(U_1, U_2) : |U_1| = |U_2| + 1, n \in U_1, n \notin U_2$ 或 $|U_2| = |U_1| + 1, n \in U_2, n \notin U_1\}$. 则 ψ_2 在 $\mathcal{R}_2 \setminus \mathcal{R}_2 \cap \mathcal{S}$ 和 $\mathcal{R}_2^c \setminus \mathcal{R}_2^c \cap \mathcal{S}$ 之间存在一一对应, 意味着

$$|\mathcal{R}_2^c| - |\mathcal{R}_2| = |\mathcal{R}_2^c \cap \mathcal{S}| - |\mathcal{R}_2 \cap \mathcal{S}|. \tag{8.3.16}$$

现在我们分别计算 $\mathcal{R}_2 \cap \mathcal{S}$ 和 $\mathcal{R}_2^c \cap \mathcal{S}$ 中元素的个数. 事实上, $\mathcal{R}_2 \cap \mathcal{S}$ 为满足 (U_1, U_2) 为偶以及要么满足 $|U_1| = |U_2| + 1, n \in U_1, n \notin U_2$ 要么满足 $|U_2| = |U_1| + 1, n \in U_2, n \notin U_1$ 的对 (U_1, U_2) 的集合. 易建立从集合

$$\{(U_1, U_2) \in \mathcal{B}_n \times \mathcal{B}_n : |U_1| = |U_2| + 1, n \in U_1, n \notin U_2, |U_1| \text{ 为偶}\}$$

到集合

$$\{(U_1', U_2) \in \mathcal{B}_{n-1} \times \mathcal{B}_{n-1} : U_1' = U_1 \setminus \{n\}, |U_1'| = |U_2| \text{ 为奇}\}$$

的一个双射. 因此

$$|\mathcal{R}_2 \cap \mathcal{S}| = 2|\{(U_1, U_2) \in \mathcal{B}_n \times \mathcal{B}_n : |U_1| = |U_2| + 1, n \in U_1, n \notin U_2, |U_1| \text{ 为偶}\}|$$

$$= 2|\{(U_1', U_2) \in \mathcal{B}_{n-1} \times \mathcal{B}_{n-1} : U_1' = U_1 \setminus \{n\}, |U_1'| = |U_2| \text{ 为奇}\}|$$

$$= \begin{cases} 2\left[\displaystyle\sum_{k=0}^{\frac{n-2}{2}} \binom{n-1}{2k+1}\right]^2, & n \text{ 为偶数}, \\ 2\left[\displaystyle\sum_{k=0}^{\frac{n-3}{2}} \binom{n-1}{2k+1}\right]^2, & n \text{ 为奇数}. \end{cases} \tag{8.3.17}$$

正如上面所述, 我们得到

$$|\mathcal{R}_2^c \cap \mathcal{S}| = \begin{cases} 2\left[\displaystyle\sum_{k=0}^{\frac{n-2}{2}} \binom{n-1}{2k}\right]^2, & n \text{ 为偶数}, \\ 2\left[\displaystyle\sum_{k=0}^{\frac{n-1}{2}} \binom{n-1}{2k}\right]^2, & n \text{ 为奇数}. \end{cases} \tag{8.3.18}$$

比较 (8.3.16), (8.3.17) 和 (8.3.18), 得到

$$|\mathcal{R}_2^c| - |\mathcal{R}_2| = 2\left(\sum_{k=0}^{\frac{n-2}{2}}\binom{n-1}{2k}^2 - \sum_{k=0}^{\frac{n-2}{2}}\binom{n-1}{2k+1}^2\right) = 0.$$

若 n 为偶数, 以及

$$
\begin{aligned}
|\mathcal{R}_2^c| - |\mathcal{R}_2| &= 2\left[\sum_{k=0}^{\frac{n-1}{2}}\binom{n-1}{2k}^2 - \sum_{k=0}^{\frac{n-3}{2}}\binom{n-1}{2k+1}^2\right]\\
&= 2\sum_{i=0}^{\frac{n-1}{2}}(-1)^i\binom{n-1}{i}^2\\
&= 2\times \text{在 } (1-t)^{n-1}(1+t)^{n-1} \text{ 里 } t^{n-1} \text{ 的系数}\\
&= 2\times \text{在 } (1-t^2)^{n-1} \text{ 里 } t^{n-1} \text{ 的系数}\\
&= 2(-1)^{\frac{n-1}{2}}\binom{n-1}{\frac{n-1}{2}},
\end{aligned}
\tag{8.3.19}
$$

若 n 为奇数, 另一方面,

$$|\mathcal{R}_2^c| + |\mathcal{R}_2| = |\mathcal{B}_n \times \mathcal{B}_n| = 2^{2n}.$$

因此

$$
R_2 = \begin{cases}
|\mathcal{R}_2| = 2^{2n-1}, & n \text{ 为偶数},\\
-|\mathcal{R}_2^c| = -2^{2n-1} - (-1)^{\frac{n-1}{2}}\binom{n-1}{\frac{n-1}{2}}, & n \text{ 为奇数}.
\end{cases}
$$

(8.3.15) 的证明　将采用完全类似于上面 (8.3.13) 的证明方法. 考虑笛卡儿积: $\mathcal{B}_n \times \mathcal{B}_n \times \mathcal{B}_n = \mathcal{B}_n^3$. 一个三重 $(U_1, U_2, U_3) \in \mathcal{B}_n^3$, 按照 $\max\{|U_1|, |U_2|, |U_3|\}$ 的奇偶性被称为偶或奇. 令 n 为奇数,

$$\mathcal{R}_3 = \{(U_1, U_2, U_3) \in \mathcal{B}_n^3 : (U_1, U_2, U_3) \text{ 为偶}\},$$

$$\mathcal{R}_3^c = \{(U_1, U_2, U_3) \in \mathcal{B}_n^3 : (U_1, U_2, U_3) \text{ 为奇}\}.$$

则 $-R_3 = A_n^3 - A_{n-1}^3 + \cdots + A_1^3 - A_0^3$ 为在 $\mathcal{R}_3^c$ 里元素的个数. 定义映射

$$\psi_3 : \mathcal{B}_n \times \mathcal{B}_n \times \mathcal{B}_n \to \mathcal{B}_n \times \mathcal{B}_n \times \mathcal{B}_n$$

$$(U_1, U_2, U_3) \to (T_1, T_2, T_3),$$

这里

$$T_i = \begin{cases} U_i \setminus \{n\}, & n \in U_i, \\ U_i \cup \{n\}, & n \notin U_i, \end{cases} \quad i = 1, 2, 3.$$

则 ψ_3 是一个对合, 也就是 ψ_3^2 为恒等映射. 令 $\mathcal{T}$ 表示满足 $|U_i| = |U_j| + 1, |U_i| >$ $|U_k|, n \in U_i, n \notin U_j$ 或 $|U_i| = |U_k| = |U_j| + 1, n \in U_i \cap U_k, n \notin U_j$ 的三重 (U_1, U_2, U_3) 的集合, 这里 i, j, k 为 1, 2, 3 中相异的数. 易看出 ψ_3 改变 (U_1, U_2, U_3) 的奇偶性当且仅当 $(U_1, U_2, U_3) \notin \mathcal{T}$. 因此 ψ_3 为从 $\mathcal{R}_3 \setminus \mathcal{R}_3 \cap \mathcal{T}$ 到 $\mathcal{R}_3^c \setminus \mathcal{R}_3^c \cap \mathcal{T}$ 的一个双射, 意味着

$$|\mathcal{R}_3^c| - |\mathcal{R}_3| = |\mathcal{R}_3^c \cap \mathcal{T}| - |\mathcal{R}_3 \cap \mathcal{T}|. \tag{8.3.20}$$

现在分别计算 $\mathcal{R}_3^c \cap \mathcal{T}$ 和 $\mathcal{R}_3 \cap \mathcal{T}$ 中元素的个数. 事实上, $\mathcal{R}_3^c \cap \mathcal{T}$ 是满足 (U_1, U_2, U_3) 为奇以及满足或者 $|U_i| = |U_j| + 1, |U_i| > |U_k|, n \in U_i, n \notin U_j$ 或者 $|U_i| = |U_k| =$ $|U_j| + 1, n \in U_i \cap U_k, n \notin U_j$ 的 (U_1, U_2, U_3) 的集合, 这里 i, j, k 为从 1 到 3 不同 的数. 令 $\mathcal{W}_i = \{(U_1, U_2, U_3) \in \mathcal{R}_3^c \cap \mathcal{T} : |U_i| = \max\{|U_1|, |U_2|, |U_3|\}\}, i = 1, 2, 3.$ 则

$$\mathcal{R}_3^c \cap \mathcal{T} = \mathcal{W}_1 \cup \mathcal{W}_2 \cup \mathcal{W}_3.$$

我们计算 $\mathcal{W}_1$ 的元素的个数. 观察

$$\mathcal{W}_1 = \mathcal{W}_{11} \cup \mathcal{W}_{12} \cup \mathcal{W}_{13} \cup \mathcal{W}_{14},$$

这里

$$\mathcal{W}_{11} = \{(U_1, U_2, U_3) \in \mathcal{W}_1 : |U_1| = |U_2| + 1, |U_1| > |U_3|, n \in U_1, n \notin U_2\},$$

$$\mathcal{W}_{12} = \{(U_1, U_2, U_3) \in \mathcal{W}_1 : |U_1| = |U_3| = |U_2| + 1, n \in U_1 \cap U_3, n \notin U_2\},$$

$$\mathcal{W}_{13} = \{(U_1, U_2, U_3) \in \mathcal{W}_1 : |U_1| = |U_3| + 1, |U_1| > |U_2|, n \in U_1, n \notin U_3\},$$

$$\mathcal{W}_{14} = \{(U_1, U_2, U_3) \in \mathcal{W}_1 : |U_1| = |U_2| = |U_3| + 1, n \in U_1 \cap U_2, n \notin U_3\}.$$

通过与上面用于计算 $|\mathcal{R}_2 \cap \mathcal{S}|$ 的类似推理, 得到

$$|\mathcal{W}_{11}| = |\mathcal{W}_{13}| = \left(\sum_{k=0}^{\frac{n-1}{2}} \binom{n-1}{2k}^2 \right) \left(\sum_{j=0}^{2k} \binom{n}{j} \right),$$

$$|\mathcal{W}_{12}| = |\mathcal{W}_{14}| = \sum_{k=0}^{\frac{n-1}{2}} \binom{n-1}{2k}^3,$$

$$|\mathcal{W}_{11} \cap \mathcal{W}_{13}| = \sum_{k=0}^{\frac{n-1}{2}} \binom{n-1}{2k}^3,$$

$$|\mathcal{W}_{11} \cap \mathcal{W}_{12}| = |\mathcal{W}_{11} \cap \mathcal{W}_{14}| = |\mathcal{W}_{12} \cap \mathcal{W}_{13}| = |\mathcal{W}_{12} \cap \mathcal{W}_{14}| = |\mathcal{W}_{13} \cap \mathcal{W}_{14}| = 0.$$

由容斥原理,

$$|\mathcal{W}_1| = 2 \left(\sum_{k=0}^{\frac{n-1}{2}} \binom{n-1}{2k}^2 \right) \left(\sum_{j=0}^{2k} \binom{n}{j} \right) + \sum_{k=0}^{\frac{n-1}{2}} \binom{n-1}{2k}^3.$$

则

$$|\mathcal{W}_1| = |\mathcal{W}_2| = |\mathcal{W}_3|,$$

$$|\mathcal{W}_1 \cap \mathcal{W}_2| = |\mathcal{W}_2 \cap \mathcal{W}_3| = |\mathcal{W}_3 \cap \mathcal{W}_1| = \sum_{k=0}^{\frac{n-1}{2}} \binom{n-1}{2k}^3$$

和

$$|\mathcal{W}_1 \cap \mathcal{W}_2 \cap \mathcal{W}_3| = 0.$$

由容斥原理,

$$|\mathcal{R}_3^c \cap \mathcal{T}| = |\mathcal{W}_1 \cup \mathcal{W}_2 \cup \mathcal{W}_3| = 6 \left(\sum_{k=0}^{\frac{n-1}{2}} \binom{n-1}{2k}^2 \right) \left(\sum_{j=0}^{2k} \binom{n}{j} \right).$$

类似地, 得到

$$|\mathcal{R}_3 \cap \mathcal{T}| = 6 \left(\sum_{k=0}^{\frac{n-3}{2}} \binom{n-1}{2k+1}^2 \right) \left(\sum_{j=0}^{2k+1} \binom{n}{j} \right).$$

比较 (8.3.20) 产生

$$|\mathcal{R}_3^c| - |\mathcal{R}_3| = |\mathcal{R}_3^c \cap \mathcal{T}| - |\mathcal{R}_3 \cap \mathcal{T}|$$

$$= 6 \left[\sum_{k=0}^{\frac{n-1}{2}} \binom{n-1}{2k}^2 \left(\sum_{j=0}^{2k} \binom{n}{j} \right) - \sum_{k=0}^{\frac{n-3}{2}} \binom{n-1}{2k+1}^2 \left(\sum_{j=0}^{2k+1} \binom{n}{j} \right) \right]$$

$$= 6 \sum_{0 \leqslant j \leqslant i \leqslant n-1} (-1)^i \binom{n-1}{i}^2 \binom{n}{j}$$

$$= 6 \sum_{0 \leqslant j \leqslant i \leqslant n-1} (-1)^i \binom{n-1}{i}^2 \left[\binom{n-1}{j-1} + \binom{n-1}{j} \right]$$

$$= 6 \left[\sum_{0 \leqslant j \leqslant i \leqslant n-1} (-1)^i \binom{n-1}{i}^2 \binom{n-1}{j-1} + \sum_{0 \leqslant j \leqslant i \leqslant n-1} (-1)^i \binom{n-1}{i}^2 \binom{n-1}{j} \right]$$

$$= 6 \left[\sum_{i=0}^{n-1} (-1)^i \binom{n-1}{i}^2 \left[2^{n-1} - \sum_{j=i+1}^{n} \binom{n-1}{j-1} \right] \right.$$

$$\left. + \sum_{0 \leqslant j \leqslant i \leqslant n-1} (-1)^i \binom{n-1}{i}^2 \binom{n-1}{j} \right]$$

$$= 6 \left[2^{n-1} (-1)^{\frac{n-1}{2}} \binom{n-1}{\frac{n-1}{2}} - \sum_{i=0}^{n-1} (-1)^i \binom{n-1}{i}^2 \sum_{j=i+1}^{n} \binom{n-1}{j-1} \right.$$

$$\left. + \sum_{i=0}^{n-1} (-1)^i \binom{n-1}{i}^2 \sum_{j=0}^{i} \binom{n-1}{j} \right] \text{(见 (8.3.19))}$$

$$= 6 \left[2^{n-1} (-1)^{\frac{n-1}{2}} \binom{n-1}{\frac{n-1}{2}} - \sum_{i=0}^{n-1} (-1)^i \binom{n-1}{n-1-i}^2 \sum_{j=i+1}^{n} \binom{n-1}{j-1} \right.$$

$$\left. + \sum_{i=0}^{n-1} (-1)^i \binom{n-1}{i}^2 \sum_{j=0}^{i} \binom{n-1}{j} \right]$$

$$= 6 \left[2^{n-1} (-1)^{\frac{n-1}{2}} \binom{n-1}{\frac{n-1}{2}} - \sum_{i=1}^{n} (-1)^{n-i} \binom{n-1}{i-1}^2 \sum_{j=0}^{i-1} \binom{n-1}{j} \right.$$

$$\left. + \sum_{i=0}^{n-1} (-1)^i \binom{n-1}{i}^2 \sum_{j=0}^{i} \binom{n-1}{j} \right]$$

$$= 6 \left[2^{n-1} (-1)^{\frac{n-1}{2}} \binom{n-1}{\frac{n-1}{2}} - \sum_{i=0}^{n-1} (-1)^{n-i-1} \binom{n-1}{i}^2 \sum_{j=0}^{i} \binom{n-1}{j} \right.$$

$$\left. + \sum_{i=0}^{n-1} (-1)^i \binom{n-1}{i}^2 \sum_{j=0}^{i} \binom{n-1}{j} \right]$$

$$= 6 \left[2^{n-1} (-1)^{\frac{n-1}{2}} \binom{n-1}{\frac{n-1}{2}} \right] \ (n \text{为奇数}).$$

另一方面,

$$|\mathcal{R}_3^c| + |\mathcal{R}_3| = |\mathcal{B}_n \times \mathcal{B}_n \times \mathcal{B}| = 2^{3n},$$

故

$$\mathcal{R}_3 = -|\mathcal{R}_3^c| = (-1)^n 2^{3n-1} - 3 \times 2^{n-1} (-1)^{\frac{n-1}{2}} \binom{n-1}{\frac{n-1}{2}}. \qquad \square$$

定理 8.3.4 (Zhang [208])　令

$$R_p = A_0^p - A_1^p + \cdots + (-1)^n A_n^p,$$

则有下述递归关系:

$$R_{2p} = \sum_{i=1}^p (-1)^{i-1} \binom{p}{i} 2^{in} R_{2p-i} + (-1)^p Q_{p,p}, \qquad (8.3.21)$$

$$R_{2p+1} = \sum_{i=1}^p (-1)^{i-1} \binom{p}{i} 2^{in} R_{2p+1-i} + (-1)^p Q_{p+1,p}, \qquad (8.3.22)$$

以及特别地, 若 n 为奇数,

$$R_{2p+1} = \sum_{i=1}^p (-1)^{i-1} \binom{p}{i} 2^{in} R_{2p+1-i} + (-1)^p 2^{n-1} Q_{p,p}, \qquad (8.3.23)$$

这里 $Q_{p,q} = \sum\limits_{m=0}^{n-1} (-1)^m A_m^p A_{n-1-m}^q$.

证明　设

$$E_p = A_0^p + A_2^p + \cdots = \sum_{0 \leqslant m \leqslant n, 2|m} A_m^p,$$

$$O_p = A_1^p + A_3^p + \cdots = \sum_{0 \leqslant m \leqslant n, 2 \nmid m} A_m^p,$$

$$W_{p,q} = A_0^p A_{n-1}^q + A_2^p A_{n-3}^q + \cdots = \sum_{0 \leqslant m \leqslant n-1, 2|m} A_m^p A_{n-1-m}^q,$$

$$V_{p,q} = A_1^p A_{n-2}^q + A_3^p A_{n-4}^q + \cdots = \sum_{0 \leqslant m \leqslant n-1, 2 \nmid m} A_m^p A_{n-1-m}^q.$$

则

$$R_p = E_p - O_p,$$

$$Q_{p,q} = W_{p,q} - V_{p,q}.$$

首先, 我们考虑集合

$$\mathcal{A} = \bigcup_{0 \leqslant m \leqslant n, 2\mid m} \{(m, T_1, \cdots, T_p, T_{p+1}, \cdots, T_{2p}) : T_i \in \mathcal{B}_n, |T_j|$$

$$\leqslant m, j = 1, 2, \cdots, p\},$$

显然

$$|\mathcal{A}| = \sum_{0 \leqslant m \leqslant n, 2\mid m} A_m^p 2^{pn} = 2^{pn} E_p.$$

对 $1 \leqslant i \leqslant p$, 令

$$\mathcal{A}_i = \bigcup_{0 \leqslant m \leqslant n, 2\mid m} \{(m, T_1, \cdots, T_p, T_{p+1}, \cdots, T_{2p}) \in \mathcal{A} : |T_{p+i}| \leqslant m\}.$$

则

$$|\mathcal{A}_i| = 2^{(p-1)n} E_{p+1}, \quad i = 1, 2, \cdots, p,$$

$$|\mathcal{A}_i \cap \mathcal{A}_j| = 2^{(p-2)n} E_{p+2}, \quad i \neq j; i, j = 1, 2, \cdots, p,$$

$$\cdots\cdots$$

$$|\mathcal{A}_1 \cap \cdots \cap \mathcal{A}_p| = E_{2p}.$$

表示 $\mathcal{A}_i$ 在 $\mathcal{A}$ 的补集为 $\mathcal{A}_i^c, i = 1, 2, \cdots, p$, 则

$$\mathcal{A}_1^c \cap \mathcal{A}_2^c \cdots \cap \mathcal{A}_p^c = \bigcup_{0 \leqslant m \leqslant n-1, 2\mid m} \{(m, T_1, \cdots, T_p, T_{p+1}, \cdots, T_{2p}) \in \mathcal{A} : |T_{p+i}|$$

$$> m, i = 1, \cdots, p\}.$$

因此

$$|\mathcal{A}_1^c \cap \mathcal{A}_2^c \cdots \cap \mathcal{A}_p^c| = \sum_{0 \leqslant m \leqslant n-1, 2\mid m} A_m^p A_{n-1-m}^p = W_{p,p}.$$

由容斥原理,

$$W_{p,p} = 2^{pn} E_p - \binom{p}{1} 2^{(p-1)n} E_{p+1} + \binom{p}{2} 2^{(p-2)n} E_{p+2} - \cdots + (-1)^p E_{2p},$$

所以

$$E_{2p} = \binom{p}{1} 2^n E_{2p-1} - \binom{p}{2} 2^{2n} E_{2p-2} + \cdots + (-1)^{p-1} \binom{p}{p} 2^{pn} E_p + (-1)^p W_{p,p}.$$

类似地,

$$O_{2p} = \binom{p}{1} 2^n O_{2p-1} - \binom{p}{2} 2^{2n} O_{2p-2} + \cdots + (-1)^{p-1} \binom{p}{p} 2^{pn} O_p + (-1)^p V_{p,p}.$$

观察 $R_p = E_p - O_p$ 和 $Q_{p,q} = W_{p,q} - V_{p,q}$, 得到

$$R_{2p} = \binom{p}{1} 2^n R_{2p-1} - \binom{p}{2} 2^{2n} R_{2p-2} + \cdots + (-1)^{p-1} \binom{p}{p} 2^{pn} R_p + (-1)^p Q_{p,p}.$$

下面, 正像求 R_{2p} 一样, 考虑集合

$$\mathcal{C} = \bigcup_{0 \leqslant m \leqslant n, 2 \mid m} \{ (m, T_1, \cdots, T_p, T_{p+1}, \cdots, T_{2p+1}) : T_i \in \mathcal{B}_n, |T_{p+j}|$$

$$\leqslant m, j = 1, \cdots, p+1 \},$$

意味着 $|\mathcal{C}| = 2^{pn} E_{p+1}$. 对 $1 \leqslant i \leqslant p$, 令

$$\mathcal{C}_i = \bigcup_{0 \leqslant m \leqslant n, 2 \mid m} \{ (m, T_1, \cdots, T_p, T_{p+1}, \cdots, T_{2p+1}) \in \mathcal{C} : |T_i| \leqslant m \}.$$

则

$$|\mathcal{C}_i| = 2^{(p-1)n} E_{p+2}, \quad i = 1, 2, \cdots, p,$$

$$|\mathcal{C}_i \cap \mathcal{C}_j| = 2^{(p-2)n} E_{p+3}, \quad i \neq j; i, j = 1, 2, \cdots, p,$$

$$\cdots\cdots$$

$$|\mathcal{C}_1 \cap \cdots \cap \mathcal{C}_p| = E_{2p+1}.$$

表示 $\mathcal{C}_i$ 在 $\mathcal{C}$ 里的补集为 $\mathcal{C}_i^c, i = 1, 2, \cdots, p$. 显然

$$\mathcal{C}_1^c \cap \cdots \cap \mathcal{C}_p^c = \bigcup_{0 \leqslant m \leqslant n-1, 2 \mid m} \{ (m, T_1, \cdots, T_p, T_{p+1}, \cdots, T_{2p+1}) \in \mathcal{C} : |T_i|$$

$$> m, i = 1, \cdots, p\}.$$

因此

$$|\mathcal{C}_1^c \cap \mathcal{C}_2^c \cdots \cap \mathcal{C}_p^c| = \sum_{0 \leqslant m \leqslant n-1, 2|m} A_m^{p+1} A_{n-1-m}^p = W_{p+1,p}.$$

由容斥原理,

$$W_{p+1,p} = 2^{pn} E_{p+1} - \binom{p}{1} 2^{(p-1)n} E_{p+2} + \binom{p}{2} 2^{(p-2)n} E_{p+3} - \cdots + (-1)^p E_{2p+1},$$

所以

$$E_{2p+1} = \binom{p}{1} 2^n E_{2p} - \binom{p}{2} 2^{2n} E_{2p-1} + \cdots + (-1)^{p-1} \binom{p}{p} 2^{pn} E_{p+1} + (-1)^p W_{p+1,p}.$$

类似地,

$$O_{2p+1} = \binom{p}{1} 2^n O_{2p} - \binom{p}{2} 2^{2n} O_{2p-1} + \cdots + (-1)^{p-1} \binom{p}{p} 2^{pn} O_{p+1} + (-1)^p V_{p+1,p}.$$

观察 $R_p = E_p - O_p$ 和 $Q_{p,q} = W_{p,q} - V_{p,q}$, 得到

$$R_{2p+1} = \binom{p}{1} 2^n R_{2p} - \binom{p}{2} 2^{2n} R_{2p-1} + \cdots + (-1)^{p-1} \binom{p}{p} 2^{pn} R_{p+1} + (-1)^p Q_{p+1,p}.$$

正是 (8.3.22).

特别地, 若 n 为奇数, 则 $m, n-1-m$ 有同样的奇偶性,

$$\begin{aligned}
W_{p+1,p} &= \sum_{0 \leqslant m \leqslant n-1, 2|m} A_m^{p+1} A_{n-1-m}^p \\
&= \frac{1}{2} \left(\sum_{0 \leqslant m \leqslant n-1, 2|m} A_m^{p+1} A_{n-1-m}^p + \sum_{0 \leqslant m \leqslant n-1, 2|m} A_{n-1-m}^{p+1} A_m^p \right) \\
&= \frac{1}{2} [(A_0^{p+1} A_{n-1}^p + A_{n-1}^{p+1} A_0^p) \\
&\quad + (A_2^{p+1} A_{n-3}^p + A_{n-3}^{p+1} A_2^p) + \cdots + (A_{n-1}^{p+1} A_0^p + A_0^{p+1} A_{n-1}^p)] \\
&= \frac{1}{2} [A_0^p A_{n-1}^p (A_0 + A_{n-1}) \\
&\quad + A_2^p A_{n-3}^p (A_2 + A_{n-3}) + \cdots + A_{n-1}^p A_0^p (A_{n-1} + A_0)]
\end{aligned}$$

$$= 2^{n-1} \sum_{0 \leqslant m \leqslant n-1, 2|m} A_m^p A_{n-1-m}^p$$

$$= 2^{n-1} W_{p,p}.$$

类似地, $V_{p+1,p} = 2^{n-1} V_{p,p}$. 因此

$$Q_{p+1,p} = W_{p+1,p} - V_{p+1,p} = 2^{n-1}(W_{p,p} - V_{p,p}) = 2^{n-1} Q_{p,p},$$

它蕴含着

$$R_{2p+1} = \binom{p}{1} 2^n R_{2p} - \binom{p}{2} 2^{2n} R_{2p-1} + \cdots + (-1)^{p-1} \binom{p}{p} 2^{pn} R_{p+1}$$

$$+ (-1)^p 2^{n-1} Q_{p,p}.$$

(8.3.23) 的证明被完成. 　　　　　　　　　　　　　　　　　　　　　　□

注 8.3.2　1999 年, 文献 [207] 里给出了 (8.3.15). 接着, 文献 [208] 补充给出了 (8.3.13) 和 (8.3.14) 以及定理 8.3.4 中的递归关系. 文献 [211] 给出了这些结果的组合证明.

8.4　若干 Calkin 类型的恒等式

引理 8.4.1　设 f 定义在非负整数上的一个函数, 则

$$f(\max\{k_1, k_2\}) - f(\min\{k_1, k_2\})$$

$$= \Omega_{\geqslant} \left\{ (f(k_1) - f(k_2)) \lambda^{k_1 - k_2} + (f(k_2) - f(k_1)) \lambda^{k_2 - k_1} \right\}.$$

设 f_k 和 g_k 为两个实数序列, 令

$$S_f(j) = \sum_{k=0}^{j-1} f_k,$$

$$H_g(n) = \sum_{j=0}^{n} \binom{n}{j} g_j,$$

$$P(n, k) = \sum_{j=k}^{n} \binom{n}{j} g_j S_f(j)$$

和

$$Q(n, k) = \sum_{j=k}^{n} \binom{n}{j} g_{n-j} S_f(n-j).$$

则

定理 8.4.1 [212]

$$\sum_{k=0}^{n} f_k \left(\sum_{j=0}^{k} \binom{n}{j} g_j \right) = S_f(n+1)H_g(n) - P(n,0) \qquad (8.4.1)$$

和

$$\sum_{k=0}^{n} f_k \left(\sum_{j=0}^{k} \binom{n}{j} g_j \right)^2 = S_f(n+1)H_g^2(n) - H_g(n)P(n,0) - \sum_{k=0}^{n} \binom{n}{k} \Delta(n,k),$$
$$(8.4.2)$$

这里 $\Delta(n,k) = g_k P(n,k) - g_{n-k} Q(n,k)$.

证明 定理 8.4.1 的第一个式子通过交换和序可直接得到. 只证明第二式. 由于

$$\sum_{k=0}^{n} f_k \left(\sum_{j=0}^{k} \binom{n}{j} g_j \right)^2 = \sum_{k=0}^{n} f_k \left(\sum_{k \geqslant k_1, k_2 \geqslant 0} \binom{n}{k_1}\binom{n}{k_2} g_{k_1} g_{k_2} \right)$$

$$= \sum_{n \geqslant k_1, k_2 \geqslant 0} \binom{n}{k_1}\binom{n}{k_2} g_{k_1} g_{k_2} \sum_{k=\max\{k_1,k_2\}}^{n} f_k$$

$$= \sum_{n \geqslant k_1, k_2 \geqslant 0} \binom{n}{k_1}\binom{n}{k_2} g_{k_1} g_{k_2} \{S_f(n+1) - S_f(\max\{k_1,k_2\})\}$$

$$= S_f(n+1)H_g^2(n) - \sum_{n \geqslant k_1, k_2 \geqslant 0} \binom{n}{k_1}\binom{n}{k_2} g_{k_1} g_{k_2} S_f(\max\{k_1,k_2\})$$

$$= S_f(n+1)H_g^2(n) - \mathcal{M}_g(n),$$

这里 $\mathcal{M}_g(n) = \displaystyle\sum_{n \geqslant k_1, k_2 \geqslant 0} \binom{n}{k_1}\binom{n}{k_2} g_{k_1} g_{k_2} S_f(\max\{k_1,k_2\})$. 令

$$\mathcal{N}_g(n) = \sum_{n \geqslant k_1, k_2 \geqslant 0} \binom{n}{k_1}\binom{n}{k_2} g_{k_1} g_{k_2} S_f(\min\{k_1,k_2\}).$$

则有

$$\mathcal{M}_g(n) + \mathcal{N}_g(n)$$

$$= \sum_{n \geqslant k_1, k_2 \geqslant 0} \binom{n}{k_1}\binom{n}{k_2} g_{k_1} g_{k_2} \{S_f(\max\{k_1,k_2\}) + S_f(\min\{k_1,k_2\})\}$$

$$= \sum_{n \geqslant k_1, k_2 \geqslant 0} \binom{n}{k_1} \binom{n}{k_2} g_{k_1} g_{k_2} \left\{ S_f(k_1) + S_f(k_2) \right\}$$

$$= 2 H_g(n) \sum_{k=0}^{n} \binom{n}{k} g_k S_f(k)$$

$$= 2 H_g(n) P(n, 0)$$

和

$$\mathcal{M}_g(n) - \mathcal{N}_g(n)$$

$$= \sum_{n \geqslant k_1, k_2 \geqslant 0} \binom{n}{k_1} \binom{n}{k_2} g_{k_1} g_{k_2} \left\{ S_f\left(\max\{k_1, k_2\} \right) - S_f\left(\min\{k_1, k_2\} \right) \right\}$$

$$= \Omega_{\geqslant} \sum_{n \geqslant k_1, k_2 \geqslant 0} \binom{n}{k_1} \binom{n}{k_2} g_{k_1} g_{k_2} \left\{ \left(S_f(k_1) - S_f(k_2) \right) \lambda^{k_1 - k_2} \right.$$

$$\left. + \left(S_f(k_2) - S_f(k_1) \right) \lambda^{k_2 - k_1} \right\}$$

$$= 2 \Omega_{\geqslant} \left\{ \left(\sum_{j=0}^{n} \binom{n}{j} g_j \lambda^{-j} \right) \left(\sum_{k=0}^{n} \binom{n}{k} g_k S_f(k) \lambda^{k} \right) \right.$$

$$\left. - \left(\sum_{j=0}^{n} \binom{n}{j} g_j \lambda^{j} \right) \left(\sum_{k=0}^{n} \binom{n}{k} g_k S_f(k) \lambda^{-k} \right) \right\}$$

$$= 2 \Omega_{\geqslant} \lambda^{-n} \left\{ \sum_{j=0}^{n} \binom{n}{j} g_{n-j} \sum_{k=0}^{n} \binom{n}{k} g_k S_f(k) \lambda^{k+j} \right.$$

$$\left. - \sum_{j=0}^{n} \binom{n}{j} g_j \sum_{k=0}^{n} \binom{n}{k} g_{n-k} S_f(n-k) \lambda^{k+j} \right\}$$

$$= 2 \Omega_{\geqslant} \lambda^{-n} \left\{ \sum_{s=0}^{2n} \left(\sum_{k=0}^{s} \binom{n}{s-k} g_{n-s+k} \binom{n}{k} g_k S_f(k) \right. \right.$$

$$\left. \left. - \sum_{k=0}^{s} \binom{n}{s-k} g_{s-k} \binom{n}{k} g_{n-k} S_f(n-k) \right) \lambda^{s} \right\}$$

$$= 2 \sum_{s=n}^{2n} \left(\sum_{k=0}^{s} \binom{n}{s-k} g_{n-s+k} \binom{n}{k} g_k S_f(k) \right.$$

$$\left. - \sum_{k=0}^{s} \binom{n}{s-k} g_{s-k} \binom{n}{k} g_{n-k} S_f(n-k) \right)$$

$$= 2 \sum_{s=n}^{2n} \sum_{k=0}^{s} \binom{n}{s-k} \binom{n}{k} \{ g_{n-s+k} g_k S_f(k) - g_{s-k} g_{n-k} S_f(n-k) \}$$

$$= 2 \sum_{s=0}^{n} \sum_{k=s}^{n+s} \binom{n}{k-s} \binom{n}{k} \{ g_{k-s} g_k S_f(k) - g_{n+s-k} g_{n-k} S_f(n-k) \}$$

$$= 2 \sum_{s=0}^{n} \sum_{k=0}^{n} \binom{n}{k} \binom{n}{k+s} \{ g_k g_{k+s} S_f(k+s) - g_{n-k} g_{n-k-s} S_f(n-k-s) \}$$

$$= 2 \sum_{k=0}^{n} \binom{n}{k} \sum_{j=k}^{n} \binom{n}{j} \{ g_k g_j S_f(j) - g_{n-k} g_{n-j} S_f(n-j) \}$$

$$= 2 \sum_{k=0}^{n} \binom{n}{k} \{ g_k P(n,k) - g_{n-k} Q(n,k) \}$$

$$= 2 \sum_{k=0}^{n} \binom{n}{k} \Delta(n,k).$$

重写 $\mathcal{M}_g(n) + \mathcal{N}_g(n)$ 和 $\mathcal{M}_g(n) - \mathcal{N}_g(n)$ 产生

$$\mathcal{M}_g(n) = H_g(n) P(n,0) + \sum_{k=0}^{n} \binom{n}{k} \Delta(n,k),$$

由此得证结果. □

利用定理 8.4.1 可以重新得到 Calkin 恒等式及其交错形式以及其他有趣的结果.

(1) Calkin 恒等式及其交错形式的重新证明.

由于 (8.3.1) 与 (8.3.2) 为简单情形, 我们仅证明 (8.3.3). 引入三个引理.

引理 8.4.2

$$\sum_{i=0}^{n-1} \binom{n-1}{i} \sum_{j=i}^{n} \binom{n}{j} = \sum_{v=n-1}^{2n-1} \binom{2n-1}{v}.$$

证明

$$\sum_{v=n-1}^{2n-1} \binom{2n-1}{v} = \Omega_{\geqslant} \lambda^{-n+1} \sum_{v=0}^{2n-1} \binom{2n-1}{v} \lambda^v$$

$$= \Omega_{\geqslant} \lambda^{-n+1} (1+\lambda)^{2n-1} = \Omega_{\geqslant} \lambda^{-n+1} \sum_{i=0}^{n} \binom{n}{i} \lambda^i \sum_{j=0}^{n-1} \binom{n-1}{j} \lambda^j$$

$$= \Omega_{\geqslant} \lambda^{-n+1} \sum_{j=0}^{2n-1} \sum_{i=0}^{j} \binom{n}{i} \binom{n-1}{j-i} \lambda^j = \sum_{j=n-1}^{2n-1} \sum_{i=0}^{j} \binom{n}{i} \binom{n-1}{j-i}$$

$$= \sum_{j=0}^{n} \sum_{i=0}^{n-1} \binom{n}{i+j} \binom{n-1}{i} = \sum_{i=0}^{n-1} \binom{n-1}{i} \sum_{j=0}^{n} \binom{n}{i+j}$$

$$= \sum_{i=0}^{n-1} \binom{n-1}{i} \sum_{j=i}^{n} \binom{n}{j}. \qquad \qquad \square$$

引理 8.4.3

$$\sum_{i=1}^{n-1} \binom{n-1}{i-1} \sum_{j=i}^{n} \binom{n}{j} = -\frac{1}{2} \binom{2n}{n} + \sum_{v=n-1}^{2n-1} \binom{2n-1}{v}.$$

证明

$$\sum_{i=1}^{n-1} \binom{n-1}{i-1} \sum_{j=i}^{n} \binom{n}{j} = \sum_{i=0}^{n-1} \binom{n-1}{i} \sum_{j=i+1}^{n} \binom{n}{j}$$

$$= \sum_{i=0}^{n-1} \binom{n-1}{i} \sum_{j=i}^{n} \binom{n}{j} - \sum_{i=0}^{n-1} \binom{n-1}{i} \binom{n}{i} = \sum_{v=n-1}^{2n-1} \binom{n-1}{v} - \binom{2n-1}{n}$$

(应用引理 8.4.2)

$$= -\frac{1}{2} \binom{2n}{n} + \sum_{v=n-1}^{2n-1} \binom{2n-1}{v}. \qquad \qquad \square$$

引理 8.4.4

$$\sum_{i=0}^{j} \binom{n}{i} (j-i) - \sum_{i=0}^{n-j} \binom{n}{i} (n-j-i) = 2^j - n2^{n-1}.$$

证明　由

$$\sum_{j=0}^{k} \binom{n}{j} + \sum_{j=0}^{n-1-k} \binom{n}{j} = 2^n,$$

则有

$$\sum_{i=0}^{j} \binom{n}{i} (j-i) - \sum_{i=0}^{n-j} \binom{n}{i} (n-j-i)$$

$$= j \sum_{i=0}^{j} \binom{n}{i} - \sum_{i=0}^{j} i \binom{n}{i} - n \sum_{i=0}^{n-j} \binom{n}{i} + j \sum_{i=0}^{n-j} \binom{n}{i} + \sum_{i=0}^{n-j} i \binom{n}{i}$$

$$= j \left(2^n - \sum_{i=0}^{n-j-1} \binom{n}{i} \right) - n \sum_{i=1}^{j} \binom{n-1}{i-1}$$

$$- n \sum_{i=0}^{n-j} \binom{n}{i} + j \sum_{i=0}^{n-j} \binom{n}{i} + n \sum_{i=0}^{n-j} \binom{n-1}{i-1}$$

$$= j 2^n - j \sum_{i=0}^{n-j-1} \binom{n}{i} - n \sum_{i=0}^{j-1} \binom{n-1}{i}$$

$$- n \sum_{i=0}^{n-j} \binom{n}{i} + j \sum_{i=0}^{n-j} \binom{n}{i} + n \sum_{i=0}^{n-j-1} \binom{n-1}{i}$$

$$= j 2^n + j \binom{n}{n-j} - n \sum_{i=0}^{j-1} \binom{n-1}{i} - n \sum_{i=0}^{n-j} \binom{n}{i} + n \sum_{i=0}^{n-j-1} \binom{n-1}{i}$$

$$= j 2^n + j \binom{n}{j} - n \sum_{i=0}^{j-1} \binom{n-1}{i} - n \sum_{i=0}^{n-j} \binom{n-1}{i}$$

$$- n \sum_{i=0}^{n-j-1} \binom{n-1}{i} + n \sum_{i=0}^{n-j-1} \binom{n-1}{i}$$

$$= j 2^n + j \binom{n}{j} - n \left(\sum_{i=0}^{j-1} \binom{n-1}{i} + \sum_{i=0}^{n-j} \binom{n-1}{i} \right)$$

$$= j 2^n + j \binom{n}{j} - n \left(2^{n-1} - \binom{n-1}{j-1} \right)$$

$$= 2^n j - n 2^{n-1}. \qquad \qquad \square$$

现在证明 (8.3.3). 事实上, 在 (8.4.2) 里, 通过取 $f_k = \sum_{j=0}^{k} \binom{n}{j}$ 和 $g_k = 1$, 得到 (8.3.3) 的左边. 在此种情形下, 有

$$S_f(n) = \sum_{k=0}^{n-1} \sum_{j=0}^{k} \binom{n}{j} = (n-1) 2^{n-2} + 2^{n-1}, \quad H_g(n) = \sum_{j=0}^{n} \binom{n}{j} = 2^n,$$

$$S_f(j) = \sum_{k=0}^{j-1} \sum_{i=0}^{k} \binom{n}{i} = \sum_{i=0}^{j-1} \binom{n}{i} (j-i) = \sum_{i=0}^{j} \binom{n}{i} (j-i) \quad (0 \leqslant j < n),$$

$$P(n,0) = \sum_{j=0}^{n} \binom{n}{j} \sum_{i=0}^{j} \binom{n}{i} (j-i)$$

$$= \sum_{i=0}^{n} \binom{n}{i} \sum_{j=i}^{n} \binom{n}{j} (j-i) = \sum_{i=0}^{n} \binom{n}{i} \sum_{j=i}^{n} \binom{n}{j} j - n \sum_{i=0}^{n} \binom{n-1}{i-1} \sum_{j=i}^{n} \binom{n}{j}$$

(分别应用引理 8.4.2 和引理 8.4.3)

$$= n \sum_{v=n-1}^{2n-1} \binom{2n-1}{n} - n \left(\sum_{v=n-1}^{2n-1} \binom{2n-1}{n} - \frac{1}{2}\binom{2n}{n} \right)$$

$$= \frac{1}{2} n \binom{2n}{n}$$

和

$$\sum_{k=0}^{n} \binom{n}{k} \Delta(n,k) = \sum_{k=0}^{n} \binom{n}{k} \sum_{j=k}^{n} \binom{n}{j} \left(\sum_{i=0}^{j} \binom{n}{i}(j-i) - \sum_{i=0}^{n-j} \binom{n}{i}(n-j-i) \right)$$

$$= \sum_{k=0}^{n} \binom{n}{k} \sum_{j=k}^{n} \binom{n}{j} (2^j - n2^{n-1}) \quad \text{(应用引理 8.4.4)}$$

$$= 2^n \sum_{k=0}^{n} \binom{n}{k} \sum_{j=k}^{n} \binom{n}{j} j - n2^{n-1} \sum_{k=0}^{n} \binom{n}{k} \sum_{j=k}^{n} \binom{n}{j}$$

$$= 2^n n \sum_{v=n-1}^{2n-1} \binom{2n-1}{v} - 2^{n-1} n \sum_{v=n}^{2n} \binom{2n}{v} \quad \text{(应用引理 8.4.2)}$$

$$= n2^{n-1} \left(2 \sum_{v=n-1}^{2n-1} \binom{2n-1}{v} - \sum_{v=n}^{2n} \binom{2n}{v} \right)$$

$$= n2^{n-1} \left(\sum_{v=n}^{2n-1} \left(2\binom{2n-1}{v} - \binom{2n}{v} \right) + 2\binom{2n-1}{n-1} - 1 \right)$$

$$= n2^{n-1} \left(\sum_{v=n}^{2n-1} \left(\binom{2n-1}{v} - \binom{2n-1}{v-1} \right) + 2\binom{2n-1}{n-1} - 1 \right)$$

$$= n2^{n-1} \left(1 - \binom{2n-1}{n-1} + 2\binom{2n-1}{n-1} - 1 \right) = n2^{n-1} \binom{2n-1}{n-1}$$

$$= n2^{n-2} \binom{2n}{n}.$$

将这些结果代入到 (8.4.2) 的右边, 直接得到 (8.3.3).

类似地, 可以考虑交错情形, 也就是恒等式 (8.3.15). 同样也需要两个引理.

引理 8.4.5

$$\sum_{j=0}^{n}\binom{n}{j}\sum_{i=0}^{j}\binom{n}{i}\left((-1)^i-(-1)^j\right)=\begin{cases}0, & n \text{ 为偶数,}\\ 2(-1)^{\frac{n-1}{2}}\binom{n-1}{\frac{n-1}{2}}, & n \text{ 为奇数.}\end{cases}$$

证明

$$\sum_{j=0}^{n}\binom{n}{j}\sum_{i=0}^{j}\binom{n}{i}\left((-1)^i-(-1)^j\right)=\sum_{i=0}^{n}\sum_{j=i}^{n}\binom{n}{j}\binom{n}{i}\left((-1)^i-(-1)^j\right)$$

$$=\sum_{j=0}^{n}\sum_{i=0}^{n}\binom{n}{i+j}\binom{n}{i}\left((-1)^i-(-1)^{i+j}\right)$$

$$=\sum_{j=0}^{n}\sum_{i=j}^{n+j}\binom{n}{i}\binom{n}{i-j}\left((-1)^{i-j}-(-1)^i\right)$$

$$=\sum_{j=n}^{2n}\sum_{i=0}^{j}\binom{n}{i}\binom{n}{j-i}\left((-1)^{i-j+n}-(-1)^i\right)$$

$$=\Omega_{\geqslant}\lambda^{-n}\sum_{j=0}^{2n}\sum_{i=0}^{j}\binom{n}{i}\binom{n}{j-i}\left((-1)^{i-j+n}-(-1)^i\right)\lambda^j$$

$$=\Omega_{\geqslant}\lambda^{-n}\left((-1)^n\sum_{j=0}^{2n}\sum_{i=0}^{j}\binom{n}{i}\binom{n}{j-i}(-1)^{i-j}\lambda^j\right.$$

$$\left.-\sum_{j=0}^{2n}\sum_{i=0}^{j}\binom{n}{i}\binom{n}{j-i}(-1)^i\lambda^j\right)$$

$$=\Omega_{\geqslant}\lambda^{-n}\left((-1)^n(1+\lambda)^n(1-\lambda)^n-(1+\lambda)^n(1-\lambda)^n\right)$$

$$=((-1)^n-1)\Omega_{\geqslant}\lambda^{-n}(1-\lambda^2)^n=((-1)^n-1)\Omega_{\geqslant}\lambda^{-n}\sum_{k=0}^{n}\binom{n}{k}(-1)^k\lambda^{2k}$$

$$=\begin{cases}0, & n \text{ 为偶数,}\\ -2\sum_{k=\frac{n+1}{2}}^{n}\binom{n}{k}(-1)^k, & n \text{ 为奇数}\end{cases}$$

$$= \begin{cases} 0, & n \text{ 为偶数}, \\ 2(-1)^{\frac{n-1}{2}} \binom{n-1}{\frac{n-1}{2}}, & n \text{ 为奇数}. \end{cases}$$
□

引理 8.4.6　设 n 为奇数. 则

$$\sum_{i=0}^{j} \binom{n}{i} \left((-1)^i - (-1)^j\right) - \sum_{i=0}^{n-j} \binom{n}{i} \left((-1)^i - (-1)^{n-j}\right) = -(-1)^j 2^n$$

和

$$\sum_{j=0}^{n} \binom{n}{j} \sum_{i=0}^{j} \binom{n}{i} (-1)^j = -(-1)^{\frac{n-1}{2}} \binom{n-1}{\frac{n-1}{2}}.$$

证明　注意到

$$\sum_{i=0}^{j} \binom{n}{i} (-1)^i + \sum_{i=0}^{n-j-1} \binom{n}{i} (-1)^{n-i} = 0,$$

经过简单计算得到第一个式子. 事实上引理 8.4.5 的证明蕴含第二个式子. □

取 $f_k = (-1)^k \sum_{j=0}^{k} \binom{n}{j}$ 和 $g_k = 1$ 我们得到

$$S_f(n+1) = \sum_{k=0}^{n} (-1)^k \sum_{j=0}^{k} \binom{n}{j} = (-1)^n 2^{n-1}, \quad H_g(n) = \sum_{j=0}^{n} \binom{n}{j} = 2^n,$$

$$S_f(j) = \sum_{k=0}^{j-1} (-1)^k \sum_{j=0}^{k} \binom{n}{j} = \sum_{i=0}^{j-1} \binom{n}{i} \sum_{k=i}^{j-1} (-1)^k = \sum_{i=0}^{j-1} \binom{n}{i} \frac{(-1)^i - (-1)^j}{2}$$

$$= \frac{1}{2} \sum_{i=0}^{j} \binom{n}{i} \left((-1)^i - (-1)^j\right) \quad (0 \leqslant j < n),$$

应用引理 8.4.5, 有

$$P(n,0) = \frac{1}{2} \sum_{j=0}^{n} \binom{n}{j} \sum_{i=0}^{j} \binom{n}{i} \left((-1)^i - (-1)^j\right)$$

$$= \begin{cases} 0, & n \text{ 为偶数}, \\ (-1)^{\frac{n-1}{2}} \binom{n-1}{\frac{n-1}{2}}, & n \text{ 为奇数}. \end{cases}$$

应用引理 8.4.6, 当 n 为奇数时, 有

$$\sum_{k=0}^{n} \binom{n}{k} \Delta(n,k)$$

$$= \sum_{k=0}^{n} \binom{n}{k} \sum_{j=k}^{n} \binom{n}{j} \left(\sum_{i=0}^{j} \binom{n}{i} \left((-1)^i - (-1)^j \right) - \sum_{i=0}^{n-j} \binom{n}{i} \left((-1)^i - (-1)^{n-j} \right) \right)$$

$$= \sum_{k=0}^{n} \binom{n}{k} \sum_{j=k}^{n} \binom{n}{j} (-1)^{j-1} 2^{n-1} = -2^{n-1} \sum_{k=0}^{n} \binom{n}{k} \sum_{j=k}^{n} \binom{n}{j} (-1)^j$$

$$= 2^{n-1} (-1)^{\frac{n-1}{2}} \binom{n-1}{\frac{n-1}{2}}.$$

将这些结果代入到 (8.4.2), 得到 (8.3.15).

(2) 涉及幂函数的恒等式.

取 $f_k = x^k$ 和 $g_k = 1$, 有 $S_f(n) = \dfrac{1-x^n}{1-x}$, $H_g(n) = 2^n$ 和 $\Delta = \dfrac{1}{1-x} \sum_{j=k}^{n} \binom{n}{j} \cdot$

$(x^{n-j} - x^j)$. 将其代入定理 8.4.1 产生下列结果.

定理 8.4.2

$$\sum_{k=0}^{n} x^k \left(\sum_{j=0}^{k} \binom{n}{j} \right) = \frac{1}{1-x} \left\{ (x+1)^n - 2^n x^{n+1} \right\} \tag{8.4.3}$$

和

$$\sum_{k=0}^{n} x^k \left(\sum_{j=0}^{k} \binom{n}{j} \right)^2$$

$$= \frac{1}{1-x} \left\{ -x^{n+1} 2^{2n} + (1+x)^n 2^n + \sum_{k=0}^{n} \binom{n}{k} \left(F_{n,k}(x) - x^n F_{n,k}\left(\frac{1}{x}\right) \right) \right\},$$

这里 $F_{n,k}(x) = \sum_{j=k}^{n} \binom{n}{j} x^j$.

(3) 涉及指数函数的恒等式.

在定理 8.4.1 里, 取 $f_k = k^t$ 和 $g_k = 1$, 应用下面的引理 8.4.7—引理 8.4.9 得

定理 8.4.3 [213]

$$\sum_{k=0}^{n} k^t \left(\sum_{j=0}^{k} \binom{n}{j} \right)$$

$$= \frac{2^n}{t+1} \left\{ B_{t+1}(n+1) - \sum_{k=0}^{t+1} \binom{t+1}{k} B_{t+1-k} \sum_{i=0}^{k} 2^{-i}(n)_i S(k,i) \right\}$$

和

$$\sum_{k=0}^{n} k^t \left(\sum_{j=0}^{k} \binom{n}{j} \right)^2$$

$$= \frac{1}{t+1} \left\{ 2^{2n} B_{t+1}(n+1) \right.$$

$$\left. - \sum_{k=0}^{t+1} \binom{t+1}{k} B_{t+1-k} \sum_{p=0}^{k} (n)_p S(k,p) \left(2^{2n-p} + \sum_{j=0}^{p-1} \binom{2n-p}{n-j} \right) \right\}.$$

引理 8.4.7

$$B_n(y) = \sum_{k=0}^{n} \binom{n}{k} B_{n-k} y^k$$

和

$$\sum_{k=0}^{n} k^t = \frac{1}{t+1} \left\{ B_{t+1}(n+1) - B_{t+1} \right\},$$

这里 $B_n(y)$ 和 B_n 分别为 Bernoulli 多项式和 Bernoulli 数.

证明　见文献 [29].　　　　　　　　　　　　　　　　　　　　　　　□

引理 8.4.8　令 x 为任意实数. 则

$$\sum_{i=0}^{n} \binom{n}{i} i^k x^i = \sum_{p=0}^{k} S(k,p) x^p (n)_p (1+x)^{n-p},$$

这里 $S(k,i)$ 为第二类 Stirling 数以及 $(n)_i = n(n-1)\cdots(n-i+1)$.

证明　见文献 [213].　　　　　　　　　　　　　　　　　　　　　　□

引理 8.4.9

$$\sum_{i=0}^{n} \binom{n}{i} \sum_{j=i}^{n} \binom{n}{j} j^k = \sum_{p=0}^{k} S(k,p)(n)_p \sum_{v=n-p}^{2n-p} \binom{2n-p}{v}$$

和

$$\sum_{i=0}^{n} \binom{n}{i} \sum_{j=i}^{n} \binom{n}{j} (n-j)^k = \sum_{p=0}^{k} S(k,p)(n)_p \sum_{v=n}^{2n-p} \binom{2n-p}{v}.$$

证明 应用引理 8.4.8, 有

$$\sum_{p=0}^{k} S(k,p)(n)_p \sum_{v=n-p}^{2n-p} \binom{2n-p}{v} = \Omega_{\geqslant} \lambda^{-n+p} \sum_{p=0}^{k} S(k,p)(n)_p \sum_{v=0}^{2n-p} \binom{2n-p}{v} \lambda^v$$

$$= \Omega_{\geqslant} \lambda^{-n+p} \sum_{p=0}^{k} S(k,p)(n)_p (1+\lambda)^{2n-p}$$

$$= \Omega_{\geqslant} \lambda^{-n} (1+\lambda)^n \sum_{p=0}^{k} S(k,p)(n)_p \lambda^p (1+\lambda)^{n-p}$$

$$= \Omega_{\geqslant} \lambda^{-n} (1+\lambda)^n \sum_{i=0}^{n} \binom{n}{i} i^k \lambda^i = \Omega_{\geqslant} \lambda^{-n} \sum_{j=0}^{n} \binom{n}{j} \lambda^j \sum_{i=0}^{n} \binom{n}{i} i^k \lambda^i$$

$$= \Omega_{\geqslant} \lambda^{-n} \sum_{j=0}^{2n} \sum_{i=0}^{j} \binom{n}{j-i} \binom{n}{i} i^k \lambda^j$$

$$= \sum_{j=n}^{2n} \sum_{i=0}^{j} \binom{n}{j-i} \binom{n}{i} i^k = \sum_{j=0}^{n} \sum_{i=j}^{n+j} \binom{n}{i-j} \binom{n}{i} i^k$$

$$= \sum_{j=0}^{n} \sum_{i=0}^{n} \binom{n}{i} \binom{n}{i+j} (i+j)^k = \sum_{i=0}^{n} \binom{n}{i} \sum_{j=i}^{n} \binom{n}{j} j^k.$$

类似地, 第二个式子可以被证明. □

在定理 8.4.1 中, 取 $f_k = (-1)^k k^t$, $g_k = 1$ 并应用下面的引理 8.4.10 和引理 8.4.11, 得到

定理 8.4.4

$$\sum_{k=0}^{n} (-1)^k k^t \left(\sum_{j=0}^{k} \binom{n}{j} \right)$$

$$= (-1)^n 2^{n-1} E_t(n+1) + \frac{n!}{2^{t+1}} \sum_{k=0}^{t} (-1)^{n+k} \binom{t}{k} E_{t-k} \sum_{i=0}^{k} (-1)^i 2^i \binom{k}{i} S(i,n)$$

和

$$\sum_{k=0}^{n}(-1)^k k^t \left(\sum_{j=0}^{k}\binom{n}{j}\right)^2$$

$$= (-1)^n 2^{2n-1} E_t(n+1) + (-1)^n n! 2^{n-t-1}\sum_{k=0}^{t}\binom{t}{k}E_{t-k}\sum_{i=0}^{k}(-1)^{k-i}\binom{k}{i}2^i S(i,n)$$

$$+ \frac{1}{2}\sum_{k=0}^{n}\binom{n}{k}\sum_{j=k}^{n}(-1)^j\binom{n}{j}\{E_t(j) - (-1)^n E_t(n-j)\},$$

这里 $E_n(y)$ 和 E_n 分别为 Euler 多项式和 Euler 数.

　　引理 8.4.10

$$E_n(y) = \sum_{k=0}^{n}\binom{n}{k}\frac{E_{n-k}}{2^{n-k}}\left(y-\frac{1}{2}\right)^k$$

和

$$\sum_{k=0}^{n}(-1)^k k^t = \frac{(-1)^n E_t(n+1) + E_t(0)}{2}.$$

　　引理 8.4.11

$$\sum_{j=0}^{n}(-1)^j\binom{n}{j}(2j-1)^k = \begin{cases} 0, & k < n, \\ (-1)^{n+k}n!\sum_{i=n}^{k}(-1)^i 2^i\binom{k}{i}S(i,n), & k \geqslant n, \end{cases}$$

这里 $S(i,n)$ 为第二类 Stirling 数.

　　证明　注意到定理 6.1.2:

$$\sum_{j=0}^{n}(-1)^j\binom{n}{j}j^i = (-1)^n n! S(i,n),$$

得

$$\sum_{j=0}^{n}(-1)^j\binom{n}{j}(2j-1)^k = \sum_{j=0}^{n}(-1)^j\binom{n}{j}\sum_{i=0}^{k}\binom{k}{i}(-1)^{k-i}2^i j^i$$

$$= \sum_{i=0}^{k}(-1)^{k-i}\binom{k}{i}2^i \sum_{j=0}^{n}\binom{k}{j}(-1)^j j^i$$

$$= \sum_{i=0}^{k} (-1)^{k-i} \binom{k}{i} 2^i (-1)^n n! S(i,n)$$

$$= (-1)^{n+k} n! \sum_{i=n}^{k} (-1)^i \binom{k}{i} 2^i S(i,n). \qquad \square$$

推论 8.4.1 对 $t < n$, 有

$$\sum_{k=0}^{n} (-1)^k k^t \left(\sum_{j=0}^{k} \binom{n}{j} \right) = (-1)^n 2^{n-1} E_t(n+1)$$

和

$$\sum_{k=0}^{n} (-1)^k k^t \left(\sum_{j=0}^{k} \binom{n}{j} \right)^2$$

$$= (-1)^n 2^{2n-1} E_t(n+1) + \frac{1}{2} \sum_{k=0}^{n} \binom{n}{k} \sum_{j=k}^{n} (-1)^j \binom{n}{j} \left\{ E_t(j) - (-1)^n E_t(n-j) \right\}.$$

推论 8.4.2

$$\sum_{k=0}^{n} (-1)^k k \left(\sum_{j=0}^{k} \binom{n}{j} \right) = \begin{cases} 0, & n = 0, \\ -2, & n = 1, \\ (-1)^n (2n+1) 2^{n-2}, & n \geqslant 2, \end{cases}$$

$$\sum_{k=0}^{n} (-1)^k k^2 \left(\sum_{j=0}^{k} \binom{n}{j} \right) = \begin{cases} 0, & n = 0, \\ -2, & n = 1, \\ 13, & n = 2, \\ (-1)^n (n+1) 2^{n-1}, & n \geqslant 3 \end{cases}$$

和

$$\sum_{k=0}^{n} (-1)^k k \left(\sum_{j=0}^{k} \binom{n}{j} \right)^2 = \begin{cases} 0, & n = 0, \\ -4, & n = 1, \\ (-1)^n \left(n + \frac{1}{2} \right) 2^{2n-1} + W(n), & n \geqslant 2, \end{cases}$$

这里 $W(n) = \dfrac{1}{2} \sum_{k=0}^{n} \binom{n}{k} \sum_{j=k}^{n} (-1)^j \binom{n}{j} \left\{ (-1)^{n-1} n + \dfrac{(-1)^n - 1}{2} + (1 + (-1)^n) j \right\}.$

特别地, 当 n 为奇数时, 应用定理 8.4.4, 有

$$\sum_{k=0}^{n}(-1)^k k \left(\sum_{j=0}^{k}\binom{n}{j}\right)^2$$

$$= \begin{cases} -4, & n=1, \\ -2^{2n-2}(2n+1) - \dfrac{1}{2}(n-1)(-1)^{\frac{n-1}{2}}\dbinom{n-1}{\dfrac{n-1}{2}}, & n=3,5,7,\cdots. \end{cases}$$

(4) 涉及二项式系数的恒等式.

在定理 8.4.1 里, 取 $f_k = \dbinom{k}{x}$ 和 $g_k = 1$, 应用下面的引理 8.4.12 得

定理 8.4.5

$$\sum_{k=0}^{n}\binom{k}{x}\left(\sum_{j=0}^{k}\binom{n}{j}\right) = 2^{n-x-1}\left\{2^{x+1}\binom{n+1}{x+1} - \binom{n}{x+1}\right\}$$

和

$$\sum_{k=0}^{n}\binom{k}{x}\left(\sum_{j=0}^{k}\binom{n}{j}\right)^2$$

$$= 2^{2n}\binom{n+1}{x+1} - \binom{n}{x+1}\left\{2^{2n-x-1} + \sum_{k=0}^{x}\binom{2n-x-1}{n-k-1}\right\}.$$

引理 8.4.12

$$\sum_{k=0}^{n}\binom{n}{k}\sum_{j=k}^{n}\binom{n-x-1}{j-x-1} = \sum_{k=n-x-1}^{2n-x-1}\binom{2n-x-1}{k}.$$

特别地,

$$\sum_{k=0}^{n}\binom{n}{k}\sum_{j=k}^{n}\binom{n}{j} = \sum_{k=n}^{2n}\binom{2n}{k}.$$

证明

$$\sum_{k=n-x-1}^{2n-x-1}\binom{2n-x-1}{k} = \Omega_{\geqslant}\sum_{k=0}^{2n-x-1}\binom{2n-x-1}{k}\lambda^{k-n+x+1}$$

$$= \Omega_{\geqslant} \lambda^{-n+x+1}(1+\lambda)^{2n-x-1} = \Omega_{\geqslant} \lambda^{x+1}\left(1+\frac{1}{\lambda}\right)^n (1+\lambda)^{n-x-1}$$

$$= \Omega_{\geqslant}\left(1+\frac{1}{\lambda}\right)^n \sum_{k=0}^{n}\binom{n-x-1}{k-x-1}\lambda^k = \Omega_{\geqslant}\lambda^{-n}\sum_{j=0}^{n}\binom{n}{j}\lambda^j \sum_{k=0}^{n}\binom{n-x-1}{k-x-1}\lambda^k$$

$$= \Omega_{\geqslant}\lambda^{-n}\sum_{s=0}^{2n}\sum_{k=0}^{s}\binom{n}{s-k}\binom{n-x-1}{k-x-1}\lambda^s = \sum_{s=n}^{2n}\sum_{k=0}^{s}\binom{n}{s-k}\binom{n-x-1}{k-x-1}$$

$$= \sum_{s=0}^{n}\sum_{k=s}^{n+s}\binom{n}{k-s}\binom{n-x-1}{k-x-1} = \sum_{k=0}^{n}\binom{n}{k}\sum_{s=0}^{n}\binom{n-x-1}{k+s-x-1}$$

$$= \sum_{k=0}^{n}\binom{n}{k}\sum_{j=k}^{n}\binom{n-x-1}{j-x-1}. \qquad \Box$$

在定理 8.4.5 里, 取 $x = 0$, 再一次得到恒等式 (8.3.1) 和 (8.3.2). 若 $x = 1$ 或 2, 则得到

$$\sum_{k=0}^{n} k\left(\sum_{j=0}^{k}\binom{n}{j}\right) = n(3n+5)2^{n-3},$$

$$\sum_{k=0}^{n} k(k-1)\left(\sum_{j=0}^{k}\binom{n}{j}\right) = 2^{n-1}\binom{n+1}{3} - 2^{n-4}\binom{n}{3},$$

$$\sum_{k=0}^{n} k(k-1)(k-2)\left(\sum_{j=0}^{k}\binom{n}{j}\right) = \frac{1}{3}2^{n-4}\left\{8\binom{n+1}{4} - \binom{n}{4}\right\},$$

$$\sum_{k=0}^{n} k\left(\sum_{j=0}^{k}\binom{n}{j}\right)^2 = n(5n+3)2^{2n-3} - \frac{1}{4}n(n-1)\binom{2n}{n},$$

$$\sum_{k=0}^{n} k(k-1)\left(\sum_{j=0}^{k}\binom{n}{j}\right)^2$$

$$= \frac{1}{3}2^{2n-5}n(n-1)(8n+5) - \frac{1}{4}n(n-1)\left\{\binom{2n-2}{n} + \binom{2n-3}{n-1}\right\}.$$

在定理 8.4.1 里, 取 $f_k = (-1)^k\binom{x}{k}$ 和 $g_k = 1$, 则

定理 8.4.6

$$\sum_{k=0}^{n}(-1)^k\binom{x}{k}\left(\sum_{j=0}^{k}\binom{n}{j}\right)=(-1)^n\binom{x-1}{n}2^n+P_n(0)$$

和

$$\sum_{k=0}^{n}(-1)^k\binom{x}{k}\left(\sum_{j=0}^{k}\binom{n}{j}\right)^2$$

$$=(-1)^n2^{2n}\binom{x-1}{n}+2^nP_n(0)+\sum_{k=0}^{n}\binom{n}{k}\{P_n(k)-(-1)^nQ_n(k)\},$$

这里

$$P_n(k)=\sum_{j=k}^{n}(-1)^j\binom{n}{j}\binom{x-1}{j-1}$$

和

$$Q_n(k)=\sum_{j=k}^{n}(-1)^j\binom{n}{j}\binom{x-1}{n-j-1}.$$

在定理 8.4.6 里, 取 $x=n$, 这里 n 为奇数. 则

$$\sum_{k=0}^{n}(-1)^k\binom{n}{k}\left(\sum_{j=0}^{k}\binom{n}{j}\right)=-(-1)^{\frac{n-1}{2}}\binom{n-1}{\frac{n-1}{2}} \tag{8.4.4}$$

和

$$\sum_{k=0}^{n}(-1)^k\binom{n}{k}\left(\sum_{j=0}^{k}\binom{n}{j}\right)^2=-2^n(-1)^{\frac{n-1}{2}}\binom{n-1}{\frac{n-1}{2}}+\sum_{k=0}^{n}\binom{n}{k}\sum_{j=k}^{n}(-1)^j\binom{n}{j}^2.$$

*8.5　Calkin 恒等式及其交错形式的进一步拓广

在本节, 我们给出 Calkin 恒等式的进一步拓广.

定理 8.5.1 [214]　令 ρ 为任一实数. 则

$$\rho^n\sum_{k=0}^{n}\left(\sum_{j=0}^{k}\binom{n}{j}\rho^j\right)\left(\sum_{j=0}^{k}\binom{n}{j}\frac{1}{\rho^j}\right)\left(\sum_{j=0}^{k}\binom{n}{j}\right)$$

$$= (n+2)2^{n-1}(1+\rho)^{2n} - \rho^{n-1}n2^{n-2}\binom{2n}{n} - n(1+\rho)^n\sum_{i=1}^{n}\binom{n-1}{i-1}\binom{n}{i}\rho^{n-i}$$

$$+ \rho^{n-1}(1-\rho)n2^{n-1}\sum_{k=0}^{n}\binom{2n-1}{n-k}\rho^k$$

$$- n(1-\rho)(1+\rho)^n\sum_{k=0}^{n-2}\frac{1}{\rho^{k+2}}\sum_{i=0}^{n-1}\binom{n-1}{i+k+1}\binom{n-1}{i}\rho^{n-i}.$$

证明 令 $\mathcal{P}(n) = \sum\limits_{n\geqslant k_1,k_2,k_3\geqslant 0}\binom{n}{k_1}\rho^{k_1}\binom{n}{k_2}\rho^{-k_2}\binom{n}{k_3}\max\{k_1,k_2,k_3\}$. 则

$$\rho^n\sum_{k=0}^{n}\left(\sum_{j=0}^{k}\binom{n}{j}\rho^j\right)\left(\sum_{j=0}^{k}\binom{n}{j}\frac{1}{\rho^j}\right)\left(\sum_{j=0}^{k}\binom{n}{j}\right)$$

$$= \rho^n\sum_{n\geqslant k_1,k_2,k_3\geqslant 0}\binom{n}{k_1}\rho^{k_1}\binom{n}{k_2}\rho^{-k_2}\binom{n}{k_3}\sum_{k=\max\{k_1,k_2,k_3\}}^{n}1$$

$$= \rho^n\sum_{n\geqslant k_1,k_2,k_3\geqslant 0}\binom{n}{k_1}\rho^{k_1}\binom{n}{k_2}\rho^{-k_2}\binom{n}{k_3}(n+1-\max\{k_1,k_2,k_3\})$$

$$= (n+1)2^n(1+\rho)^n(1+\rho)^n$$

$$\quad - \rho^n\sum_{n\geqslant k_1,k_2,k_3\geqslant 0}\binom{n}{k_1}\rho^{k_1}\binom{n}{k_2}\rho^{-k_2}\binom{n}{k_3}\max\{k_1,k_2,k_3\}$$

$$= (n+1)2^n(1+\rho)^{2n} - \rho^n\mathcal{P}(n).$$

假设

$$\mathcal{Q}(n) = \sum_{n\geqslant k_1,k_2,k_3\geqslant 0}\binom{n}{k_1}\rho^{k_1}\binom{n}{k_2}\rho^{-k_2}\binom{n}{k_3}\min\{k_1,k_2,k_3\}.$$

则

$$\mathcal{P}(n) = \sum_{n\geqslant k_1,k_2,k_3\geqslant 0}\binom{n}{k_1}\rho^{k_1}\binom{n}{k_2}\rho^{-k_2}\binom{n}{k_3}\max\{k_1,k_2,k_3\}$$

$$= \sum_{n\geqslant k_1,k_2,k_3\geqslant 0}\binom{n}{k_1}\rho^{n-k_1}\binom{n}{k_2}\rho^{-n+k_2}\binom{n}{k_3}\max\{n-k_1,n-k_2,n-k_3\}$$

$$= \sum_{n\geqslant k_1,k_2,k_3\geqslant 0}\binom{n}{k_1}\rho^{k_1}\binom{n}{k_2}\rho^{-k_2}\binom{n}{k_3}(n-\min\{k_1,k_2,k_3\})$$

$$= n2^n(1+\rho)^n \left(1+\frac{1}{\rho}\right)^n - \mathcal{Q}(n).$$

即 $\mathcal{P}(n) + \mathcal{Q}(n) = n2^n(1+\rho)^n \left(1+\frac{1}{\rho}\right)^n.$

计算 $\mathcal{P}(n)$ 与 $\mathcal{Q}(n)$ 的差, 则

$\mathcal{P}(n) - \mathcal{Q}(n)$

$$= \sum_{n \geqslant k_1, k_2, k_3 \geqslant 0} \binom{n}{k_1} \rho^{k_1} \binom{n}{k_2} \rho^{-k_2} \binom{n}{k_3} (\max\{k_1, k_2, k_3\} - \min\{k_1, k_2, k_3\})$$

$$= \Omega_{\geqslant} \lambda D_\lambda \sum_{n \geqslant k_1, k_2, k_3 \geqslant 0} \binom{n}{k_1} \rho^{k_1} \binom{n}{k_2} \rho^{-k_2} \binom{n}{k_3} (\lambda^{k_1-k_2} + \lambda^{k_2-k_3} + \lambda^{k_3-k_1})$$

$$= \Omega_{\geqslant} \lambda D_\lambda \left\{ 2^n (1+\rho\lambda)^n \left(1+\frac{1}{\rho\lambda}\right)^n + (1+\rho)^n \left(1+\frac{\lambda}{\rho}\right)^n \left(1+\frac{1}{\lambda}\right)^n \right.$$

$$\left. + \left(1+\frac{1}{\rho}\right)^n (1+\lambda)^n \left(1+\frac{\rho}{\lambda}\right)^n \right\}$$

$$= \Omega_{\geqslant} \lambda D_\lambda \lambda^{-n} \left\{ \left(\frac{2}{\rho}\right)^n (1+\rho\lambda)^{2n} + 2\left(1+\frac{1}{\rho}\right)^n (\rho+\lambda)^n (1+\lambda)^n \right\}$$

$$= \Omega_{\geqslant} \lambda \left\{ -n\lambda^{-n-1} \left(\left(\frac{2}{\rho}\right)^n (1+\rho\lambda)^{2n} + 2\left(1+\frac{1}{\rho}\right)^n (\rho+\lambda)^n (1+\lambda)^n \right) \right.$$

$$+ \lambda^{-n} \left(2n\left(\frac{2}{\rho}\right)^n (1+\rho\lambda)^{2n-1}\rho + 2\left(1+\frac{1}{\rho}\right)^n n(\rho+\lambda)^{n-1}(1+\lambda)^n \right.$$

$$\left. \left. + 2\left(1+\frac{1}{\rho}\right)^n (\rho+\lambda)^n n(1+\lambda)^{n-1} \right) \right\}$$

$$= n\Omega_{\geqslant} \left\{ -\lambda^{-n} \left(\left(\frac{2}{\rho}\right)^n (1+\rho\lambda)^{2n} + 2\left(1+\frac{1}{\rho}\right)^n (\rho+\lambda)^n (1+\lambda)^n \right) \right.$$

$$+ \lambda^{-n+1} \left(2\rho\left(\frac{2}{\rho}\right)^n (1+\rho\lambda)^{2n-1} + 2\left(1+\frac{1}{\rho}\right)^n (\rho+\lambda)^{n-1}(1+\lambda)^n \right.$$

$$\left. \left. + 2\left(1+\frac{1}{\rho}\right)^n (\rho+\lambda)^n (1+\lambda)^{n-1} \right) \right\}$$

$$= n\Omega_{\geqslant} \lambda^{-n} \left\{ \left(\frac{2}{\rho}\right)^n (\rho\lambda - 1)(1+\rho\lambda)^{2n-1} \right.$$

$$\left. + 2\left(1+\frac{1}{\rho}\right)^n (\lambda^2 - \rho)(\rho+\lambda)^{n-1}(1+\lambda)^{n-1} \right\}$$

$$
= n\Omega_{\geqslant}\lambda^{-n}\left\{\left(\frac{2}{\rho}\right)^{n}(\rho\lambda-1)\sum_{k=0}^{2n-1}\binom{2n-1}{k}\rho^{k}\lambda^{k}+2\left(1+\frac{1}{\rho}\right)^{n}\right.
$$

$$
\left.\times(\lambda^{2}-\rho)\sum_{k=0}^{2n-2}\sum_{i=0}^{k}\binom{n-1}{i}\binom{n-1}{k-i}\rho^{n-1-i}\lambda^{k}\right\}
$$

$$
= n\left\{\left(\frac{2}{\rho}\right)^{n}\rho\sum_{k=n-1}^{2n-1}\binom{2n-1}{k}\rho^{k}-\left(\frac{2}{\rho}\right)^{n}\rho\sum_{k=n}^{2n-1}\binom{2n-1}{k}\rho^{k}+2\left(1+\frac{1}{\rho}\right)^{n}\right.
$$

$$
\times\sum_{k=n-2}^{2n-2}\sum_{i=0}^{k}\binom{n-1}{i}\binom{n-1}{k-i}\rho^{n-1-i}
$$

$$
\left.-2\left(1+\frac{1}{\rho}\right)^{n}\rho\sum_{k=n}^{2n-2}\sum_{i=0}^{k}\binom{n-1}{i}\binom{n-1}{k-i}\rho^{n-1-i}\right\}
$$

$$
= n\left\{2^{n}\rho^{n}+\left(\frac{2}{\rho}\right)^{n}\sum_{k=n}^{2n-1}\left(\binom{2n-1}{k-1}-\binom{2n-1}{k}\right)\rho^{k}\right.
$$

$$
+2\left(1+\frac{1}{\rho}\right)^{n}\sum_{i=1}^{n-1}\binom{n-1}{i-1}\binom{n-1}{i}\rho^{n-i}
$$

$$
+2\left(1+\frac{1}{\rho}\right)^{n}\sum_{i=1}^{n-1}\binom{n-1}{i-1}\binom{n-1}{i}\rho^{n-i}+2\left(1+\frac{1}{\rho}\right)^{n}\sum_{k=n}^{2n-2}\binom{n-1}{k}\rho^{n-k-1}
$$

$$
-2\left(1+\frac{1}{\rho}\right)^{n}\sum_{k=n}^{2n-2}\binom{n-1}{k}\rho^{n}
$$

$$
\left.+2\left(1+\frac{1}{\rho}\right)^{n}\sum_{k=n}^{2n-2}\sum_{i=1}^{k}\left(\binom{n-1}{i-1}\binom{n-1}{k+1-i}-\binom{n-1}{i}\binom{n-1}{k-i}\right)\rho^{n-i}\right\}
$$

$$
= n\left\{2^{n}\rho^{n}+\left(\frac{2}{\rho}\right)^{n}\sum_{k=n}^{2n-1}\left(\binom{2n-1}{k-1}-\binom{2n-1}{k}\right)\rho^{k}+2\left(1+\frac{1}{\rho}\right)^{n}\right.
$$

$$
+2\left(1+\frac{1}{\rho}\right)^{n}\sum_{i=1}^{n-1}\binom{n-1}{i-1}\binom{n}{i}\rho^{n-i}+2\left(1+\rho\right)^{n}\sum_{k=n}^{2n-2}\binom{n-1}{k}\left(\frac{1}{\rho^{k+1}}-1\right)
$$

$$
\left.+2\left(1+\frac{1}{\rho}\right)^{n}\sum_{k=n}^{2n-2}\sum_{i=1}^{k}\left(\binom{n-1}{i-1}\binom{n-1}{k+1-i}-\binom{n-1}{i}\binom{n-1}{k-i}\right)\rho^{n-i}\right\}.
$$

应用 Abel 的分部求和法则 [29,215]:

$$\sum_{k=m}^{n} (A_k - A_{k-1})b_k = A_n b_n - A_{m-1} b_m + \sum_{k=m}^{n-1} (b_k - b_{k+1}),$$

这里 $m < n$, 有

$$\sum_{k=n}^{2n-1} \left(\binom{2n-1}{k-1} - \binom{2n-1}{k} \right) \rho^k$$

$$= \frac{\rho - 1}{\rho} \sum_{k=n}^{2n} \binom{2n-1}{k-1} \rho^k + \rho^{n-1} \binom{2n-1}{n-1} - \rho^{2n}$$

和

$$2 \left(1 + \frac{1}{\rho} \right)^n \sum_{k=n}^{2n-2} \sum_{i=1}^{k} \left(\binom{n-1}{i-1} \binom{n-1}{k+1-i} - \binom{n-1}{i} \binom{n-1}{k-i} \right) \rho^{n-i}$$

$$= 2(1 + \rho)^n (1 - \rho) \sum_{k=n}^{2n-2} \sum_{i=1}^{k+1} \binom{n-1}{i-1} \binom{n-1}{k+1-i} \rho^{-i} + 2(1 + \rho)^n \sum_{k=n}^{2n-2} \binom{n-1}{k}$$

$$- 2(1 + \rho)^n \sum_{k=n}^{2n-2} \binom{n-1}{k} \rho^{-k-1}.$$

将这两个恒等式代入到 $\mathcal{P}(n) - \mathcal{Q}(n)$, 得到

$$\mathcal{P}(n) - \mathcal{Q}(n)$$

$$= n \left\{ \left(\frac{2}{\rho} \right)^n \binom{2n-1}{n-1} \rho^{n-1} + 2 \left(1 + \frac{1}{\rho} \right)^n \sum_{i=1}^{n} \binom{n-1}{i-1} \binom{n}{i} \rho^{n-i} \right.$$

$$+ \left(\frac{2}{\rho} \right)^n \frac{\rho - 1}{\rho} \sum_{k=n}^{2n} \binom{2n-1}{k-1} \rho^k$$

$$\left. + 2(1 + \rho)^n (1 - \rho) \sum_{k=n}^{2n-2} \sum_{i=0}^{k+1} \binom{n-1}{i-1} \binom{n-1}{k+1-i} \rho^{-i} \right\}$$

$$= n \left\{ \frac{2^{n-1}}{\rho} \binom{2n}{n} + 2(1 + \rho)^n \sum_{i=1}^{n} \binom{n-1}{i-1} \binom{n}{i} \frac{1}{\rho^i} - \frac{1 - \rho}{\rho} 2^n \sum_{k=0}^{n} \binom{2n-1}{n-k} \rho^k \right.$$

$$\left. + 2(1 + \rho)^n (1 - \rho) \sum_{k=0}^{n-2} \frac{1}{\rho^{k+2}} \sum_{i=0}^{n-1} \binom{n-1}{i+k+1} \binom{n-1}{i} \frac{1}{\rho^i} \right\}.$$

比较 $\mathcal{P}(n) + \mathcal{Q}(n)$ 和 $\mathcal{P}(n) - \mathcal{Q}(n)$ 产生

$$\mathcal{P}(n) = n2^{n-1}(1+\rho)^n \left(1 + \frac{1}{\rho}\right)^n + \frac{1}{4\rho} n2^n \binom{2n}{n} + n(1+\rho)^n \sum_{i=1}^{n} \binom{n-1}{i-1}\binom{n}{i}\frac{1}{\rho^i}$$

$$- \frac{1-\rho}{\rho} n2^{n-1} \sum_{k=0}^{n} \binom{2n-1}{n-k}\rho^k$$

$$+ n(1+\rho)^n(1-\rho) \sum_{k=0}^{n-2} \frac{1}{\rho^{k+2}} \sum_{i=0}^{n-1} \binom{n-1}{i+k+1}\binom{n-1}{i}\frac{1}{\rho^i},$$

定理得证.   □

注 8.5.1   (1) 在定理 8.5.1 里, 取 $\rho = 1$, 通过应用

$$\sum_{i=1}^{n} \binom{n-1}{i-1}\binom{n}{i} = \binom{2n-1}{n}$$

(见 [19, (3.1)]), 得到 Calkin 恒等式 (8.3.3).

(2) 在定理 8.5.1 里, 取 $\rho = -1$, 通过应用

$$\sum_{j=1}^{k} (-1)^j \binom{n}{j} = (-1)^k \binom{n-1}{k}$$

(见 [19, (3.1)]), 得到下列恒等式:

$$\sum_{k=0}^{n} \binom{n-1}{k}^2 \sum_{j=0}^{k} \binom{n}{j} = \frac{n}{2n-1} 2^{n-2} \binom{2n}{n} \quad (n \geqslant 1),$$

(3) 应用同样的方法, 得到 Hirschhorn 的恒等式的下列推广:

$$\sum_{k=0}^{n} \left(\sum_{j=0}^{k} \binom{n}{j}\rho^j \right) = n(1+\rho)^{n-1} + (1+\rho)^n$$

和

$$\sum_{k=0}^{n} \left(\sum_{j=0}^{k} \binom{n}{j}\rho^j \right) \left(\sum_{j=0}^{k} \binom{n}{j}\frac{1}{\rho^j} \right)$$

$$= \frac{1}{2}(n+2)(1+\rho)^n \left(1 + \frac{1}{\rho}\right)^n - \frac{1}{4}n \left(\rho + \frac{1}{\rho}\right) \binom{2n}{n}$$

$$- \frac{1}{2} n (1 - \rho) \sum_{k=0}^{n} \binom{2n-1}{n-k} \frac{1}{\rho^k} + \frac{1-\rho}{2\rho} n \sum_{k=0}^{n} \binom{2n-1}{n-k} \rho^k.$$

引理 8.5.1　令 k_1, k_2 和 k_3 为整数, 则

$$(-1)^{\max\{k_1,k_2,k_3\}} - (-1)^{\min\{k_1,k_2,k_3\}}$$

$$= \Omega_{\geqslant} \big\{ \big((-1)^{k_1} - (-1)^{k_2} \big) \lambda^{k_1-k_2} + \big((-1)^{k_2} - (-1)^{k_3} \big) \lambda^{k_2-k_3}$$

$$+ \big((-1)^{k_3} - (-1)^{k_1} \big) \lambda^{k_3-k_1} \big\}.$$

证明　由 $\Omega_{\geqslant}$ 的定义有

$$\Omega_{\geqslant} \big\{ \big((-1)^{k_i} - (-1)^{k_j} \big) \lambda^{k_i-k_j} \big\} = \begin{cases} (-1)^{k_i} - (-1)^{k_j}, & k_i \geqslant k_j, \\ 0, & k_i < k_j. \end{cases}$$

考虑下面情形

$$k_1 \leqslant k_2 \leqslant k_3, \quad k_1 \leqslant k_3 \leqslant k_2,$$

$$k_2 \leqslant k_1 \leqslant k_3, \quad k_2 \leqslant k_3 \leqslant k_1,$$

$$k_3 \leqslant k_2 \leqslant k_1, \quad k_3 \leqslant k_1 \leqslant k_2.$$

则恒等式能被得证. 　　　　□

利用上面引理和定理 8.5.1 同样的方法, 可得到

定理 8.5.2 [216]　设 n 为奇数以及 ρ 为实数且 $\rho \neq 0$. 则

$$\sum_{k=0}^{n} (-1)^k \left(\sum_{j=0}^{k} \binom{n}{j} \rho^j \right) \left(\sum_{j=0}^{k} \binom{n}{j} \frac{1}{\rho^j} \right) \left(\sum_{j=0}^{k} \binom{n}{j} \right)$$

$$= -2^{n-1} (1+\rho)^n \left(1 + \frac{1}{\rho} \right)^n - 2^{n-1} \rho^n \sum_{k=0}^{\frac{n-1}{2}} \binom{n}{k} (-1)^k \frac{1}{\rho^{2k}}$$

$$+ \frac{1}{2} (1+\rho)^n \sum_{k=n}^{2n} \sum_{i=0}^{k} (-1)^i \binom{n}{i} \binom{n}{k-i} \left(\frac{1}{\rho^i} + \frac{1}{\rho^{k-i}} \right).$$

注 8.5.2　(1) 在定理 8.5.2 里, 取 $\rho = 1$, 注意到 [19]

$$\sum_{k=0}^{\frac{n-1}{2}} \binom{n}{k} (-1)^k = - \sum_{k=\frac{n+1}{2}}^{n} \binom{n}{k} (-1)^k = (-1)^{\frac{n-1}{2}} \binom{n-1}{\frac{n-1}{2}},$$

则

$$\sum_{k=0}^{n}(-1)^k\left(\sum_{j=0}^{k}\binom{n}{j}\right)^3$$

$$=-2^{2n-1}-2^{n-1}\sum_{k=0}^{\frac{n-1}{2}}\binom{n}{k}(-1)^k+2^n\sum_{k=n}^{2n}\sum_{i=0}^{k}(-1)^i\binom{n}{i}\binom{n}{k-i}$$

$$=-2^{2n-1}-2^{n-1}(-1)^{\frac{n-1}{2}}\binom{n-1}{\frac{n-1}{2}}+2^n\Omega_{\geqslant}\lambda^{-n}\left(\sum_{k=n}^{2n}\sum_{i=0}^{k}(-1)^i\binom{n}{i}\binom{n}{k-i}\right)\lambda^k$$

$$=-2^{2n-1}-2^{n-1}(-1)^{\frac{n-1}{2}}\binom{n-1}{\frac{n-1}{2}}+2^n\Omega_{\geqslant}\lambda^{-n}\left(\sum_{i=0}^{n}(-1)^i\binom{n}{i}\lambda^i\right)\left(\sum_{i=0}^{n}\binom{n}{i}\lambda^i\right)$$

$$=-2^{2n-1}-2^{n-1}(-1)^{\frac{n-1}{2}}\binom{n-1}{\frac{n-1}{2}}+2^n\Omega_{\geqslant}\lambda^{-n}(1-\lambda)^n(1+\lambda)^n$$

$$=-2^{2n-1}-2^{n-1}(-1)^{\frac{n-1}{2}}\binom{n-1}{\frac{n-1}{2}}+2^n\Omega_{\geqslant}\lambda^{-n}\left(1-\lambda^2\right)^n$$

$$=-2^{2n-1}-2^{n-1}(-1)^{\frac{n-1}{2}}\binom{n-1}{\frac{n-1}{2}}+2^n\Omega_{\geqslant}\lambda^{-n}\sum_{k=0}^{n}\binom{n}{k}(-1)^k\lambda^{2k}$$

$$=-2^{2n-1}-2^{n-1}(-1)^{\frac{n-1}{2}}\binom{n-1}{\frac{n-1}{2}}+2^n\sum_{k=\frac{n+1}{2}}^{n}\binom{n}{k}(-1)^k$$

$$=-2^{2n-1}-2^{n-1}(-1)^{\frac{n-1}{2}}\binom{n-1}{\frac{n-1}{2}}-2^n(-1)^{\frac{n-1}{2}}\binom{n-1}{\frac{n-1}{2}}$$

$$=-2^{2n-1}-3\times2^{n-1}(-1)^{\frac{n-1}{2}}\binom{n-1}{\frac{n-1}{2}}.$$

因此, 定理 8.5.2 是恒等式 (8.3.15) 的推广.

(2) 应用同样的方法可以得到恒等式 (8.3.13) 和 (8.3.14) 的推广:

$$\sum_{k=0}^{n}(-1)^k\left(\sum_{j=0}^{k}\binom{n}{j}\rho^j\right)=\frac{1}{2}(1-\rho)^n+\frac{1}{2}(-1)^n(1+\rho)^n$$

和

$$\sum_{k=0}^{n}(-1)^k\left(\sum_{j=0}^{k}\binom{n}{j}\rho^j\right)\left(\sum_{j=0}^{k}\binom{n}{j}\frac{1}{\rho^j}\right)$$

$$=\begin{cases}\dfrac{1}{2}\left(1+\dfrac{1}{\rho}\right)^n\left((1-\rho)^n+(1+\rho)^n\right), & n \text{ 为偶数},\\[3mm]\dfrac{1}{2}\left(1+\dfrac{1}{\rho}\right)^n\left((1-\rho)^n-(1+\rho)^n\right)-\dfrac{1}{\rho^n}\sum_{p=0}^{\frac{n-1}{2}}\binom{n}{p}(-1)^p\rho^{2p}, & n \text{ 为奇数}.\end{cases}$$

取 $\rho=1$, 这两个恒等式 (8.3.13) 和 (8.3.14).

8.6　问 题 探 究

1. (Andrews, Paule 和 Riese [203]) 证明:

$$\Omega_{\geqslant}\frac{1}{(1-\lambda x)\left(1-\dfrac{y}{\lambda^s}\right)}=\frac{1}{(1-x)(1-x^sy)};$$

$$\Omega_{\geqslant}\frac{1}{(1-\lambda^s x)\left(1-\dfrac{y}{\lambda}\right)}=\frac{1+xy\dfrac{1-y^{s-1}}{1-y}}{(1-x)(1-xy^s)};$$

$$\Omega_{\geqslant}\frac{1}{(1-\lambda x)\left(1-\dfrac{y}{\lambda}\right)\left(1-\dfrac{z}{\lambda}\right)}=\frac{1}{(1-x)(1-xy)(1-xz)};$$

$$\Omega_{\geqslant}\frac{1}{(1-\lambda x)(1-\lambda y)\left(1-\dfrac{z}{\lambda}\right)}=\frac{1-xyz}{(1-x)(1-xy)(1-xz)(1-yz)}.$$

2. (Andrews 和 Paule [202]) 设 n 为非负整数, 证明

$$S_n(2)=\sum_{k_1}\sum_{k_2\leqslant k_1}\frac{k_1-k_2}{n+1}\binom{n+1}{k_1}\binom{n+1}{k_2}=\binom{2n+1}{n},$$

以及

$$S_n(3)=\sum_{k_1}\sum_{k_2\leqslant k_1}\sum_{k_3\leqslant k_2}\frac{(k_1-k_2)(k_2-k_3)(k_1-k_3)}{(n+2)^2(n+1)}\binom{n+2}{k_1}\binom{n+2}{k_2}\binom{n+2}{k_3}$$

$$=\frac{2^{n+1}}{n+2}\binom{2n+1}{n}.$$

参 考 文 献

[1] 邵嘉裕. 组合数学 [M]. 上海: 同济大学出版社, 1991.

[2] 冯荣权, 宋春伟. 组合数学 [M]. 北京: 北京大学出版社, 2015.

[3] 康庆德. 组合学笔记 [M]. 北京: 科学出版社, 2009.

[4] 屠规彰. 组合计数方法及其应用 [M]. 北京: 科学出版社, 1981.

[5] 屈婉玲. 组合数学 [M]. 北京: 北京大学出版社, 1989.

[6] Goulden I P, Jackson D M. Combinatorial Enumeration[M]. New York: John Wiley & Sons, 1983.

[7] Graham R L, Rothschild B L, Spencer J H. Ramsey Theory[M]. 2nd ed. New York, London, Sydney: John Wiley & Sons, 1990.

[8] Graham R L. Rudiments of Ramsey Theory [M]. CBMS Regional Conference Series in Math., No. 45, Providence, RI: Amer. Math. Soc., 1981.

[9] Graham R L. Some of my favorite problems in Ramsey theory[J]. Electr. J. Comb. Number Theory, 2007, 7: 2.

[10] Ryser H J. Combinatorial Mathematics[M]. New York: Wiley, 1963.

[11] Erdös P, Hajnal A. On chromatic number of graphs and set-systems[J]. Acta Math. Acad. Sci. Hungar., 1966, 17: 61-99.

[12] 曹汝成. 组合数学 [M]. 广州: 华南理工大学出版社, 2000.

[13] Comtet L. Advanced Combinatorics: The Art of Finite and Infinite Expansions[M]. Boston: D. Reidel Publishing Company, 1974.

[14] Mohanty S G. Lattice Path Counting and Applications[M]. New York: Academic Press, 1979.

[15] Stanley R P. Ordered structures and partitions[D]. Ph. D. dissertation, Harvard University, 1970.

[16] Szekely L A. Common origin of cubic binomial identities: A generalization of Suranyi's proof on Le Jen Shoo's formula[J]. J. Comb. Theory, Ser. A, 1985, 40: 171-174.

[17] Suranyi J. Remark on a problem in the history of Chinese mathematics[J]. Mat. Lapok, 1955, 6: 30-35.

[18] Suranyi J. On a problem of old Chinese mathematics[J]. Publ. Math. Debrecen, 1956, 4: 195-197.

[19] Gould H W. Combinatorial Identifies[M]. W. Va.: Morgantoun, 1972.

[20] Nanjundiah T S. Remark on a note of P. Turan[J]. Amer. Math. Monthly, 1958, 65: 354.

[21] Takacs L. On an identity of Shih-Chieh Chu[J]. Acta Sci. Math. (Szeged), 1973, 34: 383-391.

[22] Chen W Y C, Hou Q H, Mu Y P. A telescoping method for double summations[J]. J. Comput. Appl. Math., 2006, 196(2): 553-566.

[23] Riordan J. Combinatorial Identities[M]. New York: John Wiley & Sons Inc., 1968.

[24] Andrews G E, Paule P. A higher degree binomial coefficient identity[J]. Amer. Math. Monthly, 1992, 99: 64.

[25] Andrews G E, Paule P. Some questions concerning computer-generated proofs of a binomial double-sum identity[J]. J. Symbolic Computation, 1993, 16: 147-153.

[26] Carlitz L. Summations of products of binomial coefficients[J]. Amer. Math. Monthly, 1968, 75: 906-908.

[27] Carlitz L. A binomial identity arising from a sorting problem[J]. SIAM Review, 1964, 6: 20-30.

[28] Strehl V. Binomial identities-combinatorial and algorithmic aspects[J]. Discrete Math., 1994, 136: 309-346.

[29] Graham R, Knuth D, Patashnik O. Concrete Mathematics[M]. 2nd ed. Reading, MA: Addison-Wesley, 1994.

[30] Petkovsek M, Wilf H S, Zeilberger D. $A = B$[M]. Wellesley, MA: A. K. Peters, 1996.

[31] Cohen M E. On expansion problems: New classes of formulas for the classical functions[J]. SIAM J. Math. Anal., 1976, 7: 702-712.

[32] Cohen M E. Some classes of generating functions for the Laguerre and Hermite polynomials[J]. Math. Comput., 1977, 31: 511-518.

[33] 张之正. q-级数理论及其应用 [M]. 北京: 科学出版社, 2021 .

[34] Pólya G, Szegö G. Aufgaben and Lehrsätze[M]. Berlin: Springer Verlag, 1925: 206-218.

[35] Gould H W. Some generalizations of Vandermonde's convolution[J]. Amer. Math. Monthly, 1956, 63(2): 84-91.

[36] Chu W C. Binomial convolutions and hypergeometric identities[J]. Rendiconti Del Circolo Matematico Di Palermo, Serie II, 1994, Tomo XLIII: 333-360.

[37] Tainiter M. Generating functions on idempotent semigroups with applications to combinatorial analysis[J]. J. Comb. Theory, 1968, 5: 273-288.

[38] Carlitz L. Note on a formula of Grosswald[J]. Amer. Math. Monthly, 1953, 60: 181.

[39] Gould H W. A note on a paper of Grosswald[J]. Amer. Math. Monthly, 1954, 61: 251-253.

[40] Grosswald E. On sums involving binomial coefficients[J]. Amer. Math. Monthly, 1953, 60: 178-181.

[41] André D. Solution directe du problème résolu par M. Bertrand[J]. C. R. Acad. Sci. Paris, 1887, 105: 436-437.

[42] Charalambides C A. Enumerative Combinatorics[M]. Boca Racon, London, New York, Washington D.C.: A CRC Press Company, 2002.

[43] Carlitz L. On arrays of numbers[J]. Amer. J. Math., 1932, 54: 739-752.

[44] Takacs L. The problem of coincidences[J]. Arch. Hist. Exact Sci., 1980, 21(3): 229-244.

[45] MacMahon P. Combinatorial Analysis, Vol. II[M]. Cambridge: Cambridge University Press, 1916.

[46] Riordan J. An Introduction to Combinatorial Analysis[M]. New York: John Wiley & Sons Inc., 1958.

[47] Greene D H, Knuth D E. Mathematics for the Analysis of Algorithm [M]. 3rd ed. Boston: Birkhäuser, 1990.

[48] Jonassen A T, Knuth D E. A trivial algorithm whose analysis isn't[J]. J. Comput. Syst. Sci., 1978, 16: 301-322.

[49] Wilf H S. Generatingfunctionology[M]. Pennsylvania: Academic Press Inc., 1990.

[50] Stanley R P. Enumerative Combinatorics (I)[M]. Cambridge: Cambridge University Press, 1997.

[51] Sprugnoli R. Riordan arrays and combinatorial sums[J]. Discrete Math., 1994, 132: 267-290.

[52] Brietzke E H M. An identity of Andrews and a new method for the Riordan array proof of combinatorial identities[J]. Discrete Math., 2008, 308(18): 4246-4262.

[53] Gessel I. Short proofs of Saalschtz's and Dixon's theorem[J]. J. Comb. Theory, Ser. A, 1985, 38: 87-90.

[54] Konvalina J. On the number of combinations without unit separation[J]. J. Comb. Theory, Ser. A., 1981, 31: 101-107.

[55] 张之正, 刘麦学. 关于无单位间隔组合数求法的注记 [J]. 工科数学, 1996, 12(1): 80-82.

[56] 蒋茂森. 无单位间隔组合数的简易求法 [J]. 数学研究与评论, 1988, 8(1): 42-45.

[57] Chu W C. On an extensions of a partitions identity and the Abel-analog[J]. 数学研究与评论, 1986, 6(1): 37-42.

[58] Hwang F K. Selecting k objects from a cycle with p pairs of separation s[J]. J. Comb. Theory, 1984, 37: 197-199.

[59] Hwang F K, Korner J, Wei V K W. Selecting non-consecutive balls arranged in many lines[J]. J. Comb. Theory, Ser. A, 1984, 37: 327-336.

[60] Tomescu I. Problem $N^0 E2417$[J]. Amer. Math. Monthly, 1973, 80: 559-560.

[61] Kaplansky L. Solution of the "Problème des ménages"[J]. Bull. Amer. Math. Soc., 1943, 49: 784-785.

[62] Atanassov K T, Atanassova V, Shannon A G, Turner J C. New Visual Perspectives on Fibonacci Numbers[M]. New Jersey, London, Singapore, Hong Kong: World Scientific, 2002.

[63] 周持中. 斐波那契-卢卡斯序列及其应用 [M]. 长沙: 湖南科学技术出版社, 1993.

[64] Koshy T. Fibonacci and Lucas Numbers with Applications[M]. New York, Chichester, Weinheim, Brisbane, Singapore, Toronto: A Wiley-Interscience Publication, John Wiley & Sons Inc., 2001.

[65] Touchard J. Sur un problème de permutations[J]. C. R. Acad. Sci. Paris, 1934, 198: 631-633.

[66] Horadam A F. Basic properties of a certain generalized sequence of numbers[J]. Fibonacci Quart., 1965, 3(2): 161-176.

[67] Zhang Z Z. Some identities involving generalized second order integer sequences[J]. Fibonacci Quart., 1997, 35(3): 265-268.

[68] Zhang Z Z, Liu M X. Generalizations of some identities involving generalized second order integer sequences[J]. Fibonacci Quart., 1998, 36(4): 327-328.

[69] Robbins N. Some convolution-type and combinatorial identities pertaining to binary linear recurrences[J]. Fibonacci Quart., 1991, 29(3): 249-255.

[70] Hoggatt V E, Bicknell-Johnson M. Fibonacci convolution sequences[J]. Fibonacci Quart., 1977, 15(2): 117-122.

[71] Knuth D. The Art of Computer Programming Vol. I[M]. 2nd ed. New York: Addison-Wesley, 1973.

[72] Wall C R. Some remarks on Carlitz' Fibonacci array[J]. Fibonacci Quart., 1963, 1(4): 23-29.

[73] Buschman R G. Solution to Problem $H - 18$[J]. Fibonacci Quart., 1964, 2(2): 127.

[74] Bicknell-Johnson M. Divisibility properties of the Fibonacci numbers minus one, generalized to $C_n = C_{n-1} + C_{n-2} + k$[J]. Fibonacci Quart., 1990, 28(2): 107-112.

[75] Bicknell-Johnson M, Bergum G E. The generalized Fibonacci numbers C_n, $C_n = C_{n-1} + C_{n-2} + k$[M]// Philippou E A N , Horadam A F, Bergum G E. Applications of Fibonacci Numbers 2. Dordrecht: Kluwer, 1988: 193-205.

[76] 徐利治, 蒋茂森. 获得互反公式的一类可逆图示程序及其应用 [J]. 吉林大学自然科学学报, 1980, 4: 43-55.

[77] Zhang Z Z. A class of sequences and Aitken transformation[J]. Fibonacci Quart., 1998, 36(1): 68-71.

[78] Phillips G M. Aitken sequences and Fibonacci-numbers[J]. Amer. Math. Monthly, 1984, 91: 354-357.

[79] Vajda S. Fibonacci & Lucas Numbers and the Golden Section: Theory and Applications[M]. New York: Ellis Horwood, 1989: 103-104.

[80] McCabe J H, Phillips G M. Aitken sequences and generalized Fibonacci numbers[J]. Math. Comput., 1985, 45: 553-558.

[81] Muskat J B. Generalized Fibonacci and Lucas sequences and root-finding methods[J]. Math. Comput., 1993, 61: 365-372.

[82] Jamieson M J. Fibonacci numbers and Aitken sequences revisited[J]. Amer. Math. Monthly, 1990, 97: 829-831.

[83] Gander W. On Halley's iteration method[J]. Amer. Math. Monthly, 1985, 92: 131-134.

[84] Zhang Z Z. Generalized Fibonacci sequences and a generalization of the Q-matrix[J]. Fibonacci Quart., 1999, 37(3): 203-207.

[85] Feng H, Zhang Z Z. Computational formulas for convoluted generalized Fibonacci and Lucas numbers[J]. Fibonacci Quart., 2003, 41(2): 144-151.

[86] He P, Zhang Z Z. The multiple sum on the generalized Lucas sequences[J]. Fibonacci Quart., 2002, 40(2): 124-127.

[87] Zhang W P. Some identities involving the Fibonacci numbers[J]. Fibonacci Quart., 1997, 353: 225-229.

[88] Zhang Z Z, Wang X. A note on a class of computational formulas involving the multiple sum of recurrence sequences[J]. Fibonacci Quart., 2002, 40(5): 394-398.

[89] Xi G W, Zhang Z Z. Some computational formulas of mixed-convoluted sum for Fibonacci and Lucas sequences[J]. Advan. Stud. Contemp. Math., 2007, 14(2): 283-292.

[90] Yang J Z, Zhang Z Z. Some identities of the generalized Fibonacci and Lucas sequences[J]. Appl. Math. Comput., 2018, 339: 451-458.

[91] Ye X L, Zhang Z Z. A common generalization of convolved generalized Fibonacci and Lucas polynomials and its applications[J]. Appl. Math. Comput., 2017, 306: 31-37.

[92] Melham R S. On sums of powers of terms in a linear recurrence[J]. Portugaliae Math., 1999, 56(4): 501-508.

[93] Grabner P J, Prodinger H. Some identities for the Chebyshev polynomials[J]. Port. Math., 2002, 59: 311-314.

[94] 叶其孝, 沈永欢. 实用数学手册 [M]. 2 版. 北京: 科学出版社, 2006: 250-251, 687-689.

[95] Zhang Z Z, Wang J. On some identities involving the Chebyshev polynomials[J]. Fibonacci Quart., 2004, 42(3): 245-249.

[96] Carlitz L. Solution to Problem $H - 10$ (proposed by R. L. Graham)[J]. Fibonacci Quart., 1963, 1(4): 49.

[97] Melham R S. On some reciprocal sums of Brousseau: An alternative approach to that of Carlitz[J]. Fibonacci Quart., 2003, 41(1): 59-62.

[98] Swamy M N S. On certain identities involving Fibonacci and Lucas numbers[J]. Fibonacci Quart., 1997, 35(3): 230-232.

[99] Yu H Q, Liang C G. Identities involving partial derivatives of bivariate Fibonacci and Lucas polynomials[J]. Fibonacci Quart., 1997, 35(1): 19-23.

[100] André-Jeannin R. Summation of reciprocals in certain second-order recurring sequences[J]. Fibonacci Quart., 1997, 35(1): 68-74.

[101] Jennings D. On sums of reciprocals of Fibonacci and Lucas numbers[J]. Fibonacci Quart., 1994, 32(2): 18-21.

[102] 柯召, 魏万迪. 组合论 (上册)[M]. 北京: 科学出版社, 1981.

[103] Butzer P L, Hauss M, Schmidt M. Factorial functions and Stirling numbers of fractional orders[J]. Results in Math., 1989, 16: 16-48.

[104] Charalambides C A, Singh J. A review of Stirling numbers, their generalizations and statistical applications[J]. Commun. Statist. Theory Meth., 1988, 17(8): 2533-2595.

[105] Akiyama S, Tanigawa Y. Multiple Zeta values at non-positive integers[J]. Ramanujan J., 2001, 5: 327-351.

[106] Luke Y L. The Special Functions and Their Approximations (I)[M]. New York: Academic Press, 1969.

[107] Srivastava H M, Choi J. Series Associated with the Zeta and Related Functions[M]. Dordrecht, Boston, London: Kluwer Academic Publishers, 2001.

[108] Srivastava H M, Pinter A. Remarks on some relationships between the Bernoulli and Euler polynomials[J]. Appl. Math. Lett., 2004, 17: 375-380.

[109] 张之正. 高阶偶 Bernoulli 数的递归性质及其应用 [J]. 信阳师范学院学报 (自然科学学报), 1997, 10(1): 30-32.

[110] 张文鹏. 关于 Riemann Zeta 函数的几个恒等式 [J]. 科学通报, 1991, 36(4): 250-253.

[111] Apostol T M. Introduction to Analytic Number Theory[M]. Undergraduate Texts in Mathematics. New York: Springer-Verlag, 1976.

[112] Kamano K. Sums of products of hypergeometric Bernoulli numbers[J]. J. Number Theory, 2010, 130: 2259-2271.

[113] Pan H, Sun Z W. New identities involving Bernoulli and Euler polynomials[J]. J. Comb. Theory, Ser. A, 2006, 113(1): 156-175.

[114] Zhang W P. Some identities involving the Euler and the central factorial numbers[J]. Fibonacci Quart., 1998, 36(2): 154-157.

[115] Zhang Z Z. Note on Euler polynomials of high order[J]. J. Math. Res. Expos., 1998, 18(4): 546.

[116] Liu M X, Zhang Z Z. 一类 Genocchi 数与 Riemann Zeta 函数多重求和的计算公式 [J]. 数学研究与评论, 2001, 21(3): 455-458.

[117] Gould H W. Explicit formulas for Bernoulli numbers[J]. Amer. Math. Monthly, 1972, 79: 44-51.

[118] Yang J Z, Zhang Z Z. A generalization of Chu's identity[J]. ARS Comb., 2009, 93: 65-75.

[119] Stewart S M. Some series involving products between the harmonic numbers and the Fibonacci numbers[J]. Fibonacci Quart., 2021, 59(3): 214-224.

[120] Chu W C. A binomial coefficient identity associated with Beukers' Conjecture on Apéry numbers[J]. The Electronic J. Combinatorics, 2004, 11: #N15.

[121] Ahlgren S, Ekhad S B, Ono K, Zeilberger D. A binomial coefficient identity associated to a conjecture of Beukers[J]. The Electronic J. Combinatorics, 1998, 5: #R10.

[122] Ahlgren S, Ono K. A Gaussian hypergeometric series evaluation and Apéry number congruences[J]. J. Reine Angew. Math., 2000, 518: 187-212.

[123] Beukers F. Another congruence for Apéry numbers[J]. J. Number Theory, 1987, 25: 201-210.

[124] Toscano L. Recurring sequences and Bernoulli-Euler polynomials[J]. J. Comb. Inf. & Syst. Sci., 1979, 4: 303-308.

[125] McCarthy P J. Some irreducibility theorems for Bernoulli polynomials of higher order[J]. Duke Math. J., 1960, 27: 313-318.

[126] Kelisky R P. On formulas involving both the Bernoulli and Fibonacci numbers[J]. Scripta Math., 1957, 23: 27-35.

[127] Wang T M, Zhang Z Z. Recurrence sequences and Norlund-Euler polynomials[J]. Fibonacci Quart., 1996, 34(4): 314-319.

[128] Zhang Z Z. Recurrence sequences and Norlund-Bernoulli polynomials[J]. Mathematics Moravica, 1998, 2: 161-168.

[129] Zhang Z Z, Jin J Y. Some identities involving generalized Genocchi polynomials and generalized Fibonacci, Lucas sequences[J]. Fibonacci Quart., 1998, 36(4): 329-335.

[130] Apostol T M. On the Lerch Zeta-function[J]. Pacific J. Math., 1951, 1: 161-167.

[131] Luo Q M. Apostol-Euler polynomials of higher order and Gaussian hypergeometric functions[J]. Taiwanese J. Math., 2006, 10: 917-925.

[132] Luo Q M, Srivastava H M. Some generalizations of the Apostol-Bernoulli and Apostol-Euler polynomials[J]. J. Math. Anal. Appl., 2005, 308: 290-302.

[133] Luo Q M, Srivastava H M. Some relationships between the Apostol-Bernoulli and Apostol-Euler polynomials[J]. Comput. Math. Appl., 2006, 51: 631-642.

[134] Wang W P, Jia C Z, Wang T M. Some results on the Apostol-Bernoulli and Apostol-Euler polynomials[J]. Comput. Math. Appl., 2008, 55: 1322-1332.

[135] Zhang Z Z, Yang H Q. Several identities for the generalized Apostol-Bernoulli polynomials[J]. Comput. Math. Appl., 2008, 56: 2993-2999.

[136] Srivastava H M, Choi J. Zeta and q-Zeta Functions and Associated Series and Integrals[M]. Harbin: Harbin Institute of Technology Press, 2015.

[137] Carlitz L. Degenerate Stirling, Bernoulli and Eulerian numbers[J]. Utilitas Math., 1979, 15(1): 51-88.

[138] Komatsu T, Young P T. Convolutions of generalized Stirling numbers and degenerate Bernoulli polynomials[J]. Fibonacci Quart., 2020, 58(4): 361-366.

[139] Young P T. Degenerate Bernoulli polynomials, generalized factorial sums, and their applications[J]. J. Number Theory, 2008, 128: 738-758.

[140] Zhang Z Z, Yang J Z. On sums of products of the degenerate Bernoulli numbers[J]. Integr. Transf. Spec. Func., 2009, 20(10): 751-755.

[141] Zhang Z Z, Wang J. Bernoulli matrix and its algebraic properties[J]. Discrete Appl. Math., 2006, 154(11): 1622-1632.

[142] Zhang Z Z. The linear algebra of generalized Pascal matrix[J]. Linear Algebra Appl., 1997, 250: 51-60.

[143] Zhang Z Z, Liu M X. An extension of generalized Pascal matrix and its algebraic properties[J]. Linear Algebra Appl., 1998, 271: 169-177.

[144] Call G S, Vellman D J. Pascal's matrices[J]. Amer. Math. Monthly, 1993, 100: 372-376.

[145] Lee G Y, Kim J S, Lee S G. Factorizations and eigenvalues of Fibonacci and symmetric Fibonacci matrices[J]. Fibonacci Quart., 2002, 40(3): 203-211.

[146] Lee G Y, Kim J S, Lee S G, Cho S H. Some combinatorial identities via Fibonacci numbers[J]. Discrete Applied Math., 2003, 130: 527-534.

[147] Cheon G, Kim J S. Factorial Stirling matrix and related combinatorial sequences[J]. Linear Algebra Appl., 2002, 357: 247-258.

[148] Zhang Z Z, Pang B J. Several identities in the Catalan triangle[J]. Indian J. Pure Appl. Math., 2010, 41(2): 363-378.

[149] Zhang Z Z, Wang X. A factorization of the symmetric Pascal matrix involving the Fibonacci matrix[J]. Discrete Applied Math., 2007, 155: 2371-2376.

[150] Zhang Z Z, Zhang Y L. The Lucas matrix and some combinatorial identities[J]. Indian J. Pure and Appl. Math., 2007, 38(5): 457-465.

[151] Cheon G, Kim J S. Stirling matrix via Pascal matrix[J]. Linear Algebra Appl., 2001, 32(9): 49-59.

[152] Zhang C H, Zhang Z Z. A characterization of the generalized Lah matrix[J]. ARS Comb., 2007, 83: 353-359.

[153] Aigner M. Catalan-like numbers and determinants[J]. J. Combin. Theory, Ser. A, 1999, 87: 33-51.

[154] Wang J, Zhang Z Z. On the Hankel matrix of derangement polynomials[J]. Indian J. Pure and Appl. Math., 2003, 34(4): 625-629.

[155] Zhang Z Z. A characterization of Aigner-Catalan-like numbers[J]. Indian J. Pure & Appl. Math., 2001, 32(11): 1615-1619.

[156] Zhang Z Z, Feng H. Two kinds of numbers and their applications[J]. Acta Math. Sinica, 2006, 22(4): 999-1006.

[157] da Fonseca C M, Petronilho J. Explicit inverse of some tridiagonal matrices[J]. Linear Algebra Appl., 2001, 325: 7-21.

[158] Radoux C. Calcul effectif de certains determinants de Hankel[J]. Bull. Soc. Math. Belg. Ser. B, 1979, 31(1): 49-55.

[159] Aigner M. A characterization of the Bell numbers[J]. Discrete Math., 1999, 205: 207-210.

[160] Ehrenborg R. The Hankel determinant of exponential polynomials[J]. Amer. Math. Monthly, 2000, 107: 557-560.

[161] Radoux C. Une formule combinatoire pour les polynomes $Q_n(x) = \sum\limits_{k=0}^{n} \binom{n}{k}^2 x^k$[J]. Bull. Soc. Math. Belg.-Tijdschr. Belg. Wisk. Gen. Ser. B, 1993, 45(3): 269-271.

[162] Radoux C. Addition formulas for polynomials built on classical combinatorial sequences[J]. J. Comput. Appl. Math., 2000, 115: 471-477.

[163] Comtet L. Nombres de Stirling généraux et fonctions symétriques[J]. C. R. Acad. Sci. Paris, Ser. A, 1972, 275: 747-750.

[164] Zhang Z Z, Wei Z L, Jiao D W. Generalized Stirling numbers and its properties[J]. Chinese Quart. J. Math., 1994, 9(2): 25-28.

[165] Srivastava H M, Lavoie J L, Tremblay R. A class of addition theorems[J]. Canad. Math. Bull., 1983, 26: 438-445.

[166] Khanna I K. A new type of generalization of Bernoulli and Euler numbers and its applications[J]. Progr. Math. (Varanasi), 1986, 20(2): 83-89.

[167] Zhang Z Z. Relation between two kinds of numbers and its applications[J]. 工程数学学报, 1996, 13(1): 114-116.

[168] Vassilev M V. Relations between Bernoulli numbers and Euler numbers[J]. Bull. Number Theory Related Topics, 1987, 11(3): 93-95.

[169] Hsu L C. A summation rule using Stirling numbers of the second kind[J]. Fibonacci Quart., 1993, 31(3): 256-262.

[170] Butzer P L, Schmidt M, Stark E L, Vogt L. Central factorial numbers: Their main properties and some applications[J]. Numer. Funct. Anal. and Optimiz.,1989 10(5/6): 419-499.

[171] Stanton R G, Sprott D A. Some finite inverse formulae[J]. Math. Gazette, 1962, 46: 197-202.

[172] Carlitz L. On the products of two Laguerre polynomials[J]. J. London Math. Soc., 1961, 36: 399-402.

[173] Gould H W, Hsu L C. Some new inverse series relations[J]. Duke math. J., 1973, 40: 885-891.

[174] Carlitz L. Some inverse relations[J]. Duke Math. J., 1973, 40: 893-901.

[175] Gould H W. A series transformation for finding convolution identities[J]. Duke J. Math., 1961, 28: 193-202.

[176] Gould H W. A new series transform with applications to Bessel, Legendre, and Tchebycheff polynomials, for finding convolution identities[J]. Duke J. Math., 1964, 31: 325-334.

[177] 徐利治. 两种反演技巧在组合分析中的应用 [J]. 辽宁大学学报 (自然科学版), 1981, 3: 1-11.

[178] Slater L. J. Generalized Hypergeometric Functions[M]. Cambridge: Cambridge University Press, 1966.

[179] Andrews G E, Askey R, Roy R. Special Functions[M], Cambridge: Cambridge University Press, 1999.

[180] Krattenthaler C. Operator methods and Lagrange inverse: A unified approach to Lagrange formulas[J]. Trans. Amer. Math. Soc., 1988, 305: 431-465.

[181] Krattenthaler C. A new matrix inverse[J]. Proc. Amer. Math. Soc., 1996, 124(1): 47-59.

[182] 马欣荣. Krattenthaler 反演公式的简短证明 [J]. 数学学报, 2005, 48(3): 589-592.

[183] Bressoud D M. A matrix inverse[J]. Proc. Amer. Math. Soc., 1983, 88: 44-48.

[184] Chu W C, Hsu L C. Some new applications of Gould-Hsu inversion[J]. J. Comb. Inform Syst. Sci., 1989, 14: 1-4.

[185] Milne S C, Bhatnagar G. A characterization of inverse relations[J]. Discrete Math., 1998, 193: 235-245.

[186] 王天明. 近代组合学 [M]. 大连: 大连理工大学出版社, 2008.

[187] Zhang Z Z, Yang J Z. Notes on some identities related to the partial Bell polynomials[J]. Tamsui Oxford J. Inform. & Math. Sci., 2012, 28(1): 39-48.

[188] Yang S L. Some identities involving the binomial sequences[J]. Discrete Math., 2008, 308: 51-58.

[189] Abbas M, Bouroubi S. On new identities for Bell's polynomials[J]. Discrete Math., 2005, 293: 5-10.

[190] Sofo A. Computational Techniques for the Summation of Series[M]. New York, Boston, Dordrecht, London, Moscow: Kluwer Academic/Plenum Publishers, 2003.

[191] Hsu L C. Theory and applications of generalized Stirling number pairs[J]. J. Math. Ressea. Expos., 1989, 9(2): 211-220.

[192] Hsu L C. Generalized Stirling number pairs associated with inverse relations[J]. Fibonacci Quart., 1987, 25(4): 346-351.

[193] Hsu L C. Some theorems on Stirling-type pairs[J]. Proceedings of the Edinburgh Math. Soc., 1993, 36: 525-535.

[194] Hsu L C, Yu H Q. A unified approach to a class of Stirling-type pairs[J]. Appl. Math. J. Chinese Univ., 1997, 12: 225-232.

[195] Hsu L C, Yu H Q. On mutual representations of symmetrically weighted Stirling-type pairs with applications[J]. Northeast. Math. J., 1997, 13(4): 399-405.

[196] Carlitz L. A binomial identity related to ballots and trees[J]. J. Comb. Theory, Ser. A, 1973, 14: 261-263.

[197] Hsu L C. A kind of partition identity[J]. J. Math. Res. and Exposition, 1989, 9: 536.

[198] Hsu L C, Chu W C. A kind of asymptotic expansion using partitions[J]. Tôhoku Math. J., 1991, 43: 235-242.

[199] Chu W C. A partition identity on binomial coefficients and its applications[J]. Graphs and Comb., 1989, 5: 197-200.

[200] Boas R P, Buck R C. Polynomial Expansion of Annalystic Functions[M]. Berlin, Göttingen, Heidelberg: Springer-Verlag, 1958.

[201] Gould H W. Inverse series relations and other expansions involving Humbert polynomials[J]. Duke Math. J., 1965, 32: 697-711.

[202] Andrews G E, Paule P. MacMahon's partition analysis IV: Hypergeometric multisums[M]//Foata D, Han G N, eds. The Andrews Festschrift. Berlin: Springer, 2001: 189-208. (Also online, Sem. Lothar Combin. B42i (1999), 1-24, http://www.mat.univie.ac.at/ slc/).

[203] Andrews G E, Paul P, Riese A. MacMahon's partition analysis: The Omega package[J]. European J. Combin., 2001, 22(7): 887-904.

[204] Callan D. Problem 10643[J]. Amer. Math. Monthly, 1998, 105(2): 175.

[205] Andrews G E, Uchimura K. Identities in combinatorics IV: Differentition and harmonic numbers[J]. Utilitas Math., 1985, 28: 265-269.

[206] Calkin N J. A curious binomial identity[J]. Discrete Math., 1994, 131: 335-337.

[207] Zhang Z Z. A binomial identity related to Calkin's[J]. Discrete Math., 1999, 196: 287-289.

[208] Zhang Z Z. A kind of binomial identity[J]. Discrete Math., 1999, 196: 291-298.

[209] Hirschhorn M. Calkin's binomial identity[J]. Discrete Math., 1996, 159: 273-278.

[210] Feng H, Zhang Z Z. Combinatorical proofs of identities of Calkin and Hirschhorn[J]. Discrete Math., 2004, 277: 287-294.

[211] Feng H, Zhang Z Z. Combinatorial proofs of a type of binomial identity[J]. ARS Comb., 2005, 74: 245-260.

[212] Zhang Z Z. On a kind of curious binomial identity[J]. Discrete Math., 2006, 306: 2740-2754.

[213] Wang J, Zhang Z Z. On extensions of Calkin's binomial identities[J]. Discrete Math., 2004, 274: 331-342.

[214] Zhang Z Z, Wang X. A generalization of Calkin's identity[J]. Discrete Math., 2008, 308: 3992-3997.

[215] 徐利治, 王兴华. 数学分析的方法及例题选讲 [M]. 北京: 高等教育出版社, 1984.

[216] Zhang Z Z, Wang J. Generalization of a combinatorial identity[J]. Utilitas Math., 2006, 71: 217-224.